도판 1 발렌시아가(Balenciaga), 2017년 S/S.
사진: 할리 위어. 스타일링: 로타 볼코바.

도판 2 『보그 이탈리아』 「치킨스카야」(Chikinskaya), 2018년 9월. 사진: 어니 프로트. 스타일링: 로타 볼코바.
헤어: 데이비드 하로우. 메이크업: 나미 윤. 타이츠: 군스 끄쮸르 드레싱 아플리케가 장식된 크럼블
나일론 패딩 재킷, 레이스 디테일 서츠, 플라워 오컬트 컬리 스틸 장식 헤어피스: 모두 구찌(GUCCI). 골드 메탈
귀걸이 및 목걸이: 돌체 앤 가바나(DOLCE & GABBANA)와 쮸로브스카 크리스탈 컬리어: 아뜰리에 스와로브스키
바이 아뜰리에 스와로브스키(ATELIER SWAROVSKI BY ATELIER SWAROVSKI). 주얼리 백: 빈티지 벅테리아 패시지
아카이브(vintage Bagutta PASSAGE ARCHIVES). 타이츠: 안나 수이(ANNA SUI)

도판 3 『시스템 매거진』, 「이탈리아 패션은 향수와 진보 사이에 찢겨져 있다」(Italian Fashion Is Torn between
Nostalgia and Progress), 2018년 F/W. 사진: 조니 듀포트. 스타일링: 로타 볼코바.
헤어: 개리 길. 메이크업: 토머스 드 클뤼버. 모델: 리테이 마커스. 점프슈트: 스키아파렐리
오트 쿠튀르(Schiaparelli haute couture).

도판 4 『리에디션』, 「소비에츠키 호텔」(The Sovietsky Hotel), 2015년 S/S.
사진: 할리 위어. 스타일링: 로타 볼코바.

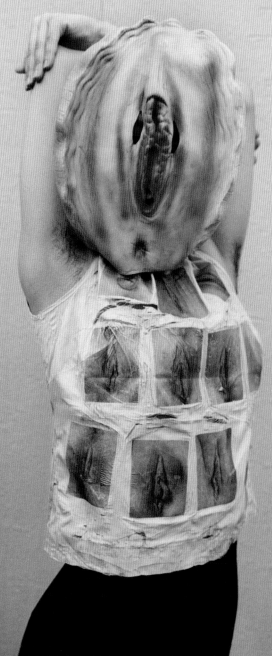

도판 5 『리에디션』, 「제주도」(Jeju Island), 2018년 F/W. 사진: 할리 위어. 스타일링: 로타 볼코바.

도판 6. 프라다 스페셜(Prada Special), 2019년 S/S. 사진: 조니 듀포트. 스타일링: 로타 볼코바.
헤어: 개리 길. 메이크업: 나미 요시다. 세트 디자인: 폴리 필프.
모델: 렉시 블링, 리테이 마커스 및 켄트 누디스트. 의상 프라다(Prada).

도판 7 『인 프레젠트 텐스』, 「나의 연인들」(Mes Douces), 제1호, 2018년.
사진: 앤디 브래딘. 아트 디렉션 및 스타일링: 뱅자맹 키르히호프.

도판 8 『더스트』, 「조지아」(Georgia), 제12호, 2018년. 사진: 알레시오 보니.
아트 디렉션 및 스타일링: 뱅자맹 키르히호프.

도판 9 『레플리카』, 제5호, 2018년 5월. 사진: 앤디 브래딘. 아트 디렉션 및 스타일링: 뱅자맹 키르히호프.

도판 10 『하츠 매거진』, 제5호, 2018/2019년 A/W.
사진: 토머스 하우저. 아트 디렉션 및 스타일링: 뱅자맹 키르히호프.

도판 11 『레플리카』, 제4호, 2017년 12월. 사진: 올가츠 보잘프.
아트 디렉션 및 스타일링: 뱅자맹 키르히호프.

도판 12 『어나더맨』, 2018년 10월. 사진: 살바토레 카푸토.
아트 디렉션 및 스타일링: 뱅자맹 키르히호프.

도판 13 『도큐먼트 저널』, 「케이프타운」(Cape Town) 2017년 S/S.
사진: 피터 휴고. 스타일링: 안데르스 쉴스텐 톰슨.

도판 14 『GQ 스타일 차이나』, 「케이스 안의 남자」(Man in a Case), 2016년 10월.
사진: 힐 앤드 오브리. 스타일링: 안데르스 쇨스텐 톰슨.

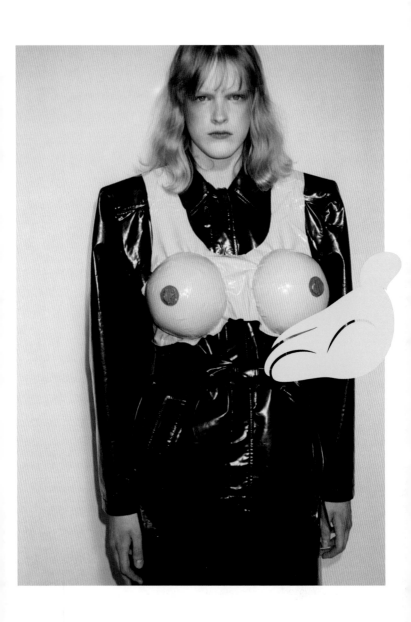

도판 15 『모던 매터』, 「무제」(Untitled), 2017년 F/W.
사진: 올루 오두코야. 스타일링: 안데르스 쇨스텐 톰슨.

도판 16 『오피스 매거진』, 「성스러운 그들, 세속적인 그들」(They the Sacred, They the Profane) 2016년 F/W.
사진: 벤저민 레녹스 앤더스 쉴스텐 톰슨.

도판 17 『오피스 매거진』, 「위반 사례, 도망의 도덕」(Examples of Breach, Morals of Escape), 2018년 F/W.
사진: 벤저민 레녹스, 스타일링: 안데르스 쉴스텐 롬슨.

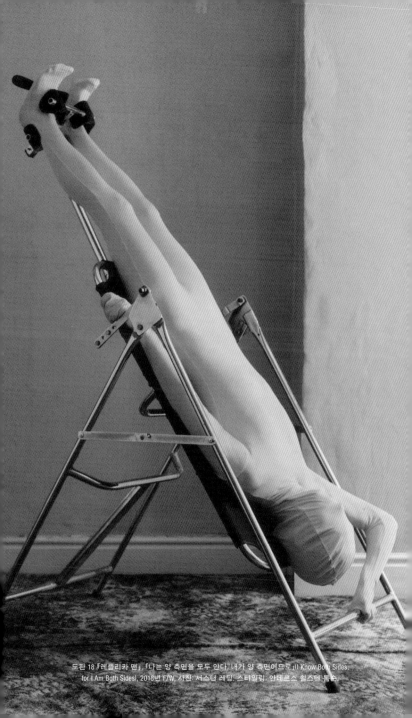

도판 18 「레플리카 맨」, 「나는 양 측면을 모두 안다, 내가 양 측면이므로」(I Know Both Sides, for I Am Both Sides), 2018년 F/W, 사진: 서스탠 레딩, 스타일링: 안데르스 쇨스텐 톰슨

도판 19 『보그 폴란드』, 「보나 여왕」(Queen Bona), 2018년 9월.
사진: 카츠페르 카스프시크. 스타일링: 록산 당세.

도판 20 『보그 폴란드』, 「보나 여왕」(Queen Bona), 2018년 9월.
사진: 카츠페르 카스프시크. 스타일링: 록산 당세.

도판 21 『퍼플 패션』의 「아나 클리블랜드」(Anna Cleveland), 25주년 기념호, 2017년 F/W.
사진: 비비안 사선, 스타일링: 록산 당세.

도판 22 『SSAW』, 「미국의 안팎(Inside Outside USA)」, 2018년 S/S.
사진: 비비 코르네호 보스윅, 스타일링: 록산 당세.

도판 23 『룩산』(Roxane), 2012년. 사진: 비비안 사선. 스타일링 및 모델: 룩산 당세.

도판 24 『록산 II』(Roxane II), 2017년. 사진: 비비안 사선. 스타일링 및 모델: 록산 당세.

도판 25 『SSAW』, 「링거」(Linger), 2016년 F/W.
사진: 수포 몬클로아. 스타일링: 엘리자베스 프레이저벨.

도판 26 『데이즈드』, 「대역 배우」(Understudies), 2017년 겨울.
사진: 힐 앤드 오브리. 스타일링: 엘리자베스 프레이저벨.

도판 27 『데이즈드』, 「구름의 정령」(Cloud Nymph), 2016년 4월.
사진: 샬럿 웨일스, 스타일링: 엘리자베스 프레이저벨.

도판 28 『테일즈드』, 「보일 호수 (Loch Voil)」, 2017년 A/W.
사진: 팀 존슨 스타일링: 엘리자베스 프레이저벨

도판 29 『데이즈드』, 「아웃도어스 인도어스」(Outdoors Indoors), 2014년 봄.
사진: 할리 위어. 스타일링: 엘리자베스 프레이저벨.

도판 30 『데이즈드』, 「흥분한 철로」(Horny Railways) 제4권, 2017년 봄.
사진: 코코 카피탄, 스타일링: 엘리자베스 프레이저벨

도판 31 『POP』, 「문 록스」(Moon Rocks), 제26호, 2012년 S/S.
사진: 비비안 사선. 스타일링: 버네사 리드.

도판 32 「다리아 워보위 No. 9」(Daria Werbowy No.9), 2015년 파리.
사진: 유르겐 텔러. 스타일링: 버네사 리드.

도판 33 『POP』, 「아오미 뮈요크」(Aomi Muyock), 제34호, 2016년 S/S.
사진: 할리 위어. 스타일링: 버네사 리드.

(위) 도판 34 『리-에디션』,
제7호, 2017년 S/S.
사진: 콜린 도지슨.
스타일링: 버네사 리드.

(아래) 도판 35 『리-에디션』,
「아침이 오기 전 그대는 여기
있으리라」(Before Morning
You Shall Be Here), 제5호,
2016년 F/W. 사진: 마크 보스윅.
스타일링: 버네사 리드.

도판 36 『시스템 매거진』, 「보디맵은 하나의 운동이었다」(BodyMap was a movement), 2018년 11월. 사진: 올리버 하들리 퍼치. 스타일링: 버네사 리드.

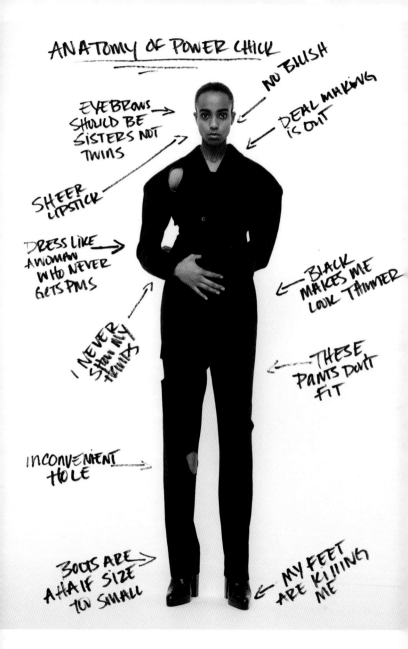

도판 37 『데이즈드』, 「이상적 자아」, 2019년 2월. 사진: 파스칼 감바트. 스타일링: 아킴 스미스.

도판 38 『레플리카』, 2016년 F/W. 사진: 한나 문. 스타일링: 아킴 스미스

도판 39 『아레나 옴므 플러스』, 「옷장 확장이 있는 인테리어」(Interior w/Wardrobe Extension), 2017년 F/W.
사진: 샬럿 웨일스. 스타일링: 아킴 스미스.

도판 40 헬무트 랭(Helmut Lang), 2018년 봄. 사진: 니콜라이 홀트. 스타일링: 아킴 스미스.

(위) 도판 41 『리-에디션』,
「유령은 왜 울었나」(Why did
the Ghost cry), 2018년 F/W.
사진: 안데르스 에드스트룀.
스타일링: 아킴 스미스.

(아래) 도판 42 섹션 8(Section 8),
2018년. 사진: 샤나 오즈번.
스타일링: 아킴 스미스.

도판 43 『퍼플 패션』, 「개념적 비순응성」(Conceptual Non-Conformity), 2016년 F/W.
사진: 카스페르 세예르센. 스타일링: 나오미 잇케스.

도판 44 『퍼플 패션』, 「남성 여성」(Masculin Feminin), 제23호, 2015년 S/S.
사진: 안데르스 에드스트뢰름. 스타일링: 나오미 잇케스.

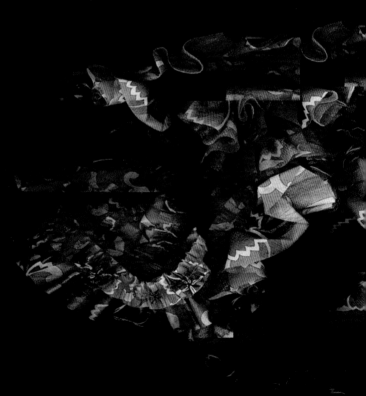

도판 45 『퍼플 패션』, 「극장용 탑」(Theatrical Tops), 2014년 S/S, 제21호,
사진: 카테리나 젬. 스타일링: 나오미 잇케스.

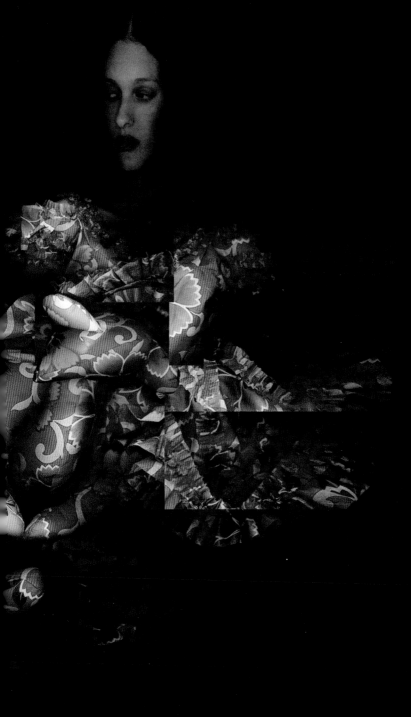

도판 46 『퍼플 패션』, 「에드스트룀 안데르스」(Edström Anders), 제29호, 2018년 S/S.
사진: 안테르스 에드스트룀. 스타일링: 나오미 잇케스.

도판 47 『퍼플 패션』, 「알렉 웩」(Alek Wek), 제28호, 2017년 F/W.
사진: 안데르스 에드스트룀. 스타일링: 나오미 잇케스.

도판 48 『퍼플 패션』, 「로스앤젤레스 신호 경보」(Los Angeles Trafic Alert), 제30호, 2018년 F/W.
사진: 키라 분제, 스타일링: 나오미 잇케스.

패션 스타일리스트

역사·의미·실천

아네 륑에요를렌 엮음
이상미 옮김

워크룸 프레스

이르마에게

일러두기

외국 인명과 브랜드명 등은 가급적
국립국어원 외래어표기법을 따르되 널리
통용되는 표기가 있거나 해당 브랜드가
자체적으로 사용하는 한글 표기가 있는
경우 그를 따랐다.

역주와 편주는 대괄호로 묶어 표기했다.

"책을 읽으며 디자이너로 일하며 만났던 몇몇 빛나는
스타일리스트들을 떠올려 본다. 그들은 자신만의 고유한
미감에 따라 직관적으로 옷을 해체하고 재조합하여 옷과
신체 사이에 새로운 긴장을 만들어 냈다. 그러한 과정은
디자이너의 관습적인 시선에 신선한 공기를 불어넣었다.
또한 스타일리스트는 옷과 신체를 넘어 프레임 속 아름답고도
때로는 전복적인 이미지를 만들어 그로부터 촉발되는 감각을
전달한다. 그들이 만드는 환상적인 이미지들이 현재의
나와 내 작업에 남긴 깊은 흔적, 그리고 그들의 작업에 담긴
무수한 시간에 대해서도 생각해 본다.

　　이 책은 비교적 최근에서야 그 역할과 실천의 의미가
조망되고 있는 스타일리스트라는 직업에 관한 역사,
사회·문화적 의미, 비평적 사유가 담긴 연구서인 동시에,
동시대 패션과 패션 이미지를 만들어 내고 있는 여러
스타일리스트와의 인터뷰를 통해 그들이 생각하는
패션에 대한 시선과 태도를 톺아볼 수 있는 자료이다.
스타일리스트가 만들어 내는 패션과 패션 이미지에 한 번쯤
매료되었을 많은 이들에게 닿길 바란다."

서혜인(패션 디자이너)

"이 책은 스타일리스트와 스타일링이라는 주제를 다층적 시각에서 다룬다. 스타일리스트는 어떻게 생겨났고 그 역할은 무엇이며 스타일링이라는 분야를 누가 어떻게 변화시켜 왔는지에 대한 리서치뿐만 아니라, 미국과 유럽의 스타일리스트 여덟 명의 인터뷰를 함께 제공한다. 고정관념과 경계를 넘어서는 작업으로 늘 궁금증을 유발했던 스타일리스트들의 생각과 속마음을 한 번에 들을 수 있어 유익한 데다가 후련하기까지 한 책이다.

패션 사진은 모델, 포토그래퍼, 헤어 및 메이크업 아티스트, 에디터, 그리고 스타일리스트의 협업으로 창조된다. 이러한 협업을 가능케 하는 것들, 가령 균형, 조화, 그리고 서로의 세계를 공유하며 존중하는 태도에 대해 이 책은 이야기한다. 서사가 있는 사진을 찍고자 하는 나로서는 결과적으로 명쾌한 답을 찾을 수 있는 시간이었다. 나와 같은 목적을 가진 이에게 위로 혹은 탈출구가 될 책이 분명하다."

안상미(패션 포토그래퍼)

"패션을 시각화하는 패션 포토그래퍼로서 나는 단순히 옷을 찍는 것이 아니라 디자이너의 의도와 에너지를 담으려고 노력해 왔다. 이를 해내기 위해 가장 중요한 것은 프로젝트를 함께하는 동료들과의 협업이다. 그중에서도 스타일리스트는 옷을 해석하는 과정에 없어서는 안 될 길잡이 역할을 한다.

『패션 스타일리스트』는 시대별로 옷을 대하는 태도에서부터 여러 룩들이 탄생한 배경, 스타일링의 새로운 바람을 만들어 낸 혁신적인 시각 등 패션 스타일링의 컨텍스트를 서술하고 분석하는 책이다. 이 책은 고도로 비주얼 중심적인 현대 사회의 이면에 놓인 패션 스타일링이라는 구조를 이해하는 데 있어서 큰 도움을 제공할 것이다."

목정욱(패션 포토그래퍼)

서론

아네 륑에요를렌

1980년대 이후 스타일링은 패션지 편집의 그늘에서 벗어나 그 자체로 하나의 전문직으로 인정받는 패션의 전면으로 옮겨 왔다. 그 궤적은 1980년대 패션 매체에서 일어난 변화, 즉 프리랜서 인력의 증가, 새로운 기술, 이미지 메이킹에 대한 관심 집중 등과 관련이 있다. 오늘날 스타일리스트는 크리에이티브 컨설턴트, 개인 스타일리스트, 이미지 메이커로서 광고, 패션쇼, 잡지, 레드카펫을 비롯한 다양한 영역에서 업무를 수행한다. 또한 스타일리스트는 포토그래퍼, 모델, 헤어 및 메이크업 아티스트, 세트 디자이너 등 크리에이티브 팀과의 협업을 통해 패션의 의미를 창조한다.

　　일부 스타일리스트는 유명인처럼 추앙받기도 하는데, 그들의 작업은 브랜드의 연장으로서 그들 자신과 떼려야 뗄 수 없다고 여겨지기도 한다. 좀 더 일상적인 의미에서, 결국 스타일링은 우리가 매일 옷을 입을 때, 어떤 의상과 액세서리를 조합하여 입을지 선택함으로써 스스로를 '스타일링'하는 평범한 행위이다. 미셸 드 세르토에 따르면, 이러한 일상적인 스타일링은 창의적 잠재력을 가지고 있지만(de Certeau et al. 1988) 동시에 사회 규칙에 따라 관리되는 "상황에 따르는 신체적 실천"(Entwistle 2000a)이기도 하다. 우리가 자아의 표현을 조합할 때에는 개인의 창의적 행위성과 사회적 맥락뿐 아니라, 패션 시스템 내에서 생산되는 전문적으로 스타일링된 이미지의 영향도 나타나게 된다.

***

이 책에서는 다양한 시각 매체에서 패셔너블한 룩을 만들어 내는 생산자로서 전문 스타일리스트에 대해 살펴볼 것이다. 스타일리스트의 업무는 클라이언트의 요구와 자신의 창의적 행위성을 충족시키는 룩을 만들어 내는 동시에, 패션과 그 협업 환경의 변화에 민감하게 반응하며 균형을 잡는 일이다. 결국 스타일리스트가 내리는 수많은 선택—한편으로는 구조적, 문화적, 상징적, 경제적 조건, 협업, 공유된 취향, 패션 트렌드 및 개인의 스타일에 의해 형성되는—의 결과가 사진으로 남겨지는 것이다. 그렇다면 전문적인 의미의 패션 스타일링이란 무엇이며, 어떻게 생겨났을까? 그리고 패션 사진 제작에서 스타일리스트의 역할은 무엇일까? 누가 스타일링을 발전시켰고 그 과정에서 이미지의 제작과 룩의 구성 방식에 변화를 가져왔을까? 전문직의 경계가 허물어지고 누구나 스타일리스트라고 주장할 수 있는 디지털 시대에, 스타일링의 조건은 어떻게 변했을까? 그리고 광고와 출판이라는 틀 안에서 일하는 동시대 스타일리스트들은 어떻게 신체, 인종, 젠더 및 정체성, 창의성 및 상업성 등의 규범과 관련된—혹은 이에 반하는—작업을 생산할까?

『패션 스타일리스트: 역사, 의미, 실천』은 광범위한 연구 문헌들, 그리고 여러 동시대 스타일리스트와의 인터뷰를 한 권의 책으로 엮었다. 이 책은 영미-유럽의 맥락에서의 스타일링, 그 역사, 현재 모습, 프런트스테이지 및 백스테이지 등에 대한 고찰을 통해서, 동시대 패션에서 가장 영향력 있는 스타일리스트들의 목소리를 학술장과 연결시킨다. 또한 뛰어난 이미지들이 여럿 실려 있어 스타일링을 시각적으로 생생하게 보여 줄 뿐만 아니라 이 이미지 기반의 학술서가 가진 다층적 면모를 전달한다.

박식한 스타일리스트들

"스타일리스트는 그러니까 디제이 같은 거지? 샘플링을 하잖아."
스타일리스트에 대해 이야기했을 때 내 친구의 즉각적인
대답은 이 책을 엮는 과정에서 반복적인 모티프로 떠오르곤
했다. 샘플링은 기존 컬렉션으로부터 그 일부를, 일련의
서킷으로부터 몇몇 의류 및 액세서리를 가져와 다른 요소,
때로는 패션이 아닌 요소를 추가하여 새로운 조화를 이루도록
재작업하는 것을 비롯해 스타일리스트가 수행하는 일을
적절하게 비유한다. 서로 다른 디자이너, 소스 및 서킷의
아이템을 연결하고 때로는 오브제를 만들고 특정적인
'스타일'을 추가하니, 스타일링은 본질적으로 샘플링 작업이다.

기본적으로 스타일리스트는 패션 이미지와 그 이상의
효과를 위해 의상을 조합하고 이미지와 룩의 분위기 및
스타일을 파악하는 일을 담당한다. 스타일리스트에 대한
최초의 학술 논문 중 하나인 앤절라 맥로비의 논문은
미디어에서 패션 디자인을 표현하는 데 있어 가장 중요한 발전
중 하나로 스타일리스트를 꼽았다.(McRobbie 1998)

패션 잡지 에디터의 어시스턴트와 포토그래퍼의
어시스턴트 중간에 위치한 스타일리스트는 (주로 예술
학교에서 미술이나 사진을 전공한) 다양한 어시스턴트들이
패션지 지면에 자신만의 창의적인 의견을 반영하고
프리랜서로서의 가능성을 깨닫기 시작하면서 인정받는
직업으로 자리 잡았다. 이들은 (보통 다양한 디자이너가
제작한) 의상의 조합, 헤어와 메이크업을 포함한 모델의
룩, 서사적인 또는 비서사적인 설정에 필요한 소품, 조명,

> 그리고 단일 이미지나 일련의 이미지의 전체적인
> '모양새'(look)를 포함해 지면의 전체 이미지를 계획하고
> 또 배치한다.(McRobbie 1998, 157)

스타일리스트는 패션 매체의 에디토리얼 영역에서 패션
에디터 아래 어시스턴트 직급으로 등장하여, 1980년대에는
여러 잡지들과 일하는 프리랜서로서 점차 더 많은 창의적
자유를 얻게 되었다. 하지만 스타일리스트의 역할은 단순히
디자이너와 소비자 또는 잡지 독자 사이의 중개자로서 패션
디자인을 해석하고 번역하는 것 이상이며, 나아가 패션
이미지에 담기는 상징적 의미와 비물질적 가치를 적극적으로
함께 창조하기도 한다. 스타일링은 아이템을 선택하고,
만들고, 심지어는 디자인하여 새로운 구성으로 조합함으로써
새로운 것을 창조하는 행위다. 따라서 스타일링은 의식적인
선택을 통해 스타일을 제공하는 행위라고 할 수 있다.
맥로비도 스타일링의 포괄적인 특성을 인지하고는 있지만,
그녀의 연구가 발표된 1998년—소셜 미디어나 빠른 속도의
패션 시스템도 없던—이후로 스타일링은 더욱 복잡해졌다.
스타일리스트는 이제 상업적 압박과 컬렉션, 시즌, 경쟁
업체의 증가, 새로운 역할의 등장 등이 창의적인 결정에
영향을 주는 패션 시스템에서, 옷 선택, 룩 구성, 오브제 제작,
모델 캐스팅, 촬영 아이디어, 테마 및 내러티브 구상 그리고 그
이상의 업무를 수행한다. 광고 분야에서 지침은 주로 이미지를
관리하려는 브랜드들에 의해 위에서 아래로 내려온다.
스타일링, 그리고 창의성은 상당 부분 문제 해결과 다름없기에,
이렇게 주어지는 한계는 확실히 창의성을 자극하기도 한다.
동시에 니치 패션 잡지를 중심으로 '개인 프로젝트'로의
전환이 이루어지고 있는데, 이 또한 광고주의 압박과 '풀 룩'

스타일링[역주: 보통 브랜드에서 정해 준 착장으로, 한 가지 브랜드만으로 전체 룩을 구상하는 스타일링. 주로 이미지가 중요한 럭셔리 브랜드들이 잡지 화보에 옷이 나갈 때 요구하는 사항이다.]에 대한 저항을 보여 준다. 여기서 선구적인 스타일리스트들은 취향, 패션, 예술의 경계를 허물고 패션 잡지 내부에 설정된 구획을 교란하며 스타일링의 "큐레이터적 면모"를 표현한다.(Balzer 2015, 111) 하지만 스타일링의 상업적 잠재력은, 2010년 인스타그램이 출시된 이후 소셜 미디어가 폭발적으로 성장하고, 이제 브랜드가 인플루언서 마케팅의 일부로서 룩 속에 편입되면서 극에 달했다.

디자이너 니콜라 제스키에르와 일하는 스타일리스트 마리 아말리소베, 마크 제이콥스와 일하는 케이티 그랜드, 발렌시아가의 뎀나 바잘리아와 함께 하는 로타 볼코바 등과 같이, 스타일리스트는 크리에이티브 컨설턴트로서 컬렉션을 구성하는 데 있어 창의적인 선택을 돕는다. 하지만 이러한 협업이 정확히 어떻게 이루어지고 실제 디자인에 어떻게 반영되는지는 여전히 베일에 가려져 있다. 패션 평론가이자 작가인 안젤로 플라카벤토는 2015년 3월 파리 패션위크에 대한 반응으로 쓴 오피니언 기사에서 스타일링이 컬렉션에 미치는 영향이 점점 커지고 있다는 우려를 다음과 같이 이야기했다.

> 스타일리스트의 역할은, 글에서 편집자의 역할과 비슷하게, '청소 담당자'의 역할이어야 한다. 스타일리스트는 윤을 내어 광이 나게 만들고, 무언가를 추가하기보다는 빼고, 왜곡하기보다는 미세 조정을 하는 존재다. 하지만 만약 청소 담당자가 갑자기 인테리어 담당자로 변신해 방을 정리하는 대신 새롭게 단장하기 시작한다면, 글쎄, 그건 문제가 된다. (Flaccavento 2015)

플라카벤토에 따르면 이러한 '지나치게 스타일링이 들어간 쇼'는 진보적인 이미지 메이킹으로 고객들을 유혹하기 위해 컬렉션에 대한 스타일리스트의 권한을 강화한 마케팅의 결과다. 마찬가지로, 「할리우드에서 가장 영향력 있는 스타일리스트들이 스타 클라이언트들과 함께 포즈를 취하다」(Hollywood's Most Powerful Stylists Pose with their Star Clients, McColgin 2019)나 「패션 잡지에서의 '풀 룩' 스타일링의 문제」(The Problem With "Full Look" Styling in Fashion Magazines, Ahmed 2017)와 같은 최근의 헤드라인들은 스타일링과 셀러브리티 문화의 연관성, 그리고 상업적 이해관계가 이미지 메이킹에 얼마나 영향을 주는지에 대한 높아진 관심 등을 방증한다.

패션 매체 이외에도, 스타일리스트 및 스타일리스트의 행보에 관심이 높아지면서, 스타일링에 관한 대중서, 학술서 및 실용서 등 다양한 책들이 최근 출간되고 있다. 『스타일리스트: 패션의 해석자』(Stylist: The Interpreters of Fashion, 2007) 및 케이티 배런의 『스타일리스트: 새로운 패션 비전가들』(Stylists: New Fashion Visionaries, 2012)은 모두 화려한 이미지를 큼직하게 실은 형태의 인기 도서로, 일류 스타일리스트의 이미지와 인터뷰가 풍부하게 담겨 있다. 패션 스타일리스트가 되기 위한 책으로는 섀넌 번스트란과 제니 B. 데이비스의 『스타일와이즈: 패션 스타일리스트가 되기 위한 실용적인 가이드』(Stylewise: A Practical Guide to Becoming a Fashion Stylist, 2016), 조 딩게먼스의 초기 핸드북 『패션 스타일링 마스터하기』(Mastering Fashion Styling, 1999) 등이 있다. 스타일리스트와 그들의 직무가 갖는 문화적 의미에 대한 검증된 분석은 앤절라 맥로비의 저서 『영국 패션 디자인』(British Fashion Design, 1998)에서 찾을 수 있으며, 여기서

14

그녀는 스타일리스트의 업태에 대한 비판적 분석을 제공한다. 폴 조블링은 『패션 스프레드』(Fashion Spreads, 1999)에서 패션 이미지 제작에 있어 스타일리스트와 포토그래퍼의 업무적 관계를 다룬다. 출간된 지 20년이 넘은 책이지만 스타일링에만 초점을 맞추지 않은, 중요한 시금석과도 같은 책이다. 실제 패션 디자인에 대한 영향력이 커지면서 스타일리스트의 위상도 달라졌을 뿐만 아니라 디지털화, 동료들과의 경쟁 심화, 광고주 및 언론사의 압력 등으로 인해 근무 조건도 영향을 받고 있다. 이제 스타일링과 스타일리스트에 대한 학문적 연구는 패션 전문가 및 패션 분야의 창의적 노동에 대한 연구와 함께 발전하고 있다. 레이철 리프터의 「패셔닝 팝: 스타일리스트, 패션 작업 및 대중음악 이미지」(Fashioning Pop: Stylists, Fashion Work and Popular Music Imagery, 2018)는 여성 팝스타의 스타일링과 이미지 메이킹에 대한 새로운 통찰력을 제공한다. 이 글은 예술가, 건축가, 디자인 큐레이터 등 더 넓은 분야의 크리에이티브 산업 직업을 조명하는 앤솔러지 『패셔닝 프로페셔널』(Fashioning Professionals, 2018)에 실렸는데, 이 책에는 패션 블로깅의 노동(Rocamora 2018)과 디스플레이 마네킹 디자이너의 노동(Rowe 2018)에 대한 연구도 포함되어 있다. 나는 다른 책들에서 스타일링의 미학적, 경제적 실천을 연구했으며(Lynge-Jorlén 2016), 또 니치 패션 잡지에 대한 광범위한 분석의 일환으로 패션 사진 제작에서 스타일링의 중요성에 주목했다.(Lynge-Jorlén 2017) 스타일링의 미적, 경제적 가치는 사진(Aspers 2006; Shinkle 2008), 모델 활동(Entwistle 2009; Entwistle and Wissinger 2012; Mears 2011; Wissinger 2015), 블로그(Pedroni 2015; Rocamora 2018)와 같은 인접 분야의 패션 전문직과 공유된다. 『패션 스타일리스트: 역사, 의미, 실천』은 패션의 규칙과 불안정성에 있어 혁신적이면서도 민감한

과거와 현재의 이미지 메이커로서 스타일리스트에 대해
심층적인 분석을 제공한다.

스타일과 스타일링

스타일링은 '스타일'에서 유래했으며, 동작을 나타내는 접미사
'-ing'가 붙은 명사이자 동사다. 이 책에서 필립 클라크는 현재
영어에서 일반적으로 사용되는 '스타일'이라는 단어의 버전이
"대상을 바꾼다는 의미의 '스틸룸 베르테레'(stilum vertere)"에
고정되어 있다고 주장한다.(Clarke 2020, 이 책) 스타일링된
피사체는 변화의 과정을 거친다. 시각적 외관을 변화시키는
무언가가 그들에게 '행해지는' 것이다. 예술에서 스타일은
무언가가 만들어지는 독특한 방식을 의미한다.(Dehs 2017)
또한 스타일은 패션 연구의 핵심적인 부분으로, 이때
스타일은 패션의 체계적 변화를 벗어난 특정하고 개별적인
특징을 지닌 안정적이고 지속성 있는 구성 요소로서 패션과
같은 뜻으로 사용되거나 종종 패션에 반대되는 개념으로
사용된다.(예컨대 Lifter 2014; Warkander 2013) 패션은 일시성과
자본주의의 영역에 속한 반면, 스타일에는 일정한 공허함이
있다.(Wilson 2010) 1960년대와 1970년대 버밍엄 동시대 문화
연구 센터에서 나온, 전후 하위문화 스타일에 대한 연구에서
발전한 스타일의 1세대 이론은 스타일을 헤게모니에 대한
이데올로기적 저항 및 대립의 일환으로 보았다.(예컨대
Hall and Jefferson 1976; Lifter 2012) 스타일에 관한 초기 저술의
중심 맥락은 브리콜라주를 펑크 및 그 외 스타일적 저항의
표현으로 간주하는 것이었다.(Clarke [1975] 2003; Hebdige
1979; Warkander 2013) 레비스트로스가 그의 저서 『야생의

사고』(The Savage Mind, 1966)에서 정립한 브리콜라주는 간단히 말해 기존의 것을 새로운 맥락에서 재배열 및 재조합하는 것으로, 스타일링에 대한 이해와도 관련이 깊다. 이후 많은 사람들은 스타일을 이데올로기적 저항으로 이해하는 방식이 스타일이 더 넓은 소비자 문화 안에서, 그리고 그 일부로 확산되는 방식을 간과한다고 비판했다.(Evans 1997; Lifter 2012; McRobbie 1994) 1990년대 문화 연구에서 스타일은 이론적으로 재정립되어 "내부와 외부, 진품과 모조품이라는 이분법적 구분이 무너지는"(Barker 2008, 428) 소비자 문화 '내부'의 산물로 간주되었으며, 이때 개인의 자아 창조에 점점 더 큰 방점이 찍혔다. 이러한 보다 일상적인 접근 방식과 유사한 맥락에서 수잔 카이저는 스타일이 "일상생활에서 외모를 관리하는 과정 또는 행위"라고 주장했다.(Kaiser 2001) 아프리카 디아스포라의 스타일에 관한 연구에서 캐럴 툴럭은 스타일을 조합(assembling), 셀프 스타일링, 옷과 액세서리를 통한 자아 구성 활동의 일종으로서 행위성(agency)이라고 정의한다. (Tulloch 2010) 우리가 '룩'을 조합하는 방식, 즉 셀프 스타일링은 "개인이 내리는 의상의 선택을 통해 일종의 자서전을 펴내는 것, 즉 자기 서술(self-telling)"이다.(Tulloch 2010, 5)

　　이 책에서 패션 스타일링은 특히 1980년대에 보다 공식화된 스타일리스트의 직업적 부상을 의미하지만, 스타일링은 1920년대부터 자동차 업계에서 사용되어 왔으며, 의상을 조합하는 실천으로서 셀프 스타일링은 이 용어가 등장하기 훨씬 이전부터 존재해 왔다.

창의적 '이면서' 상업적인

> '크리에이티브'보다 더 일관되게 긍정적으로 언급되는
> 단어는 없다.(Williams 1965, 19)

패션 분야 전반에서, 업계 종사자와 학자 모두 패션의 창의적
가치와 상업적 가치를 분류하여 패션을 이해한다.(Aspers 2006;
Entwistle 2002, 2009; Lynge-Jorlén 2016, 2017) 스타일링은 다른
크리에이티브 업종과 마찬가지로 창의적이면서도 상업적이며,
이 둘은 뗄 수 없는 관계에 있지만 이 책의 글과 인터뷰에서
알 수 있듯이 둘 사이에는 여전히 위계와, 정당화에 있어서
정도의 차이가 존재한다. 상업적 스타일링은 종종 낮은 가치를
나타내는 반면, 창의적인 일은 명성과 높은 문화적 가치를
부여받는다. 크리에이티브 산업의 정체성에 관한 연구에서
리아 암스트롱과 펠리스 맥다월은 사회경제적 관점에서의
창의성이 "일과 노동의 역사와 중요한 변증법을 형성한다"고
이야기한다.(Armstrong and McDowell 2018, 6) 예를 들어, 그
중심에는 문화 산업에 대한 프랑크푸르트학파의 유명한
저작(Adorno and Horkheimer [1944] 1997)과 창의적 계급의
부상(Florida 2002) 등의 논의가 있다. '새로운 문화 중개자'에
관한 피에르 부르디외의 중요한 저서(Bourdieu 1984)는 전후
크리에이티브 산업에서 새롭게 등장한 직업들의 중개자적
특성을 이해하는 데에도 널리 활용된다. 이 책에 실린 필립
바칸데르의 글에서 알 수 있듯이 본질적으로 스타일리스트는
다양한 업무를 수행하며, 이러한 업무에 대한 가치는 상황에
따라 달라진다. 데이비드 헤즈먼헬시와 세라 베이커는
창의성과 상업성 사이에는 긴장과 모순이 존재하지만,

"창의성과 상업성이 항상 대립해야 한다는 낭만적인 입장을 취하는 것과는 다르다"고 주장한다.(Hesmondhalgh and Baker 2011, 9) 이러한 주장은 이 둘의 혼합에 초점을 맞춘 문화 경제(Du Gay and Pryke 2002)와 미적 경제(Entwistle 2002, 2009)에 대한 연구에서도 찾아볼 수 있다. "자본주의가 창의성의 기능을 조직하는 방식"(Hesmondhalgh and Baker 2011, 57)과, 모든 시장은 문화적이며 공유된 가치와 의미에 기반을 두고 있다는 점을 인정할 필요가 있다.(Entwistle 2009, 11) 스타일링에서 창의성과 상업성이 상호 배타적인 것은 아니지만, 이 책에서 분석하고 인터뷰한 대부분의 스타일리스트는 창의적 행위성, 즉 헤즈먼드핼시와 베이커가 "미적 자율성"(Hesmondhalgh and Baker 2011, 32)과 "창의적 자율성"(Hesmondhalgh and Baker 2011, 40)이라 일컫는 것에 관심을 갖고 있는 것으로 보인다. 스타일링의 창의적 노동은 본질적으로 포토그래퍼, 모델, 헤어 및 메이크업 아티스트, 에디터 및 클라이언트 등과의 협업이지만, 창의적 자율성의 경험 그리고 그에 따른 스타일리스트의 정체성은, 적어도 잡지 스타일링의 맥락에서는, 마치 어떤 성배 혹은 창의적인 정신이 더 자유롭게 순환하는 어떤 장소를 상징하는 것처럼 보이기도 한다. 이것은 직장 내에서의 자율성, 즉 "특정 업무 상황 내에서 개별 근로자 또는 집단이 갖는 자기 결정권의 정도"의 문제다.(Hesmondhalgh and Baker 2011, 40) 이 책을 통해 과거와 현재의 스타일리스트가 스타일링이라는 창조적 노동을 통해 자신의 직업적 정체성과 스타일적 차별성을 만들어 내는 방식을 명확히 알 수 있을 것이다.

책의 개요

이 책은 패션에 대한 다중적인 방법론 및 학제적 접근을 특징으로 하는 학술적 패션 연구의 영역에 속하기 때문에 (Granata 2012) 각 장마다 서로 다른 방법론과 자료가 사용된다. 이 방법론과 자료는 아카이브 연구, 가치와 의미의 사회문화적 생산에 대한 사회학적 연구, 그리고 젠더, 정체성, 신체의 스타일링 및 주요한 스타일리스트들에 대한 이론적 분석을 아우른다. 여기에는 1차 인터뷰, 구술사, 과거와 동시대의 이미지, 다양한 지역과 영미권 및 유럽의 사례 연구가 포함된다. 이 책은 스타일링의 역사, 의미, 실천의 다양한 측면을 조명하는 세 부분으로 나뉜다. 스타일리스트들이 자신의 작업, 스타일 정체성 및 걸어온 길들에 대해 이야기하는 1차 인터뷰가 학술적인 글 사이사이에 실려 있다. 다양한 경로와 문화적 배경이 스타일링에 대한 시각적 언어와 접근 방식을 형성하는 가운데, 이들은 하이패션과 실험적인 패션을 넘나들며 『리-에디션』(Re-Edition), 『데이즈드』(Dazed), 『POP』, 『퍼플』(Purple) 등과 같은 패션 매체 및 미쏘니(Missoni), 발렌시아가(Balenciaga), 헬무트 랭(Helmut Lang), 아크네 스튜디오(Acne Studios)와 같은 패션 하우스와 협업하고 있다. 이 스타일리스트들을 하나로 묶는 것은 젠더, 인종, 신체적 규범, 섹슈얼리티, 취향, 아름다움에 대한 이상과 관련하여 새롭고 포용적인 이미지를 제작하는 방식이다. 스타일링의 미적 노동에 들어가는 연구와 지식의 정도가 인터뷰를 통해 분명해질 것이다. 이론적 저술들과 실제 현직자들과의 인터뷰를 결합함으로써 이 책은 스타일링이라는 일과 그 핵심 주제 및 표현 방식들을 이해할 총체적인 프리즘을 제공한다.

1부: 잡지 안팎에서 스타일리스트의 역사와 역할

스타일리스트라는 직업의 역사는 패션 잡지의 이미지를 만드는 사람들의 역할이 발전한 것과 밀접한 관련이 있다. 사회의 변화와 계층은 종종 새로운 직업이 탄생하는 원동력으로 작용하며, 이는 역사적으로 도시주의, 산업주의, 자본주의 및 새로운 시장의 부상과 관련이 있다. 라슨은 "'전문직'이라는 단어, '전문적으로 하는 일'이라는 개념은 유능함과 헌신, 그리고 전문직에 대해 일반인이 의문을 제기해서는 안 된다는 어느 정도 면책의 암시를 내포한다"고 주장한다.(Larson 2018, 36) 그러나 의사나 변호사와 달리 일반인은 스타일리스트의 전문성을 신뢰할 필요가 없다. 스타일리스트 직함은 법적으로 보호되지 않으며, 대학에서 공부할 수는 있지만 학위가 필요하지는 않다. 하지만 실제 업무에서 수반되는 전문 지식이 필요한 것은 사실이고, 그로써 패션 분야에서 권위를 가질 수 있다. 스타일링은 1980년대 잡지 제작의 변화와 함께 등장했으며, 이는 새로운 프리랜서 경제의 형성 및 기술 발전과도 관련이 있다. 이후 10년 동안 스타일링은 전문화 과정을 거쳤고, 그 결과 기존 전문직이 누렸던 독점과 규제 없이도 차별화되고 전문적이며 권위 있는 전문 직업으로 자리 잡았다. '프런트 스테이지' 활동을 통해 스타일링의 외부 검증이 강화된 것은 전문가의 서비스가 우월한 것으로 인식되고 브랜드화되는, 라슨의 용어로는 "생산자의 생산"의 과정으로 볼 수 있다.(Larson 2018, 29) 이러한 '생산자의 생산' 과정에는 스타일리스트 자신의 직업적 자아에 대한 자의식이 "자아와 개성의 표현에 따른 정체성과 실천의 지속적인 형성"으로 자리 잡고 있다.(Armstrong and McDowell 2018, 11) 스타일리스트의 개인적 차별성, 자아에 대한 감각, 스타일, 그리고 문화적, 사회적 맥락과의 연관성과 관련된 이슈는 이 책에 실린 스타일리스트 인터뷰와 에세이 전반을 관통한다.

업무 맥락에서 수행되는 전문적인 스타일링과 함께, 스타일링은 비전문적 환경에서 일상적인 관행으로서 옷을 입는 행위에서도 표현되며, 이는 "비범한 것에서부터 평범한 것에 이르기까지 패션에 대한 지속적인 참여를 드러낸다"고 말할 수 있다.(Buckley and Clark 2017, 7) 이처럼 버클리와 클라크가 주장했듯, 하이패션의 비범함에 비해 일상의 평범한 패션은 대부분 눈에 띄지 않는다. 따라서 카이저가 제안한 스타일에 대한 한 가지 정의, 즉 일상에서 우리의 외모를 관리하는 행위는 일상생활의 창의적 잠재력에 기반을 두고 있다.(Kaiser 2001) 그러나 '백스테이지', 즉 패션쇼 무대가 아닌 곳에서의 일상적인 자아 스타일링의 창의적 행위성은 주위의 영향 없이 홀로 존재하는 것이 아니라 패션쇼, 잡지, 백화점 등의 구조에 의해 형성된다.(2장 참조)

1부에서는 스타일링의 역사적, 동시대적 측면을 모두 다루며 스타일링의 형성과 변화 및 스타일링의 다양한 역할을 파악한다. 여기 해당하는 장들에서는 스타일리스트의 역사와, 일상 및 직업 등 다양한 맥락과 유형 속에서 스타일링이 취할 수 있는 다양한 입장, 전문 스타일리스트가 되기 위한 학습 과정, 그리고 스타일링 작업의 다양한 실험적, 개념적, 정치적 측면 등에 대해 설명할 것이다. 1장에서는 스타일링의 어원을 이해하기 위한 맥락을 정립한다. 필립 클라크는 스타일링의 초기 사용과 정의, 그리고 스타일과의 언어적 연관성을 추적했다. 이어서 이 새로운 직업의 중심지였던 1980년대 런던의 스타일 매체와의 연관 속에서 초기 스타일링의 역할이 정당화 및 공고화된 방식, 그리고 스타일링 작업이 잡지에서 인정받아 온 방식에 대해 살펴본다. 2장에서는 스타일링이 직업이 되기 이전부터 스타일링이 수행되어 온 방식을 알아본다. 덴마크의 사례 연구를 통해 마리 리겔스 멜키오르는 앙상블 스타일링의 관행을 살펴보았으며, 드레스 제작자의 아틀리에에서 옷을 입어 보고, 리폼하며 조합하는 행위, 패션 사진 및 패션쇼, 그리고 이러한 관행이 20세기 전반기에 사적인 영역으로 전환된 방식에 대해 살펴본다. 여기서 스타일링은 옷차림과 몸단장이 확장된 행위로 이해할 수 있으며, 당시의 부르주아적 가치를 구현할 뿐 아니라 일상생활에서 외모를 관리하고 에티켓을 준수하는 행위이기도 하다. 이러한 역사적 맥락을 바탕으로 3장에서는 동시대 니치 패션 잡지의 페이지 속 실험적인 스타일링을 다룬다. 아네 링에요를렌은 패션 잡지의 맥락에서 새로운 소재 미학의 예로서 '노숙자'와 '꼽추'라는 스타일링에서의 비유를 다루며, 이는 형태와 소재에 대한 실험을 통해 신체를 감싸는 규범을 파괴하는 스타일링이다. 이러한 화보는 예술적 실천에 걸쳐 있는 스타일링의 확장된 역할로, 스타일링의 창의적이고 형태를 변화시키는 특성, 장난스러움, 규범에 대한 비판을 높은 수준으로 표현한다. 학술적인 글에 이어 4장에서는 덴마크 출신의 안데르스 쉴스텐 톰슨을 인터뷰했다. 런던 칼리지 오브 패션에서 스타일링 학위를 받기 위해 공부했지만 졸업하기 전에 그만두고 케이티 그랜드의 어시스턴트가 된 그는 곧 잡지 『POP』의 패션 에디터가 되었으며, 이후 『러브』(LOVE)의 패션 디렉터가 되었다. 수잔 마센과의 인터뷰에서, 쉴스텐 톰슨은 잡지사에 소속되어 일하다가 신진 디자이너들과 함께 프리랜서로 일하게 된 과정, 다양한 레이어를 사용하며 기묘한 것에 끌리게 된 자신의 변화에 대해 이야기한다. 또한 다른 많은 동시대 스타일리스트와 달리, 영국 스타일리스트 엘리자베스 프레이저벨에게

아름다움은 금기가 아니다. 5장의 수잔 마센과의 인터뷰에서
『데이즈드』의 수석 패션 에디터였던 프레이저벨은 초창기
어시스턴트 시절의 실수와 스타일리스트로서 자신이 누구인지
이해하는 과정에 대해 솔직하게 이야기했다. 프레이저벨은
이러한 순간들에 감사하며, 과잉된 제스처의 아름다움과
자연을 두려워하지 않고, 자신의 스타일링이 '단 하나'가
아닌 다층적일 수 있도록 만든다. 6장에서는 후드 바이
에어(Hood by Air), 섹션 8(Section 8) 등의 브랜드와 협업하며
뉴욕 패션 언더그라운드 신의 핵심 스타일리스트로 활약
중인 자메이카계 미국인 아킴 스미스가 등장한다. 댄스홀을
운영하고 있어 의상이 창작 환경의 필수 요소였던 집안에서
태어난 스미스는 의상 디자인을 공부하러 뉴욕으로 갔지만
스타일링 분야에서 경력을 쌓기 위해 학교를 떠났고, 이후 킴
카다시안, 헬무트 랭, 이지(Yeezy) 등과 함께 일하게 되었다.
예페 우겔비그와의 인터뷰에서 스미스는 자신의 연구 중심적
접근 방식, 인종, 역사 인식의 중요성에 대해 이야기한다.

　　2부: 정체성, 젠더, 인종 그리고 스타일 서사
패션에서의 정체성, 예를 들어 계급, 젠더, 인종, 섹슈얼리티와
관련된 정체성은 복잡하고 모순적이며, 인공적인 것과 진정성,
자기 스타일링과 자연스러움 사이의 긴장을 보여 준다.
(Entwistle 2000b, 113) 패션 잡지의 스타일링 작업은 이미지
메이킹과 관련되어 있다는 점에서 '자연스럽지' 않지만,
스타일리스트의 직업적 정체성, 젠더 및 인종 표현 등의
핵심적 이슈들과 연결된다. 이것들은 권력의 위계 및 위치와
결부된 주체의 입장(subject positions)이다. 수잔 카이저는
이러한 주체의 입장이 "타인이 제공하는 라벨과 고정관념에
종속되는 과정뿐 아니라 스스로 라벨을 붙이는 과정(즉,

24

행위성 및 주체성)을 포함한다"고 말한다.(Kaiser 2012, 75) 젠더와 인종은 자기 스타일링의 일부이지만 사회 구조와 분리될 수 없으며, 따라서 [젠더와 인종은] 스타일리스트가 스타일링을 생산하거나 스스로를 식별하는 방식 등 "소속과 차별화의 과정"을 탐색하고 재조정하는 것을 포함한다.(같은 책) 또한 패션, 여성 및 남성 잡지에 관한 문헌 전반에 걸쳐 젠더 표현의 문제, 특히 여성성(Ballaster et al. 1991; Ferguson 1983; Gough-Yates 2003; McCracken 1993; McRobbie 1978, 1996, 2000; Winship 1987) 및 남성성(Crewe 2003; Edwards 1997; Jackson et al. 2001; Nixon 1993) 관련 질문이 분석되었다. 정체성은 조정 가능하고 유동적이며, 패션 이미지 또한 헤게모니적 고정관념을 넘어 비(非)이분법적 인식을 촉진할 수 있다. 페미니즘 이론에서 비롯된 최근의 교차적 접근 방식은 젠더, 인종, 계급 문제를 서로 중첩된 주체의 입장들로 간주한다. 키머벌레 크렌쇼가 창안한 교차성은 서로 교차하는 억압 체계에 대한 통합적인 분석을 요구하며, 이 모든 것이 정체성 문제와 관련이 있다.(Berger and Guidroz 2009)

　　책 전체에 걸친 자전적인 세부 묘사와 회고적인 "인생 서사"(Smith and Watson 2010)는 스타일리스트 자신의 목소리뿐만 아니라 젠더, 민족, 공동체에 대한 새로운 표현의 생산자로서 주요 스타일리스트의 작업을 조명하는 이 2부의 소논문들에도 포함되어 있다. 인생 서사는 "생산자의 삶을 주제로 삼는 모든 종류의, 다양한 미디어에서 나타나는 자기표현 행위"를 가리킨다.(Smith and Watson 2010, 4) 이러한 인생 서사는 집단적 기억, 의미를 형성하는 기억, 경험 등을 활용해 역사를 쓰는 역할을 한다. 그리고 그것은 과거와 현재의 스타일링 작업의 생생한 경험과 관점을 이해하는 데 도움이 된다. 캐럴 툴럭은 일반인의 스타일링을

25

자전적인 "스타일 서사"(Tulloch 2010, 4-5)로 보고 있으며, 스타일리스트가 특정 룩을 만들기 위해 내린 많은 선택을 보여주는 전문적인 스타일링도 여기에 포함될 수 있다.

2부의 글과 인터뷰에서는 스타일링 작업의 내러티브와 스타일리스트 자신의 실천 속 정체성, 젠더, 섹슈얼리티 및 인종을 탐구한다. 페미니즘과 포용성에 대한 주장은 진취적 실천 및 카이저가 "소프트 어셈블리지"(Kaiser 2012, 124)라고 부르는 표현의 예시들과 함께 2부 전체를 관통하며 나타난다. 7장에서는 앨리스 비어드가 캐럴라인 베이커의 중요한 작업을 살펴본다. 현재 우리가 알고 있는 스타일리스트의 기원은 베이커가 1967년부터 1975년까지 『노바』(Nova)의 패션 에디터로 일하면서 진행한 작업에서 찾을 수 있다. 당시 다른 잡지가 주도하던 부르주아적 여성상 표현의 현황에 반기를 든 그녀는 군대의 잉여 보급품, 중고 물건들, 작업복 등을 활용해 자신만의 독창적인 방식으로 옷의 용도와 기능에 대한 규범을 커스텀하고 전복하는 등 진취적인 룩을 완성했다. 이데올로기적인 의복 리폼 프로젝트는 패션 시스템에 도전하고 여성들이 자신만의 독특한 룩을 창조할 수 있도록 힘을 실어 주는 방법으로 베이커의 페미니즘 작업에 영향을 미쳤다. 8장에서는 숀 콜의 글을 통해 버펄로 컬렉티브(Buffalo Collective)의 중심인물로 자메이카 거리 문화, 아메리카 원주민, 런던 게이 클럽, 스포츠, 군대에서 가져온 다양한 문화적 레퍼런스를 혼합하여 새로운 남성성을 스타일링한 고(故) 레이 페트리의 영향력 있는 작업들을 살펴본다. 모델 캐스팅은 페트리가 인종, 젠더, 섹슈얼리티를 아우르는 새로운 남성성을 스타일링하는 데 중요한 역할을 했으며, 이는 다양한 문화를 병치한 그의 스타일과 함께 1980년대 영국 스타일 매체에서 스타일링을 창조하는 주춧돌이 되었다. 9장에서는

선구적인 음악 스타일리스트 준 앰브로즈와 미사 힐턴의
아프로퓨처리즘적 크리에이티브 활동에 초점을 맞춘다.
레이철 리프터는 앰브로즈가 래퍼 미시 엘리엇을 위해 만든
'미쉐린 맨' 풍선 슈트와 힐턴이 래퍼 릴 킴을 위해 만든
가슴을 노출하는 라일락 컬러 점프슈트를 살펴보고,
1990년대 후반 힙합의 이미지를 통해 흑인의 삶과 여성의
시각을 재구성하는 데 중요한 역할을 했던 앰브로즈와
힐턴이 아직 힙합의 역사에 기록되지 않았다고 주장한다.
10장에서는 런던의 컬트 레이블 미드햄 키르히호프(Meadham
Kirchhoff)로 커리어를 시작한 프랑스 스타일리스트 뱅자맹
키르히호프가 등장한다. 키르히호프는 레이블을 떠나 메종
마르지엘라(Maison Margiela)와 『아레나 옴므 플러스』(Arena
Homme+), 『POP』 등의 클라이언트들을 위해 스타일링을
시작했으며, 현재는 『레플리카』(Replica)의 패션 디렉터로
활동하고 있다. 정체성을 모호하게 표현하는 그의 작업에서는
소외된 인물과 비전통적인 모델이 자주 등장한다. 수잔
마센과의 인터뷰에서 키르히호프는 규범을 거스르는
것, 전복, 정의에서 벗어나는 것을 선호하는 방식에 대해
이야기한다. 11장에서는 남성복 패턴사로 경력을 쌓은
후, 마틴 마르지엘라가 아직 자신의 회사에 있을 때 메종
마틴 마르지엘라에서 일하기 시작한 프랑스 스타일리스트
록산 당세를 프란체스카 그라나타가 인터뷰한다. 해당
장에서 당세는 스타일리스트가 되는 과정을 자신도 모르게
자연스럽게 배웠다고 이야기한다. 또한 그녀는 마르지엘라의
영향, 포토그래퍼 비비안 사선과의 지속적인 협업, 여성의
시선, 대안적인 여성의 아름다움 등에 대해서도 이야기한다.
영국계 스페인 스타일리스트 버네사 리드는 영화를 전공한
후 프랑스 『보그』(Vogue)의 마리 아말리소베의 어시스턴트로

스타일리스트 일을 시작했다. 이후 리드는 독립하여 사진작가
유르겐 텔러, 마크 보스윅, 할리 위어와 함께 미쏘니,
아크네(Acne) 등의 브랜드 및 『POP』과 긴밀한 협력 관계를
맺었다. 12장에서는 리드가 수잔 마센과 함께 샘플 사이즈에
맞지 않는 여성을 [모델로] 활용하는 것, 여성의 자율권 및
조각 '만들기'(building)에 대해 이야기한다.

   3부: 글로벌 패션 미디어와 스타일링 실천의 지리학
디지털 기술과 페이스북(2004), 인스타그램(2010) 이후, 우리는
최소한 상상 속에서는 1960년대 마셜 매클루언이 '지구촌'(a
global village, McLuhan [1964] 2007)이라고 불렀던 세계 속에
사는 것처럼 보일 수 있다. 커뮤니케이션의 증가로 세계는
축소되었으며, 이는 "문화적 동질화와 문화적 이질화 사이의
긴장"으로 이어졌다.(Appadurai 1996, 32) 세계화의 효과는
모순적인데, 수잔 카이저에 따르면 "지리적 위치 내에서
다양성이 증가하는 경향과 위치 간 동질화 효과는 글로벌한
역설을 나타낸다"고 한다.(Kaiser 1999, 110) 이러한 역설적
긴장은 스타일링 실천 전반에 걸친 문화적 협상을 통해서도
드러나는데, 예를 들어 밀라노(13장 참조)나 스톡홀름(14장
및 16장 참조)과 같은 곳에서의 스타일링 방식은 특정 지역
문화와 더 넓은 세계적 실천에 모두 내재되어 있다. 프랑스
패션 하우스 발렌시아가의 캠페인과 쇼 스타일링을 담당한
러시아 출신 스타일리스트 로타 볼코바처럼, 사물과 사람이
지역적 차원에서 다른 맥락으로 옮겨질 수도 있다.(15장
참조) 문화적 혼성성의 사례로 볼 수 있는 볼코바의 러시아적
취향은 파리의 하이패션 하우스와 결합되어 패션의 새로운
표현을 만들어 냈다. 아파두라이는 천을 직조하는 상황에 이를
빗대어, 전 지구적으로 분리되는 유행의 흐름이라는 씨실과

안정된 공동체라는 날실이 있다고 주장한다.(Appadurai 1996, 33-34) 이러한 사례들은 서로 얽혀 있으며, 볼코바와 같은 개인 프리랜서나 하이스트리트 브랜드 자라(Zara, 스페인), 탑샵(Topshop, 영국), 스웨덴의 H&M과 같은 대기업을 통해 "문화적, 국가적 차이를 흡수하고 적절히 적용하면서 혼종화를 대표한다"고 할 수 있다.(Kaiser 2012, 60)

3부에서는 동시대 패션 스타일링 작업 분야에서 지역 및 글로벌 패션 분야의 실천 및 다양한 형태의 자본에 초점을 맞춘다. 지역적 환경에서의 스타일링은 글로벌 스타일링 실천들과 연결되어 있지만, 지리적 위치 및 역할과 관련된 문제가 발생하는 문화적 지역성에 의해 형성되기도 한다. 13장과 14장에서는 밀라노와 스톡홀름의 서로 다른 지역에서 활동하는 현대 스타일리스트에 대한 민족지학적 현장 조사를 제공한다. 두 장 모두 도시의 특정 문화적 맥락이 스타일링에 어떻게 반영되는지, 그리고 스타일리스트들이 디지털 환경과 소셜 미디어가 촉발한 변화를 얼마간의 아쉬움 속에 맞이하는 모습을 전달한다. 13장에서 파올로 볼론테는 밀라노가 4대 패션 수도에 속하지만, 밀라노에 기반을 둔 스타일리스트가 수행하는 스타일링의 지위 측면에서는 권위 있는 밀라노의 일자리를 놓고 외국에서 인기를 끄는 스타일리스트와 경쟁하는 열세에 놓여 있다고 주장한다. 또한 밀라노에 기반을 둔 스타일리스트들은 새로운 기술과 비전문 인플루언서들과의 경쟁에서 압박을 느끼고 있다. 14장에서는 스웨덴에서 가장 규모가 큰 패션 브랜드인 H&M의 상업적 스타일링을 구체적으로 살펴본다. 필립 바칸데르는 이러한 대형 패션 기업에서 주로 이커머스 스타일링을 담당하는 인하우스 및 프리랜서 스타일리스트들과 이야기를 나누었다. H&M은 소비자들에게 몇 주마다 새로운 상품을 제안하는

세계적인 패스트 패션의 전형으로 널리 알려졌지만, 스웨덴의
특수한 문화적 환경과 정치적 이데올로기가 그 안에서 일하는
스타일리스트의 일과 삶의 관계를 형성하는 데 영향을 미치고
있다. 15장에서는 러시아 스타일리스트 로타 볼코바가 수잔
마센에게 자신의 취향과 문화적 배경에 대해 이야기한다.
런던의 센트럴 세인트 마틴에서 공부한 후 2004년 자신의
브랜드를 설립한 볼코바는 파리로 옮겨 와 뎀나 바잘리아의
베트멍(Vetements)과 발렌시아가 컬렉션의 핵심 멤버가
되었으며 고샤 룹친스키와도 함께 작업했다. 볼코바의 작업은
동서양에 대한 통념을 뛰어넘은 포스트모던적 혼종으로,
러시아와 서양 문화를 내면화하는 동시에 '나쁜 취향'이라는
개념과 분명히 거리를 둔다. 마지막 16장에서는 스웨덴
스타일리스트 나오미 잇케스가 스웨덴의 『본 매거진』(Bon
Magazine)에서 일하다가 패션과 문학을 결합한 자신의 잡지
『릿케스』(Litkes)를 창간하기까지의 여정에 대해 마리아 벤
사드와 함께 이야기한다. 잇케스는 스웨덴 로컬 브랜드 및
프랑스 패션 잡지 『퍼플』과 함께 작업하는 한편, 스웨덴의
전설적인 브랜드 비에른 보리(Björn Borg)의 한정 캡슐 컬렉션인
RBN을 함께 작업한 아티스트 로빈과도 협업하고 있다. 합의에
기반하는 스웨덴의 의사 결정 문화, 질서가 있는 가운데
존재하는 혼돈, 그리고 스칸디나비아 포토그래퍼 안데르스
에드스트룀과 카스페르 세예르센과의 작업에 대해서도
이야기한다.

1부
잡지 안팎에서
스타일리스트의 역사와 역할

1장

스타일리스트:

어원과 역사

필립 클라크

38

2장

피팅룸에서: 1900-1965년 덴마크 패션에서

'스타일링' 이전의 스타일링 행위 연구

마리 리겔스 멜키오르

68

3장

노숙자와 꼽추: 니치 패션 잡지에서의

실험적 스타일링, 조합된 신체, 새로운 소재 미학

아네 륑에요를렌

100

4장
불확실성을 탐구하기:
안데르스 쇨스텐
톰슨과의 인터뷰
수잔 마센
130

5장
순간의 아름다움을 찾아서:
엘리자베스
프레이저벨과의 인터뷰
수잔 마센
142

6장
인기 없는 지식을
스타일링하다:
아킴 스미스와의 인터뷰
예페 우겔비그
156

2부
정체성, 젠더, 인종 그리고 스타일 서사

7장
'패션을 다시 생각하다':
캐럴라인 베이커와 1967–1975년 잡지 『노바』
앨리스 비어드
168

8장
'루킹 굿 인 어 버펄로 스탠스':
레이 페트리와 새로운 남성성의 스타일링
손 콜
202

9장
1990년대 힙합을 스타일링하고,
흑인들의 미래를 패션화하다
레이철 리프터
236

10장
패션의 매개변수에
질문을 던지다:
뱅자맹 키르히호프와의
인터뷰
수잔 마센
264

11장
여성의 시선을 탐구하다:
록산 당세와의 인터뷰
프란체스카 그라나타
276

12장
작은 조각품 만들기:
버네사 리드와의 인터뷰
수잔 마센
286

3부
글로벌 패션 미디어와
스타일링 실천의 지리학

13장

스타일리스트의 일:

디지털화 시대 밀라노의 패션 스타일링

파올로 볼론테

296

14장

상업적 스타일링: H&M에서의

스타일링 실천에 대한 민족지학적 연구

필립 바칸데르

326

15장
레퍼런스를 뒤틀다:
로타 볼코바와의 인터뷰
수잔 마센
352

16장
질서 정연한 혼돈을 만들다:
나오미 잇케스와의 인터뷰
마리아 벤 사드
362

참고 문헌
372

삽화 목록
384

도판 목록
386

저역자 소개
390

감사의 말
393

인명 색인
394

1부
잡지 안팎에서
스타일리스트의
역사와 역할

1장
스타일리스트: 어원과 역사

필립 클라크

서론

패션 스타일리스트는 잡지 에디터의 역할에 기반을 둔
직업으로, 1980년대에 뚜렷한 프리랜서 직군으로 인정받았다.
이전에도 비슷한 역할이 있었지만, 직업으로서 스타일링이
인정받은 것은 '스타일 프레스'(style press)라는 영국 독립
출판물들의 출현과 관련이 있다. 또한 보다 넓은 의미에서는
포스트모던 문화에서 스타일적 차이라는 개념이 전보다 더
주목받게 된 점과도 연관이 있다. 2017년 『옥스퍼드 영어
사전』(Oxford English Dictionary)에서 '스타일리스트'의 정의는
다음과 같다.

> 화보나 영화 촬영 등 특정 상황에서 또는 특정 사람
> (주로 유명인)에게 의류, 액세서리, 헤어스타일 등에 대해
> 조언해 주기 위해 고용된 사람.

동시대 스타일리스트들의 활동 범위는 패션, 의류 또는
신체 장식의 범위를 넘어선다. 지금의 스타일리스트들은
다양한 분야를 넘나들며 활동 중이다. 예를 들어 실내장식
또는 음식 촬영에 특화된 스타일리스트들도 있다. 실천적
차원, 즉 실제 현장에서 스타일리스트는 이미지나 공연, 행사
등에서 눈에 띄는 모든 아이템을 조달하고 모으며 선택하는
역할을 맡는다. 보다 추상적인 차원에서 이야기하자면,
스타일리스트는 다양한 문화들을 중재하는 역할이라고 할
수 있겠다. 이들은 패션, 광고, 커뮤니케이션의 접점에서
활약하며 취향을 만들어 내는 과정의 문지기와 같은 역할을
하고 있다.(Bourdieu 2010; Kawamura 2006; Lynge-Jorlén 2016)

39

이 장에서는 '스타일리스트'의 어원 및 패션 에디토리얼과 광고 사진의 맥락에서 스타일리스트라는 용어가 어떻게 받아들여지고 있는지를 검토할 것이다. 어원에 대한 연구는 미들섹스 대학교의 박사 과정 연구의 일환으로 수집된 패션 역사 관련 인터뷰 자료를 참고할 것이다. 이 인터뷰는 스타일리스트, 패션 에디터 및 그 주변인이 당시 패션 역사를 증언한 것으로, 이를 통해 영국 패션 에디토리얼 콘텐츠 및 데이터를 분석할 수 있었다. 총 16건으로 진행된 이 인터뷰는 미치 로렌즈, 폴 프레커, 사이먼 폭스턴 및 지 쇼어 등 1980년대에 프리랜서 스타일리스트로 폭넓게 활약했던 인물들 및 캐럴라인 베이커, 케어린 프랭클린, 데비 메이슨, 세라 밀러 및 이언 R. 웹(삽화 1) 등 패션 에디터로 활동한 이들과의 만남으로 진행되었다. 포토그래퍼 마크 레본과 로저 채리티, 아트 디렉터 로빈 데릭과 에이전시에서 일했던 지기 골딩은 스타일리스트의 동료 또는 협업을 진행하는 입장에서의 시각을 전해 주었다. 또한 모자 디자이너 스티븐 존스와 디제이 제프리 힌턴과 같은 이들은 스타일리스트들과 함께 살고 어울리면서 경험한 사회적 맥락 및 당시 런던의 크리에이티브 업계를 증언했다.

'스타일'의 어원

스타일과 관련된 모든 단어는 궁극적으로 어떤 대상을 가리키거나, 대상에 무언가를 새겨 넣는 데 사용되는 물체를 가리키는 용어와 이어진다. 파트리지는 스타일의 파생어 '스타일리시', '스타일리스트', '스타일리스틱', '스타일라이즈' 등을 명사 '스틱'(stick)의 하위어로 넣었다.(Partridge 1958)

삽화 1.「오랜 애장품」. 사진: 로버트 오길비.
패션 에디터: 이언 R. 웹.『블리츠』, 1987년 1월.

어니언스가 집필한 『옥스퍼드 영어 어원 사전』(Oxford Dictionary of English Etymology)에서는 이러한 용어들이 최초에 어떻게 사용되었는지 또는 수용된 의미가 무엇인지를 확인할 수 있다.(Onions 1966) 어니언스는 스타일이 스타일러스(stylus)의 파생어임을 인지하고 있었으며, 전환된 의미(현대 영어에서 주로 사용되는 의미에 가까운 버전)로서 최초로 사용된 것은 대상을 바꾼다는 뜻인 8세기 라틴어 '스틸룸 베르테레'임을 언급한 바 있다.

대상에 각인을 남기는 행위나 필기도구와의 직접적인 연관성은 나중에 문학 분야에서 활용되었다. 스타일이라는 용어가 이렇게 적용된 것은 다른 창의적 또는 예술적 목적으로 더 넓게 활용될 수 있다는 뜻이기도 했다. 이후 스타일은 일련의 '매너' 또는 '패션'을 의미하게 되었는데, 이는 태도나 행동에서부터 예술, 디자인, 의상, 헤어스타일, 건축 및 타이포그래피 등에 모두 적용되었다. 『콜린스 영어 사전』(Collins English Dictionary, 2017)의 정의에는 이러한 의미뿐 아니라 '우아함, 취향, 시크함, 세련됨' 등도 포함되어 있어, '스타일'을 갖는다는 것은 옷을 입거나 행동하는 방식에서 좋은 취향을 드러낸다는 뜻이다. 패션과 같은 의미로 사용할 수 있는 단어로서의 스타일은 15세기부터 사용되었다. 가와무라는 서로 연관된 이 두 단어를 다음과 같이 정의했다.

> '패션'이라는 단어의 동의어로는 모드, 스타일, 보그, 트렌드, 룩, 취향, 유행, 열풍 및 광풍(mode, style, vogue, trend, look, taste, fad, rage and craze) 등이 언급되지만, 이들의 의미 간에는 미묘한 차이가 있다. '스타일'은 패션과 비슷하게 사용되지만 일반적인 기준에 부합한다는 의미가 있는 반면, '보그'는 특정 패션의 일시적인 인기를

> 말한다. 그리하여 패션은 절대 고정되지 않고 끊임없이
> 변한다는 점을 인정하는 것처럼 보인다.(Kawamura 2006, 3)

'스타일'의 파생어인 '스타일리스트'라는 단어는 다양한 분야를
넘나들며 많은 맥락에서 활용되었다. 그중 일부는 패션 및
의류와 관련이 있으며, 스포츠와 같이 예술이나 문화적 생산
방식과는 관련이 없는 분야도 있다.

역사 속 스타일리스트

『옥스퍼드 영어 사전』의 역사적 유의어 기록에 따르면
'스타일리스트'라는 단어가 처음 사용된 것은 『월간 목회자』
(Monthly Rev., 1795)의 W. 테일러에 의해서였다. 최초의 정의는
문학과 관련이 있었는데, 스타일리스트는 '문체의 기법에
능숙하거나 이를 구축한 작가'였다. 즉 '문체론'(stylistics)의
연구 분야는 언어와 문학 작품의 스타일 분석이다.
    '스타일리스트'가 문학적 스타일을 벗어난 맥락에서
처음 사용된 것은 스포츠와 음악 분야에서였는데, '스타일
있게 플레이한다/연주한다'(plays with style)고 할 수 있는
사람을 스타일리스트라고 불렀다. 이는 『콜린스 온라인 영어
사전』(Collins English Dictionary online)의 정의에서 확인할 수
있는데, 스타일리스트라는 단어가 음악적 실력과 관련지어
처음 사용된 것은 1969년 잡지 『리스너』(Listener)에 실린
클라리넷 연주자에 관한 설명 글이었다. 또한 영국 국립도서관
카탈로그에는 일련의 음반 시리즈들이 있는데, 미국과 영국의
인기 뮤지션들의 음반들을 총칭해 '노래 스타일리스트'(song
stylists)라고 표기했다.

현재 『콜린스 영어 사전』은 스타일리스트를 "쓰고, 말하고, 행동하는 방식에 많은 주의를 기울여 매력적이고 우아하게 하는 사람"이라고 설명한다. 또한 보다 영국적인 맥락에서는 "공연을 하거나 글을 쓰거나 행동을 할 때 스타일에 주의를 기울이는 사람"이라고도 한다. 스타일리스트라는 단어가 최신 문화 트렌드에 대한 관심을 유지하는 사람이라는 의미로 사용되기 시작한 시점은 지난 세기 초로 거슬러 올라간다. 1905년, 라이스프타일 출판물의 초기 버전이라 할 수 있는 『스타일리스트』(The Stylist)는 패셔너블한 의류와 실내장식을 추구하는 소비자들을 대상으로 '새로운 디자인과 스타일'을 소개하는 기사를 실었다. '스타일이 있는', 또는 '스타일리시한' 사람을 가리킨다는 점에서는 비슷하지만 다른 맥락을 보자면, 스타일리스트는 1960년대 중반 이후 모더니스트들(또는 모드족[Mod])의 하위문화에서 사용되었다. 리처드 반스는 '스타일리스트'와 '개인주의자'(Individualist)라는 단어는 교외 및 지방에서 시작된, 보다 일반적이고 대중적인 느낌의 모드족과는 "차별화"하기를 원했던 오리지널 모드족들이 받아들인 것이라고 주장했다.(Barnes 1979, 122)

테일러링, 즉 옷의 디자인과 제작 측면에서 스타일리스트라는 단어가 보다 넓게 사용되는 것은 프랑스어 '스틸리스트'(styliste)와 이탈리아어 '스틸리스타'(stilista)가 '패션 디자이너'로 번역되는 점과도 일관성이 있다.(Volonté 2008) 현대의 패션 스타일리스트와 비슷한 역할을 하는 사람을 설명하는 데 이 단어를 사용한 최초의 인물은 타우베 콜러다. 미국 출판물 『딜리니에이터』(Delineator)의 잡지 기사에 따르면, 콜러가 1917년 패션 업계에서 자신을 스타일리스트라고 주장한 최초의 인물이라고 한다. 기사에서 그녀의 전문성은 "당신이 어떤 스타일을 가장 좋아할지, 그리고 어떤 스타일이 당신에게 가장 잘 어울릴지 경험을 통해 누구보다 잘 알고 있는" 점이라고 소개되었다.(작자 미상 1937, 24) 그녀는 주로 브랜드 컨설턴트로서, 문화를 소개하거나 스타일 인플루언서 역할을 하며 현재 스타일리스트의 정의와 같은 종류의 일들을 했던 것으로 보인다.

문화적 자본의 지표로서 스타일의 가치, 그리고 제품의 품질과 선망도를 차별화하는 스타일의 역할은 20세기 후반 동안의 포스트모던 현상으로 언급되어 온 바 있다.(Adamson and Pavitt 2011; Bauman 1992; Bourdieu 2010) 그러나 제품 마케팅에서 눈에 띄는 미적 요소의 중요성은 산업화가 상품 생산량을 증가시켰던 20세기 전반 일부 제조업자들도 확실히 알고 있었다. '스타일링'이라는 용어는 자동차 디자인에서 주로 이러한 맥락에서 사용되었다. 제너럴 모터스의 경쟁자는 포드였는데, 제너럴 모터스는 시장에서 포드보다 우위를 점하기 위해 '스타일리스트'를 고용했다. 포드는 자동차의 형태와 장식보다는 기능에 지속적으로 무게를 두었다. 1920년 설립된 제너럴 모터스의 '아트 앤드 컬러' 팀은 나중에 그 이름을 스타일링 스태프(Styling Staff)로 바꾸었다.(Gartman 1994) 여기서 스타일리스트의 역할은 대량 생산되어 기계적으로는 동일한 자동차의 디자인을 개조해 개인화된 제품으로 만들고, 점점 스타일에 민감해지는 소비자들에게 어필할 만한 새롭고 다양한 디자인을 지속적으로 만들어 내는 것이었다.

영국의 제너럴 모터스가 1950년대에 제작한 홍보 자료에서는 1927년을 '우리가 알고 있는 현대 자동차 스타일링의 시작'으로 꼽는다.(General Motors Styling 1955, 37) 여기서는 스타일리스트가 산업 디자이너와 유사한 직업으로 묘사되었다. 20세기 초, 스타일을 둘러싼 논쟁은 자동차 생산 과정에서 강철 소재를 특정 모양으로 찍어 낼 수 있게 되는 등 생산 공정의 발전과도 연결되어 있다.(Hebdige 1988) 제너럴 모터스의 홍보 자료는 스타일리스트에 대한 상업적 관심, 그리고 이들이 가진 현대적 취향에 대한 지식을 강조했다. 이는 스타일리스트와 예술가 또는 작가를 비교하며, 이들 모두가 "보는 사람의 생각과 감정"과 커뮤니케이션하는 일을 요구하는 직업임을 보여 준다.(General Motors Styling 1955, 6) 그럼에도 스타일리스트들이 항상 엔지니어들에게 환영받지는 못했는데, 이들은 디자인 과정에 쏟는 노력이 불필요하고 정당하지 않다고 여겼기 때문이었다.(Gartman 1994)

우리 연구에서 발견한, 사진 촬영이나 영화 제작 분야에서 일하는 스타일리스트의 최초의 예는 『리빙 아츠』(Living Arts)라고 불리는 컨템퍼러리 아츠 인스티튜트(ICA)의 1963년 출판물 표지 크레디트다. 영국 미술가 리처드 해밀턴과 스타일리스트 벳시 셔먼이 제작한 이 크레디트에는 14개 항목의 소품 및 제작진 목록이 기재되어 있다. 2004년 『인터내셔널 후즈 후』(International Who's Who, Europa 2003)에 따르면 셔먼은 미술가 리처드 스미스의 부인이었다고 하지만, 겉으로 드러난 적은 없으며 그녀의 전문적 역할 또는 촬영에 기여한 부분에 대해 알 수 있는 자료도 없다.

또 다른 기사를 분석해 보면 『옥스퍼드 영어 사전』의 어원 관련 항목과 상반되는 기사도 있다. 여기서는 스타일리스트라는 단어가 기사 맥락에서 인쇄물에 최초로 사용된 것이 미국 신문 『뉴욕 타임스』(New York Times) 1982년 6월 29일 자라고 되어 있다. 이 기사는 잡지 『하퍼스 바자』(Harper's Bazaar)에서 패션 에디터로 일했으며 영화 및 TV 프로그램 스타일리스트로도 일했던 차이나 마차도의 커리어를 정리해 이를 스타일리스트와 연관 지었다. 그러나 이러한 역할에 대한 기록은 잡지 『인터뷰』(Interview) 1977년 1월 호에서 피터 레스터와 리처드 번스틴이 조디 포스터와 그레이스 존스의 사진 옆 페이지의 크레디트에 '스타일리스트'로 기록된 것처럼, 1982년 이전에도 찾을 수 있다. 이때부터 『인터뷰』는 스타일리스트 역할을 한 사람을 크레디트에 기록했으며, '~가 스타일링함' 또는 '스타일링' 등의 용어를 사용해 이미지 속 모델이 입은 옷의 크리에이티브 책임자가 누구인지를 밝혔다.

영국 출판물에서도 1982년 이전부터 스타일리스트는 크레디트에 기록되었다. 1980년에 잡지 『코스모폴리탄』(Cosmopolitan)은 '사진 스타일리스트'(photographic stylist)인 지 쇼어의 커리어를 네 페이지에 걸쳐 소개한 기사를 실었다. 이 기사에서는 "스타일링"이라는 일을 이루는 실제 업무들을 설명하고, 해당 직업이 크리에이티브한 역할을 수행하는 직군의 네트워크 안에서 어떤 축을 담당하고 있는지를 정의했다. 기사에서 지 쇼어의 일은 "숍과 시장, 소품 가게들을 샅샅이 뒤지며" 액세서리를 조달 및 수집하고, "아트 디렉터나 포토그래퍼들과 함께 사진에서 어떤 느낌이 났으면 좋겠는지를 이야기"하고, 홍보 대행사 및 포토그래퍼와 전화로 연락을 취하는 것이라고 묘사되었다.(D. Hall 1982, 192) 필자의 개인 연구를 위해 그녀를 인터뷰했을 때, 쇼어는 스스로 스타일리스트라고 인식하기 시작한 시기는 1980년대 초반이었다고 기억했으며, 담당 에이전시도 그녀를 스타일리스트라고 부르기 시작했고 그렇게 마케팅을 했기에 "자연스럽게" 스타일리스트가 되었다고 한다. 잡지 『노바』, 『보그』, 『코스모폴리탄』에서 패션 에디터로 일했던 캐럴라인 베이커 역시 갑자기 스타일리스트라는 용어를 쓰기 시작한 시점이 1980년대였다고 기억하며 이러한 의견에 힘을 실었다.(Baker, 개인 교신, 2017년 1월 13일; Shore, 개인 교신, 2017년 8월 16일)

포스트모던 문화에서의 '스타일'

포스트모던 시대는 현대 문화의 변화들과 맞물려 '스타일'이라는 단어가 많이 언급된 시기라고 할 수 있다. 포스트모더니즘 또는 포스트모더니티는 서구 사회에서 1960년대 후반 또는 1970년대 초부터 존재한 것으로 인식되며, 대중문화 및 광고 디자인이나 패션과 같이 이전까지는 '저급'으로 치부되었던 문화적 생산물에 대한 재평가 등과도 관련이 있다.(Adamson and Pavitt 2011; Jameson 1991; York 1980) 요크는 1970년대를 "의식적인 스타일화"가 이루어진 시기 중 하나로 정의한다. 그는 '스타일' 및 '스타일리시'라는 단어가 패션 자본 또는 신뢰성을 나타내는 방법으로 자리를 잡았다고 이야기했다.(York 1980, 48)

포스트모더니즘은 라이프스타일의 모든 면이 상품화됨을 나타낸다고 여겨지곤 한다. 포스트모던 사회의 구성원들은 "소속을 상징하는 징표"를 갖기를 추구하며, 자신들만의 정체성을 나타내는 복합적인 요소들을 구입하거나 특정 "행위체"(agencies) 또는 집단에 대한 충성도를 보여 줄 수 있는 가시적인 정체성을 구축한다. 이러한 징표들의 가치는 권위자들이나 전문가들이 부여할 수도 있고, 얼마나 많은 대중이 이를 인식하고 있는지, 얼마나 인기가 있는지에 따라 결정될 수도 있다.(Bauman 1992, 195) 이렇게 뚜렷한 사회적 변화의 원인은 탈산업화가 이루어지고, 보다 여가 시간과 여유 소득이 많고 교육 수준이 높은 중산층의 수가 점진적으로 늘어났기 때문이다. 포스트모던 사회에서 급성장한 중산층은 취향을 발전시키고 "소비자 문화와 문화 산업에서 지속적으로 생성해 내는 새로운 스타일, 경험 및 상징적 상품들"에

대한 인식을 유지하는 데 점점 더 많은 시간과 노력을 들인다.(Featherstone 1991, 109)

'스타일'은 '패션'이라는 단어와 동의어로 사용할 수 있고 다양하게 교체 활용이 가능한 단어였지만, 1980년대 디자이너의 통제하에 유행을 선도하며 돌아가는 패션 시스템의 대안을 내세우고자 하는 이들이 채택해 사용했다. (Gough-Yates 2003; Lorenz 2000) 스타일의 개념에 대한 논란이 확산된 것은, 영국에서는 1980년대 새로운 출판물 장르로 등장한 '스타일 프레스'와 더욱 특별한 관련이 있다. 이 출판물을 만드는 사람들은 패션계에 관심이 있는 사람이거나 심지어 패션 업계 종사자들이었지만 이들 사이에서는 전통적인 패션계의 관행에 대한 불신이 만연했다. '스타일'은 개인주의를 반영했으며, 이는 고유한 영향과 관심으로 이루어진 개인적 정체성에 대한 관념을 기반으로 했기에 권위 있는 패션 주체들이 지배하는 유행의 영향권 밖에 있었다. 스타일을 둘러싼 이러한 담론과 '스타일'이라는 용어가 지닌 영향력이 커지면서 영국의 잡지 및 광고업계에서 스타일리스트는 하나의 역할이자 직업으로 인정을 받게 된다. 이들은 처음에는 패션 출판계에서 시작해 다른 분야로도 진출하게 되었다.

1980년대: 스타일리스트의 시대

고드프리는 반대되는 증거들이 많음에도 1970년대에 "스타일리스트 같은 것은 없었다"고 단언하며(Godfrey 1990, 208),

1980년대 『i-D』, 『더 페이스』(The Face), 『블리츠』(Blitz)와 같은 독립 라이프스타일 출판물들이 일으킨 새로운 물결이 스타일리스트라는 직업을 만들어 냈다고 주장한 바 있다. 『더 페이스』를 창간한 닉 로건은 이 주장에 완전히 동의하지는 않았지만 이 출판물들이 "어쩌다 보니 스타일 프레스라는 용어를 만들어 내면서", 결과적으로 기존 출판물들이 제공하던 만큼의 창의적 인정을 받지 못했던 패션 포토그래퍼 및 "새로운 유형의 기여자", 즉 스타일리스트에게 플랫폼을 제공했다는 점은 인정했다.(Lorenz 2000, 147)

위에서 언급했듯 스타일은 기존 패션에 반기를 드는 기조로 제시되고 있었다. 스타일 프레스에 따르면 주류 출판물들의 영역으로서 패션은 '하향식' 구조를 띠며 통제와 위계를 나타내는 시스템을 지탱하고 있었다. 반면 스타일은 표현의 자유와 개성을 나타냈고, 유명한 취향의 심판자들 즉 기성 디자이너 또는 패션 매체 사이에서가 아닌, 길거리와 런던 클럽 신에서 생성되는 것이었다. 처음에 『i-D』의 목적은 스타일 기록으로, 런던 및 여타 지역의 다양한 하위문화 집단들 사이에서 나타나는 스타일들의 범위와 종류를 보여 주는 것이었다. 『더 페이스』는 1980년 처음 발간되었을 때는 음악 매체의 성격이 지배적이었지만, 마찬가지로 잡지에 등장하는 밴드들의 스타일을 기록하고 보여 주는 것도 중요한 부분이었다.

영국의 다양한 패션 및 라이프스타일 출판물들의 기사 콘텐츠들에 대해 추가로 조사해 보면 스타일리스트들이 이 시기에 언제, 어떻게 처음으로 인정받았는지를 정확히 짚어 볼 수 있다. 이러한 독립 출판물들이 더 생겨나면서, 이들은 단순히 사람들이 입은 옷을 기록하는 것을 넘어서 일종의 무대와 서사가 있는 패션 화보를 제작하기 시작했다. 이는 어떤 면에서는 기존 패션 매체들의 관행과 비슷한 형식이었다.

삽화 2.「스타일: 우주가 바로 그곳이다」.
사진: 제이미 모건. 스타일링: 헬렌 로버츠.『더 페이스』, 1983년 7월.

『더 페이스』는 1982년 처음으로 '스타일링'을 크레디트에 기록했는데, 밴드 '바우하우스'(Bauhaus)의 리드싱어 피터 머피와 팝 그룹 '바나나라마'(Bananarama)가 '최신 에스닉 스타일' 셀렉션을 입고 등장한 화보에 포토그래퍼 실라 록이 '사진 및 스타일링'으로 기록되었다. 해당 잡지에서 패션 콘텐츠의 비중이 커지면서, 록은 꾸준히 이 두 가지 역할로 기록되었다. '스타일링'이라는 용어는 잡지에서 점차 일반적으로 인정받기 시작했으며, 이는 단순히 사진 촬영을 넘어서 이미지 제작에 기여하는 역할에 이름을 붙이려는 시도 및 의지가 더 커진 것이라고 볼 수 있다.(삽화 2, 3)

스타일리스트 에이전트로 일했던 지기 골딩은 스타일리스트가 등장한 해를 "1983년 또는 1984년"으로 규정하며, 1984년 『i-D』에 스타일리스트로 이름을 올린 사이먼 폭스턴은 1980년대 초반에는 스타일리스트라는 역할이 존재하지 않았다며 이 주장에 동의했다. 골딩은 스타일리스트라는 용어가 사용되기 전에, 프리랜서 스타일리스트들은 '옷장'(wardrobe)이라고 불린 반면 비슷한 업무를 했던 패션 에디터들은 잡지사에서 일했다고 증언했다.(Golding, 개인 교신, 2017년 2월 6일)

애초의 목적이 사람들이 어떤 옷을 입는지를 보여 주는 것이었던 잡지 『i-D』는 이보다 훨씬 후인 1984년 3월에 들어서야 스타일링을 인정하기 시작했다. 다시 말하자면 '스타일리스트'라는 명칭을 사용하기보다는 '스타일링'이라는 용어가 보다 지속적으로 사용되었다. 스타일링을 맡은 사람들은 1985년 2월 호부터 발행인 목록에 이름이 올라갔으며, 사이먼 폭스턴, 토비 앤더슨 및 특히 레이 페트리 등은 스타일리스트라는 직업이 인식되고 인정받는 데 기여했다.(삽화 4) 맥로비는 당시 스타일리스트 직군이

공식적으로 인정받지 못했다는 점을 나타내기 위해
'일거리'(occupation)라는 단어를 사용했다. 기사 에디토리얼
작업은 무보수로 진행되는 경우가 많았고, 스타일리스트의
책임이 어디까지인지는 아무도 모르는 경우가 많았으며
심지어 스타일리스트 자신들도 알지 못했다.(Lifter 2018;
McRobbie 1998) 필자의 개인 연구 프로젝트를 위해 인터뷰를
진행했을 당시, 전직 스타일리스트였던 폴 프레커는 그의
첫 직무 경험을 다음과 같이 회상했다.

> 첫 촬영 때 나는 그야말로 아무것도 몰랐다. 심지어
> 스타일리스트가 어디까지 책임을 져야 하는지도
> 몰랐다. 나는 호리즌[역주: 촬영 스튜디오에서 바닥과
> 벽의 경계선을 없애기 위해 해당 부분에 배경지를
> 늘어뜨리거나 목재 등을 세팅해 곡선으로 만드는
> 장치]으로 사용할, 어마어마하게 큰 검은색과 흰색
> 배경지를 들고 현장에 도착했다. (…) 그건 스타일리스트가
> 할 일이 아니었지만, 말했다시피 나는 아무것도
> 몰랐으니까. (Frecker, 개인 교신, 2018년 1월 4일)

당시 패션 콘텐츠는 잡지사 내부 직원인 패션 에디터들이
독점적으로 진행하는 경우가 대부분이었지만, 스타일링은
『더 페이스』, 『i-D』나 『블리츠』 등의 잡지에 등장하기 전에도
일부 기성 패션 잡지에서 그 역할을 인정받았다. 예를 들어
『코스모폴리탄』 1980년 8월 호 커버 사진은 케지아 키블과
폴 카바코가 "스타일링했다"고 기록되었다. 두 사람 모두
미국에서 스타일리스트로 일했으며 이전에 잡지 『인터뷰』에도
스타일링 담당으로 기록된 적이 있다. 영국의 스타일
프레스보다 미국 출판물에서 관련 용어를 훨씬 더 빨리

삽화 3. 「스타일: 팀니 파울러의 셔츠와 프린트」.
사진 및 스타일링: 실라 록. 『더 페이스』, 1983년 8월.

받아들이고 사용하긴 했지만, 영국에서는 스타일리스트라는 역할을 내세우거나 스타일링을 별도의 직업으로 인정하려는 의지가 있었다. 이러한 이유로 이 시기 영국 출판물들은 스타일리스트라는 직업의 정당화 과정에서 의논할 만한 가치가 있다. 특히 1985년 11월 영국판 잡지 『엘르』(Elle)가 처음 출간되었을 때 에디터 샐리 브램턴은 처음부터 스타일리스트를 고용하고 크레디트에 기록했는데, 이는 당시 스타일리스트라는 역할을 인정하는 추가적인 지표가 되었다.

스타일리스트와 기존의 인하우스 패션 에디터 역할의 차이점과 비슷한 점은 다음과 같이 정의될 수 있을 것이다. 먼저 패션 에디터는 패션 콘텐츠 전반을 감독하고 크리에이티브적 수준에서 작가 및 포토그래퍼와 협력할 뿐 아니라 에이전시, 홍보 대행사 및 기타 잡지사 외부의 협력사와도 연락을 취하고 일을 조율한다. 패션 에디터는 문화적 중재자와도 같은 역할로 볼 수 있으며, 이러한 역할 안에서 취향이나 유행을 만들고 모니터링하는 역할을 한다.(Kawamura 2006; Lanz 2014; Lynge-Jorlén 2016) 또한 이들은 브랜드, 디자이너 및 그 대표자와 직접 소통하며 패션의 최신 트렌드를 지속적으로 접하고, 적절한 기사 콘텐츠를 통해 잡지 독자들과도 소통한다. 스타일리스트와 직접적으로 비교해 보더라도, 패션 에디터 역시 비주얼 이미지 제작에 물리적으로도 개입하는 경우가 많다. 콘텐츠를 조정하고 설명하는 일 외에도 이들은 에디토리얼 팀 내에서 모델을 캐스팅하고 어떤 옷을 입힐지 결정하며, 포토그래퍼와 함께 작업하며 이미지상의 모든 의류 관련 요소들을 책임진다.

필자의 개인 프로젝트를 위해 진행한 구술 인터뷰에 참여한 사람들 중 일부는 잡지의 패션 에디터로 일한 적이 있다. 그중 몇몇은 캐럴라인 베이커나 세라 밀러와 같이 보다 전통적인 감각의 주류 출판물 소속으로 일했고, 젊은 감각의 새로운 독립 잡지에서 패션 에디터로 일하거나 비슷한 일을 했다. 이언 R. 웹은 1983년 『블리츠』 잡지의 패션 에디터가 되었으며 케어린 프랭클린은 『i-D』에서 비슷한 역할을 했다. 이러한 새로운 출판물들은 혁신적이고 보다 유연한 형식에 따라 일한다고 여겨졌지만, 사실 콘텐츠 제작의 책임이나 관련 직함은 기존 패션 미디어의 형식을 반영하되 조금 더 즉흥적인 느낌이 있었다. 그러나 애초에 스타일리스트를 차별화하는 요소는 에디토리얼 콘텐츠에 기여하면서도 팀의 고정 멤버가 아닌, 명확한 프리랜서 역할이라는 점이었다.

모자 디자이너 스티븐 존스는 1980년대 초반에 런던에서 거주하고 일했으며, 당시 새로운 반향을 일으키며 떠오르던 젊은 스타일리스트들이 그의 친구들이었다. 존스는 패션 에디터들은 1920년대나 1930년대부터 존재해 왔다고 이야기했다. 또한 출판계의 경제적 제약 때문에 파트타임 패션 에디터들에게 '스타일리스트'라는 딱지가 붙었다고도 증언하며, 1980년대에는 패션 에디터들조차도 정규직이 아닌 경우가 많았다고도 말했다.(Jones, 개인 교신, 2017년 4월 12일) 지기 골딩은 패션 에디터의 역할이 스타일리스트보다 자유도가 낮다고 보았다. 스타일리스트는 자신만의 취향을 드러내는 것이 허용된 반면, 패션 에디터의 경우 잡지 에디토리얼의 성향 등 "소속 잡지를 염두에 두고" 콘텐츠를 제작할 의무가 있다는 것이다.(Golding, 개인 교신, 2017년 2월 6일)

스타일리스트가
직업으로 인정받다

1980년대 떠오르던 패션 스타일리스트라는 직업의
프리랜서적 특성은 영국의 정치적 및 사회적 변화의 직접적인
결과로 볼 수 있으며, 그로 인해 문화 생산의 모든 분야
및 특히 출판업계에 결과적으로 영향을 주었다. 프리랜서
스타일리스트들은 광고 및 에디토리얼 플랫폼 모두에서
자유롭게 활동했으며 자신들이 가진 기술과 전문 지식을
보다 넓은 맥락에서의 패션 미디어 내 다양한 분야에 적용할
수 있었다. 1980년대는 신자유주의 보수 정부의 영향으로
사업적 활동이 보다 보편화된 시기였다.(Lynge-Jorlén 2016;
McRobbie 1994) 영국의 출판업계는 변화의 시기를 겪고 있었다.
출판업자들은 이전까지 유지된 "출판, 인쇄 및 유통으로
나뉘는 엄격한 구조"에 의문을 제기했으며, 이들은 변화하는
문화적 및 정치적 상황을 받아들이고 이에 따라 바뀌는
소비자 수요에 능동적으로 대응하려고 노력했다. 업계 조합이
통제하는 시스템 및 출판의 전통적인 인쇄 과정이 바뀌면서,
미디어 산업의 모든 분야에 영향을 주었다. 고프예이츠는 이
시기에 조직 외부 하청을 통해 직무를 진행하고 "자유 시장
기업가주의"가 증가한 점을 이야기하며, 이는 잡지 업계 내
직군들이 보다 다각화되고 다양한 기술들을 갖게 되는 결과로
이어졌다고 말했다. 말하자면 조직적인 구조였던 시스템이
"보다 유기적"으로 된 것이다.(Gough-Yates, 2003)
　　또한 1980년대 동안 프리랜서 패션 스타일리스트
역할의 발전은 포스트모던 사회의 상업적 커뮤니케이션

분야에서 새로운 창의적 직업들이 보다 폭넓게 생겨나는 결과로 이어졌다. 서양의 콘텐츠 생산은 원자재로서의 정보와 이미지에 집중해 "점진적으로 비인간화되고 지극히 가벼워졌다."(Hebdige 1988, 165) 맥로비는 패션 미디어를 대중적 영상 업계와 비교했는데, 이 분야에서는 "빈틈과 기회"가 확인되면 관련 영역의 직업이 생겨남에 따라 새로운 전문가 역할이 필요해지기 때문이다. 여기서 그녀는 관련 산업 내의 이러한 변동이 스타일리스트 역할의 지속적인 재평가로 이어졌다고 주장하는 턴스톨(Tunstall 1971)과 엘리엇(Elliott 1977)을 인용해, 노동의 이동성과 새로운 직업이 "거의 하룻밤 만에" 도입되었다는 주장에 힘을 싣는다.(McRobbie 1994, 155) 이러한 맥락에서 『마리끌레르』(Marie Claire)와 같은 여성지들은 풀타임 직원으로는 최소한의 팀을 꾸리고, 특정한 필요에 따라 계약직 노동자들을 고용했다.

1980년대에 스타일리스트들과 함께 살고 작업했던 디제이이자 아티스트인 제프리 힌턴은, 스타일리스트들에게는 1980년대가 매우 흥미로운 시대였지만 이들이 "직업으로서 인정받은" 때는 1990년대였다고 말했으며(Hinton, 개인 교신, 2017년 6월 23일), 이 시기야말로 스타일리스트들이 직업으로서의 정당성을 더욱 탄탄히 확보했다고 증언했다. 만약 스타일리스트들이 1990년대에 어엿한 직업으로 완전히 인정받았다면, 세기가 바뀌면서는 그보다 더 지위가 올라갔다고 할 수 있다. 이 시기에는 패션 스타일리스트들이 이 직업에 부여된 문화 자본 덕분에, 적어도 패션 산업 내에서는, 유명세를 떨치게 되었기 때문이다. '올해의 스타일리스트' 상은 1999년 브리티시 패션 어워즈에서 케이티 잉글랜드에게 최초로 수여되었다.

그러나 스타일링은 직업으로서는 여전히 제대로

이해받지 못하고 있었다. 2002년, 탬신 블랜처드는 무대 뒤에서 익명으로 수행되는 역할들을 보다 명확히 밝히기 위해 다수의 현역 스타일리스트들을 인터뷰한 기사를 잡지 『옵저버』(The Observer) 기사로 실었다. 당시 스타일리스트라는 직업은 패션 전문가들 사이에서는 그 정당성을 인정받았을지 모르나, 여전히 널리 인정받지는 못했다. 보다 최근에는 니콜라 포미체티나 멜 오텐버그 등의 스타일리스트들이 팝 아티스트들과 협업을 진행해 대중적인 인지도를 얻기도 했으며(Lifter 2018), 소셜 미디어 플랫폼들 역시 스타일리스트들이 자기 홍보를 할 수 있는 기회를 보다 많이 제공하고 있다.

패션 스타일링에 대한 학문적 관심 역시 더 커졌다. 비어드는 1970년대 『노바』의 패션 에디터였던 캐럴라인 베이커의 작업들을 분석했으며(Beard 2013), 페니 마틴은 스타일리스트 사이먼 폭스턴이 지난 30년간 패션 사진에 기여한 점과 그 중요성을 강조했다.(Martin 2009) 마틴은 2009년 포토그래퍼스 갤러리(Photographer's Gallery)에서 열린 전시회에서 폭스턴의 작품을 큐레이션했는데, 이 전시는 이미지 제작 과정에서 포토그래퍼가 아닌 스타일리스트의 창의적 역할을 집중적으로 다루었다는 점에서 독특했다. 더 나아가 최근 ICA에서 열린 주디 블레임의 회고전에서는 패션 에디토리얼과 광고 캠페인에서 스타일리스트의 영향력을 보여 주었다.

스타일링이 대중문화에 편입되고 있다는 증거는 텔레비전 및 영화에서 찾아볼 수 있다. 예를 들어 텔레비전 시리즈 『스타일 더 네이션』(Style the Nation, 2011)은 참가자들이 '일일 스타일리스트'가 될 기회를 놓고 경쟁하는 게임쇼이다. 또 중요한 변화는 픽션 작품에서 한 역할로 등장했다는 것이다. 『헝거 게임』(The Hunger Games, 2008-2010)은 영화화로도 큰 성공을 거둔 연작 소설로, 이 작품은 과거 검투 경기의 미래적 버전인 리얼리티 TV 게임쇼의 참가자들을 따라가며 진행된다. 영화 속에서 참가자들이 대중에게 보이는 모습은 성공을 판가름하는 핵심적 요소이며 각 참가자의 스타일리스트는 이 모습을 만들어 내는 중요한 역할을 한다. 그리고 이 영화 속 스타일리스트들은 현실 세계의 스타일리스트들과 비슷하게 유명 인사급 지위를 얻는다. 심지어 스타일리스트와 관련된 어린이용 책도 있다. 『헬로 키티: 패션 스타일리스트』(Hello Kitty: Fashion Stylist)와 『헬로 키티: 슈퍼 스타일리스트』(Hello Kitty: Super Stylist)는 8세 이상 아동을 대상으로 한 도서 시장을 겨냥한 책으로 어린 스타일리스트 지망생들에게 "[나만의] 멋진 패션을 디자인하고 만들어 보기를" 권한다.

현재 영국에는 스타일리스트로서 일할 때 필요한 전문적 기술을 가르치는 고등 교육 프로그램이 있다. 런던 칼리지 오브 패션은 패션 스타일링 및 프로덕션 전공으로 3년짜리 학위 과정이 있으며, 미들섹스 대학교 및 레스터 드 몽포르 대학교에는 패션 커뮤니케이션과 스타일링 학사 우수 과정이 있다. 샐포드 대학교의 패션 이미지 메이킹 및 스타일링 학사 과정은 상당히 높은 평가를 받았고, 사우샘프턴 솔렌트 대학교에는 패션 스타일링 및 크리에이티브 디렉션 학위 과정이 개설되어 있다.

패션 스타일링이 직업으로 받아들여질 수 있는지 여부에 대해서는 논의가 필요하다. 리프터는 1980년대에 스타일링이 직업 구조상 느슨한 특성을 갖도록 형성되어 버리는 바람에 "전문적 직업"이 아닌 "일거리"로서의 꼬리표를 달게 되었다고 지적하지만, 이는 스타일리스트의 지위가 전문적인 직업으로 발전했다는 의미기도 하다.(Lifter 2018) 스타일링 실무와 스트리트 스타일 간의 밀접한 연관성, 그리고 스스로를 반패션으로 규정해 온 과정 및 전통적으로 패션이 보급되는 구조에 맞서 왔던 과정 또한 스타일리스트가 직업적 면에서 평가절하된 원인이기도 하다.

또한 패션 자체가 전통적으로 '저급 문화'로 정의되는 어려움도 있다. 패션 디자인이 보다 일반적인 것으로 보여짐에 따라서, 패션 디자인은 그 자신을 학술적인 분야로 제시하려는 과정을 거쳐 왔다. 이는 영국 교육 기관들에서 패션을 가르치는 방식에도 반영되어 역사 및 이론이 기술적인 스킬을 가르치는 데 보조적인 역할을 하고 있다. 맥로비는 이를 지적하며, "학위로서 지위를 인정받는다는 것은 곧 그것이 어렵고 추상적이며 이론적임을 뜻할 수밖에 없다"고 이야기했다.(McRobbie 1998, 42) 그럼에도 우리는 스타일리스트로서 경제적 성공을 거두거나 높은 명성을 갖기 위해 자격증이 꼭 필요한지를 반문해 볼 수 있을 것이다. 부르디외는 수십 년 전에 전문 포토그래퍼의 역할을 이와 비슷한 방식으로 검증한 바 있다. 그는 다음과 같이 주장했다.

> 학위를 취득했다고 해서 그것이 가장 구체적인 전문성을 습득하는 결과로 이어지지는 않는다. 또한 사진 촬영 기술을 연습할 기회가 더 늘어나거나 더 규모가 큰 사업체를 운영할 기회가 많아지지도 않는다. 심지어 급여소득 수준이 학위 취득 여부와 반비례하여 달라지기 때문에, 고용되어 일하는 직원 입장에서는 더 높은 급여가 보장되는 것도 아니다.(Bourdieu 1990, 152)

예술적 명성이 상업적 성공보다 더 높은 가치를 갖는 구조, 즉 '역경제'와 유사한 산업 구조는 1980년대 초 스타일

프레스의 기사 콘텐츠를 제작하던 젊은 창작자들이 작업하는 방식과 태도에 적용해 생각해 볼 수 있다. 상업적 분야에서 진행된 작업은 저평가되고 신뢰받지 못하는 경우가 많지만, 유명 출판물을 위해 무료로 일한 대가로 얻는 상징적 자본은 광고나 다른 홍보물 작업 등 더 큰 경제적 이득을 얻기 위한 수단으로 지속적으로 이용된다.(Lantz 2016; Lynge-Jorlén 2016) 이는 부분적으로는 영국 교육 시스템 내에서의 분위기에서 기인했다고 볼 수 있으며, 어떤 면으로는 예술 관행이 획일화되고 영국 교육 기관에서 패션을 가르치는 방식에도 영향을 주었다고 볼 수 있다.(McRobbie 1998) 그러나 사이먼 폭스턴은 젊은 세대가 특정 타입의 클라이언트를 위해 일하는 것은 보다 비즈니스적인 마인드와 전략적 판단에 따른 것이라고 주장했다.(Fury 2010)

결론

스타일리스트라는 직업이 유효한지에 대한 논의는 지속적으로 이루어지고 있다. 다른 많은 창의적 분야들과 마찬가지로, 인터넷이 발달하면서 등장한, 패션 관련 정보를 확산하는 소셜 미디어 플랫폼으로 인해 기존의 게이트키퍼 및 권위자의 영향력은 의문시되어 왔다. 이제 영국에서는 패션 스타일리스트가 되기 위한 학위 과정 교육을 받는 것이 가능하지만, 스타일링은 여전히 타고나는 기술이고 학문적 교육보다는 체험과 실무 경험을 통해 배우는 것으로 여겨지는 경우가 많다. 가장 유명하고 권위 있는 영국 스타일리스트 중 하나인 사이먼 폭스턴은 기술로서 스타일링을 가르칠 수 있는 가능성에 회의적인 입장이다.

저는 스타일링 교과 과정이 존재한다고 알고는 있지만, 어떻게 스타일링을 가르칠 수 있다는 것인지 의아할 따름입니다. 저는 한 번도 스타일링 과정을 강의해 달라는 요청을 받은 적이 없는데, 아마 그럴 만한 이유가 있어서가 아닐까요. (…) 잘 모르겠지만, 아무튼 흥미롭기까지 해요. 도대체 어떻게 스타일링을 가르칠 수 있는지 알고 싶군요. 저로서는 스타일링을 가르친다는 것이 상상이 되지 않기 때문이에요. 제 경우 스타일링은 직접 해 보면서 배워 나가야 했습니다. 과연 스타일링에 옳고 그른 방법이 있는 것인지 모르겠군요.(Foxton, 개인 교신, 2017년 2월 2일)

그럼에도 스타일리스트는 독점성이나 전문성의 정도에 따라 결정되는 지위와는 상관없이, 다양한 분야에서 확실한 직업으로 인정받고 있다. 의류 업계에서도 프리랜서 스타일리스트와 정규직 스타일리스트 모두 광고용 및 의류 판매용 사진 제작을 진행하며, 온라인 및 인쇄 플랫폼에서의 에디토리얼 분야에서도 일하고 있다. 스타일리스트들은 패션 디자이너들과 협업해 컬렉션 디자인 및 편집에 참여하고, 패션쇼 및 라이브 퍼포먼스 등 홍보 이벤트 제작도 함께 한다. 또한 영화 및 TV 산업에서도 의상팀을 보조하며 지속적으로 일하고 있을 뿐 아니라, 대중 행사나 공연에서 뮤지션들과 배우들의 의상을 담당하는 역할로 고용되기도 한다.

하지만 용어로서의 '스타일'은 1970년대나 1980년대와 같은 문화 자본을 갖지 못한다. 쉽게 진부해지는 패션 트렌드의 속성은 패션 용어에도 적용된다. 위에서 언급했듯, 피터 요크는 스타일이 패셔너블한 단어가 되기 시작한 시기가 1970년대라고 주장한다. 또한 최근에 디자이너 스티븐 존스는 향후 10년간 스타일의 종말이 올 것이라는 이야기를 다음과 같이 농담 삼아 이야기하기도 했다.

> 사람들이 패션, 잡지 등에 스타일이라는 단어를 쓰기 시작했는데 패션 에디터들은 고정된 직업이 아니었기 때문에, 뭐라고든 불러야 했던 겁니다. 그래서 그들을 스타일리스트라고 불렀지요. 그런 다음 스타일리스트들에게 내려진 사형 선고는 『선데이 타임스』(The Sunday Times)가 잡지 『스타일』을 인수한 것이었고, 이후 제정신이 박힌 사람이면 아무도 '스타일'이라는 단어를 사용하지 않았어요. 그게 다예요. 왜냐고요? 넌덜머리가 나니까요.[역주: 인수 이후 『스타일』의 콘텐츠가 천박해졌다는 뜻.] (Jones, 개인 교신, 2017년 4월 12일)

스타일리스트들이 하는 노동의 범위에 역경제가 적용되고 있기는 하지만, 자신들의 일을 예술이나 상업 영역에 맞춰 넣는 방식을 고려해 본다면 스타일리스트는 확실히 주류 사회에 통합되었다. 하지만 직업으로서의 스타일리스트가 일반화되면서 이들은 더 큰 문화 자본이 따라오는 보다 권위 있는 역할을 원하게 되었다. 스타일링 내에서의 계층은 명확히 정의되지 않지만, '크리에이티브 디렉터' 또는 '아트 디렉터' 등을 높은 직급으로 볼 수 있으며 이러한 용어들은 보다 높은 레벨의 크리에이티브적 책임을 뜻한다. 니콜라 포미체티는 2013년 쇼스튜디오(SHOWstudio)[역주: 유명 포토그래퍼 닉 나이트(Nick Knight)가 만든 사이트로, 다양한 패션 관련 자료를 제공하는 채널로 유명하다.]와의 인터뷰에서 왜 스타일리스트가 아닌 '아트 디렉터'라는 타이틀을 선호하느냐는 질문을 받았다. 그는 한 역할에서 다른 역할로 옮겨 가는 과정에 대해 이야기하며, 다음과 같이 대답했다. "내가 '스타일리스트'라고 불릴 때, 나는 한 번도 스타일리스트 일을 한 적이 없었다. 옷 같은 것은 생각할 틈도 없었다. 내가 촬영하는 사람이 나보다 훨씬 더 옷에 몰입해 있었다. 나는 제대로 된 스타일리스트였던 적이 없는 것이다…. 그러니까 스타일리스트가 되고 싶었던 적은 전혀 없다." 이렇게 새로운 역할을 맡았다지만, 포미체티는 화보 등 콘텐츠에서 여전히 '스타일링'을 한 사람으로 기록되고 있다.

『더 페이스』 1989년 10월 호에 실린 레이 페트리의 부고에서 기사를 작성한 이들은 스타일리스트란 "가장 평범하게 말해, 화보를 촬영할 때 모델에게 입힐 옷을 고르는 사람"이라고 언급했다. 하지만 그들은 이어서 "스타일링"은 페트리가 했던 일을 정의하기에는 부족한 단어라고도 이야기했다.(Logan and Jones 1989) 그보다 수십 년 전, 제너럴 모터스의 스타일링 부서에서 일했던 이들도 이와 비슷한 취급을 받았다.(Gartman 1994) 이들은 "요정님들"(fairies) 또는 "시시껄렁이들"(pantywaists)이라고 불렸으며, 이들은 변덕스러운 유행의 변화에 따라 자동차 디자인의 장식적이고 피상적인 부분만을 담당한다고 여겨졌다. 영국 패션 미디어 업계에서 스타일리스트는 패션을 넘어선 스타일을 주장하는 반패션 운동과 연계되어 정당성을 얻었다. 스타일 프레스가 등장한 배경이 되었던 크리에이티브 신은 원래 패션 커뮤니케이션의 주류적 방식에 의도적으로 맞서는 방식으로 돌아갔다. '스타일'이라는 단어는 지속적으로 '패션'이라는 단어와 호환되어 사용되고 있으며(Kawamura 2006) 더 이상 패션의 대안이나 전통적 패션 실천에 대한 집단적 저항의 의미로 사용되지 않는다. 스타일리스트라는 역할은 옷을

66

입는 방식 및 의류 자체와 밀접하게 연관되며, 이는 디자인의 단기적이고 장식적인 속성과 스타일링을 결합하는 결과로 이어지기도 한다. 그리고 이는 이미지를 제작하는 과정에서 기여하는 바를 온전히 인정받는 직군이 되기를 원하는 스타일리스트들에게는 걸림돌이 될 수도 있을 것이다.

2장
피팅룸에서: 1900–1965년
덴마크 패션에서 '스타일링' 이전의
스타일링 행위 연구

마리 리겔스 멜키오르

서론

패션 연구가 조앤 엔트위슬은 그의 저서 『패션의 미학적 경제』(The Aesthetic Economy of Fashion, 2009)에서, 한 시즌에 선호되는 스타일이나 룩은 새로운 이상형을 생산하고 찾아내어 유통하고 홍보하려는 서로 다른 이들의 다양한 시도 끝에 다음 시즌으로 넘어가기 전에 결정된다고 이야기한 바 있다. 이는 현대 사회에서 전문 스타일리스트들에 의해서만 일어나는 일은 아니다. 1980년대 스타일리스트가 전문적인 직업으로 인정받기 전에(Lynge-Jorlén 2018), 스타일링 영역의 상당 부분은 패션을 소비하는 이들이 자체적으로 소화했다. 이들은 옷을 차려입고 패션을 소비하면서 그들의 스타일링을 지속적으로 연습했으며, 이를 통해 당시 지배적으로 통용되던 부르주아적 이상의 기준, 즉 모범적인 시민으로 받아들여질 수 있는 패셔너블한 옷차림의 기준을 맞추기 위해 노력했다.

이 장에서 입증할 내용은 다음과 같다. 대중 패션이 등장하기 전, 스타일링이라는 행위는 패션을 착용하는 이들에게 핵심적인 요소였으며, 패셔너블하게 옷을 입는 수많은 미시적 실천들과 결부된 것이었다. 그렇기에 스타일링은 곧 문화적 역량이라고도 간주할 수 있다.(Ehn and Löfgren 2006) 또한 스타일링은 아주 세심하게 옷을 입는 과정이자 세상에 나아가는 방식으로 볼 수도 있다.(Kaiser 2001, 86) '스타일을 하다'(doing style)라는 말은, 지배적으로 통용되는 아름다움의 이상 및 자신만의 개성을 표현하기 위한 때로는 사소한, 유·무형의 실천들을 통해 시간이 지남에 따라 배우고 발전시키는 무언가를 의미한다. 대중 패션이 소위 패션의 민주화를 이루기 전(English 2007), 소비주의 그리고 패션 소비가 부상한 20세기 전반에는 새로운 시즌의 룩이 나오더라도 새롭게 유행하는 옷에 재빠르게 투자할 수 있는 것은 광고 속 이야기였을 뿐이고, 대부분의 사람들은 그럴 여유가 없었다. 그 대신 원래 가지고 있던 옷들을 수선하거나 고쳐서 이렇게 새로운 스타일의 옷으로 만들어 입는 경우가 가장 많았다. 이 때문에 스타일링 기술은 패셔너블한 옷차림을 유지할 수 있게 해 주는 귀중한 문화적 역량이었다. 물론 일부는 전문가의 도움을 받아 옷장 속 옷들을 고쳐 입었지만, 다른 사람들은 에티켓 북[역주: 비즈니스, 일상생활 속 테이블 매너 등 당대 사회의 다양한 상황에서 권장되는 사회적 행동 및 매너를 정리한 책들.]이나 패션 출판물 또는 여성 잡지 등에서 새로운 시즌 패션에 대해 읽거나 본 것을 토대로 직접 옷을 수선해 입었다.

이 장에서 스타일링의 개념은 전문적으로 사용되는 의미보다 더 넓게 사용된다. 스타일, 진실 및 주관성 사이의 관계에 대한 수잔 카이저의 연구에서처럼(Kaiser 2001) 스타일링은 우리가 일상에서의 옷 입기를 통해 어떻게 스스로를 표현하는지를 이해하는 체계로 받아들여진다. 스타일링은 과정인 동시에 실천으로 이해되며, 전문적 또는 상업적 환경에 국한되지 않고 개인적인 맥락까지 아우르는 개념이다. 스타일링은 문화적 역량이다. 엔트위슬은 '옷 입기'(dressing)를 특정 상황에서의 신체적 실천이라고 정의했지만(Entwistle 2000) 나는 '스타일링'이라는 행위가 갖는, 동경의 대상이 되는 미학적 측면 및 적절하고 패셔너블하게 옷을 차려입는 행위에 내재된 부르주아적 규범과 가치를 강조하고자 한다. 스타일링이라는 행위를 통해, 20세기 전반의 여성들은 사회적 세계의 일원으로 받아들여진 동시에 부르주아 문화를 지배하는 미학의 규범에 따랐다.

1900년부터 1965년까지, 패셔너블하게 옷을 잘 입는다는 것은 선택의 문제가 아니라 의무적으로 요구되는 것이었다. 이와는 대조적으로 20세기 후반의 패션 소비자들은 자신들의 외모를 스스로 선택한 라이프스타일에 맞게 만들 수 있게 되었다. 사회학자 다이애나 크레인은 "소비자들은 더 이상 '문화적 호구' 또는 패션 리더들을 흉내 내는 '패션의 희생양들'이 아닌, 자신이 인지하고 있는 스스로의 정체성과 라이프스타일을 기반으로 스타일을 선택하는 사람들로 여겨진다"고 이야기했다.(Crane 2000, 15) 이 문장에서 '패션의 희생양'이라는 부정적인 위치에서 선택의 자유를 가진 보다 긍정적인 쪽으로의 발전이 이루어진 것을 알 수 있다. 하지만 이 장의 핵심은 시간이 흐름에 따라 일어난 이러한 변화를 평가하거나 그에 대한 의문을 제기하는 것이 아니라, '패션의 희생양'으로 추정되는 이들을 이해하고 패셔너블해지기 위해 그들이 일상에서 해 왔던 실천으로서 스타일링의 역할을 이해하는 것이다. 이러한 작업을 통해 이들에게 수동적인 희생양이 되는 것 이상의 의미를 부여할 수 있을 것이기 때문이다.

이 장은 일상적 관습, 복식 및 패션을 연구하는 덴마크 유럽 민족학 연구 분야의 오랜 전통의 범위 내에 있다.(예를 들면 Andersen 1986; Bech 1989; Cock-Clausen 1994; Nielsen 1971; Venborg Pedersen 2018) 또한 패션을 일상의 일부로서 강조하는, 다양한 학문들이 결합된 신생 분야의 패션 연구 내용도 다룰 것이다.(Buckley and Clark 2012) 이와 같이, 이 장에서는 새로운 패션을 소비하는 것 이상의 목적을 지니는 문화적 역량으로서, 즉 개인의 정체성을 지지하고 구성하는 수단으로서 스타일링을 탐구한다. 따라서 이러한 관점은 크레인이 암묵적으로 제시한 내용, 즉 20세기 동안 패션 소비가 수동적인 쪽에서 능동적인 쪽으로 선형 궤도를 그리며 바뀌었다는 주장을 거부한다. 왜냐하면 이 주장은 원래 훨씬 복잡한 상황을 너무 단순화하는 것으로 보이기 때문이다. 특히 이 주장은 서양 사회의 '유스퀘이크'(youth quake) 및 1960년대에 광범위하게 퍼진 자본주의적 부르주아 사회에 대한 일반적인 비판 속에서, 시각적으로 '적절한' 스타일링을 거부하고 반패션, 반미학 등을 받아들이는 것이 왜 중요했는지를 설명하지 못한다. 이러한 변화는 새로운 룩이나 스타일 그 자체를 만드는 패션 디자이너들에 의한 변화나 명령에 따른 것이 아니라, 문화적 커리큘럼에 맞서는 반란이었다.

따라서 이 장은 하나의 실천이자 행동으로서, 그리고 패션을 문화적 및 경제적 현상으로 옮길 수 있는 문화적 역량으로서의 스타일에 집중했다. 이는 지금도 진행 중인, 20세기 초반 덴마크 패션사의 문화적 및 미시적 역사 연구로 생성된 자료를 기반으로 한다.[1] 스타일링이 이루어지는 곳에서는 두 가지 환경이 강조된다. 하나는 개인적 환경으로 옷을 입는 사람이 다양한 패션 출판물을 통해 패션 스타일링을 학습하는 것이고, 다른 하나는 패션쇼, 패션 사진 및 패션 하우스의

---

1 이 연구의 출처는 다음과 같이 그 종류가 많고 다양하다. 여성용 잡지: 『집과 주택』(Hus og Hjem), 『9일마다』(Hver 9. dag), 『우리 여성들』(Vore Damer). 패션 저널: 『패션저널』(Modejournal), 『게라 패션저널』(Gera Modejournal), 『모드저널 시크』(Modejournal Chic), 『마담』(Madame), 『시대의 여성들』(Tidens Kvinder). 업계 저널: 『스칸디나비아 재단사 관보』(Skandinavisk SkrædderTidend), 『텍스타일』(Textile). 에티켓 북: 『우리들의 집』(Vort hjem), 『재치와 어조』(Takt og tone). 마가쟁 뒤 노르 백화점(1868년 설립) 아카이브의 보도자료 등. 이러한 자료들이 갖는 역사적 증거로서의 특징이 있다면, 이들은 잠재적이지만 상상의 세계관 속에서 만든 것이기 때문에 실생활보다는 가치와 관념에 대해 더 많이 이야기한다는 점이다.(예를 들면 Lees-Maffei 2003; Olden-Jørgensen 2001) 이 연구에는 일상생활에 초점을 맞춘 자료들을 활용했으며, 그중에는 20세기 전반의 덴마크 패션계에 가까이 있었고 이를 경험한 이들을 엄선해 진행한 인터뷰도 포함되어 있다. 이 인터뷰는 2013년부터 진행되었다.

맥락에서 전문가들이 스타일링을 수행하는 상업적 환경이다.

이 장에서는 스타일링 행위에 대한 이러한 역사적 지식들을 강조함으로써 패션 의류 스타일링의 복잡한 가치에 미묘한 차이를 부여한다. 마찬가지로 정체성이 형성될 때 이루어지는, 표현과 타협 사이의 복잡한 상호 작용으로 인한 패셔너블한 수단의 생성도 자세히 들여다볼 것이다. 이어지는 글에서는 20세기 초반 50년간의 스타일링 개념에 대한 이해를 탐구한다.

스타일, 그것은 그 사람 자체다[2]

넓은 의미에서, 오늘날 일반적으로 스타일은 보편적이기보다는 주관적으로 정의되는 개념으로 여겨진다. '스타일을 가진다'는 것은 엔트위슬이 런던 셀프리지스 백화점의 패션 소비자들을 대상으로 한 연구(Entwistle 2009)를 바탕으로 언급했듯 겉으로 드러나는 미학적 표현으로, 이는 합리적으로 규정할 수 없다. 스타일리시하다는 것, 스타일을 가진다는 것, 그리고 스타일링 행위는 보편적, 규범적으로 아름답다고 혹은 그 반대라고 받아들여지는 범위의 맥락에 비추어 평가되는, 암묵적이고 실험적인 실천에 기초한다. 그러므로 스타일은 특별히 기능에 의존하지 않는다.

1753년 조르주 루이 르클레르 뷔퐁 백작은 "스타일, 그것은 그 사람 자체다"(Le style, c'est l'homme même)라고 썼다. 뷔퐁은 스타일이 한 사람의 정체성을 나타내고, "스타일을 가지고

2 Comte de Buffon ([1753] 1921), *Discour sur le style*, Paris: Librarie Hachette.

있는" 사람의 특징으로 간주했다. 스타일은 존재론적 위상을 가지기 때문에 엄밀하게, 이성적으로 설명되거나 예측될 수 없다. 여기서 참조한 뷔퐁의 글에서(Comte de Buffon [1753] 1921) 스타일은 글을 쓰는 행위를 할 때 드러나는 그 사람의 성격이지만, 내가 주장하는 바에 따르면 옷을 입거나 차려입는 행위를 통해서도 드러난다.

또한 스타일에 대한 이러한 이해는 20세기 전반에도 지속적으로 영향력을 가졌다. 스타일을 갖는 것은 우월한 인간이 되는 것, 이상적인 시민이 되는 데 중요한 부분으로 여겨졌으며, 누군가는 사회화의 증거라고 말하기도 했다.(Niessen 2010) 그러므로 스타일을 발전시키는 것은 그 사람이 받은 교육의 일부로, 미학적 교육의 결과가 그 사람의 취향과 질서 감각, 깔끔함 및 아름다움으로 드러나는 것이었다. 또한 덴마크 백과사전인 『살몬센 백과사전』(Salmonsens Konversationsleksikon) 1916년도 판에서 언급되었듯이, 무엇이 비율이 맞지 않고 비대칭이며 흐트러져 있는 것인지를 알아차리는 감각이기도 하다.[3] 20세기로 들어설 무렵, 스타일을 갖는다는 것은 스타일링을 수없이 실행해 본 결과로서, 이는 스스로를 통제하고 개인적 미학 및 자아를 가꾸어 나가는 일상의 작업을 통해 이루고자 열망하는 성취이자 규범이었다. 이러한 맥락에서 보자면, 스타일을 갖는다는 것은 스타일링이라는 행위, 자아 표현을 적극적으로 만드는 행동, 옷을 입는 방식과 스스로의 몸을 보여 주는 방식에 달린 것이라고 할 수 있다.

---

3 *Salmonsens Konversationsleksikon*, vol. V, 1916, 749.

『우리들의 집』(Vort hjem)이라는 책은 출판되었을 당시 부르주아 계급의 삶과 문화에 대한 참고서로서 인기가 있었다. 이 책에서 여성복을 다룬 부분에서는 스타일을 가지면 균형과 조화를 이루는 좋은 삶으로 이어질 것이기에 이상적이라고 되어 있다.(Gad 1930, 93) 이 책은 스타일링 행위, 그러니까 자신을 시각적으로 표현하고 관리하는 행위를 완전히 익히면 사회적으로 받아들여질 것이라고 시사한다. 그러나 패션학자 크리스토퍼 브루어드가 지적했듯, 이러한 행위들은 이미 확립된 규범과 가치에 대해 실질적인 시각적 비평을 할 수 있는 잠재력을 키워 주기도 한다. 이러한 능력은 작가 오스카 와일드(1854–1900)와 같은 19세기 후반 댄디족(dandies)[역주: 19세기 말 아주 공들여 외모를 세련되게 꾸몄던 남성들.]과 그들의 화려하고 사치스러운 옷차림에서도 확인할 수 있다.(Breward 2000, 164)

당시 자기표현과 눈에 보이는 외모는 자아의 일부일 뿐 아니라 의사소통의 수단으로 인정받았다. '스타일을 갖는다'는 것은 균형을 유지하고 사회적 지위에 맞게 행동하는 것을 나타내는 것이므로, 당시에는 새로운 유행을 무분별하게 좇다가 이러한 균형을 무너뜨려서는 안 된다고 권장되었다. 이는 아래의 인용문에서도 확인할 수 있다.

특정 스타일링이 과도한지 여부, 그에 따라 개인적 특성이나 가치를 가려 버릴 위험이 있는 것인지에 대한 논쟁은 끊임없이 일어났다. 1913년, 여성 대상 주간지였던 『집과 주택』(Hus og Hjem)에서 당대의 한 현대 소설가는 이 문제에 대한 자신의 의견을 다음과 같이 이야기했다.

'옷이 날개다'라는 옛 속담은 지금도 맞는 말이다. 진정 칭송받을 만하지만 조용히 지내는 사람보다,

75

눈에 띄게 옷을 입고 최신 유행만 따르는 사람이 훨씬 명예로운 대접을 받고 옷이나 행동으로 사람들의 관심을 끄는 경우가 얼마나 많은가! 옷을 잘 차려입는 것은 자연스러운 일이다. 하지만 옷이 사람을 만든다는 것은 결코 바람직하지 않으며, 우스꽝스러운 캐리커처 같은 일이다. 다른 이들의 관심을 받고 싶어 하는 사람들은 언제나 존재했다. 우리는 이들을 팝스(fops), 댄디족, 콕스콤(coxcombs), 브룸멜(Brummells), 바이올렛 보이 등으로 불렀다. 이들을 부르는 별명과 특유의 패션은 바뀌지만, 본질은 같다. 지금은 패셔니스타나 플레이보이가 여전히 우리의 관심을 끌기 위해 경쟁하지만, 오늘날 우리는 대상을 보다 이성적으로 보는 법, 그리고 이룬 업적으로 사람을 평가하는 법을 배웠다. 그럼에도 '옷이 날개다'라는 속담은 여전히 어느 정도 진실을 반영하며, 완전히 잊히지는 않을 것이다.

(Kronstrøm 1913, 800–801)

위 인용문에서 알 수 있듯이 스타일을 갖는 것은 자아 통제의 문제로 여겨졌다. 여기서 통제란 새롭게 출시된 패션의 유혹에 굴복하는 대신, 훈련해 온 내재적 미덕의 표현을 추구하는 것이었다.

이러한 역사적 맥락에서 스타일을 이해하는 것은 20세기 후반에 문화 연구학자 딕 헤브디지가 그의 저서 『서브컬처: 스타일의 의미』(Subculture: The Meaning of Style, [1979] 1988)에서 정리한, 포스트모던 사회에서의 스타일에 대한 인식과는 극단적으로 다르다. 헤브디지가 정의한 스타일은 서로 다른 미학들이 섞여 있는 브리콜라주이며, 이 장에서 예로 든 역사적 경우들에는 적용할 수 없다. 반면 20세기 전반에는 스타일이 훈련을 통해 규율을 알게 되는 감각이자 미덕으로 여겨졌다. 현대 사회에서는 스타일을 브리콜라주로 인식하며, 이러한 의식에는 개인이 자신의 스타일을 가지고, 스타일링을 하며 스타일링 기법을 습득하는 것이 행복한 삶을 영위하는 데 긍정적인 역할을 한다는 보다 강한 믿음이 있다. 이러한 의견은 뷔퐁의 사상뿐 아니라 독일 역사학자 프리드리히 실러(1759-1805)의 사상에서도 영향을 받은 것이다. 실러는 스타일을 갖고 미학적으로 아름답고 균형 잡힌 것을 선호하게 되면 이러한 점이 곧 개인의 자유와 자아실현으로 이어지기 때문에, 스타일이 미학 교육의 일부가 되어야 한다고 주장했다.(Schiller [1795] 1970)

　20세기 전반 덴마크에서 '스타일링' 이전의 스타일링 행위에 대한 사례 연구를 더 잘 이해하기 위해, 덴마크의 패션 시스템(생산, 공급, 소비 및 사용과 연계된 관행들을 통한 의류 공급 시스템)을 간단히 설명하고자 한다. 이 내용을 통해 일상에서 스타일링 행위가 수행된 맥락, 그리고 왜 이러한 행동들이 가치 있는 문화적 역량으로 여겨졌는지를 이해할 수 있을 것이다.

'덴마크 패션' 이전의 덴마크 패션

20세기로 전환될 무렵 현재 우리가 이해하는 패션, 즉 의류 디자인의 최신 룩을 따르는 문화적 및 경제적 행위는 덴마크의 지역적 영향 아래에서 인식되거나 실천되지 않았다. 새로운 패셔너블한 스타일은 대부분 파리, 빈 및 런던 등 유럽의 패션 중심지에서 수입되었다.(Gad 1903, 79) 이는 국제적인 패션 잡지 및 현지의 주간 여성 저널이 최신 패션과 함께 이를 모사할 수 있는 패턴과 봉제 방법 등을 제공했기에 가능한 일이었다. 이러한 요소들은 정치와 국제적 이슈 관련 뉴스, 레시피 및 집안일 효율을 높이고 옷장을 관리하기 위한 조언 등과 함께 인쇄되었다.[4] 중요한 문제는 뚜렷한 '덴마크 패션'을 스타일링하는 것—20세기 후반에는 덴마크 패션업계의 핵심이 되었지만—이 아니라, 덴마크 패션 소비자들에게 국제적 최신 패션을 공급하는 것이었다.(Cock-Clausen 1994; Melchior 2013)

20세기 전반 덴마크 패션 시스템에 대해서는, 그것이 국제적 패션 시스템을 모사한다는 정도를 이야기할 수 있다. 패션의 중개와 스타일링은 현지 패션 잡지, 코펜하겐 및 다른 대도시에 위치한 백화점에서 이루어졌다. 그리고 1911년 코펜하겐에 본사가 있는 백화점 포네스베크에서 도입한 것으로 알려진 패션쇼라는 새로운 패션 커뮤니케이션 '기술'을 통해서도 이루어졌다.[5]

패션이 가장 주목을 받은 것도, 패션에 가장 많은 투자가 된 것도 수도인 코펜하겐에서였지만, 19세기 말에는 기성복 패션이 조금씩 보급되고 재봉용품 가게의 숫자가 늘어나면서, 교외의 작은 마을들에서도 패션을 찾아볼 수 있게 되었다. 이러한 패턴은 인구 통계에도 나타났다. 당시 대부분의

---

4 덴마크 최초의 패션지는 1831년에 출간된 것으로 알려졌지만, 보다 일반적이 된 것은 1850년대에 들어서였다. 그럼에도 상당수의 패션 콘텐츠는 국제적인 것이었다.(Frøsing and Thyrring 1963, 353)

5 1932년 덴마크 패션쇼의 역사에 대한 신문 기사에 따름.(Nyholm 1932)

사람들은 여전히 수도 밖이나 시골에 살고 있었기에,[6] 패션 뉴스를 전국적으로 보급할 필요가 있었고, 이는 우편 주문 쇼핑의 보급으로 유행이 퍼지는 속도가 빨라지면서 가속화되었다. 1911년 다엘스 바레후스(Daells Varehus)라는 회사는 우편 주문 사업을 시작했는데, 합리적인 가격의 기성복 패션 및 가정 소비재를 실은 카탈로그를 공식적으로 등록된 모든 덴마크 가정에 보급해 물건을 판매했다.(Cock-Clausen 2011)

최신 패션 관련 뉴스가 퍼지는 속도는 오늘날과 거의 비슷했다. 월간 저널 『모드저널 시크』(Modejournal Chic)에 실린 1909년 및 1910년 광고를 보면, 패션 리테일러들이 제안하는 새로운 스타일과 패턴이 월 단위뿐 아니라 때로는 주 단위로 전국에 배포되었으며, 여유(즉 시간과 돈)가 있고 패션에 민감한 이들에게 새로운 스타일에 대한 정보를 제공했다. 또한 재단사들의 업계 저널이었던 『스칸디나비아 재단사 관보』 (Skandinavisk Skrædder-Tidende)는 덴마크, 노르웨이와 스웨덴의 패션 수도로 여겨졌던 코펜하겐의 패션 리포트를 전국의 재단사들에게 알렸으며, 패셔너블한 남성복, 여성복 및 아동복 제작을 위한 패턴을 우편 주문으로 판매하는 동시에 소비자들을 패셔너블하게 만들어 주는 비결을 공유하기도 했다.[7]

이렇게 하여 새로운 패션과 스타일링 관련 지식은 전국적으로 이용 가능해졌고, 상당히 다양한 주문이 가능했다는 사실로 보아 대부분의 사람들이 이러한 지식을

---

[6] 1911년 덴마크 인구는 약 270만 명으로 이 중 약 56만 명이 코펜하겐에 거주했고, 지방 도시에는 이보다 적은 약 55만 명이 거주했으며 나머지 160만 명은 교외 및 시골 지역에 살았다. https://danmarkshistorien.dk/leksikon-og-kilder/vis/materiale/danmarks-befolkningsudvikling/, 2018년 12월 15일 접속.

[7] *Skandinavisk Skrædder-Tidende*, 1. og 2. årgang, 1906–1907.

얻는 것에 꽤 우선순위를 두었다는 것도 알 수 있다. 새로운 옷을 구입하거나 제작할 수 있는 상황이나 능력이 되지 않더라도, 오래된 옷을 수선해 새로운 스타일을 따를 수 있다는 선택지가 있었다. 이 시기는 사회 구조에 큰 변화가 일어나고 있던 때이기도 했다. 19세기 중반 덴마크는 대의민주주의를 위해 전제정치를 포기했는데,[8] 당시 덴마크 역사에서 국가의 핵심 권력을 가진 이들은 부르주아 계층이었기에 부르주아적 이상을 향한 열망이 커지고 사회 계층 간 이동이 가속화되었다.

그러나 중요한 것은, 대부분의 사람들이 가질 수 있는 옷장의 크기가 20세기 전반에 오늘날의 표준 크기 정도와 비슷하게 제한되었다는 사실이다. 대부분의 사람들의 옷장은 절제된 크기였지만, 다양한 사회적 및 개인적 상황에 맞는 옷을 선택할 수 있는 부르주아 계층 여성들과 같은 옷 컬렉션을 꿈꾸었다. 1903년 『우리의 집』(Vort Hjem) 참고 자료에 따르면, 이상적인 여성의 옷장에는 홈 드레스, 도심에서 입을 수 있는 용도로 '맞춤 제작한' 거리 외출용 드레스, 오후 모임을 위한 방문용 드레스, 자전거, 승마, 요트 또는 수영 등의 활동 때 입을 스포츠 드레스, 마지막으로 공식적인 이브닝드레스가 있어야 했다.(Gad 1903) 이 책은 모든 사람들이 이렇게 다양한 상황에 맞는 옷을 구비할 수는 없다는 명백한 사실을 인정하고, 계속 바뀌는 패션에 맞게 스타일링할 수 있는 기술을 갖고 있으면 한정된 예산으로도 패셔너블하게 입을 수 있다는 이야기에 많은 페이지를 할애한다. 그러나

8 1849년 덴마크는 국왕이 통치하는 절대군주제에서 대의 민주주의로 전환했다.

이와 마찬가지로 중요한 것은, 이 책은 개인의 체형과 개성에 맞게 옷을 입어 '스타일리시'한 핏을 내고, 다양한 상황에 맞는 컬러들을 활용해 균형 잡힌 모습을 만들어 내는 일의 중요성을 언급했다는 점이다.『우리의 집』의 '패션과 경제' 장에서는 다음과 같이 언급한다.

> 기대치가 너무 높다는 점은 부인할 수 없고, 옷을 차려입는 일이 버거울 수도 있다. 멋지게 옷을 차려입는 데는 많은 시간을 할애해야 하고, 써야 할 관심과 비용도 만만치 않은 것이 사실이다. 하지만 다행인 것은, 여분의 시간과 돈이 없는 이들에게도 적합한, 덜 복잡한 해결책을 찾을 수 있다는 사실이다. 모닝 드레스, 산책용 드레스, 이브닝드레스 및 그와 비슷한 좋은 물건을 살 여유가 없고, 출근해야 할 직장을 가진 여성이 있다고 가정하자. 이 여성은 위에서 말한 옷들 대신, 아침에는 교양 있는 취향을 무너뜨리지 않는 심플한 디자인의 어두운 파란색 또는 검은색의 울 소재 드레스에 일체의 액세서리 대신 깨끗한 흰색 칼라와 커프스를 더해 입을 수 있다. 또한 업무를 처리하고 잡일들을 할 때, 그리고 친구들을 맞이하고 저녁 식사를 할 때도 같은 드레스를 입을 수 있으며 이는 우리가 볼 때 매우 적합한 복장이다. 게다가 두 가지 스커트에 모두 잘 어울리는, 드레스와 같은 소재로 만든 재킷이 있다면 산책을 나가거나 다른 곳을 방문할 때도 입을 수 있다.(Gad 1903, 124–125)

위 인용문에서도 확실히 드러나듯, 한정된 옷들로 스타일링을 하는 것은 이상적인 패션에 부응하며 살기 위해서뿐만 아니라 사회적 교류의 가치를 재현하기 위해서도 중요한 일이었다.

스타일링은 적절한 방식으로 옷을 차려입는 관행으로 여겨졌으며 사회적 상호 작용과 연관되고, 사회 집단 내에서 상대에 대한 존중과 즐거움을 표시하는 방식이기도 했다. 스타일링은 예의 바른 사회적 상호 작용을 위해 필수적 요소로 여겨졌고, 나아가 이상적인 시민이 되는 데도 꼭 필요했다.

옷을 제작하고 수선하고 고치는 작업은 지역 패션 시스템에 포함된 스타일링 활동이었으며 일상생활에서 중요한 기술이었다. 당시 자기가 직접 옷을 만들거나 고치지 못하는 사람들을 위해 재단사, 재봉사, 백화점이 관련 서비스를 제공했다는 사실만 봐도 이러한 활동의 가치를 알 수 있다. 이러한 맥락에서 스타일링 행위는 자기가 가진 옷과 옷장 구성을 관리하는 행위와도 관련이 있었다. 스타일링을 중시하는 것은 단순히 옷을 세탁하고 다림질하는 것을 넘어서 자신이 입는 옷을 계속 유지 및 관리하고, 의류와 관련된 작업을 수행하는 것으로 이어졌다.

20세기 전반의 덴마크 패션 시스템은 최신 패션 뉴스를 전국에 전달하기 위해 국경을 넘나드는 복잡한 구조로 특징지을 수 있다. 이 구조와 관련된 사람들은 각 지역의 직물 생산자 및 직물을 수입하는 사람, 각 지역의 기성복 생산자와 재단사, 재봉사, 패션 잡지 및 여성지, 무역 저널, 재단사 조합 잡지, 리테일러 잡지의 에디터를 꼽을 수 있으며, 패션쇼, 가게의 쇼윈도, 기타 디스플레이 등의 매체들을 통한 패션 커뮤니케이션 역시 이 구조 안에서 이루어졌다. 덴마크 패션은 국제적 패션 시스템의 맥락에서 보면 정보가 도달하는 맨 끝에 있었지만, 덴마크 문화에서 패션을 필요로 했기 때문에 존재할 수 있었다. 서구 사회의 다른 이들처럼 덴마크 사람들 역시 스타일링을 통해 패셔너블한 외모를 갖기를 원했는데, 이러한 모습은 모두가 지향해야 할 규범과 교양의 지표로 여겨졌기 때문이었다.

패션 커뮤니케이션을 위한
권위 있는 스타일링

다음으로 스타일링에서 전문적인 관행은 무엇인지, 그리고
패션 커뮤니케이션에서 어떻게 이를 활용하는지를 집중적으로
살펴볼 것이다. 이러한 관행은 소비자들에게 어떻게
패셔너블하게 옷을 잘 차려입으며 자신감을 가질 수 있는지를
가르치기도 하고, 계속 바뀌는 패션에 따라 스타일링 지식을
유지하는 방법을 알려 주기도 한다. 특히 이 책에서는 패션쇼,
패션 사진, 쇼윈도 디스플레이를 20세기 전반 권위 있는
스타일링 관례의 표현으로서 특별히 분석하고자 한다.

오늘날에도 그렇듯, 스타일링은 20세기 전반에도 패션
커뮤니케이션에 있어 중심적인 역할을 했다. 20세기 초는 여러
가지 의미에서 패션 커뮤니케이션이 형성되는 시기였다고
할 수 있는데, 특히 패션쇼, 패션 사진 및 상점의 쇼윈도
디스플레이 등 패션 커뮤니케이션을 위한 기술 체계가 생겨난
때였다. 여기서 패션 스타일링의 목적은 패션 소비를 일으키는
것이었으며, 가장 많이 사용된 것은 '새로운' 패션 아이디어를
선보이는 것과 함께 다가올 유행에 대한 신뢰성 있는 기록을
만드는 것이었다.(Breward 2007, 278) 최신 패션에 대한
커뮤니케이션은 잠재적 소비자들에게 어필해야 했으며, 새로
산 옷을 기존의 옷장 속 옷과 함께 입을 때 개인적인 스타일링
행위를 독려할 수 있어야 했다.

이러한 커뮤니케이션 채널에서 유효한 것은 '권위 있는

스타일링'이라고 할 수 있다. 실제로 덴마크 패션계를 이끌던 이들은 외국의 주요 패션 도시들에 있는 패션 리더들과의 연관성을 바탕으로 자신들의 지위를 확보했다. 이러한 영향력은 패션 디자이너, 포토그래퍼, 장식 전문가 및 이들 간의 협업으로 나온 제품에게 주어졌다. 새로 유행할 패션 트렌드가 무엇인지 아는 감각을 갖기 위해, 덴마크의 패션 디자이너 및 포토그래퍼, 장식 전문가는 파리, 빈 및 베를린 등 국제적인 패션 중심지에서 영감을 찾았다. 이러한 연결 고리는 이들에게 새로운 영감을 주었을 뿐 아니라 권위를 주장할 근거가 되어 주기도 했다.

스타일링을 하는 것과 스타일링을 받는 것은 패션 산업의 크기와 수익을 늘리는 것과 같은 다양한 이해관계와 복잡하게 얽혀 있는 일이었다. 또한 잘 차려입고 올바르게 행동하며 외모를 통해 선한 인격을 보여 주는 것 등 당시의 도덕적 가치에 부응하는 일 역시 이와 관련이 있었다. 즉 스타일링은 패션 산업과 패션을 입는 관행에 상업적 및 도덕적 관계로 상호 의존하며 걸쳐져 있었다.

덴마크 패션쇼에서의 스타일링

1930년대 초반의 기록에 따르면, 1911년 9월에 덴마크에서 최초의 패션쇼가 열렸다. 이 패션쇼는 1910년 파리 패션 퍼레이드를 본뜬 형식으로, 패션 하우스의 새로운 컬렉션을 선보이기 위해 살아 있는 마네킹을 활용했다고 한다. 이 형식을 덴마크에 도입한 것은 포네스베크 백화점으로, 최초로 실제 모델들을 기용해 백화점 내에서 이벤트성 쇼를 열어 초대한 일부 고객들에게 새로운 디자인을 소개했다. 다음 해에는 티볼리 가든과 연결된 레스토랑 겸 엔터테인먼트 플레이스인 넘브가 인기 패션쇼 장소로 떠올라 처음에는 포네스베크 백화점의 패션쇼를 이곳에서 개최했고, 1913년 초에는 마가쟁 뒤 노르 백화점이 쇼를 열었다. 이 최초의 쇼들은 1년에 딱 한 번 열리는 '극장형 쇼'였지만(삽화 5), 1910년대 말에는 더 많은 백화점 및 현지 패션 하우스가 참여하게 되어 님브나 고급 호텔 당글테르의 더 팜 가든 등에서 1년에 두 번씩 쇼가 열렸다.[9] 이렇게 하여, 패션 커뮤니케이션이 형성되던 이 시기에 덴마크의 로컬 패션 시스템에서 패션쇼의 역할은 비교적 덜 구조화되었으며 정기적 행사로도 완전히 굳어지지는 않았다. 패션쇼는 소비자 지향적이었으며, 파리에서처럼 소비자들이 새로운 시즌 옷을 구입하거나 원래 있던 옷을 새로 고쳐 입을 수 있는 요소들을 취할 수 있도록 짰다.

　　스타일링의 문화적 역량을 개발하는 것과 패션쇼는 어떤 관계가 있을까? 이러한 초기의 패션쇼들은 부르주아 계층의 유흥을 위한 장소로 자리 잡았으며, 이들은 바로 이 행사의 타깃이 되는 집단이었다. 이 패션쇼들은 보통 초대를 받아야만 참석할 수 있는 행사로 애프터눈 티와 함께 진행되었다. 각각의 옷들은 번호로 소개되었으며, 패션쇼 진행자는 손님들에게 옷의 패셔너블한 특징을 알려 주는 동시에 어떤 소재를 사용했고 어떤 상황에서 입으면 좋은 옷인지를 설명했다. 이러한 관행을 통해, 우리는 패션쇼가 단순히 고객들에게 옷을 판매하는 것뿐 아니라 스타일링을 배울 수 있도록 교육하는 목적도 있었다고 볼 수 있다. 그래서

9 Inger Nyholm (1932), 'Moden er lundefuld og skifter hurtigt. Den første danske Mannequin-opvisning for 21. år siden og Udviklingen derefter' (패션은 변덕스럽고 빠르게 변한다. 21년 전 덴마크 최초의 마네킹 쇼와 그 후의 발전), *Magasin du Nord Scrapbook* 10/12 1930–9/4 1934.

패션쇼는 패션에 관심이 있는 사람들의 만남을 주선하는 사회적 이벤트였을 뿐 아니라 패션과 스타일링 관련 지식을 쌓을 수 있는 행사기도 했다.

패션 사진을 스타일링하기

패션의 보급 면에서 패션 사진은 당시 어떤 커뮤니케이션 수단보다도 효율적이고 광범위했다. 마치 이전의 패션 드로잉이 그랬듯, 사진은 비교적 적은 비용으로 새로운 패션과 스타일링 방식을 유통시킬 수 있었다. 사진 및 복제 기술이 발전하면서, 패션 사진은 스타일링 정보를 전하는 보다 중요한 자료가 되었다.(de la Haye and Mendes 2014) 패션 사진은 패션 잡지, 여성용 잡지 및 신문을 통해 배포되었는데, 이러한 사진들의 구성은 특별히 다채롭지는 않았다. 패션 디자이너의 옷을 입은 실제 모델들은 패션 하우스나 포토 스튜디오에서 사진 촬영을 위해 스타일링을 받았으며, 의자, 서랍장이나 거울 등 인테리어 디자인 제품이나 가구 옆에 주로 서서 그 옷이 어울리는 분위기를 연출했다.(삽화 6) 패션 사진은 주로 두 가지 목적, 즉 옷을 기록하는 용도와 사진 연출을 위해 촬영되었으며, 모델의 포즈, 조명 세팅 및 이미지 연출을 위해 사용된 소품 등을 통해 최신 패션을 둘러싼 이야기를 만들어 냈다.

여성 잡지와 같은 인쇄 매체에서 패션 사진은 옷본(sewing patterns)과 함께 제공되는 경우가 많았으며, 덕분에 독자들은 해당 디자인을 복제하여 자신의 신체 치수와 선호도에 맞게 직접 스타일링할 수 있었다. 그렇기 때문에 패셔너블한 옷을 이미지 및 기술적 패턴을 통해 해석할 수 있는 능력은 패션에 관심이 있는 이들에게 꼭 필요한 능력이었다. 특히 지리적 또는 경제적 이유로 패션 디자이너, 재단사 또는 기타 전문가들에게 '옷 해석상의 도움'을 받을 수 없는 경우라면 삽화 5. 님브에서 열린 마가쟁 뒤 노르의 패션쇼, 1913년. 이 패션쇼는 '새로운' 패션을 선보이는 연극적인 퍼포먼스인 동시에 교육의 현장이기도 해서, 보는 사람들이 문화적 역량으로서의 스타일링 감각을 기를 수 있도록 했다. 사진: 미상.

더욱 그러했다. 이러한 이유로 패션 이미지에는 거의 대부분 해당 디자인이 어떻게 구현된 것인지를 설명해 주는 설명문이 함께 제공되었으며, 이러한 글은 디자인의 형태, 소재, 색상 또는 스타일링 등을 언급해 주어 새로운 패션을 이해하는 핵심 요소로서 작용했다. 이와 같은 방식의 패션의 보급은 일종의 규범처럼 일방적으로 지시할 수 있는 분야로 여겨졌는데, 내용 면에서 소비자들에게 적절한 스타일링의 특수한 본질을 전달하고 있기 때문이었다. 패션 사진을 보는 사람들은 이를 통해 패션이 지시하는 내용을 해독하는 법을 배워야 했다.

패션 디자이너의 스타일링

패션 디자이너들은 고객들과 사적인 시간을 가지면서 스타일링에 대한 자신들의 영향력을 확대할 수 있었는데, 이는 주로 소수의 패션 소비자들과 친밀하게 만날 수 있는 상황에서 이루어졌다.

당시 패션 디자이너이자 코펜하겐 포네스베크 백화점(1847–1970)의 패션 부문을 맡았던 예르겐 크라루프는 1980년 라디오 방송에서 패션 디자이너의 일상적 업무가 최신 패션의 변화에 따라 고객의 옷장 구성을 변화시키는 일이라는 점을 설명했다.[10] '쿠튀르의 아버지'라고도 불리는 찰스 프레더릭 워스(1825–1895)와 같은 패션 디자이너들은 당시 떠오르는 패션 트렌드에 따라 소비자들을 스타일링했다.(Breward 2000, 29) 이 일을 잘 해내기 위해서는 고객의 라이스프타일을 비롯해 그의 혹은 그녀의 옷장에

---

10 야네 호브만이 인터뷰어로 활동하는 덴마크 라디오 프로그램 『가족의 거울』 (Familiespejlet, 1980).

삽화 6. 패션 사진을 촬영하는 모습. 모델이 코펜하겐 일룸 백화점의 패션 스튜디오의 카메라 앞에서 포즈를 취하고 있다. 새로운 패션은 양산을 더한 드레스 스타일링과 사선으로 선 포즈를 통해 설명된다. 사진: 홀게르 담고르(1870-1945), 1920년경.

어떤 옷들이 있는지를 파악하고 있어야 했고, 때로는 고객의 컬렉션에 패셔너블한 새 옷을 추가해야 할 때도 있었다. 그러나 이런 일뿐만 아니라, 옷에다 리본이나 꽃 장식과 같은 '악센트'를 더하는 것이나 서로 다른 액세서리들로 새로운 조합을 찾아내는 것처럼 작은 변화만을 주는 것일 때도 있었다.(삽화 8)[11] 패션 디자이너와 고객 사이의 우정은 드물지 않은 일이었는데, 이러한 작업이 잘 진행되려면 친밀한 관계에서 나오는 지식들이 있어야 했으며 함께 의상 피팅을 하는 시간 동안 사회적 유대감이 깊어졌기 때문이다.(Verge 2018, 삽화 7) 누군가를 가르치는 상황에서 모두 그렇듯, 선생과 제자 간의 신뢰는 효과적인 지식 전달을 위해 중요한 요소다. 패션 디자이너나 재단사와 함께 피팅을 하며 피팅룸에서 옷을 갈아입으려면 신뢰가 있어야 했지만, 이러한 상황 자체가 신뢰를 쌓는 배경이 되어 주기도 했다.

　　패셔너블하고 직접 제작한 최고급 드레스를 구입하는 것은 20세기 초반까지는 일반적인 일이었는데, 이는 엄청난 비용과 오랜 시간이 소요되었지만 당시 선망되던 외모에 가까운 모습을 갖고 싶어 했던 고객들에게는 아름다움의 기준을 가르쳐 주는 마스터클래스를 제공한 셈이었다. 패셔너블한 맞춤복을 구입하려면 패션 아틀리에에서 수차례 피팅을 거쳐야 했는데, 보통은 부르주아적 문화의 정수를 모아 놓은 듯한 인테리어의 방에 있는 거울 앞에 서서 진행되었다. 이 과정을 통해 옷을 구입하는 사람은 무엇이 균형 잡힌 것인지, 품질 좋은 원단과 부자재는 어떤 것인지, 최신 패션은 무엇인지,

---

11 「우리가 입는 모든 황당한 것들」(Alle disse absurde ting vi ta'r på), 덴마크 라디오의 라디오 방송, 1980년 6월 23일. 게스트: 예르겐 크라루프, 인터뷰어: 야네 호브만.

삽화 7. 마가쟁 뒤 노르의 패션 스튜디오에서 관계자가 스타일링을 진행하는 모습.
세 여성은 백화점 패션 부문장 아이나르 엥겔베르트에게 패셔너블한 드레스를 만들 때
소재가 어떻게 사용되었는지를 배우고 있다. 사진: 미상.

그리고 최신 패션에 맞게 기존의 옷을 스타일링하려면 어떻게 해야 할지를 관찰하고 내면화할 수 있었다.

1950년경 마가쟁 뒤 노르 백화점에서 일했던 비르테 샤움부르(1928년생)는 이 백화점을 설립한 에밀 베트(1843-1911)의 증손녀로 패션 살롱에서의 스타일링 업무가 백화점에서와 동일하게 진행되었으며 백화점의 사업 모델을 개발하기 위해 업무 기록, 분석 및 사업 계획이 필요했다는 사실을 기억하고 있다.[12] 이 업무는 단순히 패션 디자이너가 수행하는 미학적 실무가 아니라, '담당자'(directrice)가 고객들이 기존에 가지고 있는 옷들, 라이프스타일 관련 정보 및 어떤 옷을 필요로 하는지 등을 기록하고 이 정보를 국제적으로 새로 출시된 신제품 원단 및 패션과 결합해 백화점 내의 어떤 제품이 필요할 것인지, 또한 일반 고객들은 어떤 제품을 원하는지 등을 종합적으로 판단하는 일이었다.[13] 이러한 기록은 고객들에게 스타일링 기술을 교육하는 또 다른 부분이기도 했는데, 각 고객 개인의 옷장 속 옷들을 적절하게 차려입었다고 할 수 있는 범주 안에 넣기 위한 계획을 짜는 데 그것이 활용되었기 때문이다.

이러한 방식으로 스타일링은 패션 비즈니스를 유지하는 복잡한 네트워크를 형성하는 동시에 미적 감각 및 부르주아적 규범에 맞는 옷장을 구성하는 소비자들의 기술과 노하우를 성장시킬 수 있었다.

---

12 비르테 샤움부르 인터뷰, 2013년 2월 28일.
13 같은 인터뷰.

삽화 8. 1940년 오르후스에 위치한 마가쟁 뒤 노르 백화점의 수선 및 리폼 작업실에서 일하고 있는 여성들. 원래 가지고 있던 옷을 스타일링 및 수선하려면 직접 하거나, 돈을 지불하고 서비스를 구입해야 했다. 사진: 미상.

패션 소비자로서
스타일링 배우기

위에서 설명했듯, 스타일링은 사람들에게 단순히 옷을 사라고 부추기는 것보다 훨씬 중요한 사회적 역할을 했다. 설령 20세기에 들어서면서 이러한 소비에 대한 유혹이 더욱 널리 퍼진 것은 분명하더라도 말이다. 이러한 배경에서, 스타일링이 단순히 특정 룩을 상업화한다든가, 어떤 사업체를 홍보하거나 시각적 정체성을 만들어 내는 것 이상의 역할을 하고 있음을 강조하는 것이 중요하다. 아마 지금의 상황도 별로 다르지는 않겠지만, 20세기 전반을 돌아보면 스타일링 행위가 부르주아 문화—시대를 정의하고 사회 구성원들이 선망해야 할 좋고 적절한 삶을 규정하는 규범 및 가치—를 조정하고, 배우고, 구체화하며, 물질화하는 데 어떻게 핵심적인 역할을 할 수 있었는지를 명확히 알 수 있다.

내가 분석한 패션 잡지 및 여성 잡지는 문화적 역량의 소유와 획득을 교육의 문제로 접근하고 있었다. 잡지 독자들은 잡지의 언어가 표현하기로 '패셔너블한', '시크한', '스타일리시한' 사람이 되기 위해서는 그러한 역량들을 배울 것을 요청받았다.

프랑스와 미국 여성들이 옷 취향이 좋다고 칭찬을 많이 받으며, 그들의 우아함과 시크함은 한두 명의 유명 패션 디자이너 덕분이라는 이야기를 흔히 들을 수 있다. 하지만 언제나 그런 것은 아니다. 항상 우아하게 옷을 입는 것은 매우 비용이 많이 드는 일이기에 극소수의 사람들만 언제나 유명 디자인을 입는 사치를 감당할 수 있다. 대부분의 사람들은 패션쇼에서 본 것들에서 영감을 받아 개인적인 필요에 맞게 원래 옷을 고쳐 입을 수 있는 디자인을 선택하게 된다. 그리고 이들은 뛰어난 주부들이 집을 가꾸듯이 드레스에도 자신들만의 독특함을 더한다. 원단과 액세서리, 핏을 골라, 오래된 것을 새것처럼 보이게 만들며, 아무것도 없는 것에서도 디테일을 만들어 내고, 최소한의 학습으로 최고의 기법을 만들어 내는 것이다. 파리의 유명 패션 스튜디오에 가서 어디서 이런 것들을 배웠는지 물어보면, 항상 그들은 어디서도 배우지 않았으며, 그냥 자연스럽게 일어난 일이라고 대답한다. 뛰어난 주부들에게 어디서 그렇게 맛있는 음식을 만드는 법을 배웠는지 물어보면 뭐라고 할까? 그들은 스스로 독학하고, 아마도 여러 다른 레시피를 공부해 여기저기서 들은 지식들을 총동원했을 것이다. 말하자면 제대로 방향을 잡고 기본을 배웠다면, 수많은 연습을 통해 완벽에 가까워질 수 있다.(『집과 주택』 1921, 276-277)

이 인용문을 통해, 독학으로 전문가가 된다는 것이 패션 산업 내에서 일반적으로 미덕으로 간주된다는 사실을 알 수 있다. 또한 잡지의 독자들에게도 독학을 권유하되, 잡지에서 제시하는 커리큘럼을 따라야 한다고 이야기한다. 따라서 스타일링의 문화적 역량은 호기심, 참신함에 대한 추구, 미적 관심 및 최선의 결과를 내겠다는 의욕을 바탕으로, 경험에 기반한 교육이 중심이 된다.

본질적으로 스타일링을 규정하는 것은 완벽, 포부, 품질, 비율, 취향 및 순서 등 규범적 가치들이라고 할 수 있다. 여성들은 나만의 스타일링 방법을 마스터하기 위해서는 이러한 가치들을 고수하고, 이를 스스로의 특성의 일부로 만들어야 했다. 그러나 당시의 여성 잡지에서 볼 수 있듯, 이들은 또한 스타일과 정갈한 외모를 유지하기 위해 매우 실용적이고 언제나 필요한 일을 행동에 옮길 수 있는 준비가 되어 있어야 했다.

패션 잡지 『마담』(Madame)에서는 「작지만 빛나는 아이디어들」(Little bright ideas)이라는 특집을 통해 독자들에게 스타일링 및 외모 유지 아이디어를 제안했는데, 가령 1943년에는 아래와 같은 기사가 실렸다.

> 디너파티를 앞두고 옷에 얼룩이 생겼다면, 최대한 빨리 얼룩을 제거하는 것이 최선이라는 것은 모두 알고 계시겠죠. 하지만 얼룩을 제거한 후에 드레스에 남는 젖은 자국도 모두의 이목을 끌게 될 거예요. 이럴 때는 어떻게 하면 좋을지 알고 계시나요? 표면이 충분히 뜨거울 정도로 오래 켜 둔 전구를 찾으세요. 그런 다음 그 전구로 드레스가 다시 반듯하게 마를 때까지 다림질하세요.
> (『마담』 1943, 21)

이 실용적인 조언은 잡지가 어떤 태도로 독자들에게 옷 잘 입는 방법을 알려 주는지 보여 준다. 마치 독자들이 옷 입는 감각이 충분하지 않다는 전제하에, 스타일리시하게 옷을 입는다는 독자들의 목표를 달성할 방법을 알려 주는 것이다. 이렇게 미시적인 실천들로 소비자들은 스타일을 유지하고 옷을 잘 입는 훈련을 하게 되는데, 이와 함께 우리는 스타일링의 목적이 즉각적인 미적 경험 이상이라는 것을 알 수 있다. 또한 스타일링이 어떻게 행동을 통제하는 데 영향을 주며, 부르주아 문화에서 기대되는 선량한 시민으로서의

자세를 패셔너블하고 잘 차려입은 대중적 모습을 통해
전달하는지도 알 수 있다.

결론

20세기 전반, 어떤 실천 및 문화적 역량으로서의 스타일링을
이해하는 것이 이 장의 핵심이었다. 이러한 관점을 통해
스타일링이 단지 새롭게 유행하는 스타일을 실현하는 목적을
넘어서, 좋은 매너, 미적 교육, 자아 통제를 갖춘 시민으로서
인정받을 수 있게 해 주는 다른 실천들과 연관이 있다는
사실을 알 수 있다.

　　20세기로 전환되는 수십 년 동안 덴마크 사회는 중대한
구조적 변화를 겪었고, 그 결과 부르주아 문화가 부상하게
되었다. 스타일링 행위는 부르주아적 규범과 가치의 이상형을
채우기 위해 배워야 했던 역량으로 볼 수 있을 것이다. 사람이
어떻게 옷을 입는지는 중요한 문제였고, 스타일링 행위 및
스타일을 배우는 것은 패션 산업과 소비자 모두에게 일종의
투자였다. 스타일은 맞춤 제작 드레스를 살 수 있을 만큼 운이
좋은 이에게나, 직접 드레스를 만들어야 했던 이에게나 많은
시간을 요하는 일이었다. 소비자 교육을 목적으로 한 패션
커뮤니케이션이나 심지어는 패션의 명령들까지도 쉽게 보면
지식의 전달이라고 이해할 수 있다. 그리고 그 목적은 패션
소비자들이 패션의 희생양도, 완전히 유행에 뒤떨어진 사람도
아닌 그 사이의 균형이라는 부르주아적 가치에 맞게 살아가고
이를 표현하기 위한 스타일링이라는 문화적 역량을 갖게 하기
위해서였다. 소비자들은 몸의 대칭성을 돋보이게 하고, 좋은
품질의 원단으로 제작되며, 피부색에 어울리고, 깨끗하고

상황에 맞는 옷을 입어야 했다.

이러한 이상에 적응하고 그에 맞는 문화적 역량을
가지려면 대부분의 사람들이 많은 노력을 해야 했을 것이다.
이 장 초반부에서 언급했듯, 20세기 동안 패션이 수동적인
지시에서 능동적인 선택으로 발전했다는 인식은, 이러한
배경에 비추어 볼 때, 20세기 전반 패션의 역할 및 의미와
스타일링의 행위를 이해함에 있어서 불충분한 서사라는 점이
드러난다. 구체적으로 이러한 인식은 헤브디지가 이야기한
바와 같이, 제한이 없는 정체성들로 이루어진 브리콜라주적
실천으로서의 패션과 스타일링이라는 포스트모던적 이해를
기반으로 한다. 규제적인 규범과 가치가 없는 상황에서
직업으로서의 스타일링이 사람 및 기업에게 길을 제시하는
역할로 떠오를 여지가 생겨났다는 것이다.

이 글에서 제시한 연구에서 패션은 소비자들의
복합적이고 활발한 참여를 "명령하는" 동시에 유도하는데,
이는 최근의 패션 연구 자료에서 볼 수 있는 내용과 상당히
비슷하다.(Kaiser 2012) 또한 왜 1960년대에는 패션의 명령에
대해 그렇게 강한 비판이 가해졌는지 질문을 던질 수
있다. 부르주아 사회에 의문을 제기하고 사회 구조에 대한
새로운 관점을 찾고자 노력할 때, 패션은 사회적 지표인
데다 부르주아적 규범과 문화를 형상화하는 주요한 방법 중
하나였기 때문에 변화의 발화점이 된 것이다. 결과적으로
패션의 명령은 옛이야기가 되었고, 선택의 자유 및 다양성,
그리고 저항의 표현으로 받아들여지는 실험적인 룩들이
트렌드가 되었다. 패션과 스타일링은 살아남긴 했지만,
안티부르주아적 이상에 따라 형성된 새로운 맥락에 들어섰다.
그리고 그 속에서 패션과 스타일링은 피상적이고 사소한 데
집중하며, 지나간 시대의 문화적 역량을 나타낸다고 비판을

받았다. 패션과 스타일링은 사회적 지위를 포장하는 표면에 관한 것이며 내적 가치나 자아 정체성의 탐구와는 관련이 없다고 여겨졌다. 이러한 요소들은 이후에 발전할 더 다양한 패션 산업의 목표가 되었으며, 그러한 패션 산업에서는 반패션적으로 옷을 입음으로써 개인의 정체성을 형성하고자 했던 새로운 소비자들을 충족시켰다.(Polhemus 1978)

이러한 전환 이전에 패션과 스타일링이 어떠했는지에 대한 탐구는, 패션을 지배하던 담론의 연구만큼이나, 패션사를 이해하기 위한 새로운 통찰을 제공하기에 충분하다. 특히 이러한 연구는 패션 산업과 패션 회사들이 현재 맞닥뜨린 과제들—기후변화로부터 기인했으며 과소비를 최소화하고 패션을 윤리적으로 가꾸기 위한 지속가능한 실천을 요청하는—을 해결하는 데 도움을 줄 수 있을 것이다.

스타일링 능력은 어쩌면 현재의 맥락에서라면 사회 구성원의 선행으로서, 의류 수명을 늘리고 패션의 지속 가능성을 개선하는 방법으로서, 새로운 의미를 찾게 될 수도 있다. 스타일링은 가지고 있는 옷들을 관리하는 차원에서, 소비하는 옷의 양을 제한하는 동시에, 원래 입던 옷뿐만 아니라 자기 정체성까지 관리하고 그 가치를 인식하며 새로운 가치를 발견할 수 있게 해 준다. 이는 인류세 시대의 새로운 문화적 역량으로서 스타일링이 가진 아직 발굴되지 않은 잠재력 중 하나다. 20세기 전반 개인적 영역과 상업적 영역 모두에서 나타난 실천으로서 스타일링은 혁신의 열쇠가 될 수 있을 것으로 보인다. 역사 속 스타일링 실천을 이해함으로써 현재의 변화를 주도할 잠재력을 찾을 수 있을 것이다. 우리의 지식을 활용하여 우리가 환경을 위해 패션을 통해서 할 수 있는 적절한 일들을 찾아낸다면 말이다.

3장
노숙자와 꼽추: 니치 패션 잡지에서의 실험적 스타일링, 조합된 신체, 새로운 소재 미학

아네 륑에요를렌

서론

『퍼플』의 2017년 A/W호 화보에서 프랑스 스타일리스트 록산 당세는 초현실주의적 DIY 룩 시리즈를 선보였다. 모델 아나 클리블랜드는 아스팔트 도로 옆 드문드문 잔디가 돋아난 곳 위에 놓인 빛바랜 폼 매트리스 위에, 낡은 플라스틱 병으로 된 헤드피스를 긴 천 조각으로 머리에 묶은 채 앉아 있다. 다른 사진에서는 코트와 바지를 입고, 베이지색 석고로 만든 것으로 보이는 커다란 빵 조각 헤드피스를 왕관처럼 쓰고 있는 모습이었다. 이 장에서는 최근 몇 년간 니치 패션 잡지에서 볼 수 있는 실험적인 스타일링들을 알아볼 것이다. 새로운 자료들과 소재들을 사용하는 것으로 특징되는 브리콜라주 스타일리스트들은 직접 만든 '보잘것없는' 물건, 저렴해 보이는 옷, 심지어 버려진 물건을 이용하여 패션계 바깥의 오브제와 저급하다고 할 수 있는 환경에 배치된 신체를 조합한다. 『퍼플』 속 룩들은 놀라울 지경이다. 모델은 빨간 슈트 위에 넝마가 된 골판지 박스를 걸치고 있다.(도판 21) 화보 속 다른 컷에서는 여러 개의 브라로 만든 '스커트'가 고무줄에 달려 있고, 모델은 호일을 덧댄 소스 팬을 머리에 쓰고 있다. 일상적인 물건들을 조합하여 손으로 직접 만든 듯한 느낌을 주는 이 룩들은 마치 1916년 카바레 볼테르(Cabaret Voltaire)[역주: 취리히에 위치한 문화 예술 공간으로, 다다이즘 예술의 발상지이자 아방가르드 예술가들의 작품과 퍼포먼스를 선보이는 공간으로 활용되었다.]에서 손가락을 나타내는 조각들이 튀어나온 골판지를 팔에 두르고 왕관과 합친 듯한 모습의 가면을 쓴 다다이스트 예술가 조피 토이버아르프의 의상을 연상시킨다. 그러나 『퍼플』 에디토리얼의 크레디트를 보면 이 화보에 등장하는 버려진 재료들이 지방시(Givenchy), 셀린느(Céline), 샤넬(Chanel), 릭 오웬스(Rick Owens) 등 하이패션 레이블과 함께 사용되었다는 사실을 확인할 수 있다. 패션 및 패션 밖의 요소와 옷을 조합하는 것이 스타일링에서 아주 참신한 일은 아니다.[1] 하지만 당세가 여러 겹의 실루엣을 겹쳐 신체가 변형된 듯한 기이하고 '불쌍한' 룩을 연출하는 방식은 눈길을 사로잡는다.

2018년 독일의 『더스트』(Dust)에서 케이티 버넷이 스타일링하고 에티엔느 생드니가 촬영한 '말할 수 없는 것은 휩쓸려 갈 것이다'(What Can't Be Said Will Be Swept)라는 제목의 화보에서는 이와 관련된 현대 스타일링의 또 다른 표현 방식을 보여 준다. 이 흑백 화보에서(삽화 9) 반쯤 쭈그려 앉은 긴 머리의 남성 모델의 잘 보이지 않는 몸 주위를 형체가 불분명한 옷들이 겹겹이 둘러싸 묶고 있다. 몸집이 큰 사람의 상반신 해부도를 본뜬 듯한 '아이템'들이 모델의 상반신에 겹겹이 덧대어져, 통통한 가슴과 튀어나온 뱃살을 추상적으로 나타낸 것처럼 보인다. 크레디트에서는 다른 많은 하이패션 레이블들과 함께 '패딩은 스타일리스트 소장품'이라고 기록했다. 스타일링의 변형적인 가능성은 이렇게 충전재 및 거추장스럽고 부자연스러운 재료를 통해 신체를 해부학적으로 변형시키는 종류의 스타일링에서 가장 두드러지게 드러난다. 이러한 신체는 물리적 현실에서는 선호되지 않겠지만, 이미지와 신체의 창조에 주목하게끔 만드는 놀라운 이미지들을 만들어 낸다.

---

1 7장과 8장에서 자선 매장 의류, 빈티지, 잉여 군수품 등을 하이패션 의류와 조합한 초기 스타일리스트인 캐럴라인 베이커와 레이 페트리를 각각 찾아볼 수 있다.

동시대 니치 패션 잡지의 이 두 화보는 하이패션과 자체적으로 제작한 물건, 그리고 일상적인 물건들을 섞어 '불쌍한' 룩과 부피가 큰 형태를 만들어 내는 실험적인 스타일링을 명확히 보여 준다. 나아가 이 이미지들은, 최소한 표면적으로는 '화려한 노동'(glamour labour, Wissinger 2015)[역주: 2010년대 여성 인플루언서들이 개척한 노동 유형으로 메이크업이나 스타일링, 운동 등 신체적 자아를 가상의 자아와 어울리도록 만들려는 노력이 이에 속한다.]과 규범을 최적화시켜 신체적 개선을 유도하는 발상에 저항하며 대안적 신체 이미지를 만든다. 여기서는 신체를 억제하는 규범을 해체하기 위해 형태와 소재를 실험하는 스타일링, 즉 새로운 소재 미학을 강조하는 니치 패션 잡지의 스타일링을 알아보기 위한 예시로 '노숙자'(the homeless)와 '꼽추'(the hunchback)의 비유를 분석한다. 또한 실험적인 스타일링과 '아상블라주'—20세기 초 다다이즘 예술가들이 행동에 옮긴 스타일과 방법—간의 유사성을 찾을 것이다. 이러한 분석을 뒷받침하기 위해, 발터 베냐민의 '넝마주이'(rag-picking, Benjamin 1999; Evans 2003; Smith 2010)[역주: 도시의 폐기물 등 아무도 원하지 않는 물건을 수집하는 것. 완전히 파괴되고, 낡고 버려진 것들에 새로운 기능을 부여해 다시 유용한 대상으로 만들며, 기록하고 수집한다.], 들뢰즈의 '되기'(becoming, Deleuze and Guattari 1987; Smelik 2016)[역주: 존재의 본질이 고정된 실체가 아니라 변화하고 변모하는 '되기'라는 의견.] 및 바흐친의 패션에서의 '그로테스크'(grotesque, Granata 2016, 2017)[역주: 괴상하고 기이한 느낌으로 보는 사람에게 이질적인 감정을 일으키는 것. 민중적, 반주류적 특징을 보이며 세계가 온전하게 이성적이며 질서 정연하게 이루어지지 않는다는 점을 부각시킨다.]와 같은 개념들을 활용했다.

삽화 9. 「말할 수 없는 것은 휩쓸려 갈 것이다」, 『더스트』, 2018년 12월 호.
사진: 에티엔느 생드니. 스타일링: 케이티 버넷.

마지막으로 이 장에서는 실험적인 스타일링을 패션에서 증가한 '미디어화'(mediatization, Rocamora 2017)의 발화로서 논하고 있는데, 이러한 스타일링들은 미디어에 의존해 발화하기 때문이다.

실험적 스타일링은 프란체스카 그라나타가 만든 용어를 빌리자면 "실험적 패션"의 분야에 속하는데, 이는 패션 자체나 패션을 선보이는 방식, 변형적이고 전복적인 의미 및 "규범의 재정립 가능성"(Granata 2017, 5)을 실험하는 것이다. 또한 애덤 제치와 비키 카라미나스가 말한 "비평적 패션" 즉 "전에는 예술이 제공했던 비평적 요소가 포함되도록 디자인된" 패션 실천과도 연결되어 있다.(Geczy and Karaminas 2017, 4) 실험적 패션과 비평적 패션의 분야의 큰 특징은, 디자이너와 이미지 제작자들이 신체, 정체성, 소재에 대한 패션 산업 전반의 규범을 뒤흔든다는 점에 있다. 실험적 스타일링은, 패션을 해체하거나 아니면 적어도 시스템 내에서 패션의 대안적인 길을 제시하는 이미지를 창조하기 위해 비관습적인 이미지를 사용함으로써 혼란을 야기하며, 이로써 실험적이고 자기의식적이며, 일탈적이되 쉽게 분류할 수 없는 일시적인 신체들을 다룬다.[2] 패션 연구와 그 외 분야에서는 "물질적 전환"으로 분류되는, "실천, 구체화 및 실험"에 대해 학술적 초점을 맞추는 경우가 많아지고 있다.(Rocamora and Smelik 2016, 12) 이는 주로 학술적인 방법론과 초점에서의 변화를 가리키지만, 실험적 스타일링의 실제 구성 요소인 물질 그 자체(the matter itself)도 주의 깊게 볼 필요가 있다. 왜냐하면 그것이 "새로운 소재

---

[2] 스타일리스트의 동기와 관점은 이 장의 범위를 벗어나지만, 이 책에 실린 인터뷰들에서 다루고 있다.

미학"(new material aesthetics, Bruggemann 2017)—이 미학은 예술 전반에서의 물질적 전환 이슈의 일부이기도 하다(Lange-Berndt 2015)—을 대표하기 때문이다.

넝마주이와 노숙자

최근 몇 년간 『보그 코리아』(Vogue Korea, 2013년 8월 호), 『W 매거진』(2009년 9월 호), 『안티도트』(Antidote, 2011년 8월 호) 및 다양한 잡지 전반에서 '쓰레기 패션'(trashion), '홈리스 시크', '부랑자 시크', '쓰레기 매립지의 쿠튀르' 및 '여자 노숙자' 등으로 불리는 이미지들이 빠르게 확산되고 있다. 영향력 있는 스타일리스트 캐럴라인 베이커는 무려 1971년에 『노바 매거진』에서 노숙자 관련 에디토리얼을 제작했다.(이 책의 앨리스 비어드의 글 참조) 패션이 노숙자에 대한 관심을 보이는 일은 대부분 도덕적 비판을 받았다. 예를 들어 노숙자 중국 남성 '브라더 샤프'(Brother Sharp)는 바이럴 패션 아이콘이 되었고(Mackinney-Valentin 2011), 비비안 웨스트우드의 2010년 A/W 시즌 남성복 쇼, 일본 브랜드 N. 홀리우드(N. Hoolywood)의 2017년 A/W 쇼와 런던 셀프리지스 백화점의 발렌시아가 쇼윈도 디스플레이는 모두 사회 주변부의 소외된 이들을 이용하고 빈곤을 미화한다는 비판을 받았다.(Iversen 2017; Newton 2011; van Elven 2018) 『보그 독일』(Vogue Germany) 2012년 9월 호에 게재된 화보는 '시간의 흔적'(Signs of the Time)이라는 제목으로 여성 노숙자가 수백 개의 멋진 핸드백과 값비싼 장비들을 겹겹이 두르고 등장했다. 어떤 컷에서는 모델이 투명한 재질의 우비 판초 아래 따뜻한 옷들을 입고 수십 개의 비닐봉지 및 네 개의 가죽 가방으로 꽉 찬 쇼핑 카트를 밀고 있었다. 모델은 길을 건너고 있으며 배경에는 셀린느 매장 입구가 보인다. 이렇게 화려하고 과장된 노숙자 스타일링의 예는 니치 패션 잡지에서 보여 주는 사례들과는 완전히 다르다. 니치 패션 잡지의 사례들에서는 자체 제작되었거나 우연히 발견된 저렴하고 쓸모없는 물건들이 새로운 문화적 오브제로 변형되어, 이로써 소재와 실루엣의 의미를 보다 복잡하게 만든다.

　　니치 패션 잡지의 사례로 돌아가기 전에, 이 이슈가 패션 연구에서는 어떻게 다루어졌는지 맥락을 짚어 볼 필요가 있다. 마리아 매키니발렌틴은 현대 패션 내에서 사회적 지위의 양가성에 대해 연구한 자신의 저서에서 '홈리스 시크'를 프레드 데이비스의 개념 "시선을 끄는 빈곤"(conspicuous poverty)과 연관 지었다.(Mackinney-Valentin 2017, 43) 매키니발렌틴에 따르면 "홈리스 시크"는 패션이 신랄한 효과를 위해 사회적 금기를 뒤집을 때 택하는 "완벽히 잘못된" 예다.(Mackinney-Valentin 2017, 31) 그러나 패션이 사회적 지표를 뒤집기 위한 전략으로만 빈곤을 활용한다는 약간은 도식적인 생각은, 크리에이티브 집단과 창의적 행위성과 실험 활동이 계산된 충격값을 넘어서는 의미를 얻을 여지를 주지 못한다. 저 이미지의 제작에 참여한 스타일리스트와 다른 크리에이터들의 동기는 이 글의 범위를 벗어나지만, 미묘한 맥락은 논의되어 왔다. 실험적인 스타일링은 니치 패션 잡지의 영역 안에 있으면서 1990년대부터 급진적 사진의 배양소가 되어 왔으며(Lynge-Jorlén 2017), 이전 시대의 스타일 잡지들과 마찬가지로 "패션의 범위를 넘어서는 문화적 및 사회적 테마"를 다루었다.(Cotton 2000, 6) 1980년대와 1990년대 많은 프리랜서 스타일리스트 및 포토그래퍼는 패션 이외의 것에서 영감을 찾았는데, 그중에는 개인 프로젝트와 순수 예술도 있었다. 샬럿 코튼은 1990년대 패션 사진에 관한 자신의 저작에서 이러한 변화를 "패션의 개인화"(the personalising of fashion)라고 일컬었다.(같은 책) 위에서 논의한 록산 당세의 『퍼플』화보도 이와 유사한 개인 프로젝트에 해당하는 것으로 보이는데, 이 화보에서는 도시 공간의 매트리스 위에 '노숙자'(down-and-out)를 배치했다. 화보의 기이한 창의성과 어떤 면에서 우울한 분위기는, 1975년 영화 「그레이 가든스」(Grey Gardens)에 나온 스타일리시하면서도 비관습적이며 초라한 모습의 에디 빌을 떠올리게 한다. 빈곤을 스타일리시하게 그린 『안티도트』와 『보그 독일』의 화보와는 달리, 니치 패션 잡지의 넝마주이 및 홈리스 스타일은 그 세팅과 사용된 소품들이 보다 일상적인 물건들이라는 점에 집중했다는 점에서 보다 실험적이고 개인적인 범위를 망라하며, 이는 울리히 레만이 패션 사진을 보는 관점과도 잘 맞는다. 그는 "이제 패션 잡지는 이전까지 '순수 예술' 사진이라고 분류되었던 장르에까지 도달했다"고 했다.(Lehmann 2002, T5) 이는 실험적 스타일링이 "이상함 자체를 위한 이상함"(weird-for-the-sake-of-weird)에 빠지거나 그것의 역전 효과가 잠재적으로 자본화될 수 있음을 부정하려는 것이 아니다. 다만 실험적 스타일링이 가상적인, 심지어 예술적인 표현을 통해 소재, 실루엣 및 세팅 등의 차원에서 주목할 만한 행위성, 창의성 및 실험 정신을 보여 준다는 이야기다. 수잔 키스마릭과 에바 레스피니 역시 1990년대 화보들은 "패션쇼 런웨이에서 보이는 트렌드에서 나온 것이 아니라 문학적, 영화적 또는 심리적 자극을 주는 강렬한 스토리 등 개념적인 부분에서 시작된 것"이라고 기록한 바 있다.(Kismaric and Respini 2008, 34)

　　잡지 『데이즈드』의 온라인판인 『데이즈드 디지털』(Dazed

Digital)은 2018년 5월 호에서 쓰레기와 폐기물을 배경으로 한 화보를 실었다.[3] 파스칼 감바트가 촬영하고 자메이카계 미국인인 아킴 스미스가 스타일링한 이 화보에서는 뉴욕의 대안적 패션 레이블이자 스미스가 대표인 섹션 8의 옷을 선보였다.(이 책 6장의 예페 우겔비그의 아킴 스미스 인터뷰 참조) 모델들은 재활용 센터 안과 주변에서 포즈를 취했는데, 한 명은 수북한 캔 더미 위에 앉아 있고 다른 한 명은 납작하게 눌러 다발로 묶어 놓은 캔들 위에 서 있다.(삽화 10) 또한 세 번째 이미지에서는 모델이 골판지들이 있는 곳으로 향하고 있다. 재활용 센터의 물건들은 음료수 캔 등 원래의 가치와 목적을 잃어버린 것들로, 정확히 말하자면 시간이 지나면서 패션이 가치를 잃었음을 나타낸다. 화보에서 볼 수 있는 섹션 8의 옷들은, 이 브랜드가 처음 시작될 때 익명의 개인들이 모인 그룹 작업이었고 그러한 의미에서 원산지 표기를 하지 않았다. 그런 의미에서 이 옷들 역시 화보에 상실의 개념을 더해 준다. 화보에 등장한 옷들은 모두 새 제품들이지만, 재활용 센터라는 환경은 촬영한 옷들뿐 아니라 화보 이미지들 전체의 미학에 상징적인 가치를 더하고 패션의 규범을 재평가한다.

　　미술관에 전시된 쓰레기—이는 사실 패션 잡지에서 쓰레기를 문화적으로 신성화하는 것과 별반 다르지 않다—에 대해서 쓴 글에서, 소냐 빈트뮐러는 이를 "버려진 것들이 특수한 유효성을 갖고 문화적 저장고로 인정받는" 것이라고 언급했다.(Windmüller 2010, 39) 이러한 화보 작업은 가치를 이동시키는 것이다. 쓰레기는 패션 잡지의 맥락에서 패션의

---

3 http://www.dazeddigital.com/fashion/gallery/25183/0/section-8-spring-summer-2018, 2018년 11월 15일 접속.

일부로서의 지위를 가지며, 옷과 사진 등 카메라 앞의 모든 것들은 "반항아적인 쿨함"이라는 특징을 가진 요소로 재평가된다. 이 특징은 섹션 8의 대안적인 아웃사이더 정체성을 채워 주기도 한다.

패션이 유해, 쓰레기 및 폐기물에 매료되는 것은 예전부터 쭉 있어 왔던 일이다. 심지어 스타일리스트들도 마찬가지였는데, 캐럴라인 베이커는 1960년대 및 1970년대 군용으로 보급된 옷들을 작업에 활용했고(이 책 7장 참조), 캐럴라인 에반스는 1990년대 스타일리스트들을 "중고품 가게 스타일리스트"(charity shop stylist)라고 칭했다.(Evans 2003, 25) 마틴 마르지엘라는 1989년 아방가르드한 스타일이었던 그의 패션쇼를 파리 외곽의 쓰레기장에서 열었다. 표면적으로 패션과 쓰레기는 반대되는 용어로, 패션은 매혹적인 새로움에 대한 약속을 담고 있으며 쓰레기는 깨끗한 질서를 어지럽히는 죽음과 혐오스러움을 암시한다. 그러나 일시적이고 변형이 가능하다는 폐기물의 특징은 패션이 가진 찰나적인 속성에도 포함되어 있는 요소다. 패션 연구 전반에 걸쳐 나오는 공통적인 이야기는 패션이 낡음의 속성을 기본적으로 탑재하고 있으며, 이는 사람들이 원래 갖고 있던 옷이 한 번도 입지 않은 상태임에도 새 옷으로 바꾸고 싶어 하는 사회적 체제와 기본적으로 관련되어 있다는 것이다.(Black et al. 2013; Entwistle 2009; Fletcher and Tham 2014) 쓰레기는 말 그대로 변화와 부패의 단계에 있는 반면, 패션은 사회적 체제 및 그 시즌의 자본주의적 구조상 낡을 수밖에 없는 것이다.

캐럴라인 에반스는 역사의 흔적을 가진 현대 패션 디자이너들의 작품들과 함께한 자신의 작업에서, 과거가 새로운 사물로 변형되는 과정을 기록했다. 에반스는 역사를 뒤져 보며 역사의 흔적을 모으고 이를 한데 엮어 새로운 형태로 만드는 사람에 대해 발터 베냐민의 넝마주이 비유를 사용해 서술했는데, 이는 에반스가 역사학자로서 직접 진행한 작업과도 유사하다.(Evans 2003) 베냐민의 넝마주이 개념의 기반은 시인 샤를 보들레르로, 그는 파리라는 도시의 문화적 잔해를 자신의 시를 구성하는 요소로 사용한 현대 댄디족의 표상이었다. 19세기 파리의 넝마주이들은 종이, 옷감, 유리, 심지어 죽은 동물 등의 쓰레기를 모아 생계를 이어 갔다. 이 쓰레기들을 무게당 가격으로 판매하고 이를 보다 가치 있는 재료로 바꾼 것이다. 다른 사람들의 쓰레기를 모아 옷이나 쉼터 등으로 변형하는 것은 노숙자들의 삶의 일부며, 이들의 옷과 잠자리에는 필연적으로 즉흥적으로 만든 흔적이 남는다.

이러한 즉흥적 감각은 프랑스 스타일리스트 록산 당세의 패션 화보 「율리시스의 나라에서」(In Nation of Ulysses)에서 정확하게 드러나는데, 이 화보는 핀란드의 니치 패션 잡지 『SSAW』의 2017년 A/W호에 실렸으며 비비 코르네호 보스윅이 촬영했다. 모델 아촉 마작은 말 그대로 테이프로 붙여 놓은 옷을 입고 공허한 표정을 띤 채, 뉴욕으로 보이는 장소의 노점에서 옷과 음식들 사이를 뒤지는 모습이다. 한 매혹적인 이미지 속에서 그녀는 독특한 조합을 입었는데, 하이패션 브랜드 캘빈 클라인(Calvin Klein)의 옷과 종이로 된 드레스를 같이 입고 '스타일리스트 제작'으로 기록된 슈즈를 신고 있다. 비대칭 형태의 갈색 종이 드레스는 갈색 박스테이프로 다른 옷들과 대충 붙어 있는데, 마치 구할 수 있는 것들로 무엇이든 만드는 극빈자를 떠올리게 한다. 이 패션 화보는 노숙자에 대한 풍자처럼 보이지만, 이는 하이패션 의류의 등장으로 상쇄된다. 또한 같은 페이지에서 같은 옷을 입은 모델이 다른 행동을 하며 움직이는 모습을 촬영한 여러 장의 이미지를 늘어놓는 방법으로 화보의 서사적 효과를 강조했다.

앨러스테어 오닐은 이스트엔드 런던 패션에 관한 저서에서 실제 넝마주이와 패션 디자이너들이 쓰레기를 이용하는 것 간의 차이점을 언급했는데, 전자는 쓰레기를 돈으로 거래하며 후자는 다른 가치 체계 내에서 사용한다는 것이다.(O'Neill 2007) "무가치한" 오브제를 사용하는 것에 대해 질문하자, 록산 당세는 다음과 같이 대답했다. "나는 물건에 대한 가치를 판단하지 않는다. 그래서 모두들 신상 발렌시아가 스니커즈를 사러 달려가는 이 업계에서 일하는 것이 재미있다. 내게 그 스니커즈는 거의 가치가 없기 때문이다."(이 책 11장에서 프란체스카 그라나타와의 인터뷰 참조) 당세의 작업은 홈리스 시크를 강조하는 것 이상으로, 발견한 대상의 미적 상태를 재평가하기 위해 이러한 용도를 강조한다. 화보의 제목 '율리시스의 나라에서'는 정치적 펑크 밴드 '네이션 오브 율리시스'에 대한 동조일 수도 있다. 『미국을 파괴하기 위한 13개 포인트 프로그램』(13-Point Program To Destroy America)이라는 앨범에서 그 예를 찾을 수 있듯이 이 밴드는 좌파적 이데올로기와 사회주의적 비판을 노래하는데, 이러한 요소들은 현재 미국의 정치적 상황에 대한 비판이 담긴 이 화보에도 깔려 있다고 볼 수 있다.

　　『SSAW』에서의 갈색 박스테이프로 옷들을 붙이는 스타일링이나 이 장 첫머리에서 이야기한 『퍼플』에서의 골판지와 빈 물병으로 만든 헤드피스의 예에서 볼 수 있듯, 당세의 스타일링은 로버트 라우션버그, 쿠르트 슈비터스, 마르셀 뒤샹 등의 아티스트들이 먼저 보여 준 아상블라주 (assemblage)와 유사하다. 이들이 여러 소재들을 섞어 만든 예술 작품들은 버려진 물건, 기계적 물건 및 천연 재료가 포함된 3차원 콜라주였다.(Lumbye Sørensen 2018) 당세가 만든, 안쪽에 호일을 덧댄 소스 팬과 헤드피스에 사용한 석고로

된 빵은 물건의 축적과 결합으로서의 아상블라주와 관련이
있는데, 바로 무작위의 색다른 물건들을 잘라 내어 서로 붙여
버리는 콜라주나 포토몽타주와 같이 다다이스트 예술가들이
실천한 방법과도 같기 때문이다.(Richter 1965) 당세의 경우
신체는 움직이는 것이지만 사진이라는 형식에서는 정지되기
때문에 콜라주의 대상이 된다. 당세의 작업과 마르셀 뒤샹의
레디메이드 역시 분명한 연관성이 있다. 제치와 카라미나스가
적절히 언급한 뒤샹의 작업은 오브제 트루베(objects trouvés)
[역주: 찾아낸 일상용품이라는 뜻으로 물건을 '선택'하고
'제시'하는 것에 집중한 예술 작품.]에 기반을 두며, 이는
프랑스어로 '분실물'을 뜻하는 용어이기도 하다.(Geczy and
Karaminas 2017, 93) 그리고 이 개념은 당세의 작업에서도
드러나는데, 분실물은 모델이 입은 옷과 함께 표면화되며
이 물건들은 원래의 용도를 잃어버렸거나, 그렇지 않다
해도 방향을 잃은 상태다. 그러나 『퍼플』에서 조합된
신체는 포토그래퍼 비비안 사선의 차분하고도 균형 잡힌
황금비 프레임을 통해 아름답게 포착되어 눈을 즐겁게
한다. 쿠츠바흐와 뮐러는 욕망의 대상에 관한 저서에서
전통적으로 아름답지 않다고 여겨지는 물건들이 맥락 내에서
새로운 의미를 갖도록 재배치되는 것을 "비(非)미적인 것의
미학화"(aestheticization of the unaesthetic)라고 칭했다.(Kutzbach
and Mueller, 2007) 비미적인 것(노숙자)을 미학화(스타일링)한
당세의 작업 역시 물건과 신체의 가치를 재평가하도록 만든다.

재료를 채워 넣어 꼽추를 만들다

비미적인 것의 미학화와 재료의 실험은 니치 패션 잡지에서

신체를 부풀려 만드는 '꼽추' 스타일링과도 연결된다. 영국의 스타일리스트이자 『데이즈드』 잡지의 패션 디렉터인 로비 스펜서의 형태 변형 스타일을 자세히 연구해 보면, 신체의 경계선을 바꾸는 스타일링은 그 변형적 가능성 덕분에 풍부한 시각적 아카이브가 된다는 것을 알 수 있다. 스펜서의 작업은 새로운 형태를 만들기 위해 과도할 정도로 여러 겹을 겹치고 껴입히는 특징이 있으며, 그 재료는 패션계 안팎에서 볼 수 있는 다양한 물건, 질감과 원단들로 구성되어 있다. 『개러지 매거진』(Garage Magazine)의 2015년 F/W호에 실린 연작 이미지 「형태 변형가들」(Shape Shifters)은 파트리크 드마르슐리에가 촬영한 화보다. 이 이미지들 중 하나에서 모델의 옷 안에 여러 개의 풍선을 넣었는데, 풍선의 매듭이 마치 젖꼭지와 닮은 모습이다. 다른 사진에서는 베개를 벨트나 로프로 잡아당기거나 몸에 묶고, 잘라 낸 스티로폼 보드를 몸에 묶기도 하며, 산업용 랩으로 모델 두 사람을 마치 샴쌍둥이처럼 결합한 후 브로치로 장식하기도 했다. 볼거리로 가득한 이 화보는 우스꽝스러운 코스튬이 만드는 유머와 이상하지만 어딘가 친숙한 언캐니함 사이에서 균형을 이루고 있다.

지크문트 프로이트는 "언캐니(uncanny)는 숨겨져 있던 친숙한 것이 억압되었다가 나타나는 것이다"라고 말했다.(Freud [1919] 2004, 94) 프로이트는 언캐니와 친숙함 즉 집과 가까운 것을 연결하여, 억압의 과정 때문에 언캐니가 낯설고 두렵게 느껴진다고 주장했다. 화보의 기반, 즉 전문적이고 숙련된 모델의 신체는 스펜서의 작업으로 제한되어 보이는데, 이는 보는 사람이 인간의 신체가 가진 잠재적 그로테스크함, 즉 나병 환자나 꼽추, 치료받지 못한 환자 등 규율을 벗어나고 관리되지 않은 "경계를 벗어난 신체"—이는 그라나타가 만든 개념이다(Granata 2017, 2)—를 떠올리게 한다. 그러나 이는 현실과 적당한 거리를 두고 있는 이미지기도 하다. 스타일링은 진짜가 아닌 살을 더하고, 패션계 내에서 숙련된 '현실의' 신체적 기반에 변형을 하는 것뿐이기 때문이다. 이렇게 하나의 몸에 친숙한 것과 그로테스크한 것이 공존하도록 만드는 것은 프로이트의 언캐니 이론과도 정확히 일치한다.

　　로 에스리지가 촬영한 『데이즈드 매거진』 2015년 8월 호 화보 「새로운 미학」(The New Aesthetic)에서 로비 스펜서는 마우스피스, 테이프, 끈적한 페인트와 립스틱 및 돋보기 등으로 얼굴을 변형하고 조립한, 독특한 모델들의 헤드숏 열네 페이지를 스타일링했다. 이 유머러스한 화보 이미지들에서 하나가 눈에 띄는데, 사진 속 모델은 노출된 잇몸 위로 변색되고 구부러진 치아를 착용하고 있다. 모델은 어깨와 약간의 상반신만 보이는데, 필립 림(Phillip Lim)의 새틴 소재 봄버 재킷을 입고 있다. 여기서 가장 중요한 요소는 옷이 아닌 '새로운 미학'의 개념화다. 사진을 찍은 직후 모델들의 신체는 원래의 형태로 돌아가기 때문에 스타일링한 신체의 불안정성은 일시적이지만, 비미적인 것과 신체적 불안정성의 연관성은 실험적 패션의 영역에서 중요하다. 실험적 패션 디자이너들에 대한 연구에서 프란체스카 그라나타는 그로테스크한 신체가—캐럴라인 에반스의 1990년대 패션 디자인 작업에서 나타나듯이— 억압되고 트라우마 및 병에 걸린 상태와만 연관되는 것이 아니라, 바흐친의 원래 개념의 핵심적 측면인 "낙관적이고 유머러스한" 면과도 관련이 있다고 주장했다.(Granata 2017, 5) 노출된 잇몸을 그대로 유지하고 그 위에 덧붙인 가짜 치아와 테이프로 변형한 얼굴은 화보의 유머러스한 옷차림의 분위기를 강조한다. 이 룩들이 가진 DIY스러운 손길과 의도적인 그로테스크함은 숨겨지는 것이 아니라 전반적인 스타일링의 핵심적 부분으로 잘 드러나며, 자체 제작한 룩이 보다 돋보일 수 있게 해 준다. 해당 화보가 제시하는 '새로운 미학'은 기존 규범적 미학에 대한 이해와 그로부터의 이탈을 동시에 보여 주기에 이중적이라고 볼 수 있다.

그라나타의 실험적 스타일링에 관한 저서(Granata 2017) 및 그로테스크 패션을 연구한 저서(Granata 2016)는 어색하고 부피가 크게끔 스타일된 신체를 문화적 파열로 해석하는 데 도움을 준다. 그라나타는 "그로테스크"의 언어적 의미를 추적하면서 "괴물 같은 형상"이라는 용어의 사용이 시각 문화에 내재되어 있다고 했다.(Granata 2016, 98) 그녀는 1980년대 이후 급증한 "경계를 벗어난 신체"를 되짚어 보고 리바워리, 조지나 고들리, 가와쿠보 레이의 꼼 데 가르송(Comme des Garçons) 등이 만든 신체를 변형한 옷들과 그로테스크한 신체를 연출하는 수많은 예들을 제시한다.(Granata 2017) 그라나타는 행위 예술가들과 디자이너들의 작품의 실험적 특징들을 연구하고, 이를 괴물 형상의 특성, 신체와 아름다움에 대한 규범과 기준에 대한 비판으로 간주한다. 실험적 스타일링의 증가는, 패션화된 '경계를 벗어난 신체'가 탄생하고 규범을 벗어난 물체들이 패션에 포함되기 시작한 예로서 실험적 패션에 대한 연구 범위에 속한다. 이로써 스타일링의 역할을 디자이너와 소비자/독자/시청자 사이의 중간자로 이해하는 데 그치지 않고, 스타일리스트의 창의적 행위성을 부각하는 쪽으로 초점이 이동하게 된다.

『데이즈드』 2010년 9월 호에 실린 화보「인플레이트」(Inflate)에서, 로비 스펜서는 소품 디자이너 게리 카드에게 화보에 사용할 소품을 의뢰했다.

로비 스펜서는 내게 기괴한 패딩 피스 및 헤드기어와 석고로 된 액세서리를 디자인해 달라고 부탁했다. 나는

> 크로넨버그의 영화 「네이키드 런치」(Naked Lunch)에서
> 영감을 받은 의상을 만들고 싶었기에 그건 완벽한
> 기회였다. 라이크라, 라텍스 및 하이패션 의류와
> 액세서리를 열 겹쯤 겹쳐 입은 모델들이 햇볕에 타는
> 동안, 로비와 나는 그들과 함께 일종의 '인간 버커루
> 게임'(human buckaroo)[역주: 자는 사람 위나 근처에 집
> 안에 있는 물건을 무작위로 갖다 놓는 놀이로 자던 사람을
> 깨우면 끝난다. 함께 술을 마시는 파티에서 자주 하는
> 놀이.]을 해야 했다.(Card 2010)

곤충 모양 타자기, 형태를 바꾸는 생물, 외계인처럼 생긴
존재가 등장하는 데이비드 크로넨버그의 영화 「네이키드
런치」(1991)에서 받은 영감은 스펜서의 스타일링과 게리
카드의 소품 디자인에 직접적으로 드러나지는 않는다.
대신 식별할 수 없고 부푼 상태의 재료들을 모델의 몸에
몇 겹으로 겹쳐 쌓아 올렸으며, 안에 무언가를 채워 넣어
만든 신체 모양들이 모델의 몸과 한 덩어리가 된 재료들에
묶여 있다. 이렇게 모델들은 담요, 롤, 패드와 게리 카드가
화보 촬영을 위해 만든 소품 및 하이패션 의류에 말 그대로
묶이고 짓눌려 있는 상태라 '인간 버커루 게임'이라는 비유는
꽤 설득력이 있다. 패딩 부분을 이루는 일부 요소들은
루이즈 부르주아의 작품인, 손바느질로 만든 흰 천 소재의
형상들과 닮았는데, 특히 한 이미지에서는 엉덩이와 발이
달린 한쪽 다리가 어깨에서부터 드리워져 있어 마치 모델이
들고 있는 물건이거나 모델과 합쳐진 것처럼 보인다. 모델
신체의 대부분은 체형과 표정이 감춰져 있기 때문에 성별을
구분할 수 없다. 일부 실루엣은 꼭 맞는 스타킹과 부풀려진
트렁크호스(trunk hose)[역주: 16-17세기에 유행한 반바지로

호박바지처럼 부풀려져 있다.]를 입었던 엘리자베스 1세 여왕 시대의 남성복과 비슷하지만, 대부분은 비서구권 중세의 실루엣과 디스토피아적인 영화 의상의 집합체다. 모델의 신체를 기반으로 층을 더하는 과정을 통해, 낯선 신체 형태가 점진적으로 변형된다.

안네케 스멜릭은 질 들뢰즈와 펠릭스 가타리의 이론을 패션 연구 맥락으로 옮긴 자신의 저서에서 이들의 개념 '되기'를 하이패션에서의 신체와 정체성의 질적 변화를 이해하는 분석 도구로 활용했다.(Smelik 2016) 스멜릭은 아방가르드 디자이너들의 작업을 참고해, 동물과 닮은 패션, 깃털, 모피 및 파충류 프린트를 "동물-되기"의 가능성으로, 발달된 기술로 변형 가능한 다목적 의류를 만드는 '사이버쿠튀르'(cybercouture)를 "기계-되기"의 가능성으로 제시한다.(Smelik 2016, 170) '되기'는 변형 또는 변이의 과정을 나타내며 그 안에는 신체의 불안정성과 돌연변이의 가능성이 내재되어 있다. 이 가능성은 신체가 재형성될 수 있다는 것을 전제로 한다. 모든 신체가 변형될 수 있다면, "패션 디자인은 다양한 '되기'의 역동적 과정을 야기한다"고 스멜릭은 주장했다.(Smelik 2016, 171) 「인플레이트」 화보에서 찾아볼 수 있는, 이렇게 다중적이고 여러 특질이 섞여 있으며 다소 기형적인 신체들은 정확히 '타자-되기'다. 충전재를 채워 넣은 층들, 돌연변이나 심지어 기생적인 형태는 자신들의 젠더, 형태 및 그 경계를 불안정하게 만든다. 패딩, 여러 겹의 레이어들, 각기 다른 소재와 페이스 마스크를 한데 모아 놓은 과도함은 모델의 정체성과 성별을 숨기고 그에서 벗어나게 만들 뿐 아니라, 이러한 레이어들을 추가함으로써 육체적 기반을 조절하고, 변형하며 현실에서 멀어지게 만든다. 또한 이 집합체는 들뢰즈와 가타리의 이론적 틀 안에서도 작용하고 있으며 이 맥락에도 맞아떨어진다.(Deleuze and Guattari 1987) 집합체는 서로 다른 요소들의 결합이고, "모든 종류의 이질적인 요소들 (…) 재료, 색깔, 냄새, 소리, 포즈 등"의 배열이다.(Deleuze and Guattari 1987, 323) 들뢰즈와 가타리의 저서의 중점적 개념은 조직화되지 않은 집합체는 불안정하고 지속적인 변형 가능성이 있다는 것이다. 이는 그 자체나 그 주변에 재료들을 모아 놓음(assembling)으로써 지속적인 변형 가능성을 지니는 스타일링된 신체를 이해하기 위한 적합한 분석 방법이기도 하다.(현대 패션에서의 '아상블라주'에 대해 더 알아보려면 Bruggemann 2017 참조)

이러한 신체적 '되기'들은 그 형태와 실루엣이 순수하게 이미지를 위해서만 만들어졌기 때문에 자기 자신에 대해서, 즉 메타적 층위에서, 이야기한다. 이들은 변화의 과정 중에 있는 신체 및 제작 중인 것으로 보이게끔 하는 것이 목적이기 때문에, '어설픈' 연출을 숨기려고 노력하지도 않는다. 「인플레이트」 화보의 크레디트에는 하이패션 디자이너들의 이름이 들어가 있지만, 변형되고 겹쳐지며 위에서 짓누르는 다른 물건 및 소품에 상쇄되어 버려서 잡지가 출판되는 시점에 매장에서 살 수 있는 것이 무엇인지를 알아보기조차 힘들다.

화보 「세라 바이 파스칼」(Sarah by Pascal)은 파스칼 감바트가 촬영하고 아킴 스미스가 스타일링한 작업으로 니치 패션 잡지 『리-에디션』에 실렸다.(삽화 11) 이 화보는 신체를 변형하는 패션 디자인 중 가장 많이 언급되고 권위 있는 예인 꼼 데 가르송의 1997년 S/S 컬렉션 '몸이 옷을 만나고, 옷이 몸을 만나다'(Body Meets Dress, Dress Meets Body) 컬렉션—주로 '덩어리와 혹'(Lumps and Bumps)으로 알려진—에 대한 동조로 볼 수 있다. 이 컬렉션에 대해서는 여러 곳에서 아주 자세히 설명되어 있다.(예를 들면 Evans 2001, 2003; Geczy and Karaminas 2017; Granata 2017) 『리-에디션』에서는 아마도 파리로 보이는 한 도시의 거리에서 여성 모델이 다양한 투피스나 셋업, 드레스 및 슈트 등을 입고 있다. 이 이미지들에서는 모델의 옷 아래에 큰 덩어리를 넣어 마치 모델의 몸에서 거대한 가슴 한쪽이나 기괴하고 울퉁불퉁한 버슬(bustle), 불규칙한 모양의 엉덩이와 곱은 등이 튀어나온 것처럼 보인다. 또한 프로페셔널하게 보이는 비즈니스용 슈트들은 이상하고 한쪽으로 기울어진 충전재 때문에 제대로 보이지 않는다. 여성용 슈트는 1980년대 성공을 위해 옷을 입는다는 개념을 구체화하는 방법으로 사업가의 모습을 강조하는 젊고 도시적인 전문직의 모습을 연상시킨다.(예를 들면 Entwistle 1997, 2003; Molloy 1980) 「세라 바이 파스칼」 속 뒤틀린 파워 슈트는 파워 드레싱(power dressing, Entwistle 1997) 안에 내재된 자아 개발 기법이나 위싱어(Wissinger 2015)가 언급한, 모델 또는 그 이상이 되기 위해 신체를 최적화하여 매력을 갖게 하는 작업과는 한참 거리가 멀다. 깃털 충전재 패드를 옷 안에 넣어 박음질해 옷과 결합시켰지만 탈부착이 가능했던 꼼 데 가르송의 1997년 컬렉션과는 달리 『리-에디션』의 화보 속 룩들은 신체와 옷 사이의 빈 공간에 충전재를 넣어 일시적이다. 이 특징은 신체와 옷 사이의 간격 및 충전재를 넣어 만든 새로운 임의적 형태가 갖는 일시적 효과에 주의를 기울이게 만든다. 이 룩들에서 신체를 재구성한 모습은 파워 드레싱의 자아 개발이라는 관념을 담고 있지는 않지만, 대신 패션 잡지 내에서 어떻게 신체가 연출되는지에 대한 새로운 관점을 제공한다.

이와 비슷하게 모호한 자아의 개발을 비슷하게 보여 주는 화보로 『댄스크 매거진』(DANSK Magazine) 2017년 A/W호에 실린 「배니티 뷰티」(Vanity Beauty)를 들 수 있다. 이 화보는 덴마크 디자이너 프레위아 달쇠가 스타일링하고 요세핀 스바네가 촬영했다. 그중 한 이미지에서 모델은 카메라를 등지고 서 있는데, 핑크빛이 도는 베이지색 브래지어와 어두운 베이지색 스타킹을 착용하고 엉덩이 부분에는 충전재를 넣은 것을 볼 수 있다.(삽화 12) 이는 텔레비전 시리즈 『루폴의 드랙 레이스』(RuPaul's Drag Race)의 완벽한 충전재 삽입과는 사뭇 다른데, 이 프로그램을 보는 사람들은 드랙 참가자들이 여성으로 패싱될 수 있을 만큼 여성스러운 곡선을 얻기 위해 정확하게 충전재를 넣는 법을 습득하는 것이 얼마나 중요한지 알 수 있기 때문이다. 「배니티 뷰티」 화보에서는 바이커 쇼츠처럼 자른 타이즈 아래로 하얀 솜이 삐져나오고, 빨간 브리프와 타이즈가 옷 아래로 보이는 등 의도적으로 엉성한 모습을 보여 준다. 허벅지 위에 얹은 솜은 보통 아무도 원하지 않고 숨겨야 하며 무대 아래에서만 내보일 수 있는 울퉁불퉁한 셀룰라이트처럼 보인다. 이렇게 '문제시'되는 신체 부위들을 강조하면서 어떤 반전이 일어난다. 새로 드러난, 다듬어지지 않은 신체 묘사가 생산되고 정당화되는 것이다.

쥘리아 크리스테바는 『공포의 힘』(Powers of Horror)에서 '비체'(the abject)의 개념을 발전시킨다. 이를 간단히 말하자면 질서, 기능 및 청결의 개념을 벗어나는 주체와 대상 사이에 있는 몸이다.(Kristeva 1982) 비체는 내부와 외부의 신체적 형태가 정액, 피, 소변, 고름뿐 아니라 종양과 덩어리들로 인해 부패되고 액체화되며 파괴되는 것이다. 크리스테바에게 비체화(abjection)는 "정체성, 시스템, 순서를 파괴하는 것이다. 경계와 위치, 규칙을 무시하는 것이며, 중간적이고 모호한 동시에 혼성적인 것이다."(Kristeva 1982, 4) 비체화는 패션 연구에서도 사용되어 왔는데(예를 들면 Bancroft 2012; Evans

삽화 11. 「세라 바이 파스칼」, 『리-에디션』, 2017.
사진: 파스칼 감바트. 스타일링: 아킴 스미스.

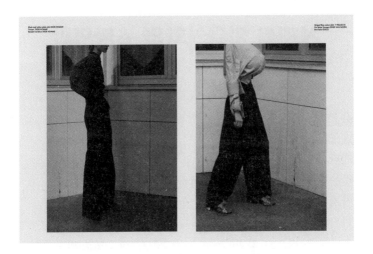

2003; Granata 2016, 2017; Jobling 1999), 리 바워리, 마틴 마르지엘라, 꼼 데 가르송 등 여러 작업을 분석하는 용도였다. 버넷(삽화 9), 스펜서, 스미스 및 달쉬의 스타일링은 롤, 패딩과 덩어리 등 몸을 구속하는 것들로 신체적 비체를 만들고 패션 잡지에서 아름다운 몸과 정체성을 보여 준다는 규율을 깨뜨린다. 비미적인 것의 미학화 과정을 통해 이들은 매혹과 혐오감을 만들어 내지만, 동시에 패션화된 신체를 통해 패션 잡지에서의 진실하지 않고 날조된 몸을 지적한다.

신체의 미디어화와 스타일화

디지털 플랫폼이 기존 인쇄 매체들과 공존하고 심지어 결합하고 있는 지금, 현대 패션 잡지는 새롭게 등장한 다양한 가능성과 결합하고 있다. 또한 오늘날의 이미지 제작자들은 예술적 자극과 상업적 관심 사이에서 균형을 찾는 새로운 길을 활발히 모색하고 있으며, 니치 패션 잡지는 이러한 수요를 만족시키는 첫 표현 수단이 되었다. 니치 패션 잡지는 높은 수준의 문화 및 패션 자본을 가진 독자층을 필요로 하며(Lynge-Jorlén 2017), 대규모로 발행되는 대중적 여성지에 비교해 편집과 창의성의 '자유'를 고수하는 편이다. 실험적 스타일링에는 미디어에 대한 의식이 녹아 있다. 왜냐하면 실험적 스타일링의 자체 제작된, 불완전한 렌더링과 대안적 신체 '구축'이 사회적으로 용인되는 실생활의 옷 입기 행위로 번역되기보다는 카메라에 의해 포착되기를 추구하기 때문이다. 이렇게 실험적 스타일링은 미디어를 의식할 뿐 아니라 그 안에서 구상되고 조합되며 촬영된다. 애그니스 로카모라는 패션의 미디어화에 관한 저서에서

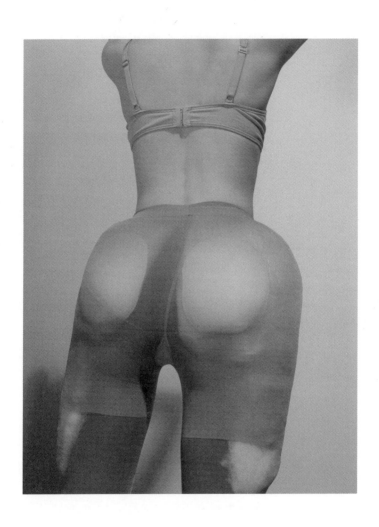

어떻게 미디어가 패션의 형성에 있어서 중심이 되었는지에 대해 논의한다.(Rocamora 2017) 현재 패션의 표현을 위해 통합적인 미디어들의 도움을 받는 케이스가 조금씩 늘어나고 있다. 로카모라는 패션의 생산, 소비, 순환 및 표현의 방식이 미디어에 의해 형성되는 과정을 패션쇼 라이브 스트리밍, 패션 리테일 및 블로그의 예로 보여 준다. 그리고 패션의 미디어화의 핵심은 미디어가 패션의 표현뿐 아니라 창의적 의사 결정 자체를 만들어 낸다는 점에 있다. 예를 들어 존 갈리아노는 메종 마르지엘라의 크리에이티브 디렉터였을 당시 2018년 봄 오트 쿠튀르 쇼를 진행하면서, 참석한 사람들에게 휴대폰 카메라의 플래시를 켜면 육안으로는 볼 수 없는 소재의 또 다른 면을 볼 수 있을 것이라고 했다. 그러자 검정색으로 보이던 소재가 카메라 플래시를 받아 형광색으로 빛나는 모습을 볼 수 있었다. 여기서 메종 마르지엘라는 미디어의 기능을 컬렉션 안으로 끌어들였다고 할 수 있으며, 로카모라의 말을 빌리자면 "패션의 표현에 있어서 미디어에 의존하고 있다"고 할 수 있다.(Rocamora 2017, 509) 이러한 패션의 미디어화 사례와 비슷하게, 실험적 스타일링은 노숙자와 꼽추의 예를 통해 이러한 신체, 외모, 룩이 어떻게 카메라 앞에 조합되는지를 메타적인 층위에서 조명한다. 이 룩들은 이미지만을 위해 존재하며, 패딩, 골판지 및 테이프 등이 제거되는 즉시 분해된다. 스타일링된 신체는 이미지만을 위해 제작되는 존재 방식을 정확하게 가리키는 '자기 인식'을 부여받는다. 결과적으로 스타일링은 그럴 듯한, 진정한, 매끈한 몸을 연출하려는 목적으로 무대 뒤에서 남몰래 수행되는 일이 아니다. 스타일링은 정확히 몸을 '스타일화'하는 것이다. 니치 패션 잡지에서 보여 준 꼽추와 노숙자의 스타일화는 "신뢰할 수 있는 정체성이나 안정적인 신체를 보여 주는" 데

실패한다.(Gutenberg 2007, 150) 왜냐하면 그러한 스타일화는 이미지를 위해 일시적으로 만들어진 것이기 때문이다. 기괴하고 매혹적이며 흥미를 끄는 동시에 자신의 물질성을 뚜렷이 의식하고 있는 혼종적인 형태로 말이다.

결론

만약 실험적 스타일링을 충격과 변화의 효과를 이용해 먹는 패션의 지배적 구조의 표현으로만 간주해 버린다면, 이는 실험적 스타일링의 유쾌함과 자기탐색적 성격을 간과하는 결과로 이어진다. 뿐만 아니라 그 안에 내재된 신체와 정체성에 대한 비판과 사유 역시 무시하게 된다. 제치와 카라미나스가 논의한 비판적 패션에 대한 중심 논제는 이전에 예술 비평에서만 볼 수 있었던 주요 논점들이 이제 패션의 영역으로 들어왔으며, 실험적 스타일링은 규범을 바꾸어 보기 위한 표현이라는 것이다.(Geczy and Karaminas 2017)

여기서 논의한 실험적 스타일링의 예에서, 스타일링된 신체는 잘 관리된 몸과 관련된 무결점성 및 사용된 재료의 지위 등의 관념에 의문을 던지는 이질적인 요소들의 집합체이다. 신체를 무한대로 변형할 수 있는 디지털 기술의 가능성 덕분에 신체적 완벽함을 쉽게 이룰 수 있는 지금, 실험적 스타일링은 드 퍼트휘스가 디지털 시대의 패션 신체 특성으로 꼽는 '합성된 이상'(synthetic ideal)에서 벗어나는 움직임을 보인다.(de Perthuis, 2008) 드 퍼트휘스가 언급한 2000년대의 극사실주의적 신체와는 달리, 실험적 스타일링에서의 신체는 스타일화된 진정성을 나타내기 위한 의도적인 '반(反)전문적' 특성들을 보인다. 디지털 표현의 시대에 실제 스타일링을 위해 사용되는 재료들이 '로 테크'(low tech)이자 일상적으로 사용되는 물건들이며, 그것들이 해부학적 요소들을 과장하여 크고 비대칭적이며 비율이 맞지 않는 '비참한' 모습의 신체로 만들기 위해 사용된다는 것은 역설적이지 않을 수 없다.

실험적 스타일링 작업물에는 이렇게 스타일화된 신체의 파괴적 성질 외에도 다른 저항적 층위가 있다. 실험적 스타일링은 "토털 룩"(total look)을 깨뜨린다.(Lynge-Jorlén 2016) 토털 룩은 브랜드들이 화보에서 자신들의 옷이 어떻게 노출되어야 할지를 정하고 이를 잡지사 등의 매체에 요구하는 것으로, 다른 브랜드 옷과 섞어서 연출하지 말라고 하거나 디자이너가 미리 제시한 착장으로만 입어야 한다고 제한하는 것이다. 비패션 물품을 활용하면 잡지와 광고주 사이에 맺어진 합의를 피해 갈 수 있으며, 스타일리스트는 창의적 자율성을 되찾아 스타일링의 핵심인 조합 작업을 자유롭게 할 수 있다.

실험적 스타일링은 대상의 물질성과 수공예적 측면을 강조한다. 난해한 모양을 만드는 데 사용되는 광범위한 재료들은 스타일리스트의 작업을 강조하는데, 스타일리스트는 고급품과 저가품을 모두 조합해 미디어의 내부에서 그리고 미디어를 위해 구상된 새로운 소재의 미학을 나타내기 위한 복잡한 룩을 창조해 내는 것이다. 실험적 스타일링은 지위의 역전을 표현할 한 전략으로도 사용될 수 있지만, 스타일링의 맥락에서 신체와 재료가 어떻게 활용될 수 있는지에 관한 실험과 재평가의 여지를 분명히 만들어 낸다.

4장
불확실성을 탐구하기:
안데르스 쉴스텐 톰슨과의 인터뷰

수잔 마센

안데르스 쇨스텐 톰슨은 일반적인 스타일리스트 커리어를 쌓아 오지 않았으며, 대부분의 사람들보다 늦게 업계에서 일하기 시작했다. 하지만 그가 20대 중반에 고향인 덴마크를 떠나 런던에 와서 업계에 입성한 사연은 꽤 인상적이다. 룸메이트의 소개로 패션쇼에서 샐리 린들리를 만났는데, 이후 린들리가 『POP』의 패션 에디터가 되었을 때 그 어시스턴트로 일하게 되었다. 이 잡지사에서 그는 편집장 케이티 그랜드의 수석 어시스턴트가 되었으며 그녀와 함께 럭셔리 브랜드들의 스타일링 작업을 했는데, 이때 그는 런던 칼리지 오브 패션에서 패션 포토그래피 및 스타일링을 공부하기를 중단했다. 후에 그랜드의 팀은 『러브』를 창간했고, 쇨스텐 톰슨은 처음에는 이 잡지의 패션 에디터로, 나중에는 패션 디렉터로 일했다. 2014년부터 현재까지 프리랜서로 일하고 있는 그는 『도큐먼트』(Document), 『레플리카 맨』(Replica Man) 및 『리-에디션』 등의 잡지 화보를 작업했으며, 대부분 시간 동안은 루이 비통(Louis Vuitton)이나 버버리(Burberry) 등의 클라이언트 및 떠오르는 신진 디자이너와 함께 일한다. 쇨스텐 톰슨의 스타일링은 패션과 예술 사이에 존재하는 추상적인 형태를 탐구한다. 그는 어딘가 초현실적이거나 시적으로 부조리한 시나리오에 기반한 작업을 보여 주는데, 문자적이고 비유적인 층위를 활용하고 불안과 불확실성에 관한 주제를 자주 다룬다.

수잔 마셴: 당신의 작업을 보면, 특히 작업을 위해 선택한 이미지들을 보면 레이어를 통합하는 하나의 주제가 있는 것 같다.

안데르스 쇨스텐 톰슨: 나는 한 가지 이상의 방식으로 레이어를 쌓아 올린다. 그래픽적이고 보다 추상적인 형태의 것들이 있고, 모든 레이어를 쌓아 올리지 않지만 내가 그렇게 한다고 생각하는 방식이 있다. 실제로 물리적인 레이어를 추가하지 않고도 같은 무드를 연출할 수 있다. 스타일링의 관점에서 보았을 때는 완전히 발가벗은 상태지만 은유적으로는 다른 레이어가 있는 「레플리카 스토리」(Replica Story)에서처럼 말이다.(도판 18) 아이디어에 접근할 때, 그 아이디어에 이러한 요소들이 언제나 있다는 점이 중요하다.

'단지' 옷이 아닌 그 이상의 무언가 말인가?

그렇다. 약간 이상하고, 항상 약간 '엇나간' 무언가 말이다. 심지어 보다 상업적인 매체와 작업하느라 완전히 자유롭지 못할 때도 마찬가지다. 모델 캐스팅, 촬영 장소, 분위기, 세팅, 무엇이든 이 '무언가'가 될 수 있다.

이상한 것(weirdness)의 어떤 점이 그렇게 흥미로운가?

내 생각에는 알지 못하는 것에 대한 매력을 느끼는 것 같다. 나는 아주 전형적이고 평범한 덴마크의 핵가족 가정에서 자랐다. 10대 때는 주변부의 사람, 뻔뻔할 정도로 자기 자신을 내보이는 사람에게 언제나 끌렸다. 심지어 어릴 때는 무언가를 보여 주고 성취해야 한다고 생각했고, 모든 것을 항상 옳은 방식으로 해야 한다는 압박에 시달렸다. 그리고 스타일링 작업은 이렇게나 자신으로부터 벗어날 수 있는 방법이라고 느꼈다. 자라면서 내가 집착한 것들 중 하나는 래리 클라크와 그의 영화에 나오는, 어딘가 사회에서 조금 벗어난 듯한 모든 등장인물들이었다. 지금까지는 내 일상이나 내가 어떤 사람인지와 상관없이 작업했지만, 개인적으로 나는 스스로를 그렇게 자유분방한 라이프스타일을 가지도록 절대 풀어 줄 수 없는 사람이고 내 주위에서 일어나는 일에 영향을 받지도 않을 것이다.

화려한 판타지가 가지고 있지 않은 지적 특징을 이상함이 가지고 있다고 생각하는지?

내가 스타일링에 접근하는 방식이 똑똑한 사람들만을 위한 것이라고는 전혀 생각하지 않지만, 사람들이 내 스타일링에 반응할 수 있고, 내 스타일링을 보다 오랫동안 곁에 두고 싶다고 생각하기를 원하는 것은 맞다. 약간 이상한 것을 만들어 내면 사람들은 그 앞에 멈출 수밖에 없다. 앉아서 "내가 왜 여기에 집착하고 있지?" 하고 궁금해 하기를 바라는 것이 아니다. 하지만 이미지 메이킹의 관점에서 보면, 보다 흥미로운 이미지를 만드는 것은 무언가 살짝 엇나간 것을 창조하는 것이다. 그게 꼭 합리적일 필요는 없다. 그저 이번 시즌에는 모두가 이 룩을 촬영하거나 같은 옷과 관련된 스토리를 구상할 것이라면,

어떻게 나만의 버전을 만들고 남과는 다른 나만의 해석을 보여 줄 수 있을 것인지에 관한 문제다. 물론 이 방식이 상업적으로 최선의 방식은 아니다. 어떤 클라이언트들은 내 작업을 보고 놀라거나 걱정하기도 하지만 나는 스타일리스트로서 내가 하고 싶은 것, 그리고 내 비전에 대해 타협할 마음이 없다. 하지만 아주 상업적인 업계인 패션계에서 일하고 있기 때문에, 독립 매체와 함께 일할 때조차도 나는 언제나 나 스스로를 조금 자제해야 한다고 느낀다. 모든 것을 내 마음대로만 한 포트폴리오를 가질 수는 없으니까 말이다. 물론 가능하면 그러고 싶지만.

그건 돈 받고 하는 일에서는 용납해 줄 수 없는 부분이어서 그런 것 아닌가?

내 마음대로만 하면 돈을 벌 수 없다. 스타일리스트로서 가장 중요한 것은 각기 다른 클라이언트들에게 맞춰 줄 수 있는 능력이라고 생각한다. 그게 우리가 지속적으로 하는 일이기도 하다. 내가 보는 것들을 다른 클라이언트들에게 맞추어 나가는 것 말이다. 스포츠웨어 브랜드와 일할 수도 있고, 하이엔드 브랜드, 대중적 브랜드를 클라이언트로 둘 수도 있으며 이들은 모두 스타일리스트에게서 뭔가 다른 한 곳을 원한다. 최근 트렌치코트를 새롭게 론칭하려는 버버리와 함께 작업했다. 기본적으로 내가 원하는 대로 무엇이든 할 수 있으며 제한도 없다고 했다. 그래서 평소 할 수 있다고 생각한 범위보다 더 추상적이고 콘셉추얼한 방식으로 진행했다.

당신의 작업에서 예술과 패션 간에 흥미로운 개념적 소통이 있다고 생각한다.

글쎄, 스타일리스트라면 아무도 예술가라고 불리고 싶지 않을 거고 나야말로 절대 스스로를 예술가라고 칭하지 않을 거다. 스타일리스트로서 성숙한 후 가끔 예전을 생각해 보는데, 만약 방향을 바꿀 수 있었다면 조금 다르게 받아들였을 수도 있을 것 같다. 하지만 개인 프로젝트를 계속하면서 그중 몇 가지 아이디어를 실현시키는 것이 중요할 때 그런 것이다. 이 아이디어들은 상업적 매체들에서는 구현하기 힘들다.

맞다. 이 얘기를 하니 당신이 작업한 『오피스』(Office) 화보가 생각난다. 크고 천으로 둘둘 감은 인물이 등장하는 화보 말이다.(도판 16)

그게 딱 내 스타일이다. 전체적인 아이디어는 어딘가 이상한 캐릭터를 만들자는 것이었다. 얼굴은 없지만 사람을 기반으로 만드는 것이므로 생명은 부여되었기에 형태를 만들 수 있었다. 나는 이들을 내 작은 괴물들이라고 불렀고, 그때부터 내 작업의 상당 부분에 이를 적용해 나가고 있다. 이는 더 발전시켜 나가고 싶고 여전히 진행 중인 프로젝트이며, 패션이 아닌 분야에서도 계속 작업하고 싶은 주제다.

괴물의 어떤 점이 마음에 드는지?

뭐라고 콕 집어 말할 수 없는 일종의 알 수 없는 것(the unknown)인 것 같다. 호러 영화를 좋아한다는 것은 아니다. 그냥 작은 괴물들이라고 불렀을 뿐이다.

완벽에 집착하는 패션과는 정반대라고 할 수도 있겠다. 그렇지 않나?

맞다. 완전히 정반대다. 이 화보에서 정말 재미있는 점은 모든 것을 옷으로 만들되 전통적이지 않은 방식으로 만들었다는 것이다. 마치 센트럴 세인트 마틴의 어린 석사과정생과 하이엔드 디자이너를 섞어 놓은 것 같은 느낌이다. 화보에 사용된 건 전부 옷이다. 그 이미지를 만드는 데 원단은 전혀 사용되지 않았다.

크레디트에 기록할 브랜드가 엄청나게 많았겠다.

(웃음) 아무도 딱히 좋아하지 않았다!

당신이 어떤 면에서는 패션에 맞서고 있다고 말할 사람들도 있을 것 같다.

에디 피크의 강연을 보러 간 적이 있는데, 그는—내가 진정으로 공감할 수 있었던—예술계와의 관계에 대해 이야기했다. 그는 예술계를 혐오했지만 예술은 너무나 사랑했다. 덕분에 나는 나와 패션계의 양면적 관계에 대해 고찰할 수 있었다. 나는 패션과 옷을 사랑하고, 쇼와 드라마도 사랑하지만, 업계에는 수많은 요소들이 있다…. 그게 싫지는 않지만 그 안에서 적응할 방법은 모르겠다. 내가 가진 이미지와 스타일링은 이런 것들로부터의 탈출이자 나만의 대답일 수도 있을 것이다. 아마도 그래서 내가 때때로 묘사하는 이런 캐릭터들과 이상함이 나오는 것 같다. 그리고 내가 항상 어디에도 속해 있지 않다는 감정에서 이런 것들이 비롯되는 것이 아닐까 싶다. 나는 케이티 그랜드의 어시스턴트였다가 갑자기 당시 가장 영향력 있는 매체의 패션 디렉터가 되었기 때문에, 항상 그 자리에 있을 권리가 없다고 느꼈고 내 자질이 충분치 못하다고 생각했다. 마치 "이 자리는 온전히 내 것이 아니고, 사람들은 나를 보며 '능력도 전혀 안 되는 사람이 저 자리에 있다'고 생각할 것"이라고 느꼈다.

분명 아무도 그렇게 생각하지 않았을 것이다.

하지만 나는 그렇게 느꼈다. 그리고 그게 스스로에게 주는 압박이기도 했다. 하지만 그 자리에 있는 동안 (창의적으로) 표현할 수는 없었는데, 보다 상업적인 매체였고 수백 명의 광고주들에게 맞춰야 했기 때문이다. 지난 몇 호에서는 조금 더 잘했던 것 같다. 유르겐 텔러와 릴리 맥미나미와 함께 촬영했는데 그 컷이 정말 잘 나왔다. 진정 자랑스러운 작업을 했다고 생각할 수 있는 것은 아마 그게 처음이었을 것이다.

무언가 당신답다고 할 수 있는 작업이었나?

그렇다. 부업으로 진행하는 다른 매체들과의 작업에서 화보를 촬영할 때 언제나 초현실주의적인 요소들을 많이 넣지만, 그런 화보는 시즌당 한 번밖에 진행할 수 없었다. 그 작업들은 명백한 초현실주의거나, 아주 미묘한 무언가였다. 그러다가 이번 화보를 작업했고, 나는 무엇이 내가 진정 원하는 것이었는지 알았다. 상당히 큰 깨달음이었다. 그 직후 나는 글렌 루치포드와 함께 비슷한 느낌으로 촬영을 진행했다. 애틀랜틱시티의 모텔 방에서 특이한 캐릭터들이 모여 있는데, 완전히 핵심만을 남긴 날것의 상태로, 정직하게 촬영했다. 내가 누구인지 찾아내는 것 역시 나의 일부였던 것이다.

만약 다른 미학을 추구하는 잡지에서 일했다면 어땠을지 생각해 보면 재미있을 것 같다. 만약 그랬다면 지금과 같이 발전했을까?

아주 젊은 층이 주도하는 매체에서 일하면 스타일리스트로서 더 쉽게 진화한다고 생각한다. 스타일리스트가 실험적으로 작업할 수 있게 해 주는 면에서는 상업적이고 규모가 있는 매체보다 그쪽이 훨씬 낫기 때문이다. 큰 매체에서는 모든 작업들이 해당 매체의 미학과 맞아떨어져야 했고, 물론 이건 당연한 일이다.

당신의 그런 면이 그 뒤에
클라이언트들과 일할 수
있게 해 준 것 같다.

그렇다. 나는 언제나 그런 것을 염두에
두고 있었던 것 같다. 알다시피 나는 스무
살짜리 어시스턴트가 아니었다. 가고
싶은 방향을 알았을 때 나는 스물여섯
살이었다. 그래서 나는 항상 클라이언트를
대하는 법을 아는 성숙함을 갖고 있었다고
생각한다. 심지어 내적으로 감정이 폭발할
때조차 나는 '극도로' 침착하다. 그리고
변덕스럽고 결정을 잘 내리지 못하는
디자이너들과 함께 일할 때 이런 점이
도움이 된다고 생각한다. 사실 너무 많은
것들이 걸려 있기 때문에 그들이 그렇게
행동하는 것은 당연한 일이다. 말하자면
나는 항상 "아니, 이게 네가 해야 할
일이라고 생각해"라는 태도를 가지는 데 꽤
능숙했던 것 같다.

어떤 면에서는
편집일 수도 있겠다.

그것도 요소 중 하나다. 내 일에서 가장 큰
비중을 차지하는 일 중 하나가 편집이고,
스타일리스트가 디자이너보다 더 많은
편집을 원하는 경우가 많기 때문에 종종
디자이너들과 엄청난 토론을 하게 된다.
타협할 줄 아는 것이 중요하다. 어떤
스타일리스트들은 다른 접근법을 가지고
있는데, 자신의 방식이 아니면 안 된다는
식일 때가 많다. 나는 훨씬 더 중간에 있는
스타일이다. 나는 스타일링이 어떻게
되어야 한다고 생각하는지에 대해서는
언제나 단호하게 이야기할 것이지만, 왜
어떤 섹션이 쇼에 남아 있어야 하는지에
대해서는 기꺼이 토론할 의향이 있다.
왜냐하면 내가 이 업계에서 가장 흥미롭게
생각하는 것이 바로 협업적 요소이기
때문이다.

당신이 선택한 이미지들을
보면 무언가가 있는데,
뭐랄까, 스토리텔링이라고
하면 적합한 표현인지
모르겠다.

서사(narrative)라고 하자.

서사, 좋다. 이미지 뒤에
숨겨진 이야기가 무엇인지
알고 싶어진다.

나는 종종 서사에서부터 작업을
시작한다. 캐릭터가 있어야 하는데, 최종
결과물에서는 연결되거나 알아보기 어려울
수도 있다. 하지만 출발점은 평범한 환경에
어울리지 않는 강렬한 캐릭터다. 나는
사물을 짧은 영상처럼 바라보는 것 같다.
내 자신과도 많은 대화를 하는 편이다.
지금까지 한 번도 없었던 극적인 상황을
마음속에서 만들고, 거기서부터 서사나
상황을 이어 나간다.

공상 같은 시나리오인가?

그렇다. 하지만 항상 극적인 공상이다.
항상 드라마가 있고, 종종 갈등도
있다. 여기서 요점은 내가 이것을 촬영
작업에서의 캐릭터들과 연관 짓는다는
것이다. 어떤 기이함이 있다고 할까.

당신의 기이함은 어떤
면에서 데이비드 린치
감독과 꽤 비슷한 느낌이다.

그럴지도. 그게 무엇인지 항상 정확하게
알 수는 없다.

가령 「케이프타운」에서 피터 휴고가 찍은, 라텍스 망토 화보 같은 이미지가 그렇다.(도판 13)

그렇다. 우리는 케이프타운에서 현지 인물들을 캐스팅해 차에 태우고 약 나흘간을 같이 운전해 돌아다녔다. 그 과정에서 서로를 잘 알게 되고, 성격을 이해하고, 수많은 사진을 찍었다. 어떤 강요도 없는 상황이었고 시행착오도 많았다. 마치 패션 화보라기보다는 피터와 함께 개인 프로젝트를 하는 느낌이었다. 한 번도 만난 적 없는 여섯 명의 사람들과 함께 하는 로드 트립 프로젝트 같은.

마치 조각을 하는 과정 같다.

바로 그래서 피터의 예술가로서의 비전과 패션 관점에서의 나의 비전이 정말 잘 어우러진 것 같다. 나는 구조와 형태를 만들고 예상치 못한 환경에 던져 놓고 싶었지만 강압적인 분위기를 원하지는 않았다. 우리는 가장 차분하고 자연스러운 환경에서 촬영하고 싶었다.

이렇게나 심플한데도 매우 추상적인 느낌을 준다.

이 프로젝트에서 내가 뽑은 몇몇 이미지는, 예를 들어 이 컷은 망토가 모델의 피부색과 거의 같은 색이고, 말한 것처럼 추상적이고 어딘가 기이한, 물속에서 찍은 듯한 환상이 있다. 어떤 이들의 눈에는 단순히 물가에 소녀가 서 있는 사진이겠지만 내게는 물에 대한 공포 요소가 있다. 일본 영화에서 공포의 상징으로 비가 종종 등장하는데, 나와 잘 맞는 부분이다. 나는 바다를 가장 존경하면서도 두려워한다. 수영을 하러 가면 두려움이 없어지고 편안해지기까지 2–3일 정도 걸리는데, 그제야 바다에 익숙해지기 때문이다.

당신이 익숙함을 말한다는 사실이 재미있다. 당신의 작업을 한마디로 표현한다면 낯섦, 익숙하지 않음 등이 되지 않겠나? 힐 앤드 오브리(Hill & Aubrey)가 촬영한 아이들과 함께 찍은 화보 속, 다양한 옷을 겹쳐 만든 수많은 레이어들처럼 말이다.(도판 14)

사실 그 화보는 모든 컷들이 어딘가 낯설고, 약간 초현실주의적인 분위기를 바탕으로 한다. 모델들은 모두 아이들이지만 성인용 옷을 입고 있다. 그건 앞으로 50년간 무슨 일이 일어날지 모르는 어린이의 순수함과 같다. 한 겹 위에 또 한 겹, 삶이 겹겹이 쌓여 가듯이 말이다. 그 아이들은 모두 청소년기를 지나고 있고 막 청년이 되려는 참이었다. 나는 패션을 통해 삶의 다른 층위들을 묘사하고 싶었다. 이미지에서는 잘 보이지 않겠지만 모델은 거의 4–50겹 정도의 옷을 입고 있다. 무질서하게 보이는 것을 원하지 않았기 때문에 모든 옷들은 검정색에서 갈색으로, 그리고 보다 밝은 색깔들의 순서로 배치했다. 말하자면 긍정의 메시지였다. 패션 이미지에 너무 많은 깊이를 부여하고 있다는 건 잘 알고 있다. (웃음) 이 화보는 괴물들을 주제로 한 화보를 찍기 전에 작업했던 것 같다. 나는 항상 레이어들을 가지고 작업한다. 단 한 번도 그냥 드레스 한 벌을 입혀 놓고 끝낸 적이 없다. 최고의 모델과 루이 비통의 최고급 드레스, 그리고 뛰어난 포토그래퍼가 있다면 누구나 그런 사진을 찍을 수 있다. 그렇게만 찍어도 엄청나게 아름다운 이미지가 되겠지만, 나보다 유명하고 뛰어난 사람들이 그런 사진을 찍는다면 어떻게 나만의 위치를 만들고 나만의 해석을 보여 줄 수 있겠는가?

이 화보 이미지를 보고,
이렇게 옷들이 쌓여 있는
것은 마치 오늘날의 패션을
보여 주는 것 같다고도
생각했다.

그것도 좋다. 보는 사람 마음대로 해석할
수 있다. 또한 이 화보는 꽤나 코믹한
느낌도 준다. 우리는 이 작업에 약간의
유머 감각이 있기를 바랐다. 내가 콘셉트를
어떻게 잡았든 간에, 과하게 관념적인
느낌을 주어서는 안 되었다. 모델들이
아이들이었기 때문에 우리는 재미있는
화보를 찍고 싶었고, 그 아이들이 원래부터
이런 옷들을 입는 것처럼 보이도록
만들기 위해 노력했다. 이 화보에서 또
다른 이미지가 있는데, 모델이 아주 넓은
어깨의 체크 슈트를 입고 거대한 풍선에
기대어 쉬고 있는 모습이다. 말하자면 이
화보는 어른이 되면 닥칠 전투에 대한
것이기도 하면서, 사실은 어린 시절을
뒤로 떠나보내고 싶지 않은 마음에 관한
것이기도 하다. 그리고 이것이야말로 내가
온전히 공감할 수 있는 것이다. 마흔을
바라보는 나이지만 나는 아직도 내가 어른
같다고 느껴지지 않고, 어른의 세계에 속해
있지 않은 것 같다. 아마도 나이가 들어
가는 과정 중 하나이고 우리 내면의 싸움을
개인적으로 겪는 중이겠지만, 이를 배출할
수 있는 수단이 있다는 것은 매우 좋은
부분으로 일종의 치유일 것이다. 우리는
한 팀으로서 단순히 패션 이미지를 만드는
것뿐이지만, 아름다운 해변에서 소녀들이
드레스를 입고 있는 정도의 사진보다 조금
더 나아간 무언가를 만들고자 한다.

『레플리카 맨』의 화보에서
등 스트레칭 기구에 거꾸로
선 사람의 이미지 같은
것일까?(도판 18)

그 화보는 교외에 있는 집에서 찍었는데,
키키 빌렘스가 약간 미친 캐릭터를
연기했다. 나와 서스턴 레딩이 이 캐릭터를
키키에게 설명하자, 그녀는 캐릭터를
곧바로 이해했다. 남성 캐릭터들도 있었기
때문에 이 바디슈트들을 만든 거다.
이 화보는 사람들이 성격적으로 다른
측면들을 가지고 있다는 아이디어에서
나왔다. 처음에는 단순하게 차려입은
소녀가 등장하는 아름다운 이미지인데
세팅에서 광기가 느껴지는 장면을
연출했다. 그리고 정확히 똑같은 장소에서
복제한 듯한 이미지를 만들되 모든 성격적
측면들을 빼 버리면 인간의 형태 말고는
아무것도 알아볼 수 없게 되는 것이다.
『레플리카 맨』은 무엇이든 탐색할 수 있는,
자유도가 높은 매체들 중 하나다.

만약 언젠가 당신이
스타일링이 아닌 다른 것을
한다면 어떤 작업을 보여
줄지 흥미롭다.

나도 종종 내가 다른 창의적인 직업에
종사했다면 더 창의적으로 일을 추진할 수
있었을 거라고 생각한다. 하지만 무엇을
더 할 수 있을지는 모르겠다. 나는 언제나
보다 관념적인 촬영들의 균형을 맞추려고
노력하지만, 동시에 보다 전통적인
패션 아이디어를 담은 촬영들도 일로서
진행한다. 내 아이디어들 중 극단적인
것은 하나도 없다고 생각한다. 키키와 함께
촬영한 화보도 사실 펜디(Fendi) 광고였다.

광고주가 있는 촬영을
그렇게 작업할 수 있다니
흥미롭다.

만약 무언가가 미묘하게 보인다면, 그건
훨씬 더 멀리 뻗어 나갈 수 있다는 얘기다.
내 에이전트는 내 작업물들이 정말 센
편이라고 이야기하지만 나는 그렇게 보지
않는다. 어쩌면 전달하는 과정에서 의미가
상실되는 현상일 수도 있지만, 내가 생각할
때 센 느낌이라는 것은 결국 도전적이고
공격적인 것이며, 내 작업은 그와는 반대
성향이다. 약간의 풍자나 차분함이 있다고
생각한다. 형태와 그래픽적인 요소들만
봐도 절대 공격적인 느낌은 아니며, 이는
매우 의도된 것이다. 눈을 뜨고 미소를
짓게 만들거나, 최소한 이미지에 대한
의견을 갖도록 만드는 것은 오히려 미묘한
것들이라고 생각한다.

뭐, 심지어 기념비적이고
거대한 예술 작품들도 고요한
느낌을 줄 수 있으니까.

고요함도 좋은 표현이다. 또한 나는 이런
점들이 내가 스칸디나비아인이라는 점에서
유래했다고 생각한다. 지금까지 제작된
가장 아름다운 덴마크 가구 디자인들을
보면, 그렇다. 그 가구들은 환상적인
형태를 갖고 있지만 모든 것을 품고 있고,
제자리에서 벗어난 것은 하나도 없다.
반응을 유도하기 위한 디자인이 아니라, 그
요소가 거기에 있어야 한다는 감각이 있기
때문에 나온 디자인이다.

노르딕 문화와의 연관성은
흥미롭다. 당신의 작업이
흔히 말하는 스칸디나비안
미니멀리즘과는 완전히
다르다고 생각했는데.

그것과는 다르다. 그리고 나는
스칸디나비안 미니멀리즘이라는 개념은
어쨌든 말도 안 된다고 생각한다.
스칸디나비아의 가정집에 가 보면 아주
다양한 레이어와 텍스처들이 있고, 영국
가정집에서 느낄 수 있는 것들과는 다르다.
전에도 내가 스칸디나비아 출신이라는
사실이 내 작업에 영향을 주었다고
생각하냐는 질문을 받은 적이 있다. 나는
항상 내가 한쪽 발은 영국에, 다른 쪽 발은
스칸디나비아에 걸치고 있다고 생각한다.
그리고 여기에는 결국 '내가 어느 한쪽 편을
정해야 하나? 내가 영국식 미학으로 건너갈
필요가 있나? 또는 두 가지를 합치려고
노력해 봐야 하나?'와 같은 질문들이
따른다. 그리고 나는 여전히 이런 것들에
대해서는 확신할 수 없다.

그 둘의 만남에 흥미로운
전율 같은 것이 있지 않을까?
예를 들자면, 『러브』에
실린 당신의 화보에는 영국
특유의 희한한 물건들이
많이 등장했다.

그렇다. 확실히 영국 특유의 괴짜 같은
느낌이 있고, 어떤 의미에서는 내가 지금
하고 있는 작업보다 내가 생각하는 것에서
훨씬 더 분명하게 드러난다.

이제는 보다 부조리한 것들 쪽이라고 할 수 있을까?

그렇다. 그리고 항상 설명할 수는 없는데, 그게 내 생각의 과정이었을 때나 딱 그 시점에 내가 어떻게 느꼈는지에 관한 것이 아니면 어떻게 말로 풀어서 설명할 수가 없기 때문이다. 하지만 거기서부터 시작되는 것도 있다. 분명 나는 내 작업들 간의 공통분모를 볼 수 있는데, 때로는 그것들이 강해지거나 사라지기도 하지만 여전히 같은 아이디어의 변주다.

관심을 가진 특정 분야에 해당하는 모든 면을 탐색하다 보면 당신 자신을 알고 성숙해지는 것인가?

그렇다. 때로 그 범위 밖으로 벗어나면 별로 만족스럽지 않을 수도 있다. 또한 마치 내 시간이나 다른 사람의 시간을 낭비한 것 같기도 하고, 이루기로 정한 것들을 이루지 못하기도 한다. 이런 일들을 겪으면 분명 성숙해진다. 그리고 일 의뢰를 거절해야 할 때가 언제인지 이해하는 것이기도 하다. 이것은 프리랜서이기 때문에 더 어려운 부분인데, 매 시즌 겪게 되는 한가로운 시기가 되면 원하지 않는 일이라는 것을 알면서도 의뢰를 수락하게 되곤 한다. 나는 연예인들과는 거의 같이 일하지 않는데, 협업의 형태로 이어지기가 어렵기 때문이다. 매니저, 소속사 등 거쳐야 할 사람들이 너무 많이 얽혀 있다.

떠오르는 신예들과도 지속적으로 함께 작업하는 것으로 보인다.

그런 일을 하지 않는 것이, 내가 누구를 도울 수 있고 내가 아닌 타인을 위해 무엇을 할 수 있을지 찾지 않는 것이 오히려 이상한 일이다. 모든 화보 촬영 때 나는 젊은 디자이너들을 끌어들이려고 노력하거나, 젊은 디자이너들을 위해 무료로 일해 준다.

그런 요소들이 광고 매체로서 잡지에 어떻게 녹아드는가?

분명 몇몇 잡지에는 내가 열심히 저런 요소들을 짜 넣어 보려고 노력해도 결국 편집되어 버린다. 그냥, 나는 내가 막 대학을 졸업했을 때 얼마나 어려웠는지 기억한다. 나는 정말 운이 좋아서 적절한 사람을 만났고, 그녀가 나를 자신의 어시스턴트로 삼아 잡지사에 데리고 가 주었고, 그 후로 한 번도 뒤돌아보지 않고 달렸다. 나는 그걸 한 번도 잊은 적이 없다. 나는 런던 칼리지 오브 패션에서 석사과정생들과 작업한 적이 있는데, 그들의 멘토로서 런던 칼리지 패션 위크까지 세 시즌간 그들을 이끌어 주는 역할이었다. 나는 디자이너가 아니기 때문에, 기성 디자이너들과 같이 일할 때보다 그들의 컬렉션에 대해 건설적인 조언을 해 줄 수 있었다. 어떤 것을 더할 수 있을지, 무엇을 뺄 수 있을지, 실루엣, 피팅 및 룩 관련 조언 등 말이다. 또한 나는 패션 이스트(Fashion East)[역주: 신인 디자이너들을 패션위크 데뷔, 비즈니스 멘토링, 재정 지원 등을 통해 후원하는 비영리 단체로 런던 이스트 지역에서 패션위크 기간에 소속 디자이너들의 컬렉션을 선보인다. 많은 유명 영국 디자이너들이 여기를 통해 두각을 나타냈다.] 소속 디자이너였던 펑첸왕과 몇 시즌 동안 컨설턴트 역할로 함께 일한 적이 있는데, 훌륭한 협업이었다.
펑첸왕 레이블은 작은 회사였지만
그들이 성장하는 것을 지켜보는 것은
짜릿한 일이었다. 또한 나는 이들과
계속 붙어 있으면서 관계를 유지하는
것도 중요하다고 생각한다. 그냥 한번
들여다보고, 그들이 잘나갈 때만 모든
아이디어나 조언을 줄 수는 없다. 이들이
더 이상 패션 이스트나 뉴젠(New Gen)[역주:
영국패션협회(British Fashion Council)의 신진
디자이너 발굴 및 육성 프로그램. 뉴젠
대상 디자이너로 지정되면 런던패션위크
참가 비용 면제, 컬렉션 진행 장소 및 재정
지원 등으로 후원을 받을 수 있으며 다수의
영국 디자이너들이 이 프로그램을 통해
자리를 잡았다.] 브랜드가 아니게 되었을
때도 끝까지 그들을 지켜보아야 한다.

그렇다. 패션은 그런
면에서 좀 변덕스럽긴 하다.
그렇다면 당신은 그들을
발전시키고 싶은 것인가?

그렇다. 처음에 그 디자이너들 안에서
보았던 무언가 흥미로운 것들이 있을
것이고, 그게 사라진 것은 아니니까.
하지만 하룻밤 사이에 성공적이고,
잘나가는 브랜드가 되는 방법을 누군가가
말해 줄 수만 있다면 모든 브랜드들이
그렇게 했을 것이다. 그러니 이건 누구도
예측할 수 없는 일이고, 사실 예측보다는
운, 그리고 적절한 시점에 적절한 사람들이
모이는 것 등에 더 영향을 많이 받는다.
시행착오가 필요한 것이다.

이야기하지 않은 것이
한 가지 있는데, 당신이
어떻게 패션 스타일링을
공부했는지다. 스타일링은
당신에게 공부할 수 있는
대상인가?

그렇지 않다. 여기 대해서는 아주 단호히
말할 수 있다. 스타일링을 공부할 수는
없지만, 내 경우 학과 과정이 도움이
되었던 점은 무언가를 실험하고 만들어
보는 일을 시작할 용기를 내도록
도와주었다는 것이다. 수업을 듣는다고
'배우는' 것은 없었지만, 다양한 창의력을
갖도록 하고 나가서 나만의 팀을
찾아내도록 만들었다. 나는 대부분의
옷을 만들었고 심지어 처음에는 사진을
찍기도 했다. 누군가가 스타일리스트가
되도록 가르칠 수는 없다고 생각하지만,
그들이 비전과 함께 자신이 어떤
스타일리스트가 되고 싶은지를 찾을 수
있는 원동력을 제공하고, 그래서
그들이 밖으로 나가 아이디어를 얻게
할 수는 있다. 하지만 높은 학점을 받고
졸업했다고 해서 이 업계에서 일할 수
있다는 보장은 없는 것이, 학점보다 훨씬
복잡한 것들이 있기 때문이다. 일을
시작하고 어시스턴트로 경험을 쌓아야
하는 사람에게 3년을 써서 스타일링
학위를 받으라고 추천하지는 않을 것이다.
얼마 전에 내가 대학에서 처음 촬영한
것들 중 하나를 봤는데, 내가 여전히
작업하고 있는 주제를 매우 비슷하게
따라가고 있더라. 약간 우울하기도 하고
조금은 이상한 기분이었지만, 여전히
내가 생각하기에 미적으로 만족스럽다고
여기는 방식으로 작업하고 있다. 그리고 내
작업에 약간의 멜랑콜리가 있기도 한 것
같다. 슬픈 느낌은 아니지만, 모든 것들이
약간 엇나가고, 조금 우울한 어떤 것들과
연결된다고 생각한다.

불안 같은 것인가?

불안, 그렇다. 어쩌면 우울보다는 불안이
내가 의미하려던 것이었을 수도 있겠다.
약간의 불안, 즉 내 버전의 불안과 함께
내가 내 불안감을 조용히 달래는 방식이
있는데, 아주 차분하고 약간은 억눌린
방식이다.

내 생각에 불안은
불확실성과 밀접히
연결되는데, 당신의 작업
안에서 다시 두 가지가
엮이는 것 같다. 우리가 보고
있는 것이 무엇인지 확신할
수 없는 점 말이다.

완전 그렇다. 그리고 불안함이 있다면
하고 있는 모든 일에 의문을 제기하게
된다. 당신이 말했듯 불확실성이 있으니까.
개인적인 차원에서, 무엇이 좋고 무엇이
옳은지 절대 확신할 수 없다. 사실 나는
멜랑콜리보다 불안이 분명 더 적절한
표현이라고 생각한다. 불안을 느끼고
불안감을 갖되, 보통의 산만한 방식이 아닌
방향의 불안함이다.

그렇다. 그 불안에는
부드러움이 있다. 그럼에도
당신의 이미지들은 매우
매력적이다. 그리고 보고
있으면 생각을 하게 된다.

아니면 그냥 두 번씩 봐라. 바라건대 좋은
이유에서 두 번씩 보길! (웃음)

5장
순간의 아름다움을 찾아서:
엘리자베스 프레이저벨과의 인터뷰

수잔 마센

엘리자베스 프레이저벨은 『데이즈드』에서 수석 시니어 패션 에디터로 일하면서, 즐거우면서도 애수 어린 분위기를 표현하는 시각적 언어를 키워 냈다. 그녀의 이미지들은 종종 괴짜스러운 거북함이 있지만 그와 동시에 순수하고 웅장한 몸짓의 아름다움을 망설임 없이 보여 준다. 프레이저벨은 처음에 인턴으로 입사한 후 몇 번의 승진을 거쳐 해당 잡지의 시니어 패션 에디터로 몇 년간 일한 후 프리랜서로 전향했다. 또한 『데이즈드』의 정체성을 형성하는 데 중요한 역할을 했으며 현재는 업계의 주요 인물들이 된, 당시 새로 등장한 포토그래퍼들을 발굴 및 육성하기도 했다. 센트럴 세인트 마틴 출신인 그녀는 조너선 손더스의 디자인 팀에서 실무 연수를 받은 뒤 스타일링에 관심을 가졌다. 그녀는 특이한 캐릭터들과 대중문화 현상을 스타일링을 통해 표현하며, 패션계 밖의 개인적 관심사들을 바탕으로 캐릭터와 세계관을 만들고 순간을 포착한다. 프레이저벨은 『데이즈드』 외에도 패션쇼와 캠페인 및 상당수의 다른 매체를 대상으로 컨설팅 및 작업을 진행한다.

수잔 마센: 당신은 이 인터뷰를 위한 이미지로 톰 존슨과 함께 작업한 스코틀랜드 화보를 선택해 주었는데, 이 화보야말로 당신의 작업에서 볼 수 있는 길들여지지 않은 아름다움을 정말 잘 보여 준다고 생각한다.(도판 28)

엘리자베스 프레이저벨: 그건 정말 아름다운 경험이었다. 우리는 하이랜드의 로몬드호에 갔는데 주위에 완전히 아무것도 없었다. 둑 위에서 한 남자가 백파이프를 연주하고, 우리는 백파이프 소리를 제외하고는 아무것도 들리지 않는 침묵 속에서 그저 그를 바라보았다. 한 번도 그런 경험을 해 본 적이 없었다. 톰은 어느 순간 촬영하는 것도 잊었는데, 우리 모두 '이건 굉장해' 하는 마음으로 그냥 앉아 있었기 때문이었다. 굉장하고, 진실한 순간이었다. 그런 순간은 그저 포착하는 것이지, 만들 필요가 없다. 분위기의 감각 같은 것. 하지만 그 순간은 상당히 사진과 관련된 면이기도 하다. 이 이미지 속의 협업이 너무 중요해서, 그에 대해 이야기하지 않기가 어렵다. 하지만 그 이야기를 하려고 만난 것은 아니니까! (웃음)

이 책을 위해 당신의 작업을 여섯 개 이미지로 편집해 달라고 했는데, 그 과정은 어땠나?

나는 항상 이 문제로 골치를 썩인다. 왜냐하면 내 작업이 어떤 것인지를 알려 달라는 의도였겠지만 나도 내 작업을 잘 모르기 때문이다! (웃음) 몇몇 친구들은 내 작업이 아주 영국적이고 젊으며 항상 유머 감각이 있다고 이야기한다. 하지만 그건 내가 진정 목표로 하는 것이 아니며, 특별히 아름답거나 흥미롭다고 생각하는 것도 아니다. 내 목표는 무언가 아름답고, 그 순간이나 작업을 준비하는 순간에 내게 영감을 주는 것을 표현하는 것이다. 그래서 이렇게 편집을 해야 할 때 내가 어떤 사람이고 어떤 스타일리스트인지 찾으려고 노력하는 것은 정말 혼란스럽다. 나도 여전히 그걸 이해하지 못하기 때문이다. 그리고 내가 이걸 말할 자격이 있다고 생각하지도 않는다. 재미있는 것은, 다른 사람들의 스타일이 어떤지는 항상 알고 있다는 것이다. 그건 곧장 알아차릴 수 있다. 하지만 만약 자신의 작업을 본다면 그건 마치… 뭐지? 이건 그냥 내가 하고 싶었던 무언가라는 것밖에 알 수 없다.

내가 보기에 '아름다운'이라는 단어가 흥미롭다. 항상 사용하는 단어인데, 당신에게 어떤 의미인가?

정의하기 상당히 어렵다. 하지만 그렇기에 좋은 것이고, 우리 모두가 하려는 것이기도 하다. 아름답다는 것은 상당히 주관적이다. 내가 아름다움을 발견하는 대상이 다른 사람들에게는 지루하거나 추한 것일 수도 있다. 추함은 보는 사람의 관점에 따라 다르니까 말이다! 나는 미추가 의미나 그 뒤에 숨겨진 감정에 따라 달라진다고 생각한다. 예를 들어 사물기호증(objectasexuality)[역주: 특정한 물체 또는 고정 구조물에 매혹, 사랑, 헌신 등의 감정을 느끼는 것]에 관한 화보를 촬영한 적이 있는데(도판 30), 이 주제는 몇 년 전 채널4에서 보았던 관련 다큐멘터리가 계속 떠올랐기 때문에 잡았던 것이다. 에펠탑과 결혼한 여성이라니, 믿을 수 없는 이야기 아닌가. 하지만 사물기호증은 아름다운 대상은 아니다. 사실 그건 질병에 가깝고, 누군가의 인생에 남은 트라우마가 발전된 집착의 형태다. 이런 이야기를 기반으로 한 주제는 어렵다. 하지만 우리가 그걸 바탕으로 촬영한 사진은 아름답다고 생각한다. 추한 것에서 언제나 아름다운 것을 만들어 낼 수 있지만, 그건 아마도 동시에 매우 무신경한 일이기도 하다. 패션이란 그런 것이다. 또한 촬영 중에 모델의 머리카락이 딱 적절하게 흩날릴 수도, 모델이 포즈를 취하지 않은 상태에서 포착한 표정이 놀라운 순간을 선사할 수도 있다. 그런 순간은 아름답고, 또한 매우 개인적으로 와닿는다.

아름다운 것이 매우 인간적인 어떤 것과 연결된다는 말처럼 들리기도 한다.

그렇다. 매우 인간적이다. 사실 '정말' 좋은 표현인 것이, 내 작업의 많은 부분이 인간적인 것들에 관한 것이기 때문이다. 그리고 완벽해 보이는 것을 좋아하지 않기도 한다. 창의력에 제한을 둘 수 있기 때문에, 너무 확실하게 계획을 세우는 것도 선호하지 않는다. 나는 어떤 순간과 그 순간이 가져올 수 있는 효과를 매우 중요하게 여긴다. 사실 나는 고도로 스타일링된 것을 매우 싫어한다. 언제나 무언가 제자리를 벗어난 것, 약간 구겨지거나 완벽하지 않은 것을 좋아하는데, 내가 옷을 입는 방식 자체가 완벽을 추구하지 않기 때문이다. 만약 모델이 상의 위에 재킷을 입었는데 옷이 모두 구겨지고 제대로 입혀지지 않은 상태라면, 그건 그것대로 내가 '스타일링'한 것이 아닌 자연스러운 것이고 그게 어색하게 보이는 것 자체가 마음에 든다면 그대로 둘 수도 있다. 그럴 때 작업이 개인적으로 의미를 가지게 되는데, 나는 무엇을 하든 거짓으로 꾸며 내고 싶지 않기 때문이다. 내 작업이 인간적이었으면 좋겠다. 패션은 열망의 대상이 되어야 하기 때문에 꼭 친숙해야 할 필요는 없지만, 내 작업이 나와는 관련이 있으면 좋겠다. 그게 내게도 위로가 되니까. (웃음)

패션계에서 일할 때의 위로를 말하는 것인가? 그렇다면 일을 통해 위안을 얻는 일종의 시도라고 할 수 있을까?

그렇다. 나는 내 작업이 대상에 대한 아주 직관적인 반응이라고 생각한다. 얼마나 거창한 콘셉트가 있는지에 상관없이 말이다. 그런 자연스러운 반응이야말로 내가 진정으로 하고 싶은 것이라고 생각한다. 내 스스로를 몰아붙이니 좀 이상하게 들릴 수도 있겠지만, 그렇다고 하고 싶은 일에서 나 자신을 밀어내고 싶지는 않다.

당신의 작업과 관련해서 낭만(romance)이라는 단어는 어떻다고 생각하는가?

낭만의 정의가 무엇이냐에 따라 다를 것 같다. 낭만이 내 작업에 적용될 여지는 아마도 사진의 선택 정도밖에 없을 것 같은데?

낭만주의 시대를 이야기할
때의 낭만을 생각했다.
강렬한 감정, 거친 자연,
낭만주의, 자연의 위대함을
이야기한 위대한 작가와
화가들 등. 당신 작업의
상당수가 자연을 배경으로
촬영해서 그렇게 느끼는
것일 수도 있겠다.

그렇다. 나는 자연과 자연의 아름다움에
상당히 매료되어 있다. 할리 위어와
촬영한 오래 전 화보(도판 29)를 예로 들
수 있겠다. 그 화보는 내가 재니나 페던과
함께 실외를 실내로 끌어들이는 세트
디자인을 하고 싶었기 때문에 촬영하기로
한 것이다. 이 작업은 어떤 면에서는
모순되는데, 자연스럽게 존재해야 할 것을
인위적으로 만드는 작업이었기 때문이다.
하지만 대상을 강조하는 동시에 축소하는
작업이기에 정말 아름답다고 생각했고,
우리는 언덕 위에 꽃이 핀 이 풍경을
강조해 보여 주되 풍경을 프린트한 배경
대신 갈색 배경을 사용해 자연스러운
아름다움을 없앴다. 균형을 유지하는 것이
중요하다고 생각해서 내린 결정이었다.
하지만 내 작업에서 자연은 큰 역할을
차지한다. 이는 내가 고전 문학 작품들만
읽기 때문일 수도 있다. 브론테 자매,
조이스, 디킨스나 하디 등과 같은 작가들이
쓴 책을 읽을 때 나는 그 작품들이 내
언어는 물론 내가 사람들과 상호 작용하는
방식을 변화시키도록 하여 내게 깊이
영향을 미친다는 사실을 깨달았다. 그러니
그 우울한 낭만 소설들이 내 머릿속
창의적인 면에 어떻게 영향을 주는지 누가
알겠는가.

자연에 대한 당신의 열정은
어디서 비롯되었다고
생각하는가?

전혀 모르겠다. 나는 여덟 살 때까지
뉴캐슬의 한 단지에서 살았고, 거기서 온
영향은 아무것도 없었다. 하지만 그 후
이사한 오리건에는 완전히 자연에
둘러싸여 있었다. 뒷마당에 큰 퓨마가
있는, 그런 느낌의 자연 말이다. 사실
런던에 살면서 자연에 대한 열정이 더 커진
것 같다. 도시를 떠나 있는 것만으로도
진심으로 감사하게 되니까 말이다. 그런
면이야말로 나에게는, 여기서 그 단어를
한 번 더 사용하자면, 위로이고, 나의
탈출구이다. 그러니 자연이 내 작업에
그렇게 많이 등장하는 이유는 내가 꼭
패션계에서 일하지 않아도 되는 사람이기
때문일 수도 있다. (웃음) 나는 패션
디자이너가 되고 싶어서 세인트 마틴의
파운데이션 코스에 입학하기 전까지는
스타일링이 직업인 줄도 몰랐지만, 알고
보니 내가 디자인에는 그다지 능숙하지
못했다. 그래서 어쩌면 잡지 쪽에서
일하는 것이 좋은 방법일 수도 있겠다고
생각한 것이다. 그전까지는 패션 화보에
대해 그다지 많이 알지 못했다. 나는
그런 쪽으로 타고나지는 않았다. 우리
아버지는 화학 박사다. 패션 잡지나
스타일링이 내가 자연스럽게 빠져들 만한
분야가 아니었다. 그리고 나는 꽤나 자주
어딘가로 탈출하고 싶은 기분이 드는데,
자연과 시골은 내가 탈출을 하는 방식이다.
그래서 그런 요소들이 내 작업에 자주
등장하는 것 같다.

스타일리스트나
디자이너들과 이야기하다
보면 흥미로운 것이, 이들이
패션계를 떠나고 싶다는
생각을 한다는 점이다.
이 업계에 들어오기 위해
그렇게 열심히 일했던
그들이 떠나고 싶어 한다는
것은 분명 아이러니입니다.

그렇다. 그리고 그런 생각은 이런 인터뷰를
하기 전까지는 드러나지 않는다. 하지만
정말 멋진 작업들의 상당수가 패션계
밖에서 영감을 받은 것이다. 나는 그걸
나쁘다고 생각하지 않는다. 패션은 이제
막 디스토피아적이게 되었다고 생각한다.
패션에는 어둠이 있고, 그건 비단 우리가
업계의 최정상에 어둡고, 뒤틀린 사람들을
올려놓으려는 경향이 있기 때문만은
아니다. 와인스타인[역주: 하비 와인스타인,
할리우드의 영화 제작자로 30년간 저질러
온 성추행 전력이 드러나면서 미투 운동의
출발점이 되었다.]을 시작으로 다른
업계에서도 그런 사람들이 끌려 나오기
시작하면서, 우리도 바뀌어야 한다는
이야기가 나오고 있다. 그런 어두운
면들이야말로 내가 패션계에서 벗어나고
싶게 만드는 요소들이다. 나는 언제나
패션의 창의적인 면을 사랑할 것이며, 그게
내가 업계 내 정치에 휘말리지 않도록
노력을 기울이는 이유다.

세인트 마틴에 입학하기
전까지는 스타일링에 대해
거의 알지 못했다고 했다.
스타일링은 어떻게 알게
된 것인가?

나는 패션 디자인의 과정, 즉 자료 조사를
통해 모든 것을 한데 섞고 그로부터
스토리를 만들어 내는 과정은 좋아했지만,
실제로 만든 옷은 엉망진창이었다. 그래서
패션 디자인에서 손을 뗀 것이고, 사실
파운데이션 코스를 제대로 마치지 않았다고
생각한다. 그냥 머릿속에서 싹 지워 버린
것 같다. 그러다 보니 내가 패션 디자인을
어떻게든 할 수 있다고 생각해서 조너선
손더스에 실무 연수를 갔던 것이다. 패턴
도안부터 가봉 제작, 실크스크린 프린트 등
내가 할 수 있는 것은 무엇이든 했다.

꽤 재미있었을 것 같다.

나는 정말 형편없었다! 드레스를 몇
벌이나 망쳤는지 모른다. 가봉 제작에 전혀
집중할 수가 없었다. 내가 가봉 샘플을
만들면 항상 뒷면을 앞면에다 붙인다거나
어딘가 잘못된 부분에 봉제를 해 버리곤
했다. 그걸 보면서 나는 '내가 확실히 패션
디자이너감은 아니구나'라고 생각했다.
그래서 수많은 회사에 입사 지원 메일을
보낸 끝에 『탱크』(Tank)에서 나를 인턴으로
채용해 준 것이다. 조너선 손더스에서
일하던 중, 마리 차익스가 찾아왔을 때
나는 스타일리스트가 무엇인지 배웠다.
그녀가 스타일링을 컨설팅하고 여러
요소들을 한데 모아 놓는 것을 보고, 나는
진심으로 스타일링이 꽤나 흥미롭다고
생각했다. 아마 내가 할 수 있는 일이어서
그랬던 것 같다. 그런 다음 일하러 간
『탱크』에서는 나를 가정부 정도로
고용했는데, 몇 주 후에 나를 해고했다.
정말 일을 못 했으니까. 스케줄 챙기는
것도 잊어버리고, 커피도 만들 줄 모르고.
가장 기본적인 것들을 잘하지 못했다.

『탱크』의 소개를 통해 『데이즈드』의 인턴으로 들어가 로비 스펜서의 어시스턴트가 되었다고 들었다. 그 초창기 시절은 어땠나?

처음 로비의 어시스턴트가 되었을 때도 나는 여전히 스타일링 과정을 이해하지 못하고 있었다. 왜냐하면 돈을 벌기 위해 했던 형편없는 수준의 일이나 잡지사의 제삼 어시스턴트 정도밖에 해 보지 못했기 때문이다. 나는 촬영 준비를 한 번도 해 본 적이 없었다. 그래서 로비가 요청 사항을 알려 주고, 나는 그걸 팩스로 보냈다. (웃음) 그러자 온갖 옷이 일제히 잡지사로 들어왔다. 나는 밤을 새면서 기타 등등 이런저런 일을 했던 것 같다. 그리고 촬영 전날에 로비가 옷이 걸린 긴 행거를 확인하면서 이렇게 묻는 것이다. "프라다 룩은 어디 있지?" 그래서 나는 "이게 프라다인데요."하고 대답했다. "아니, 내가 요청했던 프라다 룩은 어디 있냐고?" 아아! 음 그러니까, 실제 사용할 '룩'이 필요하셨던 거군요? 그렇군요. 알았어요. (웃음) 일단 여기 있는 옷들은 요청하신 브랜드의 옷들이기는 해요. 그렇게 대답하고 나니 마치 어딘가로 가라앉는 것 같고, 어딘가 아프기 시작하고, 식은땀이 나는 기분이 들었다. 내가 일을 완전히 망쳐 버린 것이다. 정말이지 '느리고' 고통스러운 배움의 과정이었다.

하지만 생각해 보면, 당신이 그걸 어떻게 알았겠는가?

바로 그거다. 뭐, 그는 내게 룩 번호[역주: 패션쇼에서 어떤 룩인지 알 수 있게 착장에 매기는 번호.]를 알려 주긴 했지만… 나는 그저 프라다는 다 멋지니까, 분명 프라다에서 무엇이든 가져오기만 하면 되는 거라고 생각했다. (웃음) 그게 내가 스타일링에 뛰어들게 된 계기다.

당신이 지금까지 일해 온 데에 『데이즈드』가 영향을 주었다고 생각하는지?

『데이즈드』가 나의 학교였다. 나는 학위를 따지 않았다. 부분적으로는 내가 누구인지, 무엇을 하고 싶은지, 패션 산업의 어떤 분야에서 일하고 싶은지 매우 혼란스러웠기 때문이기도 했지만, 내가 제도권 교육을 싫어했기 때문이기도 하다. 나는 모든 것을 『데이즈드』에서 배웠다. 내가 배운 것을 대학교에서 배울 수는 없다. 적절한 사람들을 만나기에는 대학이 좋다고 생각하지만 내가 배운 것들을 배우거나 내가 그토록 어릴 때 했던 경험을 얻을 수 없고, 그처럼 많은 책임을 떠안아 볼 수도 없다. 어릴 때 업계에서 실수를 해 봐야만 배울 수 있는 이해관계들이 너무 많다. 방금 이야기했듯 나는 수많은 실수를 했고 말하지 않은 것도 정말 많다. 하지만 겪어 봐야 한다. 내 말은, 만약 현명한 사람이라면 힘들게 배우지 않을 수도 있겠지만, 나는 힘들게 배우는 것도 매우 좋은 학습 방법이라고 생각한다. 그러면 두 번 다시 같은 실수를 하지 않으니까 말이다.

당신의 작업 스타일을 형성하는 데 『데이즈드』의 미학이 영향을 주었다고 생각하는지?

나는 항상 내 주위 사람들의 스타일을 모방하지 않기 위해 주의를 기울였다. 상당수의 어시스턴트들이 그들의 상사나 스승 격인 사람들과 같은 길을 가는 것을 보았을 것이다. 나는 그러면 안 된다는 것을 항상 염두에 두고 있기도 했고, 어쨌든 내 스타일은 자연스럽게 달라졌다고 생각한다. 아마도 『데이즈드』는 내가 일을 하는 방식을 형성하는 데 영향을 주었을 것이다. 왜냐하면 내가 작업을 할 때, 심지어 브랜드를 선택하는 면에서도 『데이즈드』의 스타일에 익숙해져 있기 때문이다. 『데이즈드』에서 일하면 아방가르드한 스타일을 해야 하고, 그러다 보면 아방가르드를 각자의 방식으로 만들되 거기에 진정한 나만의 스타일을 적용하게 된다. 내가 좋아했던 『틴 보그』(Teen Vogue) 촬영 때도 같은 방식이었다. 다른 일들을 하더라도 이 방식을 모두 적용할 수 있다. 그래서 사람들이 내게 '가장 좋아하는 당신만의 것이 무엇인지'를 물으면 대답하기가 어렵다. 왜냐하면 나는 좋아하는 것들이 많고, 그것들이 모두 다르기 때문이다. 그건 억지로 맞추거나 그 한 가지에만 매달려야 하는 것도 아니다. 나는 항상 어두운 분위기를 선호하지도 않고, 항상 조형적인 방식을 택하는 것도 아니다. 그냥 익숙해지는 거고, 실제로 나는 그렇게 한다. 어떤 스타일리스트들은 자신만의 '이상적인 여성상'을 이야기하기도 한다. 나는 그런 게 없다. 있어야 한다고 알고 있지만….

있어야 하나?

에이전시에서는 있어야 한다더라. 하지만 내게는 정말이지 너무 어려운 일이다.

내가 알기로 디자이너들도 그런 여성상이 있다고 들었다. 하지만 '이상적 여성상'이 있다는 것은 어쩌면 모든 여성을 한 가지로 본다는 문제가 있다고 볼 수 있지 않을까?

그것도 역시 문제다. 좋다, 그럼 모든 여성을 하나로 뭉뚱그리는 것만이 아니라 어떤 여성을 단편적으로 보는 문제를 이야기할 수도 있겠다. 여성은 결코 한 가지 단면만 가지고 있지 않고, 여러 겹의 속성을 가지고 있다. 여성 전체로 보자면 더욱 그렇고. 그런데 왜 항상 한 가지 콘셉트만 고집하며 스스로에게 제한을 두는 것인가? 나는 그게 정말 싫은데 에이전시와 잡지에서는 이상적인 여성상, 또는 남성상이 있어야 한다는 이야기를 계속 한다. 정말 짜증나는 일이고, 이제 질렸다. 내 관심사는 대부분 일시적이고 순식간에 변하며, 그게 내 작업에 반영되어도 개의치 않는다. 물론 이상형을 이야기하는 것이 결국 영업을 위한 것이라는 것은 이해한다. 스스로를 홍보하고 내 작업을 접하는 사람들의 이해를 돕는다는 것도 알고. 그래서 이상형을 필요로 하는 모든 직업은, '당신이' 바로 그 이상형이 되라고 말하는 것이다.

하지만 그건 창의성을 상품화하는 것일 수도 있지 않을까?

물론이다. 하지만 어차피 모든 것은 상업화를 위한 것이다. 돈을 벌고 싶지 않은 스타일리스트는 없다. 지금이 80년대도 아니고. 하지만 나는 어쩔 수 없는 것이, 다층적인 것, 단편적이지 않은 것을 좋아한다. 그리고 사람들이 '이것이 내가 그리는 이상적인 여성상이다'라고 말하면서도 거기에 완전 반대되는 무언가를 덧붙이곤 한다는 것을 알지 않는가? 마치 '그녀는 전사인 동시에 가정주부다' 같은 문구처럼 말이다. (웃음) 아, 이건 별 의미 없는 말이다. 아무튼 바보 같다는 얘기다.

그렇다. 그리고 당신의 작업에서는 그런 패션 문구를 본 적이 없다. 사물기호증 사례는 논외로 하고, 작업할 때 어떻게 스토리에 접근하는 편인가?

만약 스토리를 포토그래퍼가 제안하거나 내가 맡은 일에 따라 지정되는 것이 아니라 내가 정하는 경우라면, 나는 패션이나 사진 관련 책에서 스토리를 얻는 것을 좋아하지 않는다. 모든 사람들이 같은 참고 자료를 사용하므로, 그런 식으로 스토리를 만드는 것은 사실 매우 어렵다고 생각한다. 예를 들어 '아이디어 북스'(Idea Books)나 '클레르 드 루앙'(Claire de Rouen) 같은 서점은 믿기 힘들 정도로 훌륭하고 나 역시 그곳들을 구경하는 것을 좋아한다.[역주: 아이디어 북스는 예술 서적 전문 서점이며 클레르 드 루앙은 컬트 패션 및 사진 전문 서점이다.] 하지만 모든 사람들이 좋아하는 대상이라면 왜 굳이 그걸 기반으로 스토리를 만들려고 하는가? 어차피 누군가가 당신 전후로 똑같은

이야기를 만들 텐데, 그렇게 되면 전혀 특별하지 않다. 사실 나는 주류를 이루는 아이디어에서 스토리를 따오는 것을 좋아한다. 「푸른 골짜기」(FernGully)[역주: 1993년에 발표된 애니메이션.] 같은 것들 말이다. 그 작품의 배경은 모든 것이 아주 작은 세계지만 그 세계를 둘러싼 것들은 너무나 크다는 설정이다. 할리 위어와 만든 꽃밭 풍경 아이디어가 이런 데서 나온 것이다. 「푸른 골짜기」의 분위기는 어둡다. 슬프고 어두운 내용이다. 또한 뿌리가 있는 가족의 오랜 친구와, 주인공의 집에서 자라는 아이비 덩굴의 이야기도 나온다. 내 작업은 상당 부분이 개인적 경험에서 비롯되는데, 이런 점들은 내게 도움이 된다고 생각한다. 가와쿠보 레이도 이와 관련해서 이야기한 적이 있다. 가와쿠보 레이는 원래 절대 인터뷰를 하지 않지만 19 S/S 쇼 때 했던 인터뷰에서, 더 이상 할 수 있는 새로운 것이란 존재하지 않으니 개인적인 것을 해야 한다고 했다. 나도 진심으로 그렇게 믿고 있다. 개인적인 것이 아니면 무엇을 창조할 수 있단 말인가? 그냥 여물을 만들고, 그걸 토해 내고 되새김질하는 것이나 다를 바 없다.

여기서 다시 인간적
요소들에 관한 이야기로
돌아가는 것 같다.
인간적인 상태랄까.

그렇다. 완벽한 것이란 없는데 왜 그렇게
하려는 것인지… 나는 그 모든 보수적
성향에 대해 알고 있다. 알라이아(Alaïa)의
시대[역주: 완벽한 몸매를 드러내는
보디콘(body-con) 드레스와 정교한 재단,
섬세한 세공으로 대변되는 디자이너
아제딘 알라이아(Azzedine Alaïa)는
슈퍼모델들과 함께 1980~1990년대를
풍미했다.], 밀도 높은 패션이 그러했다.
손에 넣을 수 없는 멋지고 완벽한 패션
말이다. 더 이상 그럴 수 있을 리가 없다.
인스타그램이 더 이상 그런 걸 허용하지
않을 것이다. 그러니 그에 대한 대답으로서
내가 할 수 있는 것은 개인적인, 나만의
것을 만드는 것뿐이다. 왜냐하면 나는
무언가 새로운 것을 만들려고 경쟁하지
'않을' 것인데, 어차피 모두 다 예전에 했던
것들이기 때문이다. 지금 보고 있는 것이
무엇이든 예전에 했던 것들이고 어디선가
가져온 것들이다. 말하자면, 만 레이와
리 밀러가 어떤 작업을 하고 있었는지를
보라. 그거야말로 일종의 독창적인 패션
이미지다. 지금은 그런 것이 존재하지
않는다. 슬프고 비관적일 수도 있지만,
현실적인 이야기다.

아까 몇몇 사람들은
젊음(youth)을 당신 작업을
이루는 요소 중 하나로
본다고 언급했다.

왜 그런지 모르겠다. 왜냐하면, 다시
말하지만 나는 그렇게 할 생각이 없었기
때문이다. 아마 『데이즈드』를 위한 촬영을
하는 것과 많은 관련이 있을 것 같다.
『데이즈드』는 젊음, 그리고 젊은 층의
문화에 관한 잡지이니까. 그냥 그래서일
것이다. 왜냐하면 나는 모든 세대에서
영감을 받으며, 단지 그게 어떤 주제에
적용되는지에 따라 다를 뿐이기 때문이다.

10대스러운 당신의 화보들을
보면, 어색한 느낌에 보내는
찬사 같은 느낌을 받는다.
때로는 약간 괴짜 같아
보이기도 하고.

매우 그렇다. 아마도 내가 지나친 자신감을
거의 참지 못하기 때문일 것이다. 특히
겸손과 사양하는 마음이 없는 사람들을
싫어한다. 내가 대단히 품위 있는 집안
출신이라고 생각할 수도 있겠다. 나는
리버풀에서 자랐는데. (웃음) 하지만 나는
스스로에 대한 확신이 지나친 사람들을
견디지 못하는 편인데, 분명 내가 자신감이
없는 편이라 그게 꽤나 짜증나서일 것이다.
젊음에 그런 종류의 취약함이 있다는
사실이 너무나 사랑스럽다고 생각한다.

취약함이라. 당신의 작업에 관해 표현할 수 있는 좋은 단어인 것 같다.

그리고 진정한 젊음. 순진함. 많은 사람들이 그걸 간직하지 못하고 성장하기 때문이다. 그리고 이들은 아주 빨리 작은 어른으로 자라는데, 패션 산업의 특성 때문이기도 하다. 그리고 나는 이 업계가 너무 압도적이라고 생각하기에, 또다시 탈출하고 싶은 마음으로도 연결되는 것이다. 나는 나와 비슷한 아이들에게 끌린다. 나는 열여섯 살 때까지 남자아이들에게 관심이 없었다. 말 품종을 배우고 친구들과 차를 타고 놀러 가는 것, 집 뒤의 숲으로 담배를 피우러 가는 것, 그리고 부모님이 담배 냄새를 맡지 못하도록 나갈 때 비누와 물을 가져가는 것에나 신경을 썼다. 그래서인지 나는 본능적으로 그런 취약함, 순진함, 괴짜스러움에 끌린다. 왜냐하면 나 자체가 그런 사람이었기 때문이다.

화보에 미묘하게 자전적인 느낌이 있는 것처럼 보인다. 내가 본 적은 없지만, 당신이 『데이즈드』에서 일했던 초반에 찍었던 화보 중 하나가 학창 시절 알고 지냈던 남자아이들을 바탕으로 만든 것이라는 이야기를 들었는데 맞나?

그게 내가 처음으로 찍은 화보였다! 당시 공원에서 같이 놀던 남자아이들 이야기를 활용했다. 나는 우리가 서로에게 만들어 주던 팔찌를 모델들에게 만들어 주고, 그 남자아이들이 걸었던 목걸이를 착용하게 하고 그들이 입던 브랜드를 모두 입혔다. 벤치(Bench)처럼, 정말 별로인 브랜드들 말이다. (웃음) 나는 스케이트보드 타던 남자아이, 일탈한 청소년 같은 캐릭터들을 바탕으로 화보를 찍었다. 지금 보면 분명 형편없는 화보일 텐데. 당신은 어디서 그걸 찾았는지 모르겠지만 말이다.

당신의 작업에서 흥미롭다고 느낀 또 다른 측면은 세트 디자이너들과 함께 작업한다는 것이다. 이 점이 작업에 어떤 영향을 주는가?

나는 세트 디자이너들과 함께 작업하는 것을 좋아한다. 모든 풍경과 세계, 공간과 분위기를 만들어 내면 이미지에 완전히 몰입할 수 있다. 또한 우리가 화보를 통해 이야기하려는 스토리에 아주 잘 맞아떨어지고 훨씬 더 개인적인 느낌으로 만들기 때문에 세트에서는 영감을 얻고 몰입해 작업하기가 훨씬 좋다.

힐 앤드 오브리가 촬영한,
커다란 지점토 귀가
등장하는 화보(도판 26)에도
세트 디자이너가 있었나?

그렇다. 그때 세트 디자이너는 조지나
프래그넬이었다. 그 화보는 우리가
'보기 보텀 플레이어스'(Boggy Bottom
Players)라고 이름 붙인 아마추어 연극
단체를 바탕으로 촬영한 것이다. 이 귀여운
세계는 구성원들이 원래 속해 있던 사회의
한 단면을 보여 준다. 조지나는 커다란
닭다리와 큰 귀와 엄청난 크기의 신발 등을
모두 손으로 직접 만들었다. 작은 소년이
바닥에서 뽑고 있는 당근까지도 말이다.
내게 그 촬영은 지나치게 귀여운 느낌도
있긴 했지만, 일단 재미있었기 때문에
좋아하는 화보다.

매우 재치 있다. 하지만
동시에 엄숙한 느낌도
있고, 어떤 면에서는 약간의
슬픔도 느껴진다.

그렇다. 균형을 잘 잡아야 한다. 너무
우스꽝스럽거나 지나치게 바보 같아서는
안 된다. 정적인 면과 어떤 고요한 순간의
포착이 있어야 하며, 그런 요소들이 화보와
그 속의 이야기를 특별하게 만들어 준다.

요즘의 스타일링을 볼 때,
스타일리스트와 대비하여
인플루언서들에 대해 어떻게
생각하는가?

글쎄, 그 둘은 겉보기에는 비슷한데
사실은 극도로 다른 일을 하는 직업이다.
인플루언서들이 하는 것은 즉시 옷을
파는 일이니까. 반면 내가 하는 일, 그리고
나 같은 스타일리스트들이 하는 일은
사람들에게 어떤 사유 활동, 삶의 방식
혹은 창의적 활동을 촉진하는 것이다.
『데이즈드』 및 『데이즈드』를 위해
스타일링을 하는 스타일리스트들, 그리고
내가 스타일링하는 화보 모두 직접적으로
옷을 판매하기 위한 목적을 가져 본 적이
한 번도 없다. 내가 작업하는 방식은 전혀
그런 것이 아니다. 내가 온라인 쇼핑몰을
한다면 모를까. (웃음)

사유 활동을 촉진한다는
말은…

이야기가 있는 화보를 만드는 것이다.
캐릭터나 이야기 같은 것. 나에게 있어
결과물은 옷을 파는 것이 아니다.
아주 이기적으로 말하자면 그저 내가
좋아하는 작업물을 만드는 것이다. 예술을
만들고, 이미지를 만들고, 그 도구로 옷을
사용하는 것이다.

그게 내가 당신이 선택한, 샬럿 웨일스와 촬영한 『데이즈드』의 테일러 힐 화보 이미지를 보는 방식이기도 하다.(도판 27)

전체 화보가 그 이미지처럼 나왔으면 좋았을 텐데. 머리의 알루미늄 호일은 모델의 머리카락에 컬을 넣으려던 것이고 원래 화보의 일부가 아니었다. 그게 무엇이었는지는 몰랐지만 그 이미지 안에서 그냥 자연스럽게 모두 어우러졌다.

마치 이상한 로코코 시대 스타일의 꿈 같기도 하다. 페티시적인 실크 스타킹과 콕 집어 말할 수 없는 요소들이 있는.

그렇다. 가끔은 말이 되지 않는 것들도 좋다고 생각한다. 문득 이 아이디어가 머릿속에 떠올랐는데 세트장에 들어가기 전까지는 그걸 어떻게 표현해야 할지 몰랐다. 샬럿과도 스타일링에 대해 전혀 의논하지 않았다. 화보 구상을 할 때 정말 스트레스를 많이 받았다. 그냥 내가 좋아하는 것들을 모두 모아 촬영장에서 실행에 옮겼더니, 아이디어가 떠올랐다. 이미지 속 티셔츠는 화보를 위해 브랜드에서 받은 샘플이었다. (웃음) 그리고 모두가 고딕 느낌의 검정색 라텍스를 촬영했기 때문에 나는 흰색 라텍스에 완전히 빠져 있었다. 그리고 여기에 어떤 면으로도 딱히 쿨하지 않은, 못생기고 투박한 샌들을 더해 일종의 병든 피부처럼 보이게 만드는 아이디어가 마음에 들었다. 구성하는 요소들은 하나도 성스러운 것이 없는데, 모아 놓으니 성스러운 느낌을 주었다. 그리고 가장 바깥쪽은 살색 스타킹을 사이클용 반바지처럼 잘라서 입혔는데, 이것도 촬영장에서 떠오른 아이디어였다. 참고 자료 같은 것도, 아무것도 없었다. 이 결과물이 마음에 든다.

정말 그림 그리는 과정 같다.

그렇다. 그게 바로 스타일링을 할 때 하는
일이다. 그림을 그리는 것이다. 사람을,
캐릭터를 만들어 내기 위해 옷을 활용하고,
헤어, 메이크업을 하고 모델을 캐스팅하며
적절한 사진을 위해 조명과 모든 것들을
활용하고. 스타일링은 그런 것이다. 팔기
위한 옷을 모델에 입히는 게 아니라.
그렇다고 내가 그 일을 경시하는 것은
아니다. 하지만 이 두 작업은 완전히 다른
것인데 스타일리스트로서는 가끔 두 개를
동시에 해내야 하는 상황이 있다. 하나는
비즈니스고, 하나는 예술이다. 설명하기는
힘들고, 내가 어떻게 느끼는지만 알 뿐이다.

하지만 그게 예술이다.
그렇지 않나? 감정을 만들어
내는 무언가랄까. 당신의
감정을 어떤 것에 불어넣고,
다른 누군가가 그걸 자신의
감정을 통해 읽어 낸다.

그렇다. 내가 했던 최악의 작업들이나 좋지
않았던 화보들을 생각해 보면—그런 게
몇 개 있다는 것을 나는 기꺼이 인정한다—
그 속의 아이디어에 내가 공감할 수
없었거나 충분한 시간이 없어서 그랬던
것 같다. 그래서 결과물이 좋지 않았던
것 같다. 다시 말하자면 개인적이어야
한다. 당신은 당신의 작업과 관련이 있어야
하고, 내 작업에는 '나 자신과' 연결 고리가
있어야 한다.

6장
인기 없는 지식을 스타일링하다:
아킴 스미스와의 인터뷰

예페 우겔비그

뉴욕에서 태어나 자메이카에서 자랐으며 10대 때 뉴욕으로 돌아온 아킴 스미스는 『DIS 매거진』(DIS Magazine) 등과 같은 디지털 플랫폼에서 초기 화보 작업을 선보이면서, 뉴욕 예술 및 패션계에서 빼놓을 수 없는 주요 인물이 되었다. 독립 매체부터 상업적 프로젝트에 이르기까지 다양한 분야를 아우르는 스타일리스트인 스미스는 헬무트 랭(도판 40), 더 로 (The Row), 이지 등의 브랜드와 함께 일하면서 킴 카다시안의 스타일리스트로도 몇 년간 일했다. 또한 2018년에는 크리에이티브 에이전시인 '매니지먼트 아티스트'(Management Artist)의 아티스트로 합류했다. 스미스는 『데이즈드』(도판 37), 『아레나 옴므 플러스』및 『리-에디션』 등의 화보를 자주 촬영하며, 여러 주요 패션 브랜드 프로젝트에도 참여한 바 있다. 가장 눈에 띄는 작업으로는 뉴욕의 디자인 집단인 후드 바이 에어와의 초기 협업을 들 수 있으며, 최근에는 스미스 자신이 속해 있는 섹션 8과의 작업을 들 수 있다. 섹션 8은 2018년 9월 파리 패션위크 때 두 번째 컬렉션을 발표했다. 같은 시기에 활동하고 있는 스타일리스트들과 비교했을 때, 스타일링 및 디자인에 대한 그의 접근법은 방대한 자료 조사를 중심으로 하며 연극적이고, 스토리텔링이 있는 그의 복합적 이미지를 역사적 면과 식민지 시대 역사를 활용한 이미지 및 미국의 인종 정치와 클럽 문화와 함께 보여 준다. 2020년, 그는 뉴욕의 레드불 아츠에서 그의 첫 번째 전시 『노 갈 캔 테스트』(No Gyal Can Test)를 열었다. 그는 여전히 뉴욕 브루클린을 기반으로 활동하고 있다.

예페 우겔비그: 자메이카에서 태어났나?

아킴 스미스: 사실 그렇지 않다. 태어난 것은 뉴욕이지만 자메이카에서 자랐다. 내가 6개월 때 자메이카로 갔다. 나는 원정 출산으로 태어났는데, 말하자면 나를 낳기 위해 부모님이 미국으로 갔다는 뜻이다. 미국 여권을 받은 후 자메이카로 돌아갔고, 열한 살 무렵에 미국으로 돌아왔다.

패션을 처음으로 소비했거나, 패션에 참여한 기억은 언제인가?

우리 가족은 댄스홀 아틀리에를 운영했다. 부모님은 자메이카에서 태어났지만 뉴욕에서 자랐고, 20대 초반쯤에 '어휴, 뉴욕은 너무 지루하군! 여기서 배운 것들을 가지고 자메이카에 가서 써먹어야지'라고 생각한 때가 있었던 것 같다. 그래서 그들은 진짜 아틀리에를 열었지만, 거기서 만든 모든 옷들은 말하자면 '댄스홀용 드레스'였던 것이다. 그래서 그런 기억들은 항상 내 주위에 있었다. 언제나 주위에 있었기 때문에, 처음이 언제인지는 기억나지 않는다. 내가 1991년에 태어났는데, 부모님이 댄스홀 아틀리에를 시작한 것은 93년이었다. 그래서 그게 마치 내 제2의 천성처럼 느껴진다.

그 공간의 에너지를 설명해 달라.

어렸을 때 나는 어떤 것에도 깊은 인상을 받지 않는 아이였던 것 같다. 왜냐하면 우리 가족은 계속해서 깊은 인상을 남기는 일을 하고 있었으니까. 나는 자신이 가장 원하는 일이 무엇이든 그것을 해 나가는 사람들을 직접 보았다. 그런 일들은 성공할 수도 있지만, 실패할 수도 있는 일들이다! 나는 패셔너블해질 수 있는지에 대해 전혀 신경 쓰지 않았다. 내게 패션은 서양 사회에서 말하는 옷 입기나 하이패션과 같을 수가 없었다. 내게 하이패션은 세계의 다른 곳들에서 말하는 하이패션과 같은 의미가 아니었다. 나는 자메이카와 뉴욕을 수없이 오가면서 그 사실을 깨달았다. 두 지역 간에는 차이가 있다는 것을 나는 알고 있었다.

특히나 어린이의 시점에서 그건 중요한 관찰이었을 것 같다. 그 차이점이 패션에 대한 당신의 관점을 형성하는 데 계속 영향을 주었다고 생각하는가?

어느 정도는 그렇다. 나는 어떻게든 그다지 유명하지 않은 지역에서 현지의 잘 알려지지 않은 스타일 아이콘을 찾아서 그를 알리고, 어쩌면 하이패션의 맥락으로 끌어들여 사람들에게 보여 주고 싶었던 것 같다.

아주 어릴 때 일을 시작했는데?

나는 2학년을 건너뛰고 학교를 졸업했기 때문에 일찍 일을 시작했다. 고등학교 졸업 후 스타일링 어시스턴트를 시작했다. 원래는 저널리즘이나 문예 창작에 관련된 학교로 진학할 예정이었다. 그래서 아이오와 대학교의 해당 학과에서 하는 여름 프로그램을 들은 적이 있다. 그 프로그램에 모인 사람들은 모두 엄청나게 똑똑했지만, 나는 내가 살고자 하는 방식에 맞는 커리어가 필요하다는 사실을 깨달았다. 그러고 보니 스타일링은 얼추 맞아 보였는데, 내가 약간의 요령이 있다는 것을 알고 있었기 때문이다. 나는 브랜드가 정체성을 만들어 가는 과정에 흥미가 있었고, 그게 디자이너만의 일이 아니라는 것도 알고 있었다. 처음에 나는 디자이너의 오른팔이 되어 그들이 무언가를 만드는 데 도움을 주고 싶었다. 내가 그런 일을 잘할 수 있을 거라는 사실을 알고 있었기 때문이다. 나는 미학을 발전시켜 나가는 데 소질이 있다고 생각한다.

처음으로 어시스턴트 일을 했던 직군은 무엇인가?

제이슨 파러의 어시스턴트로 일했다. 그는 한마디로 대단했다. 그는 구체적인 스타일이 있었고, 그 스타일은 내가 동의할 수 있는 것이었다고 생각한다. 하지만 그러면서도 여전히 다른 세상의 것 같은 느낌을 준다. 그리고 그의 스타일은 미답의 영역으로 남아 있다.

무대의상 디자인도
공부했나?

열여덟 살 때, 어느 시점에 '이 도시는 너무 지겨워, 너무 지루해'라고 느꼈다. 나는 시카고로 가서 하포 프로덕션(Harpo Productions, 오프라 윈프리의 프로덕션 회사)에서 인턴으로 일했다. 또한 그때 나는 시카고의 컬럼비아 칼리지에서 무대의상 디자인도 공부했다. 많은 것을 배웠고, 무대의상은 그 자체로 의미가 있으며, 눈에 보이지 않지만 수많은 요소들이 존재한다. 그중 상당 부분은 캐릭터 분석이었는데, 이는 내가 디자인과 스타일링을 연결할 때 자주 가져오는 요소 중 하나다. 캐릭터에 대해 읽고, 분석한 다음 '이 인물을 어떻게 살아 움직이도록 할 것인가? 어떻게 이 캐릭터를 말로 설명하지 않고도, 외모를 설명하지 않는 단어들만으로도 눈앞에 그려지게 할까? 작가나 감독이 이 사람에 대해 어떤 생각을 가지고 있을까? 이 사람은 흑인일까, 백인일까?' 등의 질문을 던지는 것이다. 이는 고도의 상상력이 필요한 일이고, 나는 그것을 스타일링에 많이 끌어온다. 그래서 나는 스타일링 스토리를 만들 때, 주로 맨 처음부터 캐릭터를 만들어 나간다.

학위를 마쳤는지?

그렇지 않다! (웃음) 당시 나는 취업을 했고, 그게 내가 원하는 것이었다고 생각했다. 나는 헬무트 랭의 소재 개발 부서에서 인턴을 했고, 그다음에는 무대의상 디자이너인 잘디(Zaldy)와 일하기 시작했다. 그는 대단한 사람이었고, 그와 함께 일하면 모든 것을 할 수 있었다. 그러고는 뉴욕으로 돌아갔다. 휴식을 취하러 집으로 돌아갔다가 다시 돌아오지 않았다.

후회한 적은 없나?

지금은 약간 후회한다. 왜냐하면 지금 나는 '어휴, 패션 피플들은 너무 멍청해'라고 생각하곤 하니까. 때로는 스스로의 똑똑함이 약간 희미해진다고 느낄 때가 있지 않나.

당신은 『게토고딕』 (GHETTOGOTHIK), 『DIS』, 그리고 무엇보다도 후드 바이 에어가 존재했던 90년대에 뉴욕으로 왔다. 예술, 패션 및 음악이 유기적으로 융합되어 있었던 때다. 당시의 미학과 환경에 대해 어떻게 생각하는가?

당시 정말 이상했던 것은 우리 모두가 서로 지적 자산을 놓고 경쟁하고 있었다는 점이다. 모두가 경쟁적이었던 동시에 모두가 서로의 유사성을 융합하고 있었다. 모두가 서로에게 크게 영감을 받았고, 덕분에 우리는 서로의 작품을 선보일 수 있는 기회를 만들어 냈다.

정말 그랬다. 다양한 전문 분야들을 아울렀던 당시의 환경이 중요했다고 생각하는지?

많은 일들을 해내는 법을 배우는 것? 그건 중요한 정도가 아니라 꼭 필요한 것이라고 생각했다. 그게 필수적이었던 이유는, 모든 이들이 자신의 지적 자산에 대해 너무나 방어적이었던 나머지 우리는 모든 걸 직접 해내고 나서 '그 뒤에' 그것들을 선보이고 싶어 했기 때문이었다. 그리고 적절한 시기가 되었을 때는 우리가 정말 믿을 수 있는 플랫폼을 통해 '그 작업들'을 선보이고 싶었다. 왜냐하면 우리는 곧 다가올 것이 무엇인지 알았을뿐더러 '그 핵심을 갖고 있다'는 사실을 알고 있었기 때문이다.

당신의 커리어와 작업을 이야기할 때 '언더그라운드'라는 단어가 자주 사용된다. 이 단어가 당신에게 어떤 의미가 있는가?

글쎄… 내 생각에 그건 내가 한 일들에 대해 내가 떠벌리고 다니지 않기 때문에 그런 것 같다. 그러니까 내 말은, 후드 바이 에어에서 일한 스타일리스트들 중 다른 곳에서도 일한 스타일리스트는 나밖에 없다. 나는 더 로에서도 디자인 리서치를 했고, 이지에서도 그 비슷한 것을 했고… 그러니까, 나는 킴 카다시안을 3년 동안 스타일링했다! 그게 어떻게 나를 '언더그라운드' 스타일리스트로 만드는지 모르겠군! 그건 그냥 내가 말없이 일을 해 나가기 때문이라고 생각한다. 그리고 나는 당시에 그렇게 하는 것이 옳다고 생각하기도 했다. 그때 나는 경력이 별로 없었기 때문에 내 커리어를 다른 방향으로 전환하기는 힘들어 보였다.

후드 바이 에어에서의 초창기 시절은 어땠나? 어떻게 시작하게 된 것인가?

일단 나는 친구 찰스의 소개로 셰인(셰인 올리버, 후드 바이 에어의 설립자)을 만났는데, 그는 셰인과도 친구였고 무슨 일이 있으면 나를 항상 당시 유행했던 SNS인 마이스페이스(MySpace)에 초대하곤 했다. 셰인과 찰스는 나보다 훨씬 나이가 많긴 했지만, 사실 내가 너무 어릴 때부터 파티를 시작한 것도 있다. 아무튼 우리는 항상 서로의 근황을 알고 있었지만, 진정한 의미의 친구는 절대 아니었다. 나는 제이슨 파러와 함께 일하기 시작했고 셰인은 그의 쇼를 맡았다. 그래서 우리가 진짜 친구가 된 것이다. 셰인과 나는 아주 비슷한 환경에서 자랐다. 마치 한 뿌리에서 나온 것만 같았다. 그가 처음으로 공백기가 생겼을 때 우리는 같이 일하기 시작했고, 케빈 아마토와 함께 무드 촬영을 시작했고, 이를 위해 피팅을 하고, 그를 위해 리서치를 하고, 드레이핑[역주: 인체 마네킹 위에 직물 등 소재를 직접 올려 재단하는 입체재단.]을 하고, 입혀 보고, 입고 나가 보기도 하고, 반응이 어떤지 보는 등 데뷔쇼 전까지 전반적인 모든 준비 과정을 같이 했다. 데뷔쇼는 내 기억으로는, 아마 스펜서 스위니의 집에서 했던 것 같다. 당시 우리가 했던 것은, 현재와 같은 후드 바이 에어의 DNA를 확립해 나가는 작업이었다. 그 과정에서 그게 약간 변했다. 스트리트 패션 느낌이 옅어졌다.

그때 당신이 몰입해 있던 아이디어는 무엇이며, 그게 후드 바이 에어에 어떤 결과를 가져왔나?

나는 확연히 여성화에 빠져 있었다. 특히 테일러링에서 말이다. 나는 언제나 셰인에게 자료 사진과 테일러링 아이디어를 가져다주면서 '왜 남성복을 여성복처럼 마감하면 안 될까?' 같은 생각을 했다. 수없이 대상을 분해하고, 바꾸어 보면서 '이런 느낌의 스타일은 이런 사람에게 잘 어울리겠는데?' 하고 생각하고. 당시 우리가 한 번도 본 적 없는 캐릭터를 만들어 보고. '남자에게도 코르셋을 입혀 보자' 같은 것 말고. 그것보다 조금 더 복잡한 것이었다.

그렇게 협업이 많은 곳에서 전문적으로 성장하는 것은 어땠나?

사실 꽤 쉬웠다. 우리는 꽤 일찍부터 신뢰를 쌓았기 때문에 힘들지 않았다. 내가 다른 전문적인 일들에서 배운 것을 후드 바이 에어의 공간에 적용해 보려고 시도하는 것은 나와 잘 맞는 일이었다. 그리고 나의 전문적 경험을 DIY적인 공간에 적용하는 것은 내게 더욱 잘 맞는 일이기도 했다.

당신은 지속적으로 후드 바이 에어와 함께 일했고, 후드 바이 에어는 여전히 활동하는 레이블인 것 같다. 하지만 당신은 독자적인 행보를 추진하기도 했다. 후드 바이 에어의 크루들과 결별해야 할 필요가 있다고 생각한 적이 있나? 후드 바이 에어만의 독특한 점은 역시 가족과 같은 구성으로 보이지만, 그것이 패션에서 어디까지 적용되는지 궁금하다.

나는 미디어에서 '크루'라고 부르는 그룹에 그다지 자주 포함된 적이 없다. 포함된 적이 있다면 그들과 한 팀으로서 촬영했을 때 정도고, 그것도 선택에 의한 것이었다. 외부에서 봤을 때는 그룹처럼 느껴졌을지 모르지만 내부에서는 아니었다. 비유를 들어 설명하자면, 팀 프로젝트에서 모든 일을 하는 사람이 항상 있지 않나? 그것과 비슷했다. 나는 후드 바이 에어에서 일하며 많은 것을 배웠고, 그 일원이 되고, 다시 돌아갈 수 있어 기쁘다. 나는 최고의 순간은 아직 오지 않았다고 생각한다. 후드 바이 에어 프로젝트가 무엇을 할 수 있는지, 아직 세상에 보여 주지 않았다고 굳게 믿는다.

후드 바이 에어에서 한 일들이 당신의 작업에 어떻게 영향을 주는가?

그 둘은 전혀 연결되지 않는다. 후드 바이 에어는 브랜드고, 스타일리스트로서의 내 일 중 하나로서 클라이언트에게 분위기, 에너지 및 정체성을 불어넣는 것이었다. 그리고 나는 후드 바이 에어의 DNA와 그 궤적에 맞추어 그 모든 일들을 진행했다. 장기적인 시각에서 내 작업 전체를 볼 때는 몇 가지 연결 고리를 찾을 수 있겠지만, 하나씩 떼어 놓고 보면 인과관계가 없다.

스타일리스트로서 당신 자신의 성공을 실감한 순간이 있나?

아직 그런 날은 오지 않은 것 같다.

10년 넘게 스타일리스트로 일했다. 실무를 하면서 곱씹게 되는 비유적 표현이나 테마, 질문 같은 것이 있는가? 개인적으로 당신의 작업에서 그리움이나 추억 같은 것이 느껴진다. 주위를 환기시키고, 특정 공간을 향한 제스처처럼 보이기도 한다.

나는 일상을 작업에 모두 헌신하는 편이다. 이건 일부러 의도한 것이 아니라, 자연스럽게 그렇게 된다. 옷, 패션, 산업 전반 등 사회에서 일어나는 일들을 이해하기 위해서는 역사를 알아야 한다고 생각한다. 역사를 알면 주위에서 일어나는 모든 일들이 이치에 맞는다. 그리고

시대정신이 어떻게 반복되는지를 보기 시작한다. 스타일링을 하면서, 때때로 나는 역사를 아이디어로 활용하려고 한다. 역사는 이미지가 아니다. 역사는 단지 그다지 인기가 없는 지식일 뿐이다. 예를 들어 내가 섹션 8을 위해 샤나 오즈번과 함께 작업한 이미지를 촬영할 당시 나는 '자유, 백인, 21세'(Free, White & 21)에 대해 읽고 있었다.(도판 42) 19세기 후반 미국에서 '자유, 백인, 21세'는 백인 남성에게 땅을 살 기회를 주는 일종의 법규였다. 그리고 1920년대 후반에서 1930년대 초, 이는 백인 여성을 위한 슬로건이 되었다. '자유, 백인, 21세'라는 문구는 '나는 원하는 것은 무엇이든 할 수 있어!'라는 뜻이었고, 내 안의 무언가를 자극하는 요소가 있었다. 나는 그걸 보고 '와, 이건 오늘날의 사회에서의 자신감, 원하는 것은 무엇이든 할 수 있다는 태도의 전형이네'라고 생각했다. 당신을 막을 수 있는 것은 아무것도 없는 것이다. 나는 이 문구를 이미지로 전환하고 싶었다. 그래서 다카르에서 온 호주 난민 소녀를 캐스팅했다. 우리는 파리의 게이 교회에서 이 컷을 촬영했고, 그녀는 파란 눈과 금발을 가지고 있지만 마치 원주민처럼 보였다. 그리고 이야말로 내가 '자유, 백인, 21세'라고 생각했던 이미지였고 그렇게 느껴졌다. 이 작업은 내가 역사에서 얻은 아이디어를 내 작업으로 번역한 예시라고 할 수 있다.

그래서 특정 역사적 기록이나 콘셉트를 작업의 출발점으로 활용하는 것인가?

바로 그거다. 영적인 면과 조상이 길잡이를 해 준다는 내 믿음도 그 일부이다.

확실히 당신의 작업에서 영적인 면을 느낄 수 있다고 생각한다. 그런 면이 당신의 자전적 부분 및 정체성과 어떻게 연관된다고 볼 수 있을까? 예를 들면 자메이카의 역사 등 말이다.

자메이카뿐만 아니라 세계의 역사라고 이야기하고 싶다. 알다시피 흑인으로서 우리는 우리의 역사에 대해 그리 많이 알지 못한다. 역사에 대해 잘 알지 못하면, 우리가 정확히 누구인지도 알기 힘들다. 심지어 우리는 우리만의 이름도 가지고 있지 않으니, 흥미로운 일이기도 하다.

흑인이라는 점이 당신의 작업에 영향을 미치는 요소였는가?

아니, 전혀 그렇지 않다. 나는 그게 무엇이든 단지 그 순간에 내게 좋아 보인다면 그걸 선택한다. 패션계와 같은 백인들의 영역에 흑인들이 들어가는 것이 드문 일이라고 생각하지는 않는다. 나는 그것이 흑인의 새로운 특징을 발휘하는 것이라고 본다. 나는 사람들이 그러한 개념에 몰두하는 것을 이해하는데, 왜냐하면 흑인 및 유색인종 사람들이 자신들로부터 영감을 받아 놓고는 같은 집단에 포함시키지는 않는 등 자신들을 이용해 먹는다고 느끼기 때문이다. 그러한 주장도 이해는 한다. 단지 내가 상관할 일이 아닌 것뿐이다. 나는 흑인이라는 특성이 그 환경과 떼어 놓고 볼 때 대단히 특별하다고 생각하지 않는다. 그것이 환경 '안에' 있을 때는 좋아한다. 그게 말이 된다면 말이다.

최근 패션계에서 정체성 정치가 부상하는 와중에 그러한 시각적 표현이 만연하고, 그것이 트로피 캐스팅으로 이어지는 경우가 많은 것 같다.

이해는 된다. 사람들은 자신을 표현해 주는 세상을 보기를 원하니까!

모델 캐스팅과 관련해서 묻고 싶다. 캐스팅하는 과정이 재미있는지? 또한 실무적인 작업과 어떻게 연결되는가?

그렇다! 캐스팅은 매우 재미있는 작업이라고 생각한다. 외모와는 별로 상관이 없는 수많은 보편성을 발견할 수 있기 때문이다. 그게 내가 캐스팅에 접근하는 방식이다. 사람들은 동일한 느낌을 가지고 있을 수 있다. 나는 내가 느끼기에 어떤 사회경제적 환경에서도 통용될 수 있는 사람에게 옷을 입히는 것을 즐긴다. 여자든 남자든 어느 환경에서나 마치 주머니 속의 송곳처럼 튀지 않고 돌아다닐 수 있는 사람. 그게 바로 내 이상형이다! 또한 나는 불안정해 보이는 사람을 좋아한다. 모델을 캐스팅할 때 정말 자주 이야기하는 것이 "저 사람은 별로 강하거나 자신감 있지 않은걸!"이라는 것이다. 반면 나는 이렇게 말한다. "누가 세고 자신감 넘친다는 거야? 그런 사람 있으면 알려줘 봐!"

당신의 이미지들은
논바이너리 모델, 유색인종
모델 및 젠더 플루이드
모델을 캐스팅하는 것으로
알려져 있다. 그게 의식적인
결정이었는가?

그건 모두 우연히 그렇게 된 것이다. 또한
지금 이야기한 카테고리들 역시 전혀
의도된 것이 아니다. 나는 그런 포인트들이
다른 사람들이 그들을 이해하기 위해
만든 기준이라고 생각한다. 내가 캐스팅한
모델들이 그런 카테고리에 속하는
사람들이었을 수도 있지만, 나는 진심으로
그들이 세련되어 보이고 멋진 느낌을 갖고
있다고 생각했다.

이제 당신은 세계에서 가장
유명한 기획사 중 하나인
매니지먼트 아티스트의
일원이 되었다. 국제적인
패션계에서 꽤나 중요한
위치를 차지하고 있는
것으로 보이는데, 그 자리에
있는 소감은 어떤가?

사실 아직 실감이 나지 않는다. (웃음) 내가
그 회사와 계약을 하다니 놀라울 따름이다.
내가 원한 건 이런 것이 아니었는데.
하지만 세상이 내게 어떤 것이 필요하다고
여겼고 그걸 주기로 했다면, 그게 무엇이든
나도 받아들이기로 했다. 계약하는 것이
적절하다고 느껴졌다. 그들은 장기적인
성과를 원할 것이고, 상당히 명확한
의사소통이기도 하다. 그들은 내가 원하는
방향을 알고 있고, 내가 원하는 바를
이루기 위해 도와줄 것이다. 내가 원하는
것과 내가 이루고 싶어 하는 방식은 분명
주요 패러다임은 아니지만 그들은 실현
가능성을 믿고 있고, 나 역시 그렇다고
생각한다.

정확히 당신이 지향하는
것은 무엇인가?

말하고 싶지 않다.

메인스트림, 주류 패션계에서 어떻게 방향을 잡고 있는지?

나는 내 스스로가 아직 주류 패션계에 속해 있지 않다고 생각한다. 또한 그게 정확히 어떤 뜻인지도 모르겠다. 내가 이지(Yeezy)의 디자인을 한다면 내가 주류일까? 아니면 보다 대중적으로 인기 있는 작업을 하거나, 더 돈이 되는 일을 하면 주류가 될까? 나는 거물 브랜드들의 작업을 하지 않고 있지만, 그런 작업을 할 것 같다! 그게 목표니까 말이다. 장기적인 관점에서, 누구도 이런저런 브랜드들을 옮겨 다니는 스타일리스트가 되고 싶지는 않을 것이다. 아니면 그쪽이 효과적일 수도 있고, 모르겠다.

패션계나 문화계에서 창의적인 작업과 관련해 목소리를 갖는다는 것은 무엇을 의미하는가?

패션은 사람들이 영감을 얻기 위해 찾는 대상이며, 이를 부인할 사람은 없을 것이다. 덕분에 여기가 내 의견을 표출할 수 있는 장이 되었던 것 같다. 아직은 정확한 내 목소리를 찾으려고 노력하고 있다. 하지만 내가 이해하기로는 목소리를 갖는다는 것이 그렇게 대단한 일은 아닐 수도 있는 것이, 그러면 사람들은 내가 '한 가지 일'밖에 하지 못한다고 생각할 것이기 때문이다. 목소리를 갖는다고 해서 내가 얼마나 다양한 면을 가지고 있는지를 알릴 수는 없다. 목소리를 갖는 것이 중요한 것이 아니라, 내가 하는 일을 통해 사람들이 자신들의 목소리를 발견할 수 있도록 만드는 것이 더 중요한 것이라고 생각한다.

당신의 작업에는 어떤 정치가 존재하는 것 같다. 당신의 연구에 대해서 들어 보면 당신만의 관점이 있는 것 같다. 당신의 작업이나 패션계에 정치적 목표가 있다고 생각하는가? 혹은 정치적인 공간을 모색하는지?

글쎄, 패션은 그 자체로 컬트적인 것이기는 하지만, 세상에 일어나고 있는 일들을 반영해야 한다. 그걸 부인할 수는 없다. 또한 정치가 영감을 줄 수도 있다. 휴고 보스는 모든 나치 군복을 제작했고, 그걸 부인하지도 않는다. 휴고 보스의 나치 군복과 간호사복을 본 적이 있다면 아마 동의하겠지만, 정말이지 화려하고, 최고의 유니폼 디자인이다! 정말 '잘' 생각해서 만든 옷이다! 내가 말하려는 요점은, 우리가 살아가는 공간인 이 세상은 일반적으로 정말 추악한 기반을 갖고 있다는 것이다. 그리고 영감을 얻기 위해 그 안으로 들어가는 것 같다. 그 추악함 안에서 영감을 찾을 수 있다는 말이다. 더럽고, 추악함을 기반으로 하는 것, 그것이 바로 세상의 속성이고, 그것을 현재로 되돌리고, 되살리고 교육할 수 있도록 이해하려고 노력하는 것이 바로 내 프로젝트다. 정치적으로 들릴 수도 있을 것이다… 뭐 그렇다면, 그렇다고 치자. 모든 게 그럴 수 있다고 생각한다. 샤넬도 정치적 프로젝트가 될 수 있다. 많은 것들이 정치에 기반을 두고 있다. 겉으로는 그렇게 보이지 않을지라도, 모든 것이 정치인 것이다. 나는 모든 것에 정치가 있다고 생각한다.

2부
정체성, 젠더, 인종 그리고 스타일 서사

7장
'패션을 다시 생각하다': 캐럴라인 베이커와 1967–1975년 잡지 『노바』

앨리스 비어드

서론

나는 가끔 어떤 스타일리스트가 자신만의 경험에서 우러나는 비전과 의지를 가지고 등장해 우리가 옷을 입는 방식을 바꾸도록 영감을 준다고 생각한다.(Baker 2007)

1969년 A/W 파리 컬렉션에 도착한 패션 에디터들의 모습을 담은 잡지 『노바』의 두 페이지짜리 화보는 '백스테이지' 공간에 대한 패션의 관심을 드러낸다. 또한 스타일리스트가 유명인 대우를 받으며 패션 에디터들이 영화화의 대상이 되는 오늘날의 매혹적인 분위기를 한발 먼저 보여 준 장면이 아닐 수 없다.(삽화 13) 그중 잘 알려진 이들을 꼽자면 다이애나 브릴랜드(『보그』 미국판), 에르네스틴 카터(『선데이 타임스』), 젊은 시절의 그레이스 코딩턴(『보그』 영국판) 등이 있을 것이며, 비교적 덜 알려진 에디터로는 패션 미디어의 새로운 세대였던 일요판 신문의 컬러 부록판에서 일했던 메리엘 매코이(『선데이 타임스 매거진』) 등이 있을 것이다. 잡지 『노바』의 캐럴라인 베이커는 영국 패션 미디어의 변화를 대표하는 인물이었으며, 이제는 우리의 패션 정체성에서 너무나 중요한 부분인 스트리트 스타일을 포착한 최초의 진정한 '스타일리스트'였다고 할 수 있다. 그녀의 옷차림은 다양하고 개성 있는 스타일을 보여 준다. 그녀는 "갈색으로 염색한 베스트와 켄싱턴 마켓에서 구입한 남북전쟁 시대 벨트와 스카프, 전속 재단사가 만든 베이지색 반바지"를 입었다.(Keenan 1969, 59) 도시의 거리를 배경으로 하여 모델이 카메라를 정면으로 바라보는 전신 컷에 대상의 룩에 대한 자세한 캡션을 더하는 화보 형식은 1980년대 스타일 잡지에서

유행한 스트레이트 기사 스타일의 전조였는데, 여기에
결정적인 영향을 준 사람이 바로 베이커였다.

캐럴라인 베이커는 영국 패션 미디어의 역사에서 중요한
인물이며 패션 에디터와 스타일리스트로서 40년이 넘는
경력을 자랑하나, 패션계 밖에서는 그녀의 이름을 아는 이가
많지 않다. 패션 스타일리스트라는 직업에 대한 동시대적
이해가 비교적 최근에서야 형성되었고, 우리가 지금 이해하고
있는 이 직업의 기원은 1967년부터 1975년까지 베이커가
『노바』에서 패션 에디터로서 수행한 역할로 거슬러 올라갈 수
있을 것이다. 이러한 의미에서 베이커는 아마도 최초의 "진정한
스타일리스트" 중 하나일 것이다.(Godfrey 1990, 208) 1960년대
후반 및 1970년대에 잡지 『노바』에서 경력을 쌓은 베이커는
비비안 웨스트우드와 베네통(Benetton)의 스타일리스트로
일했으며, 『디럭스』(Deluxe), 『i-D』, 『코스모폴리탄』 및
『보그』에서 혁신적인 패션 화보들을 작업했다.

패션 사진의 매체와 포토그래퍼의 창작 실천에 대한
비평적 관심이 집중되었지만, 최근까지도 모델에게 옷을 입히고
화보의 서사를 마련하고 지면의 사진들을 만들어 내는 패션
에디터나 스타일리스트의 역할에 관한 언급은 비교적 많지
않았다.[1] 또한 패션 미디어의 중심에 있는 프로덕션 네트워크에
관해 보통 많은 논의가 이루어지지 않지만, 그래도 패션 이미지
메이킹의 과정에 대한 관심이 증가하면서 이를 변화시키고자
하는 시도가 나타나고 있다. 이는 상당수의 다양한 플랫폼들이
등장한 사실로도 알 수 있는데, 가장 눈에 띄는 것이 바로

1 D. Bartlett et al. (2013), *Fashion Media: Past and Present*; K. Nelson Best (2017), *The History of Fashion Journalism*; A. Lynge-Jorlén (2017), *Niche Fashion Magazines: Changing the Shape of Fashion*.

삽화 13. 「가디건은 빌렸지만 신발은 제 거예요…」,
『노바』, 1967년 9월. 에디토리얼: 브리지드 키넌. 사진: 스티브 히트.

온라인 방송 회사인 쇼스튜디오(SHOWstudio)이다.(Beard 2008) 패션 이미지 메이킹은 포토그래퍼만의 영역을 넘어서는 것으로서, 포토그래퍼, 모델, 패션 에디터, 스타일리스트, 아트 디렉터 및 디자이너 등 다양한 역할들 사이의 상호 작용에 따른 협업이다. 패션 미디어와 그 역사 및 미래를 더 잘 이해하기 위해서는 이제 이러한 각각의 역할들, 작업 관행, 창의적 네트워크를 인지하고 비판적으로 평가해야 할 것이다.

캐럴라인 베이커와의 구두 인터뷰를 통해 수집된 정보와 아이디어들은, 베이커가 『노바』에서 만든 패션 화보들의 에디토리얼 텍스트와 이미지에 대한 분석과 나란히 놓고 보면, 그녀의 스타일링이 특정 룩을 완성하는 데 본질적인 역할을 하는 동시에, 잡지를 읽는 젊고 패셔너블한 새로운 소비자의 상징으로 작용한다는 사실을 드러낸다.[2]

캐럴라인 베이커에 대한 이러한 사례 연구는 패션 스타일링의 작업 과정 및 협업 사례에 대한 통찰을 제공한다. 혁신적인 여성 패션 잡지 『노바』에서 역량을 키운 베이커는 잡지 지면을 통해 패션에 대해 파격적이고 창의적이며 통찰력이 있는 접근을 보여 준다. 『노바』에서 캐럴라인 베이커는 패션 시스템의 계층적 구조와 관습, 제약을 다루면서 혁신적인 의복 개혁 프로젝트를 시작했다. 작업복, 중고 의류 및 군복 등 베이커는 독자들에게 패션의 무자비한 사이클에 맞설 궁극적인 해독 수단을 제공했고 70년대 영국이 직면했던 깊어지는 경제 불황에 대응할 수 있게 했다. 커스텀 제작과 같은 패션에 대한 DIY적 접근과 디자이너 제작 의류와 하이 스트리트 패션 섞어 입기

---

2 이 연구는 캐럴라인 베이커와 두 차례에 걸쳐 진행한 구술사 인터뷰(Baker 2007, 2010a) 및 서면 커뮤니케이션(Baker 2010b)을 바탕으로 했다.

등을 개척하면서, 베이커는 독자들이 원하는 대로 옷을 입을 수 있도록 독려했다. 베이커는 보다 기능적인 의생활의 미적, 실용적 수준을 향상하기 위해 노력했으며, '자연스러운 여성'(natural woman)이라는 개념을 발전시키는 데 지속적인 관심을 가졌다. 이러한 요소들은 그녀의 스타일링에서 스포츠웨어, 보다 루즈한 핏의 디자인 및 유니섹스 패션을 포괄하는 결과로 이어졌다. 베이커는 개성과 자유로 정의되는 패셔너블함을 장려했다.

『노바』는 1965년부터 1975년까지 영국에서 발행된 혁신적인 잡지로 전통적 주류 패션 매체와는 거리를 두고, 표지에 언급된 대로 '새로운 종류의 여성을 위한 새로운 잡지'를 표방하며 패션, 뷰티 및 몸에 대한 새로운 견해를 다루었다. 출판되는 10년 동안, 『노바』는 패션의 위계와 관습에 도전했고, 패션과 바람직한 여성의 정체성에 대해 대안적이고 때로는 논란이 되는 이미지들을 실었다.

『노바』의 패션 지면들은 두 명의 주요 패션 에디터들이 제작했는데, 1965년부터 1967년까지는 몰리 파킨이 맡았고, 이후 1967년에 캐럴라인 베이커가 해당 역할을 이어받아 1975년 잡지가 폐간될 때까지 일했다. 이 두 여성은 『노바』의 패션 지면을 매력적이고, 시각적으로 다이내믹하며, 대담한 스타일로 만들어 냈다. 파킨과 베이커 모두 에디터들로부터 '색다른' 패션 지면을 만들 수 있는 높은 자유도와 지원을 받았다. 『노바』는 단순한 패션 잡지가 아니었기에, 패션 지면을 통해 독자들에게 독특한 관점을 제공했다. 해당 직무에 거의 경험이 없는 에디터들을 선택한 것은 이들이 패션 기사 편집을 잡지 내에서 배우고, 이를 아트 디렉터, 에디터 및 포토그래퍼 간의 협업을 통해 구현한다는 것을 의미했다.

『노바』의 패션 에디토리얼에서는 해당 잡지의 패션 화보 사진을 잘라 벽에 붙이거나, 직접 옷을 커스텀하거나, 중고 의류 마켓에서 옷을 사거나, 자신들만의 개성이 담긴 '룩'을 만들도록 하는 등, 독자들로 하여금 적극적으로 잡지를 활용해 자신들만의 창의적인 프로젝트를 추진하도록 독려했다.(Beard 2002) 이렇게 독자들에게 창의적인 지침을 주기 시작한 것은 몰리 파커와 아트 디렉터 해리 페치노티와의 협업으로부터 시작되었는데, 이들이 만든 패션 지면은 컬러와 형태에 중점을 두었다. 나중에 캐럴라인 베이커와 아트 디렉터 데이비드 힐먼은 이를 열정적으로 받아들였으며, 이들의 대담하고 창의적인 방식은 독자들로 하여금 '패션을 다시 생각하게' 만들었다.

캐럴라인 베이커의 지휘 아래, 『노바』의 패션에서는 무엇을 입느냐가 아니라 어떻게 입느냐가 중요해졌다. 옷, 액세서리 및 헤어와 메이크업으로 모델을 스타일링하는 베이커의 역할이 핵심이었다. 그녀의 지면은 잡지 독자들에게 룩을 완성하기 위한 수단이자 개성에 방점을 찍는 방법으로서 제시되었다. 중요한 것은 베이커가 단순히 패션을 보도하는 잡지가 아닌, 패션을 창조하는 잡지를 제작했다는 점이다. 아트 디렉터 데이비드 힐먼을 비롯해 해리 페치노티, 헬무트 뉴튼, 세라 문, 한스 포이러와 같은 포토그래퍼들과의 협업을 통해 베이커가 제작한 패션 지면은, 페치노티의 말을 빌리자면 당시 '거의 패션에 대한 모욕'이었으며, 그 결과는 '반패션적' 주장처럼 나타나기도 했다.(Williams 1998, 106)

DIY 옷 입기:
새로운 접근 방식

1967년 10월, 독불장군 스타일이었던 전임자 몰리 파킨은

자신을 도와주던 베이커를 메인 어시스턴트에서 패션
에디터로 단숨에 승진시켰다. 그녀를 고용한 사람은
에디터였던 데니스 해킷이었는데, 베이커가 패션을 좋아하는
것처럼 보인다는 이유에서였다. 그리고 베이커가 처음 받았던
지시는 무언가 다른 것을 해 보라는 것이었다.

> 당시는 패션 에디터들에게 아주 초창기였다.
> '스타일리스트'라는 단어는 만들어지지도 않았고, 패션이
> 아주 사회중심적이었기 때문에 대부분의 패션 에디터들은
> 사회적인 명성이 있는 여성들이었다. 내 에디터는 내게
> "너한테 잡지 『보그』, 『퀸』(Queen)이나 『타임스』에 나오는
> 걸 하라는 것이 아니야…. 나는 그저 다른 패션을 원할
> 뿐이야"라고 했다. 나는 패션 미디어에 항상 관심이
> 있었는데, 패션을 따라가야 한다는 강박과 디자이너
> 브랜드 옷을 살 돈이 없다는 사실이 합쳐진다는 것은
> 결국 DIY에 의존해야 한다는 뜻이었다. 이 점이 내가
> 스스로 옷을 새로운 방식으로 입고 새로운 방식으로
> 활용하도록 이끌었고, 그걸 내 패션 기사에 소개했다. (…)
> 지금 돌아보면 상당히 '스트리트' 느낌이었다. 스트리트
> 스타일은, 내가 거리의 사람들이 실제로 옷을 입은 것들을
> 보고 영감을 받아 내 패션 기사에서 모델들에게 옷을
> 입힐 때 그 요소들을 적용했기 때문에 생겨난 것이다.
> (Baker 2007, 2010b)

캐럴라인 베이커는 에디터로부터 완전한 권한을 받았지만
제한된 예산 안에서 일을 해야 했기 때문에, 마치 스스로 옷을
입듯이 모델들에게 옷을 입혔다. 그녀는 남성복, 민속적인
주얼리, 군복, 포토벨로나 켄싱턴 마켓, 킹스 로드 등에서

구입한 중고 의류 들을 활용했다. 로런스 코너(Lawrence Corner)나 배지스 앤드 이큅먼트(Badges and Equipment)와 같은 잉여 군수품 상점에는 베트남에서 온 미군 군복이 가득했으며, 이러한 상점에서 해리 페치노티가 촬영한 「드레스드 투 킬: 잉여 군수품 전쟁 게임」(삽화 14)과 같은 화보들에 사용된 소품들을 조달했다.

베이커는 당대의 음악, 영화, 텔레비전 프로그램, 그리고 젊은이들이 거리에서 입고 다니는 옷 등에서 영감을 받았다. 이는 대안적 패션이었다. 그러나 캐서린 햄넷이나 겐조와 같은 디자이너들이 만든 군복과 비슷한 스타일의 옷과는 달랐다. 물론 이 옷들도 5년 후에는 『노바』 잡지에 등장하지만, 베이커는 정말로 누군가가 입었던 저렴한 훈련용 군복들을 구입해 촬영을 위해 자르고 염색하는 등 커스텀했다. 베이커는 이런 식으로 옷을 입는 방식을 선택하는 것을 반항적 행위라고 서술했다.

> 나는 1960년대 후반과 1970년대 초반에 패션에 반기를 들고 있었다. (…) 옷차림을 단정하게 하고 립스틱을 바르고 헤어스타일을 항상 정돈해야 하는 이 모든 것들과 싸우기 시작했다. 정말 소녀 같은(girly) 모습으로 보이기 위해 해야 하는 모든 것들 (…) 그걸 무너뜨리기 시작했다. '핵무기 반대'(Ban the Bomb) 시위가 진행되면서 사람들은 군복 재킷을 입기 시작했고, 나는 수많은 참고 자료를 모으고 대안적 패션을 찾고 있었다. (…) 나는 웨이터들이 옷을 살 법한 곳이나 중고 의류 매장에서 쇼핑을 했고, 여성 모델에게 남성복을 입혔다. 『노바』는 이런 모든 것을 할 수 있을 만큼 자유롭기에 정말 흥미로운 잡지였다.(Baker 2007)

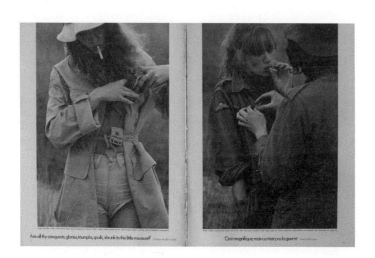

베이커의 목표 중 하나는 기존의 이상적인 여성상 개념에, 특히 그녀가 보기에 다른 여성 잡지를 지배하던 순응적이고 인형 같은 걸리시한 룩에 도전하는 것이었다.(Baker 2007) 「드레스드 투 킬」 화보에서 몸에 걸친 옷, 헤어 및 메이크업, 액세서리 등 스타일링의 전반적인 요소들은 모두 보다 자연스러운 모습을 지향한다. 모델들은 머리를 풀어헤치고 햇빛에 그을리고 주근깨가 있는 맨살을 그대로 드러냈다. 흐리게 바랜 듯한 카키 그린 컬러에 선명한 레드가 불쑥 끼어드는 등, 컬러 팔레트는 세심하게 선정되었다. 또한 메이크업은 옷의 핵심 디테일들을 꾸미는 용도로, 최소한으로 사용되었다. 빨갛게 칠한 입술과 매니큐어는 심플한 별 모양의 에나멜 브로치 및 고급스러운 산호 비즈로 만든 팔찌와 완벽한 컬러 매칭을 보여 준다. 화보에 사용된 남성복은 모델의 몸을 가리는 동시에 드러내는데, 옷들은 부드럽고 구김이 있으며 닳고 헤진 데다가, 헐렁한 핏에 사이즈도 크다. 하지만 소매를 접어 올리고 바지를 반바지로 자르며 오버사이즈 셔츠를 모델의 몸에 꽉 묶음으로써, 이러한 남성적인 옷들이 여성성을 숨기기보다는 강조하도록 만들었다. 이렇게 남성복과 '쿨한' 느낌을 모두 적용하는 예는 모델이 담배를 검지와 엄지로 잡고 피우는, 우아하면서도 캐주얼한 제스처에서도 볼 수 있는데, 이러한 여성들은 도전적이고 매우 현대적인 여성성을 전달한다. 스타일링의 디테일은 군인들의 낡은 군복을 멋지고 새로운 시크함으로 변신시킨다. 이는 최첨단에 있는 동시대 패션의 이미지와, 『노바』가 지향하는 새로운 종류의 여성상을 보여 준다.

반패션: 패션에 대한 성명서

캐럴라인 베이커가 『노바』에 썼던 기사들은 의식적으로 주류 패션에 저항하는 내용이었으며, 그녀의 다음 설명에 따르면 이는 정치적인 동시에 미적인 동기에 따른 것이었다.

> 패션은 그때 너무나 끔찍하게 성장했고, 아주 부르주아적이었다. 우리가 어떻게 옷을 입는지는 전적으로 디자이너, 또는 재키 케네디와 같은 사회적으로 유명한 여성의 손에 달려 있었다. (…) 내가 패션 에디터 일을 시작한 후로 그러한 역할들이 무너지기 시작했고, 그들이 사람들에게 미치는 영향력도 줄어들었다. (…) 옷을 입을 때 스스로 생각하는 여성들의 대중적 움직임이 생겨나기 시작한 것이다. (…) 나는 현재의 상태에 반대하고, 기존의 옷 입는 방식과 개인이 스스로를 드러내는 방법이 정해져 있는 데에 저항했다. 잡지는 나의 극장과도 같았다. (…) 매달 나는 가능한 창의적이고 독창적이며 혁신적인 최신 이슈를 담은 이야기를 선보이기 위해 노력했다. (…) 일단 이야기를 선보일 극장과 들어 줄 관객이 생기면, 독자들에게 새로운 옷 입는 방법을 시도하게끔 권유해 볼 수 있게 된다. 이 모든 것들이 효과가 있는 것처럼 보이니, 나는 점점 더 반항적으로 되어 갔던 듯하다.(Baker 2007, 2010b)

특히 베이커는 모피 산업에 대해 거친 태도를 보였다. 사울 레이터가 촬영한 「모든 부랑자들에게 하나쯤 필요한 것」(Every Hobo Should Have One) 화보에서, 베이커는 기존의 화려함과 부를 상징하는 맥락에서 모피 코트를 빼내어, 거리를 떠돌며 쓰레기통을 뒤지는 부랑자 역할의 모델에게 입혔다.(삽화 15) 그래피티가 상처처럼 남은 벽은 1980년대 스타일 잡지의 결정적인 요소가 된 투박한 도시 현실주의의 상징으로 작용한다.(Rocamora and O'Neill 2008) 베이커는 모델의 뒤꿈치 쪽에 개를 앉히고, 잡다한 소지품이 든 유모차를 밀게 한다. 이 화보 전반에 걸쳐 모델은 보도에 털썩 주저앉아 있거나, 공원에서 신문지를 두른 채 대충 잠들어 있기도 하다. 각 사진에서 모피 코트는 모델을 헐렁하게 감싸거나 잔디밭에서 잘 때 담요로 쓰이는 등, 여성의 몸을 따뜻하게 해 주는 필수적 역할을 수행한다. 모델의 의상은 베이커만의 독특한 룩을 입고 있는데, 울 소재 타이즈와 레이스가 두껍게 달린, 크레이프처럼 자글자글한 무늬의 고무 밑창 부츠에 "허벅지까지 오는 양말을 신되 돌돌 말려 내려간" 차림으로 덩치가 커 보이는 실루엣을 연출했다.(Baker 1971c, 67) 모피는 그 질감이나 색깔, 재단 등에서 여전히 럭셔리해 보이지만, 모델의 반려견이 옆에 있기 때문에 과시적인 지위의 상징이라기보다는 따뜻한 코트로서의 기능에 더 관심이 집중된다. 베이커의 스타일링은 도발적인 여성성의 이미지를 보여 준다. 그녀는 부랑자이고, 가난하며, 손가락 부분이 없는 장갑을 낀 손은 추위에 곱은 상태이며, 웃음기 없는 얼굴에 모호한 표정을 띠고, 커다란 모자와 굵게 풀어헤친 머리카락은 얼굴에 그림자를 드리웠다. 베이커는 불안해 보이는 장면을 만들어 냄으로써 모피의 화려함과 힘을 분산시켜 버렸다. 베이커는 이 화보의 초기 콘셉트에 대해 다음과 같이 설명했다.

언제부터인가 길거리에서 사는 사람들을 의식하게 되었다. 특히 그중 한 노숙자 여성이 있었는데, 그녀가 유모차에 자신의 물건을 모두 싣고 개와 함께 돌아다니는 것을 관찰하기 시작했다. (⋯) 화보 속 모델은 레이터의 여자친구였고, 나는 그녀를 부랑자처럼 스타일링했다. 나는 끈으로 그녀를 묶고, 양말과 플랫슈즈를 신겼다. 하지만 모피 업계는 완전히 격분했다. (⋯) '유모차를 끌고 공원에서 잔다고?!' (⋯) 하지만 보시다시피 이 화보는 세상에 나올 수 있게 지원을 받았다. 『노바』는 이 화보를 정말 좋아했다. (⋯) 언제나 논란의 여지가 있는 것들을 찾아내도록 밀어 주었다.(Baker 2007, 2010a)

베이커와 『노바』 팀이 논란을 일으키고 패션 지면의 경계를 확장해 나간 것은 이 화보가 처음도, 그렇다고 마지막도 아니었다. 잡지 『노바』는 발행되는 10년 동안 '충격적'이고 '도발적'인 콘텐츠로 유명했다. 하지만 베이커는 단순히 충격을 주기 위한 충격적 콘텐츠에는 관심이 없었다. 패션 기사라는 매체에 도전하고 이를 혁신하려는 갈망이 그녀의 동기가 되었으며, 이에 대해 다음과 같이 이야기했다. "패션 화보에서 옷이 꼭 가장 강력한 시각적 주도권을 가질 필요는 없으며, 그러면 오히려 클리셰에 빠지기 쉽다. 그러니 특정 스타일을 시각적으로 매력적이고 특별해 보이도록 나타낼 수 있는 최선의 방법을 깊이 생각해야 한다."(Baker 2010b)

룩을 만들어 내다

1970년대 패션은 선택 가능한 스타일과 룩들이 등장했다는 점으로 정의할 수 있다. 밸러리 스틸은 70년대에는 "패션이 곧 유행이 아니라 선택할 수 있는" 대상이 되었다고

삽화 15. 「모든 부랑자들에게 하나쯤 필요한 것」,
『노바』 1971년 12월. 에디토리얼 및 스타일링: 캐럴라인 베이커. 사진: 사울 레이터.

주장한다.(Steele 1997, 280) 확실히 캐럴라인 베이커는 개성과 자유로 정의되는 패셔너블함을 장려했고, 그녀가 『노바』에서 제작한 패션 지면들은 스타일이 무엇을 입는가가 아닌 어떻게 입는지에 달려 있다는 점을 보여 주었다. 그녀는 다음과 같이 설명했다. "이 개념은 옷 입기에서 가장 중요한 측면으로서, 꼭 해야만 하는 일들을 하거나 사회에서 받아들여질 수 있도록 옷을 입는 것이 아닌, 개인이 옷을 입는 방식을 강조했다."(Baker 2010b) 『노바』 기사에서 베이커는 다음과 같이 썼다. "패션은 옷 그 자체보다 옷차림이 구성되는 방식에 따라 달라진다. 잡동사니를 더하면 룩이 만들어진다."(Baker 1973, 88) 베이커의 스타일링에서 이는 "단추나 지퍼의 기능을 안전핀으로 대신한다"(Baker 1973, 88, 삽화 16)는 아이디어나 "셔츠를 하의 안으로 집어넣지 않고 입고, 바지 위에 레그워머를 신고, 속옷을 보이도록 입거나 두 개 이상의 브로치를 다는 것"(Baker 2010b) 등의 아이디어로 완벽하게 설명할 수 있다. 그녀는 기존의 옷장 속 옷들을 커스텀하고 디자인적 기능을 뒤집어 보는 실험을 독자들에게 다음과 같이 제안했다. "몸매를 감춰 주는 헐렁한 슈트를 블라우스 없이 입어 보기 (…) 커다랗고 축 늘어지는 나비 넥타이 시도하기 (…) 남성용 셔츠를 함께 코디하기 (…) 베일을 목 주위에 묶기 (…) 옥 소재 팔찌와 투명한 플라스틱 뱅글을 매치하기 (…) 물론 여러 개를 함께 시도하되 양 팔목에 해도 좋다."(Baker 1973, 88)

베이커는 어떤 모습으로 보여야 할지에 대한 시각적 및 텍스트적 아이디어뿐 아니라 이러한 룩들을 만드는 방법도 함께 제공하고, 옷과 액세서리를 사용해 브리콜라주와 실험적인 시도 및 커스텀을 하는 식의 건설적인 DIY적 접근을 통해 셀프 스타일링을 적극적으로 해 보도록 장려했다. 이 과정은 「하버대셔리로 향하라」(Head for the Haberdashery)라는 화보에 명확히 나와 있는데, 제목에서부터 그녀가 어디서 재료를 모아 왔는지 독자들에게 잘 알려 주고 있다.[역주: 하버다셔리는 DIY를 위한 실, 바늘, 단추와 지퍼 등 부자재, 원단 및 모자 재료 등을 판매하는 잡화점이다.] 그녀의 기사는 다음과 같은 사실을 인정하면서 이러한 맥락을 만들어 낸다. "패션은 끊임없이 변화할 것이다. (…) 오늘날 당신에게 패셔너블함과 개성을 더해 주는 것은 바로 액세서리다. 옷이 대량으로 생산되면서 액세서리가 아주 많이 필요해진다. 당신이 옷을 입는 방식은 오늘날의 패션을 만드는 가장 중요한 부분이 되었다."(Baker 1970a, 41) 한스 포이러는 로프와 태슬, 프린지로만 감싼 모델의 몸을 세 프레임으로 나누어 촬영했고, 이 이미지들은 길이대로 이어 붙여 앞뒷면이 이어진 세 개의 더블 페이지 화보를 구성한다. 잡지 두 권을 사서 이미지들을 이어 붙이면, 5피트짜리 포스터를 만들 수 있다. 캐럴라인 베이커의 룩은 영감을 주기 위해 디자인된 것으로, 모방하든 창조하든, 신체와 벽면을 해체하거나 재조립할 수 있는 것이다.[3] 베이커는 그녀가 받았던 영감을 다음과 같이 회상했다.

> 나는 로프와 끈, 가죽 조각들을 아주 좋아한다. (…) 내 주위에는 그런 것들이 터무니없다고 막아설 규칙이나 제한이 없었기에 점점 더 '저 바깥쪽까지' 가 보고

---

[3] 『노바』가 패션 및 뷰티 기사를 다루는 방식, 그리고 디자인과 레이아웃에 중점을 두는 태도는 『노바』를 다른 여성 잡지들과 차별화시키고 특별한 매력을 더했다. 앞서 주장했듯 『노바』의 패션 지면은 소개된 옷이나 액세서리를 구입하는 것 이상의 행동을 권장했으며, 이러한 이미지들은 잡지에서 뜯어내 잘라서 벽에 붙이는 등 적극적으로 소비되었다. (Beard 2002)

삽화 16.「세이프티 라스트」,『노바』, 1972년 3월.
에디토리얼 및 스타일링: 캐럴라인 베이커. 사진: 해리 페치노티.

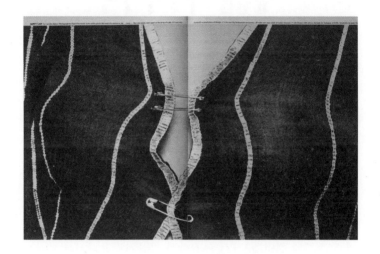

싶었다. (…) 나는 이것저것 해 보고 사람들에게도 영감을 주었으며, 허리에 꼭 맞게 만들기 위해 이것저것 묶는 기법으로 유명해지기도 했다. 나는 항상 핀과 로프로 재미있는 작업을 했다.(Baker 2007)

온전히 차려입기: 패션을 서사화하다

가장 일반적인 수준에서, 패션 사진은 독자들이 소비할 수 있는 옷과 액세서리 및 메이크업을 광고하지만, 베이커의 패션 화보는 특정 의류를 홍보하기보다는 패션을 즐기는 재미를 표현하고 옷을 입는 과정을 통해 각기 다른 패셔너블한 페르소나를 구성하는 창의적 활동을 권장했다.(Baker 1970b, 64) 해리 페치노티가 촬영한 「올 드레스드 앤드 메이드 업」(All Dressed and Made Up) 화보에서는 어린 소녀가 침실에서 실물 크기의 인형을 가지고 노는 장면이 있다.(삽화 17)

베이커의 스타일링은 특정 톤과 분위기를 보여 준다. 파스텔 톤의 컬러, 부드러운 질감과 나풀거리고 거즈처럼 얇은 직물은 은은한 조명, 입자가 느껴지는 필터 및 소프트 포커스의 카메라 워크와 함께 흐릿한 꿈속 세계 같은 분위기를 강조한다. 폴 조블링은 이러한 이미지들이 "패션과 신체를 수많은 혼란스러운 맥락에 배치함으로써 걷잡을 수 없는 판타지의 세계로 인도한다"고 말했다.(Jobling 1999, 2) 베이커의 패션 화보들은 적극적으로 룩을 연출해 보는 창의성과 실험을 장려하는 것처럼 보이지만, 역설적이게도 이 화보에서 모델은 제품과 이미지를 만드는 디자이너, 포토그래퍼 및 스타일리스트의 작업에 순응하는 역할로 보인다. 베이커의 기사 텍스트는 이렇게 모델의 모습이 변하는 과정을 명확하게 언급하면서, 독자들에게 다음과 같이 제안한다. "옷을 입히기보다는 입혀지는 편을 선호하는 이들이라면, 생각하고 조사하느라 혼란과 두통을 겪을 필요가 없도록 이 모든 것들을 대신 해 줄 두 명의 비범한 디자이너가 있다. 피부에 닿는 가장 안쪽 옷부터 최후의 터치까지 모두 책임져 줄 사람들, 바로 메리 퀸트와 비바이다."(Baker 1972b, 62) 이 화보에서 모델은 마치 완전한 기성복이 그녀를 진정시키기라도 했듯, 옷에 굴복하는 듯한 제스처를 취한다. 그녀는 뻣뻣한 인형 같은 포즈를 취하고 있지만, 동시에 '완전히 차려입고 화장하는' 루틴에 고분고분히 순응하는 모습이다. 이 화보에서의 창의성은 작은 소녀의 손에서 엿보이며, 이 소녀는 곧 독자들을 반영한다. 소녀는 모델에게 속옷부터 겉옷까지 차례로 옷을 입히고 스타일링을 한다. 타이즈를 올리고, 코트의 칼라를 접고 조심스럽게 베일의 위치를 조정한다. 베이커만의 스타일링 기법은 이 잡지 지면에서 나타나듯 룩의 디테일들을 만들어 내고 이와 관련해 소통하는 데서 나온다. 그녀는 패션 이미지를 구성하는 작업 과정에 대해 다음과 같이 설명했다.

> 나는 내가 하는 일을 보고 있고, 카메라가 무엇을 포착할지 알고 있다. (…) 패션 에디터이자 스타일리스트라면 카메라 앞에 서는 모든 사람들의 모습을 온전히 책임져야 한다. 그래서 현장에서 아주 가까이 붙어 있어야 하고, 포토그래퍼 바로 옆에 서서 모든 사진을 확인하면서 완벽하게 만들어야 한다. (…) 누군가에게 옷을 입힐 때 나는 이렇게 생각한다. "흠, 이걸

187

삽화 17. 「올 드레스드 앤드 메이드 업」, 『노바』, 1972년 11월.
에디토리얼 및 스타일링: 캐럴라인 베이커. 사진: 해리 페치노티.

> 어떻게 하면 더 흥미롭게 만들거나, 더 잘 맞게 만들거나, 아니면 다른 무언가를 할 수 있을까?" 그래서 옷을 구해 디자이너들과 같은 일을 하는 것이다. (…) 그리고 어쩌면 그 옷을 입는 다른 방법을 보여 줄 수도 있다.(Baker 2007)

「올 드레스드 앤드 메이드 업」 화보에서 베이커는 자신의 스타일링 작업을 소녀의 행동을 통해 보여 준다. 베이커가 말한 '디자이너들과 같은 일'은 패션 화보의 각 장 끝에 배치된 스냅샷에 드러나는데, 인형 역할의 모델이 완성된 착장을 입은 채 눈을 감고 소녀의 침대에 반듯하게 누워 있는 모습을 위쪽에서 찍은 전신사진으로 담았다.

제니퍼 크레이크는 다음과 같이 이야기했다. "패션 이미지는 이미지에서 묘사하는 옷만큼이나 그 이미지 자체를 보는 즐거움을 갈망하는 독자들에 의해 순응적인 동시에 도전적으로 소비된다."(Craik 1994, 114) 『노바』의 독자들은 화보 속에 등장하는 옷뿐만 아니라 패션 화보 자체의 미학에도 매혹되었다. 제목, 텍스트, 사진 및 그래픽 디자인의 역할들이 서로 연결되는 것은 화보 사진의 주제를 전달하고 톤과 페이스를 확립하는 데 매우 중요한 역할을 했다. 서사적 순서를 가진 이 화보에서 각각의 이미지의 바깥쪽에는 넓은 흰색 테두리가 둘러져 있어 마치 아동용 동화책과 비슷하게 보인다. 또한 어린 소녀가 모델에게 옷을 입히면서, 모델의 신체에 축적되는 옷의 점진적 요소들은 시간의 흐름을 암시하고 이야기가 앞으로 나아가도록 만든다. 패션 화보에서 이미지들은 페이지를 펼치면서 나타나는 스토리의 주제가 있는 흐름 또는 레이아웃, 디자인, 컬러 등의 형식적 요소 및 모티프에 의해 하나로 엮인다. 따라서 모든 패션 이미지들은 일련의 상호 의존적이고, 때로는 아주 개인적인 업무 관계를 통해 제작되었으며, 베이커는 이에 대해 다음과 같이 설명했다.

> 화보를 촬영한다면, 일단 포토그래퍼와 소통하면서 어떤 사진을 찍고 싶은 것인지 설명해야 한다. 그러면 그들이 아이디어를 떠올릴 것이고, 그에 따라 옷, 헤어, 메이크업, 모델을 준비해 실행에 옮기는 것이다. 그러면 화보가 나온다. (…) 포토그래퍼와 스타일리스트가 사랑에 빠지는 것을 자주 볼 수 있을 것이다. 서로와 함께 일을 잘 해내면 지속적으로 아이디어를 얻을 수 있다. (…) 포토그래퍼는 패션 에디터를 필요로 한다. 왜냐하면 패션 에디터가 그들의 사진을 만들어 주기 때문이다. (…) 패션 에디터는 시나리오를 만들고 화보의 스토리를 만든다. 그래서 포토그래퍼들은 패션 에디터를 통해 자신들의 판타지를 재현하는 것이다.(Baker 2007, 2010a)

작업복을 입다: 패션, 기능 그리고 리폼

1970년대에 들어, 캐럴라인 베이커는 새로운 옷 입는 방식 및 단순히 장식과 꾸미는 정도에 그치는 수준을 넘어선 스타일링에 대한 접근을 개념화했다. 글과 이미지 모두를 통해 표현된 패션과 기능 간의 관계에 대한 관심은 그녀가 제작하는 『노바』의 패션 화보를 특징지었다. 1960년대부터 이루어진 사진 기술의 발전 덕분에 '야외'에서의 패션 촬영이 가능해졌으며(Harrison 1991), 이렇게 스튜디오 안에서 벗어난 패션 사진의 변화는 역동적이고, 육체적이며 '움직이는'(on

the move) 새로운 이상적 여성성을 형성하는 데 도움을
주었다.(Radner 2000) 잡지가 발행되는 십여 년간, 『노바』
잡지는 이러한 새로운 종류의 여성에 대한 '현재의 초상화'를
제공했으며(Williams 1998, 105), 캐럴라인 베이커의 모델들은
도전적일 만큼 활동적일 때가 많았다. 이렇게 목적에 맞는
옷에 대한 베이커의 관심은 패션 지면에서 스포츠웨어의
활용으로 이어졌다.

「연처럼 높이, 두 번 날다」(High as a Kite and Twice as Flighty)
화보에서, 소녀들은 트램펄린 위에서 점프해 공중에 뜬 상태로
한스 포이러의 카메라에 포착되었다.(삽화 18) 같이 실린
베이커의 기사는 그녀가 인정받은 것이 패션에 있어서
거의 압도적인 자유와 선택의 감각일 수 있다는 내용을 담았다.
베이커는 "분위기, 스타일 및 트렌드를 혼란스러워하는"
여성들을 위해 단순하고 교훈적인 지침을 내리는 것을
거부했다. 대신 그녀는 "이제 당신이 무엇을 어떻게 입을지는
전적으로 당신의 결정에 달려 있다"고 설명하며 독자
개개인에게 창조적인 책임을 부여했다.(Baker 1971b, 64)
이 촬영의 목적은 단순히 공중에 떠 있을 때, 그리고
지면에서(on the page) 멋지게 보일 옷을 고르는 것이 아니었다.
베이커는 또한 어떤 옷이 잘 움직이고, 늘어나며 가장
인상적인 아크로바틱한 동작을 할 수 있는 옷인지를 찾아내야
했다. 그녀의 스타일링 과정은 포토그래퍼의 요청사항과
장소에 모두 부합해야 하면서도, 이것이 콘셉트가 있는
화보였기에 포토그래퍼의 아이디어를 시각화 및 구현하는
것도 베이커의 책임이었다.

포토그래퍼는 아이디어를 가져왔는데, 브라이튼 근처의
해변에 이 트램펄린을 갖다놓고 모델들이 그 위에서

191

점프하면 공중에 뜬 모습을 촬영하고 싶다는 것이었다.
나는 어떤 옷이 움직이기에 가장 좋을지 생각해야
한다는 사실을 알아차렸다. 또한 스포츠웨어 테마는
디자이너들에게 영감을 주기 시작한 분야였지만,
당시에는 중고 미국산 스포츠웨어를 파는 가게가
꽤 많았다. 그래서 나는 반바지와 스키니 핏의 바지,
타이즈와 레그워머를 섞어서 활용했다. 이는 스포츠와
댄스에서 컬러풀하게 옷들을 겹쳐 입는 것에서 착안한
것으로, 풍성한 질감을 위해 푹신한 볼레로 모양의 재킷을
입히기도 했다. 나는 활용 가능한 옷들로 가득 찬 여행용
가방을 가져가서, 촬영 현장의 버스 뒤에서 모델들에게
입힐 옷을 미리 입어 보면서 가능한 흥미롭게 보이도록
옷을 겹쳐 입었다. 그리고 모델이 점프하기 시작하면
그 옷이 시각적인 면에서 제대로 렌즈에 담기는지 여부를
볼 수 있었고, 필요하면 옷을 교체했다. 나는 포토그래퍼
바로 옆에 서서 카메라에 포착되는 장면을 정확히
볼 수 있었다.(Baker 2010b)

기능성 옷들의 미학적 및 실용적 특징에 대한 베이커의 관심은
「두꺼운 옷 위에 레이어드하다」(Layered on Thick) 화보로
발전하기도 했다.(Baker 1974c, 79) 이 화보는 최소한 두 가지의
매우 다른 곳에서 영감을 받은 룩이었는데, 하나는 발레리나의
워밍업 의상이고 다른 하나는 전통 페루 니트였다. 그녀는
타이즈 위에 레그워머를 신고, 올이 굵은 실로 짠 스웨터 위에
두껍고 헐렁한 가디건을 레이어드했다. 베이커의 스타일링은
평퍼짐함을 장엄한 느낌으로 바꾸었다. 그녀는 스웨터와
장갑을 뒤집어서 니트 안쪽의 추상적인 무늬를 드러냈고,
축구 양말을 자르고 덧대어 더욱 긴 레그워머를 만들었는데,

192

삽화 18.「연처럼 높이, 두 번 날다」,『노바』, 1971년 10월.
에디토리얼 및 스타일링: 캐럴라인 베이커. 사진: 한스 포이러.

이 레그워머를 청바지 위에 신기고 밑위선까지 끌어올렸다.

『노바』에서 캐럴라인 베이커는 패션 시스템의 계층적 구조, 관습 및 제약을 건드리면서 혁신적인 옷 리폼 프로젝트를 시작했다. 작업복과 군복은 베이커에게 패션의 끊임없는 순환을 벗어날 수 있는 궁극적인 해독제가 되어 주었고, 1970년대 영국이 직면했던 깊어지는 경제 공황의 해답을 제공하기도 했다. 1974년 테런스 도너번이 촬영한 「드레스드 오버올」(Dressed Overall) 화보에서, 베이커는 다음과 같이 이야기했다. "우리가 아는 패션, 즉 2년에 한 번씩 분위기와 스타일이 바뀌는 패션은 끝나야 한다. 옷 입기에 대한 새로운 접근이 필요하다. (…) 보편적이고 통일된 룩은 실용적이어야 한다. (…) 변화는 각 개인에 의해 진행되어야 할 것이다."(Baker 1974a, 39, 삽화 19)

이 흑백 사진들은 아름다운 모습을 한 고독한 여성이 있는 황량한 도시 풍경을 보여 준다. 촬영된 장소들은 디스토피아적일 수 있지만, 의상은 단순한 기능성을 갖춘 아름다운 옷들이다. "그림자가 드리워진 듯한 아름다운 카무플라주 컬러의 고전적인 기본 아이템들은 침착하고 야단스럽지 않은 분위기와 함께 매우 세련된 느낌을 준다."(Baker 1974a, 39) 베이커의 글은 옷의 형식적이고 미학적인 특성을 강조하지만, 마치 여성용 대중 잡지에서 볼 수 있는 "방향을 제시하는 패션 논조"(Lynge-Jorlén 2017, 35)의 교조적 어투로 독자에게 다가가지는 않는다. 패션 이미지와 패션 제품에 대한 욕구는 지면의 글과 그림이 이루는 관계를 통해 형성되며, 이미지를 "이해할 수 있도록"(Barthes 1984, xii) 만드는 것은 이러한 설명일 때가 많다. 레드 보렐리가 지적했듯, "이미지와 글은 모두 패션을 명확하게 표현하고 그 서사를 만들어 내는 역할을 한다."(Borelli 1997, 248) 옷의 미학적 삽화 19. 「드레스드 오버올」, 『노바』, 1974년 3월.
에디토리얼 및 스타일링: 캐럴라인 베이커. 사진: 테런스 도너번.

BELOW LEFT *Gold khaki shirt by Mic Mac for Petits Chouz, £9.50; khaki shorts by Katherine Hamnett for Tuttabankem, £12.50; gold lizard belt by Mulberry Co., £3.75; gold bangle at Butler & Wilson, £15; navy socks by Bonnie Doon, £1.20; navy sandals by Chelsea Cobbler, £9.99. BELOW RIGHT Army green paratrooper jacket at The Bargain Shop, £2.50; blue denim skirt by Emperor of Wyoming, £8; navy and white V-neck vest by Dorothy Perkins, £2.15; navy clasp at Butler & Wilson, £3.50; blue suede moccasins by Zapata, £30; white socks by Littlewoods, 24p. OPPOSITE Muddy khaki corduroy coat dress and trousers by Katherine Hamnett for Tuttabankem, £33.60, £17; navy cotton shirt at Lawrence Corner, £2.19; brown leather boots by Olof Daughters—Sweden, £15.95*

44

및 실용적 특성에 대한 베이커의 관심은 글과 이미지를 통해 표현되는 패션과 기능의 관계에 대한 것으로 발전했다.

「드레스드 오버올」화보에서 옷들은 서사를 구성하는 요소다. 이 옷들은 퍼티그 재킷(Fatigue Jacket)[역주: 면이나 울 소재로 셔츠 같은 형태에 대부분 안감이 없으며, 앞쪽에 주머니가 네 개 달린 재킷.], 블루블랙 컬러의 벨루어 스웨트셔츠, 녹색 개버딘 소재 옥스퍼드 백, 코발트 블루 컬러의 스커트에 속이 비쳐 보이는 스트라이프 코튼 소재의 웨이스트 블라우스 등이다. 액세서리 역시 중요한 디테일로, 신사용 다이버 워치, 작은 앤티크 펄 초커, 상아로 된 뱅글, 금으로 만든 이름표 등이 사용되었다. 베이커의 스타일링은 이러한 옷들을 착용한 사람을 표준화되고 획일화된 공장 노동자가 아닌, 독창적인 모던 시크 스타일을 지닌 사람으로 변신시킨다. 옷의 핵심적 기능성과 관습적 패션의 개선에 대한 베이커의 관심은 여성복의 한계에 대해 다음과 같은 질문을 던지게 만들었다.

> 나는 남성복을 보면서 생각했다. '왜 우리는 남자들이 입는 옷을 입을 수 없을까? 우리는 핸드백이 필요하지 않고 (…) 우리도 주머니에 손을 넣을 수 있는데. 우리는 립스틱이 필요 없고, 헤어 세팅도 필요 없는데 (…) 남자를 만나기 위해, 아니면 남편을 지키기 위해 하이힐을 신을 필요도 없다. 내 옷을 세탁하고 싶지만 옷들을 모두 드라이클리닝할 필요는 없다. 뻣뻣한 옷을 입고 싶지도 않고, 헐렁한 옷을 원한다—버스를 잡기 위해 달려야 하니까!' (…) 이러한 모든 감정들이 내 스타일링에 반영되었다.(Baker 2007)

베이커는 자연스러운 여성의 개념을 발전시키는 데 대해 지속적으로 관심을 가졌기 때문에, 『노바』의 스타일링에는 실용적 의상, 헐렁한 핏의 디자인, 유니섹스 패션이 사용되었다. 한스 포이러가 촬영한 「레이디 온 루스」(Lady on Loose)에서, 베이커는 헤어 및 메이크업 아티스트들을 모두 버리고 "모두를 위한 공유 옷장"(a shared wardrobe for all the family, Baker 1974b, 60-61)이라는 아이디어를 바탕으로 화보를 촬영했다. 그녀가 글로 묘사했듯, 화보의 룩들은 "남자 옷을 빌린 듯 크고 헐렁했는데, 이는 옷보다는 휴가에 더 많은 비용을 쓴다는 것을 의미했다. (…) 핏에는 아무 문제가 없고, 클수록 좋다."(같은 글) 이러한 오버사이즈 룩은 1980년대에도 베이커에게 지속적으로 영감을 주었으며 이는 그녀가 참여한 비비안 웨스트우드의 1982-1983년 컬렉션 '노스텔지어 오브 머드'(Nostalgia of Mud)에서도 잘 나타난다. 『노바』가 출간된 마지막 해였던 1975년에 베이커는 '작업복 형태'(smock-shape)의 철학적 전제와 미적 특성에 집중했는데, 이는 "패션의 종말과 어떤 새로운 것의 시작"을 나타내는 요소였다.(Baker 1974b, 60-61) 그녀가 독자들에게 설명했듯, "작업복 형태의 셔츠드레스는 통통한지 말랐는지, 젊은지 늙었는지에 상관없이 모두에게 잘 어울린다. 만약 여성들이 성적 어필로만 판단받기를 원하지 않는다면, 실용적인 목적의 유니폼을 적극적으로 받아들이는 것이 어떨까?"(Baker 1975b, 67) 『노바』의 마지막 호에서 베이커는 패션 시스템을 완전히 무시하는 것처럼 보였다. '당신은 어디에서나 청바지를 입을 수 있다'(You Can Take a Blue Jean Anywhere)라는 제목으로 공개된 데님에 관한 그녀의 기사는 베이커가 항상 논의했던 반패션 사조를 드러내며 다음과 같이 주장했다. "쿠튀리에[역주: 고급 맞춤복이라는 뜻인 오트 쿠튀르(Haute Couture) 컬렉션을 제작하는 럭셔리 하우스의 총괄 디자이너를 말한다. 파리 의상 조합의 승인을 받은 하우스만 파리에서 쿠튀르 컬렉션을 진행할 수 있으며, 쿠튀르 컬렉션은 모든 옷을 1:1 주문 제작으로 생산한다.]와 패션 잡지들은 짐짓 심각한 논조로 이런저런 룩들에 대해 알려 주며, 덕분에 우리는 우리가 좋아해야만 할 것들과 진짜로 우리가 좋아하는 것들 사이에서 갈팡질팡한다. (…) 매년 변하는 것은 일종의 눈속임 장치이며, 심지어 그것조차도 더 이상 중요하지 않다."(Baker 1975a, 29) 색이 바래고 낡은 리(Lee) 브랜드의 청바지를 입은 여성의 하체를 클로즈업한 이 화보는 계속 바뀌는 유행 사이클의 바깥에 존재하는 데님을 옷 입는 방식의 또 다른 해결책으로 제시했다. 이어지는 페이지에서는 베이커가 가장 좋아했던 데님 룩을 소개하고, 그녀가 몇 년 후 잡지 『디럭스』 및 『i-D』에서 보여 주었던 이미지들을 볼 수 있다. 베이커에게 데님은 궁극적인 해결책이기도 했는데, 데님 소재 옷은 모두 균일하고, 실용적이며, 편안하고, 납득할 수 있는 비용으로 구할 수 있으며, 다양하게 활용할 수 있다. 또한 남녀 공용이고 섹시하다. 중요한 것은 이 모든 요소들 덕분에 옷을 입은 사람이 스스로의 정체성을 드러낼 수 있도록 해 준다는 점이다.

결론

캐럴라인 베이커는 『노바』의 패션 에디터로서 비교적 '자유로운 권한'을 가질 수 있었다. 그녀가 만든 지면은 이상적인 여성성에 대한 이미지에 도전하고, 좋은 취향과 의복 상식에 대한 관습적 개념들을 뒤집었다. 베이커가 제작한 『노바』의 패션 기사는 의식적으로 주류 패션에 저항하는 내용이었고,

정치적 및 미학적 면에서 '반패션'의 성명서를 만들어 냈다.

『노바』의 패션 기사는 애초의 목적에 맞는 이상을 구현했을 뿐 아니라, 새로운 형태의 여성성과 패셔너블함을 제시했다. 또한 '자연스러운' 룩을 확산시킨다는 계획도 지속적으로 진행되어, 캐럴라인 베이커는 여성성에 대한 도발적인 이미지들을 제작했다. 부랑자, 매춘부, 난민, 스트리퍼 및 만취한 파티 걸들을 묘사한 그녀의 이미지들은 분명 화려함에 대한 관습적인 이미지에 대한 도전이었다. 그러나 이러한 이미지들은 다른 시각 문화의 형식으로 유통되는, 여성성에 대한 유혹적인 이미지들(예컨대 「벨 뒤 주르」[Belle du Jour, 1967] 및 「클루트」[Klute, 1971])에 대한 보다 직접적이고 직설적인 인정으로 보일 수도 있다. '인형처럼 꾸민 예쁨'에 대한 이러한 저항은 베이커가 론칭을 도왔던 『더 페이스』 및 『i-D』의 스트리트 스타일에 반영되었다. 또한 1993년 『보그』에 실린, 멜라니 워드가 스타일링하고 코린 데이가 촬영한 케이트 모스의 사진에서도 이러한 원초적이고 투박한 미학을 엿볼 수 있다.

캐럴라인 베이커가 만든 『노바』의 패션 기사들은 스타일링이 전체적인 룩을 완성하기 위해 필수적임을 보여 줄 뿐만 아니라, 스타일링이 존재의 방식을 드러내는 수단으로서 옷 입기를 가능하게 한다는 중요한 사실도 드러냈다. 베이커는 『노바』의 패션 에디터로서 그녀의 작업을 통해 스타일링 행위를 효과적으로 정의하고, 이데올로기적이면서 미학적인 동기로써 이를 수행했다. 이를 통해 베이커는 일련의 패션 성명서를 피력할 수 있었다. 그녀가 쓴 패션 기사의 글과 사진은 새로우면서도 매력적인 여성 정체성의 서사를 또렷하게 표현하는 데 중요한 역할을 했다. 베이커의 『노바』 패션 기사들은 패션이 잡지 지면에 나타나는 방식을 바꾸었고,

젊은 세대의 여성들이 자신이 원하는 대로 옷을 입도록 영감을 주었다. 베이커가 생각하기에 패션 에디터라는 그녀의 역할이 갖는 특권은 어떤 사례를 만들어 낼 수 있다는 것에 있었다. 이에 대해 그녀는 다음과 같이 설명했다.

> 만약 누가 "잠옷과 운동화를 신고 밖에 나갈 거야!"라고 한다면, 어떻게 된 것이든 그런 결정을 직접 내리는 것은 꽤나 용기가 필요한 일이다. 하지만 만약 그런 옷차림을 어딘가에서 본다면, "그래, 저렇게 옷을 입을 수도 있겠군"이라고 생각할 것이고 그거야말로 패션 에디터의 힘이라고 생각한다. (⋯) 나는 항상 사람들에게 봉사한다고 생각했다. (⋯) 당신은 사실 당신과 같은 여성들에게 "그래, 이게 지금 내가 입고 싶은 거야"라고 말하고 있었던 것이다.(Baker 2007)

감사의 말

이 장의 초기 버전은 '핀과 로프로 놀다: 캐럴라인 베이커는 어떻게 1970년대를 스타일링했는가'(Fun with Pins and Rope: How Caroline Baker Styled the Seventies)라는 제목으로 다음 책에 수록된 바 있다. Bartlett, D., S. Cole and A. Rocamora (2013), *Fashion Media: Past and Present*, London: Bloomsbury. 이 장을 재수록할 수 있게 허락해 준 블룸즈버리 출판사에 감사드린다.

8장
'루킹 굿 인 어 버펄로 스탠스' (Looking Good in a Buffalo Stance): 레이 페트리와 새로운 남성성의 스타일링

숀 콜

서론

이 장의 제목은 스웨덴 출신의 싱어송라이터 네네 체리의 랩 가사에서 따온 것이다. 이 노래는 1986년 모건 맥베이의 데뷔 싱글 「루킹 굿 다이빙」(Looking Good Diving)의 B-사이드에 실렸고, 나중에는 1988년 체리의 솔로 데뷔 싱글 「버펄로 스탠스」(Buffalo Stance)에 수록되었다. '오늘은 누가 잘생겼나? 누가 모든 면에서 잘생겼지? 스타일 루키는 없어'(Who's looking good today? Who's looking good in every way? No style rookie), '잘생긴 애들은 거친 무리에서 놀지'(Looking good, hanging with the wild bunch), '잘생김은 마음의 상태'(Looking good's a state of mind) 등 스타일과 외모에 중점을 둔 가사는 어떤 면에서 레이 페트리와 그가 만든 집단 버펄로 컬렉티브(Buffalo collective)가 1984년부터 페트리가 에이즈 관련 질환으로 1989년 8월에 사망하기 전까지 선보였던 새로운 남성성과 동시대적 남성 패션을 개괄적으로 보여 준다. 체리는 이 노래가 "우리 패거리, 우리의 시대, 그리고 우리의 멘토 레이에 대한" 내용이며, "우리가 느끼고 있던 것, 우리가 겪은 일들"에 관한 노래라고 회상했다.(Cherry, Limnander 2007 및 Rambali 2000, 173)[1]

중요한 것은, 페트리와 버펄로 컬렉티브의 파트너들이

---

[1] 페트리와 함께한 그룹의 멤버들은 다음과 같다. (알파벳순으로) 나오미 캠벨, 로저 채리티, 네네 체리, 사이먼 드 몽포드, 토니 펠릭스, 펠릭스 하워드, 배리 케이멘, 닉 케이멘, 제임스 레본, 마크 레본, 미치 로렌즈, 캐머런 맥베이, 제이미 모건, 장바티스트 몽디노, 하워드 내퍼, 자크 네그리, 리언 리드, 탈리사 소토, 웨이드 톨레로, 브렛 워커. 모건 맥베이는 제이미 모건과 캐머런 맥베이가 짧은 기간 동안 진행한 음악적 협업으로, 맥베이는 나중에 네네 체리와 결혼했다.

"여러 애티튜드를 섭렵하고, 펑크 문화와 레이 자신의
독특한 취향의 잔재들로부터 '현대적 남성'을 창조했다"는
것이다.(Logan and Jones 1989, 10) 새로운 남성 패션과 스타일에
대한 새로운 접근을 내놓으려 했던 사람이 오직 페트리와
그의 그룹뿐이었던 것은 결코 아니다. 사이먼 폭스턴이나
닉 나이트 등 다른 스타일리스트와 포토그래퍼들도 이들과
비슷한 이슈 및 정체성을 다루었다.[2] 하지만 페트리는 자신이
현대 남성성을 어떻게 바라보고 스타일과 애티튜드를
어떻게 제시할 수 있는지에 대해 정확한 감각을 갖고 있었다.
페트리가 20세기의 마지막 10년과 21세기의 패션 스타일링의
실무와 이해, 그리고 남성 패션 및 '정체성'에 끼친 영향은
상당하다. 이 장에서는 페트리가 자신만의 배경과 관심사—
자메이카의 스트리트 문화, 아메리카 원주민, 스포츠, 런던
게이 클럽, 아프리카, 군대, 웨스턴 및 B급 영화, 로큰롤, 로열
패밀리, 그리고 펑크 그래픽 등—및 동료들의 배경과 관심사를
활용하여 세기말 남성 패션 및 스타일에 참여했던 몇몇
방식을 탐구할 것이다. 이를 통해, 남성 하이패션 디자이너
아이템들과 실용적인 군복 또는 작업복을 결합하거나 스포츠
의류를 주얼리와 불특정 오브제들로 장식하는 등 페트리가
그만의 스타일 앙상블을 만들기 위해 사적인 이미지 저장소를
어떻게 활용했는지도 알 수 있다. 이러한 방식으로 그는
영국의 사회경제적 상황을 반영하고, 남성들이 단순히 패션
기사를 모방하는 것을 넘어서 실험하고 창의성을 발휘하도록
영감을 주면서 현대 남성 스타일의 새롭고 흥미로운 비전을

---

[2] 사이먼 폭스턴에 대해 더 알아보려면 P. Martin (2009), *When You're a Boy: Men's Fashion Styled by Simon Foxton* 참조.

창조했다. '스타일리스트'로서 활동한 비교적 짧은 기간 동안 그는 같거나 유사한 옷을 동일한 모델들에게 사용 및 재사용하곤 했는데, 이는 그가 어떻게 『i-D』와 『페이스』에서 『아레나』(Arena)로 발전하는 독자들의 변화와 성숙을 반영하는 와중에 기술을 발전시키고 전통과 새로움에 대한 관념을 가지고 놀았는지를 보여 준다. 이 장에서는 페트리가 80년대 라이프스타일 잡지 『i-D』, 『페이스』, 『아레나』의 지면을 통해 어떻게 전통적 남성성의 표현을 참조하는 동시에 '현대적 남성'의 경계를 넓혔는지에 대한 관점을 제공할 것이다.[3]

영국에서 1980년대는 경제적으로 어려운 시기였다. 마거릿 대처의 보수당 정권 시기에는 기록적인 실업률 및 광부들의 파업, 그리고 1980년대 초 도심 지역에서의 인종 폭동 등이 동시에 일어났다. 이에 대항해 소비주의가 증가하고 여피족(Yuppie)이 늘어나기도 했다. 이는 대다수의 영국 젊은이들에게 절망을 안겨 주었지만, 영국 특유의 창의력이 영국의 예술 학교를 통해 나타나고 음악, 패션과 같은 분야에서 분출되었다. 포토그래퍼 제이미 모건은 페트리가 기존의 스타일과 상징들을 빼앗고 혼합하여 남성성의 새로운 이미지를 만들었다고 회상하며 다음과 같이 말했다. "강하고도 예민한 느낌이었다. 그들은 강해지기 위해 맥주를 마시고 사람들을 때리지 않아도 된다는 것을 보여 주었다."(Morgan, 'Nature Boy' 1989, 60) 페트리가 구성한 1980년대 남성 정체성은 여성보다 남성을 선호하고, 약자와

---

[3] 페트리의 작업은 이 세 잡지에만 국한되지 않는다. 그는 『태틀러』(Tatler)와 같은 잡지나 이탈리아의 피티 트렌드(Pitti Trend) 및 딤 언더웨어(Dim underwear) 등의 광고 작업도 했다. 이 장의 범위 및 남성성에 대한 특정 접근 방식은 잡지에 대한 것으로만 한정된다.

여성 또는 동성애자를 종속된 존재쯤으로 치부해 버렸던 동시대의 패권적 남성성과 매우 대조적이었다. 또한 "다른 모든 남성들과의 관계에서 자신의 위치를 정하는 가장 명예로운 방법"이기도 했다.(Connell and Messerschmidt 2005, 832) 페트리의 이미지는 남성성의 위기와 페미니스트적 사고가 젠더 관계에 준 영향에서 비롯된 '새로운 남성상'에 대한 논의와 일치했으며, 실제로 이 논의에 포함되었다.[4] 프랭크 모트가 주장했듯 "남성성은 단일한 하나의 덩어리가 아니라 여러 개의 형태를 가지고"(Mort 1996, 10) 있기에, 남성성의 복수적인 면을 고려하고 인종, 민족 및 계층 등 주체의 다른 위치와도 교차해 보면서 고려하는 것이 중요하다.(Connell 2005; Smith 1996) 페트리는 그의 '현대적 남성상'을 만들면서, 카우보이, 아메리카 원주민 '인디언'들, 선원, 군인, 구조대원, 복서, 노동자 및 갱스터 등 남성성의 아이콘들을 관찰했다. 이들 중 일부는 1970년대 게이 팝 그룹 빌리지 피플(The Village People)이 의도적으로 선택한 것이기도 하다. 이들이 남성성의 아이콘이라는 것은 이들이 딱히 '새로운' 것은 아니라는 뜻이기도 했다. 하지만 페트리는 이러한 아이콘들의 이미지를 가져와서 새로운 조합으로 남성 패션 이미지를 다시 표현했으며, 이는 그가 속한 집단의

---

4 '새로운 남성상'이라는 용어는 가정에서의 육아 역할을 의식하고 이에 감정적으로 관여하는 남성을 묘사하기 위해 사용되었을 뿐 아니라 그루밍과 자신의 외모에 보다 신경을 쓰는 나르시시즘적인 소비자들도 포함한다. 이것이 아테나(Athena, 역주: 영국의 포스터 회사)의 '남자와 아기'(Man and Baby)라는 1986년의 상징적인 포스터에서 가장 잘 드러나는, 미디어의 허상일 뿐이라는 주장도 있다. 새로운 남성상에 대한 논쟁을 더 알아보려면 다음 참조. Rowena Chapman and Jonathan Rutherford eds. (1988), *Male Order: Unwrapping Masculinity*; Frank Mort (1996), *Cultures of Consumption*; Tim Edwards (1997), *Men in the Mirror*; Paul Jobling (1999), *Fashion Spreads*; Sean Nixon (2003), *Hard Looks*.

멤버들의 '하위문화 자본'을 반영하는 것이기도 했다. 페트리의 강점은, 예를 들어 카우보이와 복서의 시각적 스타일에 함축된 핵심 요소들을 가져와 이들을 새로운 포스트모던적 '세기말'의 맥락에서 동시대 스트리트 스타일 요소들과 함께 배치하는 식으로 변주하는 데 있었다.[5]

신을 세팅하다

페트리의 일생은 여러 책에서 다루었으며 그중에서도 폴 람발리의 에세이에 특히 잘 드러나 있다.(Rambali 2000) 그러나 이 글에서도 간략하게나마 소개할 만한 가치가 있는데, 그가 어떻게 "자신의 국적을 초월한 다양한 경험들"을 끌어냈고(Tulloch 2011, 183), 함께 어울리던 버펄로 멤버들과 함께 집단적 및 창의적으로 작업할 수 있었는지를 보여 주기 때문이다. 페트리는 1948년 9월 16일 스코틀랜드 던디에서 태어났다. 15세 때 그의 가족은 오스트레일리아로 이사했으며 처음에는 브리즈번에 정착했다가 곧 멜버른으로 이사했는데, 여기서 페트리는 '더 첼시 세트'(The Chelsea Set)라는 이름의 밴드를 만들었다. 1969년 그는 런던으로 돌아가 소더비(Sotheby)에서 고미술품 수업을 듣고, 캠던 패시지(Camden Passage)의 스트리트 마켓에서 노점을

---

5 캐럴 툴럭은 장프랑수아 리오타르가 『포스트모던의 조건』(Postmodern Condition, [1979] 1984)에서 말한 "'앞으로 하게 될' 것들의 규칙을 구성하기 위하여 규칙 없이 작업하는 것"을 인용해(Tulloch 2011, 183), 페트리가 자신의 작업에 접근하는 방식 및 그의 실천을 포스트모던한 것으로 볼 수 있는 이유를 설명했다.

운영했으며 포토그래퍼 로저 채리티의 어시스턴트로 일했다. 런던으로 돌아온 페트리는 이후 히피들의 루트를 따라 인도로 여행을 떠났고, 부모님을 만나러 로디지아[역주: 남부 아프리카의 국가로 현재는 짐바브웨와 잠비아로 각각 독립국이 되었다.]를 방문했으며 대안적인 대도시 라이프스타일과 경험을 얻기 위해 뉴욕과 파리에 가기도 했다. 인도 수행자들의 평화, 솔즈베리 복싱 클럽의 거친 현실 및 뉴욕과 파리의 도시적 게이 스타일들은 모두 페트리의 작업에서 다양한 영감의 원천 및 독특한 주제의 병치로 나타났다.

페트리는 채리티를 위한 룩을 모으면서 '스타일링'을 시작했는데, 채리티는 다음과 같이 회상했다. "그는 그저 스타일링과 모델 캐스팅을 하고 싶어 했다. (…) 그는 소년들을 아주 멋져 보이게 만드는 것에 관심이 아주 많았다."(Charity, Rambali 2000, 165) 페트리가 모델 지망생인 닉 케이멘과 포토그래퍼 캐머런 맥베이를 만난 것도 채리티를 통해서였으며, 맥베이는 페트리에게 포토그래퍼 마크 레본을 소개해 주었다. 페트리는 레본이 대학에서 만난 친구 포토그래퍼 제이미 모건의 아파트 아래에 있는 맥베이의 여동생 소유의 아파트로 이사했다. 레본의 동생 제임스는 패셔너블한 헤어 살롱인 컷츠(Cuts)에서 일했으며 런던의 랩 음악 나이트클럽 '더 랭귀지 랩'(The Language Lab)을 운영하고 있었다. 모건은 이 집단이 "클럽에서, 파티에서, 거리에서 만났으며 우리는 삶의 터전을 스튜디오로 옮겨 작업을 시작"했다고 회상했다.(Morgan, Graham 2015)

'버펄로' 집단의 핵심을 이루었던 긴밀한 친구 그룹은 멤버들이 각자의 강점에 맞게 역할을 할 수 있게 해 주었고, 그들의 다양한 문화적 배경에서 영감을 얻되 패션과 음악에 대한 접근법에서 공통의 언어를 찾아냈다. 그리고 이는 "우리 모두 어떤 계층이나 인종 또는 사회적 배경에도 맞지 않으며 어디서도 우리가 진정 소속감을 느끼지 못한다는 사실"에서 나온 것이었다.(Lorenz 2000, 13)

버펄로라는 이름은 "버릇없는 소년들이나 반항아 같은 사람들을 묘사하는 카리브식 표현에서 가져왔다. 그들은 꼭 거칠어야 할 필요는 없지만, 스트리트에서 유래한 강렬한 스타일을 가졌다."(Petri, Jones 2000, 157) 또한 "파리의 친구들에게서 영감을 받았다. 이건 내가 하고 싶었던 것들을 포괄하는 이름이기도 했다. 무언가 '창의적'인 동시에 거칠고 스트리트 느낌이 있는 것"이기도 했다.('Ray Petri' 1985, 44) 파리에서 영감을 준 것은 자크 네그리의 개인 보안 회사로, 이들은 미국 공군이 입던 코발트 블루 컬러의 MA1 플라이트 재킷 뒤에 회사 이름을 스텐실로 찍은 옷을 입고 다녔다. 네그리는 페트리에게 이 재킷을 하나 주었고, 이는 페트리만의 개인적 유니폼의 핵심적 부분이 되었다.

룩(들)을 창조하다

페트리와 레본이 스타일링한 최초의 이미지는 『i-D』 1984년 9월 호에 실렸다. 닉 케이멘은 세루티(Cerutti)의 검정색 디너 재킷과 흰색의 마크스 앤드 스펜서(Marks and Spencer) 베스트 위에 소매가 없는 데님 재킷 두 개를 겹쳐 입고 검정색 리바이스 진을 입은 모습으로 전면 화보에 실렸다. 검정색 펠트 모자는 금색 넥타이핀으로 장식했고, 캘빈 클라인의 티셔츠 위에 진주를 마치 스카프처럼 한 줄 둘러 룩을 완성했다. 이 룩에는 나중에 버펄로 스타일링의 특징이 된 요소들이 모두 들어 있으며, 페트리의 개인적 스타일인 "헤인즈(Hanes) 티셔츠 위에

빳빳하게 잘 다려진 고급 화이트 셔츠를 걸치고, 리바이스 산즈 벨트 모델을 엉덩이까지 내려 입은 뒤 그 위에 파이처럼 생긴 중절모를 쓴"(Rambali 2000, 170) 모습도 반영되었다. 『i-D』 1984년 12월 호에는 80년대 중반 버펄로와 런던 클럽 신의 모습과 동의어가 된 옷이 포함된 페트리의 또 다른 스타일링이 실렸다. '레이는 맨해튼으로 간다'(Ray goes to Manhattan)라는 제목의 이 화보에서 모델은 검은색 청바지와 티셔츠에 베레모를 쓰고 기도 카드로 장식한 MA-1 재킷을 입었다. MA-1 재킷은 기장이 짧고 허리에 꼭 맞는 핏으로 가랑이와 하반신, 다리가 드러나며 주로 올리브 그린 컬러로, 1970년대 후반에서 1980년대 초반 과잉되게 남성적인(hypermasculine) 게이 남성들이 자주 입었다.[6] 런던과 뉴욕의 게이 신에서 활동한 게이 남성으로서 페트리는 MA-1에 익숙했을 것이다. 페트리의 영향은 부분적으로 도시의 게이 문화에 기반하고 있었는데, 아마도 가장 주목할 만한 부분은 모델과 관객 사이에서 경험한 접촉— 모트에 따르면 이 접촉은 게이 남성들의 성적 욕구를 위한 '크루징'(cruising)에 필요한 시각적 접촉에서 비롯했다(Mort 1996, 71–72)—이었을 것이다. 페트리가 스타일링한 화보와 런던 소호의 젊은 도시 게이들 사이에는 상호적 영향이 일어났다. "매우 소호 스타일의 룩 같은 특정한 이미지가 있다. (…) 바가지 머리, 검은색 재킷과 닥터 마틴 슈즈 같은 것들—그들은 게이일 수도 있지만, 꼭 그렇지는 않았다."(Petri, Mort 1996, 184)[7]

---

6 이러한 게이 남성들의 남성적인 옷 스타일 및 이들의 옷장 속 필수품이었던 MA-1 재킷에 대해 더 알아보려면 Cole 2000 참조. 람발리는 "레이는 목덜미를 드러내는 마초 컷을 가장 좋아했으며—목은 그가 남성의 몸에서 가장 좋아하는 부분이었다—짙은 파란색 나일론 소재의 광택은 재킷에 달빛과 같은 우아함을 더했다"고 회상했다.(Cole 2000, 169)
7 이 옷차림은 1980년대 중반 '왜그'(Wag) 등 런던의 클럽에 갈 때 입는 "나이트클러빙

    페트리는 모델을 선택할 때 성적 지향, 인종, 계층 등을
중요하게 생각했고, 그가 흑인 및 혼혈 모델들을 기용한 것은
패션 산업의 관행을 벗어나는 일이었다. 실제로 페트리가
닉 케이멘을 처음 만났을 때, 그는 버마와 아일랜드 혼혈의
아버지와 프랑스, 네덜란드, 영국 혼혈의 어머니 사이에서
태어났음에도 소속 모델 에이전시의 리스트에 '흑인'이라고
기재된 유일한 유색인종 모델이었다. 모건은 그와 페트리가
캐스팅에서 "독창적이고 지금껏 창조되지 않았던 것을
창조하며, 한 번도 사용된 적 없는 길거리 캐스팅 모델을
사용하기를 원했다"고 회상했다.(Morgan, Rambali 2000, 170)
페트리가 모델을 캐스팅할 때 관심 있게 보았던 것은 개성,
캐릭터의 느낌이었으며 "좋은 스타일링에서 중요한 것은 모델
캐스팅이다. (…) 한 번 제대로 된 길을 택하면 나머지는 모두
알아서 제자리를 찾아간다"고 했다.('Ray Petri' 1985, 44) 또한
"스타일은 중요하며 나는 사람들이 이미 가지고 있는 룩을 더
돋보이게 하기 위해 그들에게 옷을 입힌다"고도 했다.(Petri,
Jones 2000, 158)

복장"(Witter 1987, 98)이 되었는데, 이 클럽에는 "MA-1 재킷과 501s 진을 입고 닥터 마틴을 신은
페트리 보이들이 '레어 그루브'와 시카고 '하우스' 음악을 들으러 언제나 몰려들었다."(Sharkey
1987, 96)

스포츠맨과 복서

1983년, 모건은 『i-D』에서 일했던 10대 스타일리스트 미치 로렌즈의 권유로, 그가 1930년대 포토그래퍼 게오르게 호이닝겐휘네가 촬영한 『보그』 수영복 화보에 영감을 받아 페트리와 함께 촬영한 이미지들을 가지고 『더 페이스』에 연락했다.(Rambali 2000) 그리고 두 개 이미지가 1983년 9월 호에 양면 스프레드 화보 「투르 드 포스」(tour de force)로 실렸다. 하나는 '바이커'인 피터 피셔가 흑백의 스포츠용 상의와 검정색 캐서린 햄네트(Katherine Hamnett) 바지에 가죽 소재 카우보이용 바지를 덧입고, 무술용 페이스마스크와 스터드가 박힌 손목 밴드를 착용한 모습이었다. '사이클리스트'로 등장한 웨이드 톨레로는 여러 가지 색이 섞인 사이클링용 상의와 반바지에 장식이 달린 장갑과 스터드가 박힌 손목 밴드를 착용하고, 한쪽 눈썹 위에 일회용 반창고를 붙였다. 이 화보에서 보여 준 스포츠웨어와 디자이너 의류 및 서브컬처 액세서리의 조합은 전형적으로 페트리가 계속 시도했던 스타일링 접근법이었다. 『더 페이스』의 에디터 닉 로건은 "우리는 패션을 소개하고자 노력했다"고 회상했으며(Logan 2000, 147) 더 많은 화보를 의뢰해, 모건과 페트리는 1984년 1월 호 『더 페이스』의 표지를 작업하게 되었다.[8] '윈터 스포츠'(Winter Sports)라는 제목의 양면 스프레드 화보 두 개에서, 페트리는 다양한 컬러가 섞인

---

[8] 해당 호의 『더 페이스』는 사라예보에서 열린 동계올림픽을 앞두고 발행되었다. 모건이 촬영하고 레이 페트리, 일명 스트링레이가 스타일링한 두 번째 양면 화보 「체인의 매력: 남성 주얼리」(Chain Charms: Male Jewellery)도 해당 호에 실렸다.

사이클링 상의와 디자이너 셔츠를 멀티스포츠(Multisport)와 디자이너 스티븐 킹(Stephen King)의 흰색 세일러팬츠 및 스웨트팬츠와 조합하고, 여기에 배지, 팔찌, 인조 다이아몬드 브로치 등으로 장식된 소방관 및 경찰 재킷을 활용했다. 45도 정도로 옆을 보고 있는 클로즈업 포트레이트 사진으로 된 표지에서, 닉 케이멘은 검정색 코트와 니트를 입고, 그와 대조를 이루는 립 조직으로 짠 밝은 오렌지색 복면을 스카프처럼 착용하고, 노란색 일회용 반창고를 한쪽 눈썹에 붙이고 있다.

　「윈터 스포츠」 화보에서의 밝은 컬러들은 18개월 후 스포츠를 테마로 한 『더 페이스』의 또 다른 화보에 다시 등장했는데, 제목은 '나비처럼 날아 벌처럼 쏘다… 근육을 확인하라'(Float Like a Butterfly sting Like a Bee… Check Out the Beef)로 모건이 촬영했다. 여덟 페이지 이상의 구성에 표지까지 합해진 화보에서 여섯 명의 남성 모델들은 론즈데일(Lonsdale)의 복싱 및 사이클링 반바지, 염색한 민소매 자키 폴로넥 상의, 모자, 부츠 및 타미 너터(Tommy Nutter)의 파스텔 컬러 실크 소재 웨이스트코트를 섞어 입었다. 모델들은 "신체적 힘의 구현은 선수의 전통적 이상향"(Martin and Koda 1989, 22)이라고 한 리처드 마틴과 해럴드 코다의 주장을 반영하듯 복싱 링 위를 떠올리게 하는 포즈를 취하고 있다. 표지에서 복서 클린턴 매켄지는 단호한 자세로 분위기를 잡고 있다.(삽화 20) 모건은 매켄지가 "거친 뒷골목에서부터 시작한 진정한 복싱 챔피언이었다. 이 화보는 그가 처음으로 찍은 패션 화보지만, 그는 즉시 분위기를 파악했다. (…) 사실 그는 정말 다정하고 부드러운 사람이었고 이것이 레이가 화보에서 보여 주고 싶었던 것이다. 남성이 아주 강한 동시에 매우 섬세할 수도 있다는 사실 말이다."(Morgan,

Compain 2017)라고 회상했다. 매켄지는 『더 페이스』 1985년 8월 호의 한 페이지짜리 흑백 화보에 실렸으며, 검정색 페도라를 쓰고 복싱 챔피언 벨트를 착용했으며, 한쪽 눈썹에 반창고를 붙인 모습이다.

이와 비슷한 조합이 1985년 8월 『i-D』의 두 페이지짜리 스프레드 화보에 실렸다. 여기서는 론즈데일과 보디맵(Bodymap)[역주: 1980년대 인기를 끌었던 런던의 패션 레이블.]의 라이크라 소재 반바지, 너터(Nutter)의 웨이스트코트와 (「나비처럼 날아(…)」 화보에서 썼던) 베르사체(Versace)의 모자의 조합을, 케이터링 업체 복장을 만드는 데니스(Denny's)의 재킷과 디자인 듀오 번스톡 앤드 스피어스(Bernstock and Spiers)의 봄버 재킷에 매치했다. 이 화보는 웨스트 런던 지역의 거리에서 촬영했다.(이때 포토그래퍼는 로버트 어드먼이었다.) 스포츠 스타일링과 자메이카의 은어를 활용한 화보의 제목 '와일드한 젊은이가 길모퉁이에 방탕한 태도로 서 있다—새롭게 주목을 끄는 셀렉션을 입고 노래하고 춤춘다'(wild youth takes a wicked stance on the corner—they sing and dance wearing brand new rub-a-dub selection)는 1985년 10월 『더 페이스』에서 모건이 촬영한 「맥스 래거머핀」(Max Raggamuffin)으로 다시 태어났다. 모델이 된 맥스웰은 복싱 장비를 착용하지 않았지만, 대신 검정색의 번스톡 앤드 스피어스 재킷과 마츠다(Matsuda) 바지를 입고 뉴욕 소방관 후드, 양가죽 소재 '건틀릿', 가죽 장갑, '미군' 벨트 버클과 주디 블레임(Judy Blame) 목걸이로 룩을 장식하여, 시합을 앞두고 장비를 착용하고 있는 '복서'처럼 보인다. 이렇게 페트리가 스타일링한 스튜디오 및 스트리트 촬영 컷들은 스포츠에서 영감을 받은 디자이너 의류와 군수품, 실제 스포츠 의류를 조합한 것으로, "운동선수들이 입는 의류는 그

철저한 기능주의로써 영웅적인 느낌을 달성하며, 현대 생활의 가장 큰 게임인 레저 활동에 참여한다"는 마틴과 코다의 주장을 반영한다.(Martin and Koda 1989, 26)

페트리가 모델의 눈썹 위에 붙인 반창고는 '스팅레이' (Stingray)의 트레이드마크가 되었다. 폴 람발리는 페트리가 비스콘티의 영화 「로코와 그의 형제들」(Rocco and his Brothers)에서 영감을 받았다고 이야기했다.(Rambali 2000) 이 영화에서는 프랑스 배우 알랭 들롱이 복서가 된 가난한 남부 이탈리아인을 연기했으며, 영화의 상당 분량에서 계속되는 시합으로 인한 부상을 나타내기 위해 눈썹 위에 반창고를 붙이고 등장한다. 주디스 할버스탐은 '복서의 남성성'을 논하면서 "스펙터클의 가장 마초적인 부분은 구타당한 남성의 몸"이라고 했다.(Halberstam 1998, 275) 페트리는 비스콘티가 영화 속에서 보여준 특정 형태의 폭력적인 남성성과 '구타당한 몸'을 차용하여, 표면상 여성적인 것으로 여겨지는 특징인 옷에 대한 관심 및 1980년대의 '새로운 남성'의 전형으로 분류되는 겉모습과 나란히 늘어놓았다. 페트리는 로디지아의 솔즈베리 복싱 체육관에서 본 "남성 서클의 가입을 승낙하는 육체적 신호"에 매력을 느꼈다.(Wacquant, King 2018, 26) 이는 앤절라 킹이 2004년 캐스 우드워드의 민족지학 연구를 통해 복싱의 행위가 "인종화되고 계급화된 남성성들의 협상의 장"으로 작용하며 "남성성의 불안정성 및 취약성"이 "대립"할 수 있는 곳이라는 점에 주목한 것과 일치한다.(King 2018, 22) 페트리는 그의 화보에서 실제 복서인 매켄지를 모델로 활용하고 복싱의 상징을 사용함으로써 인종 및 계급과 관련된 20세기 후반 남성성의 불안이 어떻게 구체적인 외형을 통해 결정될 수 있는지를 고찰하고 있었다.

카우보이

새로운 남성성에 대한 이러한 고찰—보다 역사적인 아이콘을
차용하고 참조하는—은 페트리가 카우보이의 상징을 사용한
점에서도 나타난다. 역사적으로나 문화적으로나, 카우보이는
야외 활동을 즐기는 거칠고 주류적인 미국 남성성을 상징하는
이미지였다. 카우보이는 1950년대 및 1960년대 육감적인
게이 사진에 자주 등장한 소재로, 이는 서부 영화의 황금기와
일치한다. 1970년대 초, 과잉된 남성성을 지닌 게이 무리는
이러한 아이콘의 터프함, 정력, 강인함 및 활력을 차용하여
여성적이라는 게이 스테레오타입에 대항하는 이미지를
만들어 냈다.(Cole 2000, 2014) 페트리는 도시적인 카우보이로
스타일링되는 젠틀하고 섬세한 '새로운 남성'을 만들어 냈는데,
이는 대중문화 및 게이 문화에 등장하는 주류적인 동시에
대안적인 남성성의 특정 표현에 대한 그의 인식에 기반하고
있다. 그 덕분에 버펄로 컬렉티브의 사진 작업은 1980년대
게이 및 이성애자 남성 모두에게 사랑받을 수 있었다.

1985년 2월 『더 페이스』 마지막 페이지에는 '버펄로(레이
페트리/브렛 워커)'라는 이름으로 발표된 최초의 흑백
포트레이트 화보 연작이 처음으로 실렸는데, 모델 알폰소
라티노 톨레라가 검정색 카우보이 모자를 쓰고 흰색 셔츠와
가죽 재킷을 입은 모습이었다. 그는 카메라를 정면으로
응시하며 마치 보는 이를 향해 모자를 기울이는 것처럼
왼손을 들어올리고 있는데, 마치 1950년대 고전 서부 영화의
한 장면을 보는 듯하다. 『운동광과 괴짜』(Jocks and Nerds)에서
마틴과 코다는 카우보이를 '20세기 가장 중요한 패션 이미지
중 하나'로 정의한다. 이들은 카우보이 드레스코드의 거친

217

남성성에 주목하며, "카우보이의 모자는 헬멧이자 보호막이고, 계속해서 변주되는 이미지 속 카우보이의 가장 개인적인 표시이다"라고 이야기한다.(Martin and Koda 1989, 77) 이 모자는 페트리가 카우보이를 도시적인 카우보이로 재해석할 때 '가장 개인적인 표시'로서 활용한 요소다.

『더 페이스』 1985년 6월 및 10월 호에 페트리는 두 개 화보에서 카우보이 스타일링을 활용했는데, 앞서 이야기한 「나비처럼 날아(…)」 및 「순수한 프레리 런던 카우보이들이 점령군의 법을 내려놓다」(Pure Prairie London Cowboys Lay Down the Law Soldier Take Over, 모두 모건이 촬영)이었다. 전자에서는 톨레라가 밀짚 소재 카우보이 모자를 쓰고 검정색 슬리브리스 폴로넥 상의와 검정색 반바지를 입고, 손목에는 모피 커프스를 두른 채 뒤쪽을 향한 의자에 두 다리를 벌리고 반대로 앉아 있는 모습으로 등장한다. 의자는 크리스틴 킬러가 촬영한 루이스 몰리의 초상화를 연상시키지만, 톨레라는 의자를 마치 안장처럼 보이도록 잡고 있다. 이 포즈는 1988년 9/10월 『아레나』에 실린 '키안티 컨트리의 푸른 하늘'(Blue Skies in Chianti Country)이라는 제목의 화보에서 다시 등장하는데, 이 이미지에서 흑인 모델 리언 리드는 밀짚 소재 '카우보이' 모자를 쓰고 검정색 캐시미어 코트를 입었으며, 지아니 베르사체(Gianni Versace)의 가죽 소재 라이딩 부츠를 신고 장 폴 고티에(Jean Paul Gaultier)의 가죽 웨이스트코트와 저지 소재 바지를 입고 있다.

「순수한 프레리 런던 카우보이(…)」 화보에서 등장한 깃털로 장식한 검정색 펠트 모자가 카우보이를 암시하지만, 페트리는 흑인 모델 맥스웰에게 흰색 자키 폴로넥 스웨터와 검정색 실크 소재에 유니언잭 깃발이 달려 경건한 느낌을 주는 해킷(Hackett)의 테일코트를 입혔다. 보다 명확하게 카우보이를 언급한 것은 화보의 복잡한 제목 및 그와 짝을 이룬 아메리카 원주민 머리장식을 쓴 사이먼 드 몽포드의 '포트레이트' 이미지를 통해서였다. 모건은 이 화보에 대해 다음과 같이 회상했다. "우리는 가장 미국적인 백인 카우보이의 고정관념을 흑인으로 만들고 싶었다. 또한 카우보이에 대한 게이들의 고정관념을 다루고 싶었다. 우리는 그가 멋진 방식으로 정말 섹시하고 터프해 보이기를 바랐다."(Morgan, Compain 2017)

'어반 카우보이'(Urban Cowboy)는 『아레나』 1987년 9/10월 호에 실린, 뉴욕을 테마로 한 두 개의 화보 중 하나의 제목으로 당당히 사용되었으며, 다른 하나는 '브롱크스에서 온 소년들'(Boys from Bronx)이었다. 전자는 검정색 꼼 데 가르송 셔츠, 검정색 카우보이 모자와 도미노 블록 모양 주디 블레임 주얼리를 착용한 세피아 톤의 흑백 포트레이트「아메리칸 드림보트」로 시작된다.(삽화 21) 그리고 같은 모델이 같은 모자에 착장을 다르게 하여 두 번 더 등장한다. '단단한 것은 단단하게'(버펄로의 예전 화보 제목을 암시하는)라는 제목의 화보에서, 모두 검정색으로 된 스텟슨(Stetson)[역주: 카우보이 모자 상표.], 셔츠, 청바지 및 BSA 모터바이크 버클을 착용한 남성은 컨트리 및 웨스턴 가수 조니 캐시와 존 슐레진저 감독의 1969년 영화「미드나이트 카우보이」(Midnight Cowboy)에 등장하는 뉴욕 거리의 카우보이, 남성 댄서 및 소년 매춘부를 떠올리게 한다. 화보 속 다른 이미지들은 세루티, 존 플렛(John Flett), 리파트 외즈베크(Rifat Ozbek)의 테일러드 재킷에 좀 더 집중한 컷들로 전원의 역사적 요소들과 도시적 기질을 혼합한 듯한 분위기를 보여 주며, 이러한 주제는 다음에 등장한「브롱크스에서 온 소년들」화보에서도 채택되었다.

삽화 21. 「아메리칸 드림보트」, 1987년 9/10월 『아레나』의
'어반 카우보이' 화보의 오프닝 이미지. 사진: 노먼 왓슨.

American dreamboat:

슈트를 입은 남성들 /
테일러드의 우아함을 과시하다

버펄로 컬렉티브의 이름은 『더 페이스』 1986년 9월 호에서
테일러드 슈트를 메인으로 다룬 다섯 페이지짜리 화보의
제목으로 등장하기도 했다. '버펄로: 더욱 진지한 자세'(Buffalo:
a more serious pose)라는 제목의 이 화보는 페트리와 모건이
전통 남성복 테일러링의 유구한 전통을 받아들인 이미지를
만들 수 있다는 점을 보여 주지만, 동시에 그들에게
명성을 가져다 준 요소인 날카로운 조합의 스타일링을
더한 버전이기도 했다. 첫 이미지에서 배리 케이멘은 흑백
스트라이프가 있는 콤란(Komlan)의 루즈 핏 바지에 검정색
셔츠와 타이를 착용하고, 닥터 마틴 슈즈를 신고 재스퍼
콘란(Jasper Conran)의 검정색 가죽 재킷을 입었다. 다른
세 이미지들에서 모델은 각각 케이멘, 드 몽포드, 조(Joe)로
아르마니(Armani), 이브생로랑 리브 고슈(YSL Rive Gauche) 및
타미 너터의 검정색 슈트를 입고 있으며, 그보다 18개월 전
『더 페이스』 1985년 3월 호에서 큰 반향을 불러일으켰던
「강할수록 좋다」(The Harder they Come, the Better) 화보에서
표현된 갱단 마피아 같은 애티튜드를 보여 준다.[9] 포토그래퍼
장바티스트 몽디노는 페트리에 대해 다음과 같이 회상했다.
"페트리는 '나쁜 녀석들'(bad boys)에 심취해 있었다. (…) 그는

---

9 이 화보는 Nixon 1996과 Tulloch 2011에서 더 자세히 다루었다.

221

카리브해 스타일의 이탈리안 클래식 테일러링의 느낌을 매우 좋아했다."(Mondino, Limnander 2007) 그리고 이러한 영향은 「버펄로: 더욱 진지한 자세」(1986)와 그 이전의 「강할수록 좋다」 화보에서도 나타났다.

「버펄로: 더욱 진지한 자세」에서 두드러지는 블랙 슈트와 화이트 셔츠의 모노크롬 팔레트는 『아레나』에서의 첫 촬영과 마지막 촬영인 1986년 12월 호 「슈트」(Suit) 화보와 1989년 11월 호 「기나긴 안녕」(The Long Goodbye, 그해 8월 페트리가 사망한 후 출간되었다)에서도 찾아볼 수 있다. 「슈트」 화보에서 흰색 스튜디오 배경에서 촬영된 영국 슈트컷은 「버펄로: 더욱 진지한 자세」를 떠올리게 하는 반면, 이탈리아 스타일 슈트는 이탈리아 분위기의 야외 배경으로 촬영되었으며 이는 페트리의 『아레나』에서의 작업이 보다 영화적인 스타일을 반영한다는 점을 시사한다.

숀 닉슨은 페트리의 버펄로 작업들을 1980년대 중반에서 후반에 이르는 다른 남성 잡지의 화보들과 비교하며 그가 "이탈리아성(Italianicity) (…) 신화적인 이탈리아 남성성의 '응축된 정수'"라고 부른 스타일을 확인했다.(Nixon 1996, 187) 모델의 피부 톤, 얼굴 특성, 관능미, 마초적 느낌 및 '스프레차투라' (spretzzatura)[역주: 이탈리아 음악가들이 사용하던 용어로 아무리 어려운 일이라도 무척 쉬운 일처럼 해내는 것, 즉 꾸미지 않은 듯 꾸민 것. 일종의 가장된 무심함.]의 감각이 마치 피에르 파올로 파솔리니, 루키노 비스콘티 또는 로베르토 로셀리니 감독의 영화에 나오는 남성성을 보여 주며, 이 모든 것들이 합쳐져 그의 '이탈리아성'을 완성한다. 페트리는 『아레나』 1987년 5/6월 호 및 1988년 9/10월 호에서도 이탈리아에 다시 한번 집중했다. 1987년에는 노먼 왓슨이 촬영한 여덟 페이지짜리 화보 「날짜 변경선: 밀라노」(Dateline:

Milan)에서는 이탈리아 스타일의 테일러드 슈트와 오버코트 덕분에 이탈리아인 모델들의 넓은 어깨와 뚜렷한 턱선이 돋보인다. 채리티가 촬영한 '투스카니'(Tuscany)라는 제목의 여덟 페이지짜리 화보에서도 같은 테일러링 스타일 중 일부가 다시 등장하는데, 여기서는 낭만적인 전원적 배경에서 보다 캐주얼한 느낌으로 입고, 소박한 이탈리아의 농민을 연상시키는 이미지와는 대조적으로 셔츠를 입지 않은 근육질의 모델들이 "몸의 표면을 노출하면서 보여 주는 관능성의 수식"(Nixon 1996, 192)을 보여 준다. '젊음의 달콤한 꿈'(Sweet Dream of Youth)이라는 제목의 이 화보 중 한 이미지에서 모델 레온 리드는 발조(Baljo)의 울 소재 스웨터와 사각 팬티를 입고 침대에 누워 있는데, 이는 1986년 『아레나』 창간호에서 캐시미어 스웨터와 청바지를 함께 입은 모습이었던 두 번째 화보를 연상시킨다. 이것이 바로 페트리가 남성성을 보여 주는 기법과 그로 인해 얻을 수 있는 즐거움 중 하나다. 촬영을 위한 테마를 잡고 특정 비유나 스타일에 집중하지만, 그는 '침입자'와 같은 요소를 끼워 넣거나 자신의 레퍼런스들을 섞어서 보여 준다.

앤드루 볼턴은 페트리의 스타일링이 슈트와 같은 "전형적인 남성복 아이템들을 사용"했으며 그것이 "남성복의 주요 법칙에 혁명을 일으킨다기보다는 변형하는" 형태였다고 이야기한다.(Bolton 2004, 279) 볼턴에 따르면 페트리와 그가 보여 준 "새로운 남성"은 여전히 "구식 남성"의 의복으로 싸여 있었다고 할 수 있다.(같은 책) 이것이 사실이라 해도, 페트리의 스타일링이 갖는 힘 중 하나는 전통적인 남성복의 주요 아이템과 파격적인 옷, 액세서리를 조합하는 것이다. 이러한 브리콜라주 과정은 남성 패션과 스타일에 접근할 때 그의 작업이 영향력을 갖게 해 준다. 그래픽 디자이너 빌 윌슨은

페트리에 대해 다음과 같이 회상했다. "페트리는 당신으로
하여금 옷에 대해 생각하게 만든다. (…) 미학적인 면에서 (…)
구식인 옷들이 새로운 맥락에서 멋져 보이게 된다."(Wilson, Cole
1999의 인터뷰에서)

스커트를 입은 새로운 남성들

볼턴의 이야기를 그대로 받아들인다면, 페트리의
스타일링에서 가장 흥미롭고 혁명적인 요소는 남성들에게
스커트를 입혔다는 점이다. 이는 다른 성별의 옷을 입는
형태나 심지어 '젠더퍽'(genderfuck)[역주: 기존 성 역할에 대한
고정관념을 뒤집자는 운동.] 스타일링도 아니었지만(Cole 2000),
문화적으로 여성적 옷이라고 인식되는 옷을 남성성과 균형을
맞추는 페트리의 특별한 능력을 보여 준다. "나는 남자한테
스커트를 입혀 놓고 사진을 찍는데 그를 섹시하면서도
바보처럼 보이지 않게 만드는 어떤 스타일리스트나
포토그래퍼도 본 적 없다. 그게 레이의 힘이었다."(Morgan,
Bolton 2003, 25)

페트리가 작업한 『더 페이스』의 표지 중 가장 상징적인 것
중 하나로 스커트를 입은 남성 옆으로 오렌지색 대문자로
'BOLD'(대담한)와 'NEW'(새로운)라는 글자를 넣은 것을 들 수
있다. 표지 안쪽에는 글렌다 베일리가 쓴 '남자들은 어디에?'
(Men's Where?)라는 제목의 글이 실렸다. 이 글에서는 남성들이
점점 더 다양한 스타일로 '드레스업하고 있다'고 이야기하며
페트리와 모건이 작업하고 실라 록이 촬영한 이미지
세 개와 다양한 디자이너, 스타일리스트 및 교육자들이
남성 패션의 상태에 대해 이야기한 인용문들을 함께 실었다.

금발 백인인 표지 모델 카밀로 갈라르도는 손을 엉덩이에 얹고, 다리를 구부린 채 카메라를 응시하고 있으며, 네이비 컬러의 장 폴 고티에 재킷을 오픈해 입어 금빛 메달 스타일의 브로치와 유니언잭 깃발로 장식한 가슴의 맨살이 드러나 보인다. 존 리치몬드(John Richmond)의 녹색, 검정색 및 노랑색이 섞인 타탄 무늬 스커트는 종아리 중간까지 오는 길이로 금빛 메달 브로치로 고정했다. 다른 두 컬러 이미지 화보에서도 '스커트'를 입은 것으로 보이는 갈라르도가 등장한다. 네 번째는 흑백 이미지로 닉 케이멘이 단추를 푼 흰색 셔츠 위에 회색 고티에 재킷을 입고, 검정색 모자와 닥터 마틴 부츠를 신고 있다. 그가 입은 검정색 가죽 소재 니렝스 스커트는 홉스(Hobbs) 제품으로 '웨스턴 스타일' 버클이 달린 벨트로 고정했다.

여기서 케이멘의 적극적인 포즈는 레본이 촬영한 『i-D』(1984년 7월 호) 화보「소년 대 소녀」(Boy Versus Girl)와 대조를 이룬다. 이 화보에서 그는 마치 기도하는 사람처럼 손을 앞으로 모으고 고개를 숙인 모습으로 보다 명상적인 '동양적' 미학을 보여 주는데, 이는 아마도 케이멘의 혼혈 태생을 반영한 의도였을 것이다.[10] 그의 '스커트'는 레본이 나이지리아에서 그의 친구 욘 골드를 통해 가져온 파란색 스트라이프가 있는 캉가(Kanga)로, 요지 야마모토(Yohji

---

10 이 사진은 '도전'(The Challenge)이라는 제목의 여덟 페이지짜리 화보의 일부다. 페트리의 이미지는 캐럴라인 베이커가 스타일링하고 레본이 촬영한 '소녀 대 소년'이라는 제목의 이미지와 함께 두 페이지에 걸쳐 실렸다. 겨드랑이에 털이 많이 난 근육질 모델 개비(Gabby)는 메이크업을 하지 않은 상태로 스포티한 레깅스와 티셔츠를 입고 운동을 하는 듯한 포즈를 취하고 있다. 베이커의 스타일링에 대해 더 자세히 알아보려면, 이 책에 실린 비어드의 글과 Beard(2013)를 참조할 것.

Yamamoto)의 검정색 롱 코트와 함께 입었다.(Bolton 2003, 24) 이 코트는 말 눈가리개로 만든 빨간색 '장식띠'와 프랑스 외인부대 배지를 단 검정색 말 눈가리개 헤드밴드로 장식했다. 케이멘의 가죽 소재 스커트는 『더 페이스』 1984년 5월 호에도 등장했다. 이 화보에서 그는 알레그리(Allegri)의 베이지색 롱 트렌치코트와 흰색 코튼 저지 럭비 쇼츠를 입었는데, 이 쇼츠는 그의 다리 자세 때문에 미니스커트처럼 보인다. 이 이미지를 회상하며 모건은 여성이 모피 코트와 속옷을 입고 있는 "바로 그 고전적 판타지 이미지"를 그와 페트리가 자신들의 버전으로 만든 것이라고 설명했다. 또한 그들은 "남성들도 섹시하게 행동하는 것이 쿨하다는 것을 보여 주고 싶었다"고 했다.(Morgan, Compain 2017)

인류학 그리고 패션 연구들이 입증했듯이, 의류 아이템들과 남성성 및 여성성 간의 젠더화된 연관성은 문화와 시대에 대하여 특정적이다.(Barnes and Eicher 1992; Crane 2000; Edwards 1997; Entwistle 2000; Roach and Eicher 1965; Wilson 1985) 앤드루 볼턴은 그의 2003년 저서 『브레이브하트: 스커트를 입은 남자』(Braveheart: Men in Skirts)에서 서양 디자이너들이 남성을 위해 '두 갈래로 갈라지지 않은 옷'을 만드는 방식을 연구했으며, "비(非)서양 문화"에서 스커트류의 옷이 어떻게 진화했는지 그리고 남성복 디자이너들에게 어떤 영감을 주었는지를 탐구했다.(Bolton 2003, 64) 페트리는 다양한 문화권에서 자란 자신의 성장기 경험 및 버펄로 멤버들의 성장기 경험에 대한 이해를 통해 그의 스타일링에서 겉보기에는 전혀 공통점이 없어 보이는 다양한 아이템들을 통합시켰다. 스커트가 등장하는 이미지에서 그는 랩스커트, 사롱, 깃발뿐만 아니라 여성의 스커트와 킬트까지 사용했는데, 킬트는 특히 그가 가진 스코틀랜드 배경에서 영감을 받았을 것이다. 장폴 고티에와 같은 최고 수준 디자이너들이 만든 옷들에 영향을 받는 동시에 그것들을 활용하면서, 페트리는 의류 아이템에 대한 기존의 의미에 그만의 브리콜라주와 병치를 통해 도전했고, 적절한 남성 복장, 매력, 20세기 후반 남성성에 대해 질문을 던졌다. 페트리가 스타일링한, 스커트를 입은 남성 이미지는 런던의 나이트클럽에도 그 영향을 미쳤다. 1985년 1월(『더 페이스』 표지에 스커트 입은 남성 모델이 등장하고 두 달 후) 처음 런던으로 여행을 온 한 남성은 다음과 같이 회상했다. "런던 나이트클럽에는 두 남자가 있었다. (…) 흰색 셔츠, 블랙 컬러 숄 칼라의 턱시도 재킷에 큼지막한 큐빅 브로치를 달았으며 흰색 양말에 검정색 닥터 마틴 레이스업 슈즈를 신고 발목까지 오는 검정색 스커트를 입은 남자들이었다."(Cole 2000, 164)

여성의 남성성

1984년 10월 『i-D』에서, 페트리는 신문 기사 제목과 레본의 사진에서 영감을 받아 '스쿱'(Scoop)이라는 제목의 열 페이지짜리 화보 중 두 개 이미지를 스타일링했다. 하나는 「급증하는 구르카족이 "우리의 결혼 생활을 망치다"」라는 헤드라인의 기사에 대응하는 화보로, 모델 웨이드 톨레로는 검정색 비비안 웨스트우드 랩스커트에 해군 승무원들이 입는 재킷과 브라운스(Browns)의 티셔츠를 입고, 깃털이 달리고 스터드가 박힌 반다나를 착용했으며 검정색 레이스업 브로그(brogue)[역주: 작은 구멍을 뚫어 장식하고 날개무늬 사선 장식 등을 단 중후한 스타일의 옥스퍼드 슈즈.]에 색깔 있는 양말을 신고, 그 위에 스터드가 박힌 손목 밴드를 착용한 모습이다.(삽화 22) 옥상으로 보이는 촬영 배경은 톨레로의 자신감 넘치는 포즈를 반영하며, 그의 인종적 기원과 스타일링한 복장은 구르카족 관련 뉴스에서 차용한 네팔의 전통 복장과 어우러진다. 레본은 페트리가 스타일링한 스커트 입은 남성들에 대해 다음과 같이 이야기했다. "그들은 절대 나약하거나 여성스럽지 않았다. (…) 그 착장들은 남자들의 남성성을 위협하려는 것이 아니라, 오히려 강화하려는 목적이었다."(Lebon, Bolton 2003, 24)

페트리의 스타일링 조합은, 완전히 문자 그대로 이루어진 것이 아니라, 다문화적 개념과 남성성에 대한 다양한 인식을 바탕으로 한다. 톨레로의 화보 컷과 짝을 이루고 있는 이미지는 「벵갈의 자경단이 복수를 꿈꾼다」(Bengali vigilantes seek revenge)라는 머리기사에서 영감을 받은 것으로 붉은색 슈트를 입은 젊은 벵갈인 남성(삽화 22)이 흐릿하게 나타나 있다. 자세히 살펴보면 이 '젊은 남성'은 버펄로 컬렉티브의 멤버인 미치 로렌즈다. 이 화보에서는 새빌 로의 테일러 너터스에서 1970년대에 맞춤 제작한 페트리 소유의 재킷이 등장하는데, 이 재킷은 소매에 유니언잭 깃발을 붙인 모습이다. 또한 로렌즈는 붉은색 바지와 미국산 스포츠 셔츠를 함께 입고 검정색 윙클피커[역주: 끝이 뾰족한 구두.] 슈즈를 신었으며, 등산용 멜빵을 착용하고 보석 제작자 앤드루 스핑건(Andrew Spingarn)의 브로치로 장식한 검정색 '터번'을 쓰고 있다. 로렌즈의 생물학적 성별은 그녀의 남성적인 외모와 대조를 이루며, 다양한 민족적 요소들이 섞인 그녀의 배경(파키스탄 이슬람교인 아버지와 영국인 어머니)은 맞은편 페이지의 톨레로와 비교 및 대조를 이룬다.

페트리가 로렌즈를 남성적 방향으로 스타일링한 것은 이 화보에서만이 아니었다. 모니카 커틴이 촬영한 『i-D』

1984년 11월 호 화보 「옷장 스크래블」(Wardrobe Scrabble)에서, 미키(Micky)—이 화보에서 로렌즈의 이름은 이렇게 설정되었다—는 세루티의 오버사이즈 프린스 오브 웨일스 체크 슈트와 검정색 티셔츠, 검정색 슈즈, 'KILLER'(킬러)라는 글자가 보이게 자른 신문지로 '커스텀'한 파이 모양 중절모를 쓰고 있다. 로렌즈는 주머니에 손을 넣고 도전적으로 카메라를 응시하고 있으며, 이는 화보에서 설정된 이름에 더해져 보는 사람으로 하여금 그녀를 '소년'으로 보게끔 만든다. 또한 로렌즈의 모자에 붙인 '킬러' 문구와 그녀의 양성적 스타일링은 『더 페이스』 1985년 3월 호의 표지와 내용으로 사용된 어린이 모델 펠릭스 하워드의 등장을 예고하는 듯하다. 그의 젊고 매끄러운 피부와 도전적인 시선은 로렌즈와 비슷하며, 린지 서로는 그가 입은 흰색 폴로넥 스웨터와 테일러드 재킷과 비슷하게 입고 화보에 등장한다. 로렌즈와 마찬가지로, 서로와 동료 여성 모델 핌 앨드리지는 성별이 불확실한 모습이며, 같은 화보에 실린 남성 모델 드 몽포드와는 달리 거친 느낌과 부드러운 느낌, 남성성과 여성성의 조합을 보여 준다. 이 두 컷에서 양성적인 외모의 남성 및 여성 모델이 나란히 등장하는 것은 "남성과 여성의 남성성은 끊임없이 변화하는 패턴의 영향력 내에 지속적으로 놓인다"는 할버스탐의 주장을 반영한다.(Halberstam 1998, 276)

　　로렌즈의 보이시하고 양성적인 스타일은 장바티스트 몽디노가 감독한 마돈나의 1986년 싱글 「오픈 유어 하트」(Open Your Heart)의 뮤직비디오를 통해 보다 광범위한 대중문화로 급부상했다. 이 뮤직비디오에서 마돈나는 에로틱한 댄서를 연기하는데, 그녀는 페트리가 스타일링한 화보 속 카메오들처럼 옷을 입은 남성들 앞에서 핍쇼 공연을 하며, 이 극장 바깥에서 버펄로 컬렉티브의 멤버 펠릭스 하워드를 삽화 22. 『i-D』 1984년 10월 호에 게재된 화보 「스쿱」의 양면 스프레드 화보.
사진: 마크 레본. 왼쪽: 「새벽 1시 / 풀럼 로드 / 벵갈의 자경단이 복수를 꿈꾼다」 속
미치 로렌즈. 오른쪽: 「12.00 / 27.9.84 / 타워 힐 / 급증하는 구르카인이
"우리의 결혼 생활을 망친다"」 속 웨이드 톨레로.

만나는 것으로 비디오가 끝난다. 마돈나와 하워드가 입은 회색 슈트와 셔츠, 흰색 양말, 레이스업 슈즈 및 파이 모양 중절모는 로렌즈가 『i-D』 촬영에서 입었던 것과 거의 동일한 의상이다. 이 뮤직비디오의 스타일링에 페트리가 기록되지는 않았지만, 그의 영향은 분명하다. 가령 마돈나와 하워드의 착장— 특히 파이 모양 중절모—, 그가 몽디노(및 다른 버펄로의 포토그래퍼들)와 협업한 작업을 반영하는 군중 속 카메오들, 그리고 『더 페이스』 1985년 3월 호 표지를 연상시키는 하워드의 존재 등을 통해 이를 알 수 있다.

이러한 여성의 남성성 표현은 1980년대 초 클럽 및 음악 문화에서의 젠더벤더(genderbender)[역주: 상대 성(性)을 흉내 내는 것.] 스타일과도 잘 어울린다. 할버스탐은 "남성성의 모방이 아닌, 여성 자체의 남성성은 실제로 우리가 남성성이 어떻게 남성성으로 구성되는지를 볼 수 있게 해 준다"고 제안한다.(Halberstam 1998, 1) 이를 적용하면, 남성으로 보이는 로렌즈의 모습은 페트리가 어떻게 남성성의 다른 형태들을 그의 남성 모델들을 통해 보여 주는지 이해할 수 있게 해 준다. 닉슨은 이러한 '알고 있는' 부분들 속에 "캠프의 가장자리로 밀려난 남성성의 자의식"이 있다고 주장한다.(Nixon 1996, 184) 수전 손태그가 1964년 저서 『캠프에 관한 단상』(Notes on Camp)에서 증명한 인위성에 대한 개념에서 드러나는 자기 인식, 스타일화 및 유희적 성격은 모두 페트리의 작업에 존재한다. 예를 들어 『아레나』 1987년 3/4월 호의 화보 「밴드의 소년들」(the boys in the band)은 1970년대 게이들의 삶을 조명한 마크 크롤리의 연극 및 동명의 영화를 참고로 했지만, 그 속의 캐릭터와 포즈는 장바티스트 몽디노가 감독하고 많은 버펄로의 모델들이 등장한 닉 케이멘의 1986년 데뷔 싱글 「당신이 내 마음을 아프게 할 때마다」(Each Time you Break my Heart)의 뮤직비디오에서 따왔다.[11] 이와 비슷하게, 『i-D』 1985년 8월 호의 양면 스프레드 화보 「영 건 고 포 잇」(young gun go for it)에 등장한 토니 펠릭스의 카우보이 스타일 착장은 권총을 들고 다니는 악당 카우보이 및 웸(Wham)의 1982년 노래 「영 건스(고 포 잇)」(Young Guns [Go For it]) 모두를 참조했다고 알려졌다.

결론

모건은 페트리가 어떻게 문화적으로 귀속된 젠더 특성을 활용했는지를 생각하며, 다음과 같이 회상했다. "페트리는 반대되는 것들을 활용하기를 좋아했고, 경계와 고정관념을 깨는 것을 즐겼다. 왜 남자들은 섹시함과 터프함을 동시에 가질 수 없나? 왜 여자들은 단순히 예뻐야만 하고, 강하고 진지해서는 안 되나? 젊은 사람들뿐 아니라 노인, 흑인, 백인을 찍으면 안 되나? 결국 우리는 본질적으로 모두 같은 존재인데. 이것이 우리의 철학이었다."(Morgan, Compain 2017) 페트리는

---

11 몽디노는 마돈나의 「오픈 유어 하트」에 앞서 (마돈나와 스티븐 브레이가 작곡 및 프로듀싱하고) 1986년 발매된 닉 케이멘의 데뷔 싱글 「당신이 내 마음을 아프게 할 때마다」의 뮤직비디오를 연출하기도 했다. 나이트클럽을 배경으로 한 이 뮤직비디오에서 케이멘은 무대 위에서 노래를 부른다. 하워드와 드 몽포드 등 버펄로의 다른 남성 모델들은 페트리의 화보에서 볼 수 있는 옷들을 입고 등장해 마치 살아 움직이는 버펄로 화보처럼 보인다. 케이멘의 당시 여자친구이자 버펄로 멤버였던 탈리사 소토가 등장해 동성애적 분위기를 완화한다. 마돈나의 뮤직비디오처럼, 이 비디오도 케이멘이 나이트클럽 밖의 거리에서 혼자 춤추는 장면으로 끝나며 영상이 끝나기 8초 전에 '쿨 스틸'(Kool Still)이라는 글자가 나온다. 이는 페트리의 유언이었다. 이보다 조금 덜 동성애적인 분위기의 두 번째 버전도 몽디노의 감독으로 제작되었다. 여기서는 케이멘의 무대 퍼포먼스에 집중하면서, 소토가 케이멘에게 손을 흔드는 '명절용 가족영화 스타일의 장면들'이 중간중간 삽입되었다.

20세기 후반의 남성성에 대해 표현하면서 그만의 배경, 경험 및 좋아하는 것들을 모델과 포토그래퍼의 도움과 결합해 기억에 강렬하게 남는 "현대적인 고전주의의, 거칠게 날이 서 있으며 말런 브랜도 같은 느낌의" 이미지를 만들어 냈다.(Logan and Jones 1989, 10) 그의 친구와 동료 들이 지닌 혼합적 전통은 전통적인 남성 패션과 스타일링 및 잡지에 조리가 있으면서도 규범에 도전하는 방식으로 활용되고 나타났다. 페트리가 공식적으로 버펄로 컬렉티브 내에서, 또는 밖에서 함께 작업한 포토그래퍼들은 각자 자신들만의 미학이 있었으며, 페트리의 스타일링을 통해 드러나는 공통적인 접근법 및 유사성이 있었다. 패션 이미지 제작은 협업으로 진행되는 과정이며, 가장 성공적인 이미지들은 모델, 포토그래퍼, 스타일리스트, 헤어 및 메이크업 팀, 그리고 각각의 컷을 함께 작업한 어시스턴트 간의 시너지를 보여 준다. '버펄로' 컬렉티브의 협업 사진 작업 결과물들에서 페트리는 "모두를, 모든 것을 한데 끌어모으는 구심점"(Morgan 2000, 14) 같은 존재였다.

페트리가 『i-D』와 『더 페이스』를 위해 제작한 양면 스프레드 화보 및 초기 개별 컷 이미지에서는 서브컬처 요소들이 스포츠웨어 및 젊은 디자이너들의 아이템들과 섞여 진화하고 보다 정교해졌으며, 『아레나』에서는 열 페이지에서 열두 페이지까지 확장되었다. 초기 작업에서의 거리 로케이션 촬영 및 스튜디오 촬영 컷들은 세련된 테일러링과 하이엔드 디자이너 아이템이 곁들여진 화려한 전원 풍경 및 거친 도시 로케이션으로 대체되었다. 초기에 촬영한 화보에서 그는 "몸을 오브제와 이미지를 붙이고 걸 수 있는 표면으로 제시"했다.(Nixon 1996, 183) 또한 그는 옷도 같은 방식으로 취급하여, 그의 스크랩북에 있는 이미지들을 활용하고 날렵하게 재단된 옷 및 보다 캐주얼한 스트리트웨어를

233

모두 고가의 액세서리 및 장식적인 '주얼리'가 될 수 있는 오브제들로 장식했다. 유니언잭, 파이 모양 모자, 주얼리 아이템 등 반복되는 모티프와 의류 아이템들은 페트리가 활용했던 이미지 저장소를 형성했고, 이를 자기 참조 방식으로 재조합해 분명히 구분 가능한 버펄로만의 스타일을 만들었다. 이는 그의 후기 작업 내내 지속되었고, 남성성의 상징적인 형태에 관한 참조가 되기도 하고 이를 부정하기도 하면서 지속적으로 사용되었다. 심지어 그의 마지막(사후에 출간된) 화보 「기나긴 안녕」(『아레나』 1989년 11월 호)은 페트리의 트레이드마크였던 파이 모양 모자를 뜯어낼 수 있게 만든 종이에 인쇄된 '부랑아' 화보 위에 놓은 이미지로, 케이멘 형제가 초기에 입었던 흑백 컬러의 테일러링 의류 조합, 즉 흰색 풋볼 셔츠 위에 꼼 데 가르송 재킷, 앤서니 프라이스(Anthony Price) 슈트와 존슨(Johnson)의 바이커 부츠를 신고 장례식의 '조문객'으로 등장했다. 그러나 이 화보에서는 보다 섬세하고, 묵상을 하는 듯한 태도로 낭만적이고 멜랑콜리한 분위기다. 페트리가 그의 가장 초반 작업들에서 닉 케이멘의 이미지로 표현했던 섬세하고 새로운 남성성 감각이 여기서도 나타난 것이다. 페트리가 반복적으로 이야기했던 말과 유언을 인용해 말하자면, 그가 만든 이 이미지들은 오늘날까지도 '쿨한 스틸 컷'(Cool Still)으로 남아 있다.

감사의 말

아직 발표 전인 석사 논문 「여성 견습 복서의 성찰: 전통적인 이스트엔드 지역 복싱 체육관 내 노동 계급 남성성에 대하여」(Reflections of a female apprentice boxer: On working class masculinity within a traditionalist East End boxing gym)를 공유해 준 앤절라 킹에게 감사드린다. 이 논문은 복싱과 남성성에 대한 내 생각을 잘 정리해 주었다.

9장
1990년대 힙합을 스타일링하고, 흑인들의 미래를 패션화하다

레이철 리프터

이 장은 1990년대 뉴욕 베이스의 힙합과 리듬 앤드 블루스(이하 R&B)의 룩을 형성한 두 스타일리스트, 준 앰브로즈와 미사 힐턴에 대한 내용이다. 앰브로즈와 힐턴은 1990년대 초반에 업타운 레코드의 인턴으로 음악 산업에서의 커리어를 시작했다. 힐턴은 당시 10대였으며, 앰브로즈는 투자 은행에서 커리어를 시작했다가 그 분야가 "단지 내가 꿈꾸던 것이 아니었고 내 남은 커리어를 투자할 만큼의 열망을 일으키지 못한다"는 사실을 깨달았다.(Mediabistro 2012, 0:34-0:40) 각자 인턴십을 시작한 직후, 두 여성은 새로 임명된 A&R[역주: artist and repertoire, 아티스트 브랜딩 및 앨범의 브랜딩 작업을 하는 직군.] 임원이자 당시 힐턴의 남자친구였던 숀 콤스가 계약한 신진 아티스트들을 스타일링할 기회를 얻었다. 1990년대 뉴욕 베이스의 힙합 및 R&B 신에서 가장 굵직한 아티스트들을 발견하고 키워 낸 콤스의 역할은 잘 알려져 있으며, 그가 발굴한 재능 있는 아티스트들 중에는 조데시(Jodeci), 메리 J. 블라이지 및 노토리어스 B.I.G. 등도 포함되어 있다. 힐턴과 앰브로즈는 이렇게 새로 계약한 아티스트 및 힙합과 R&B계에서 떠오르는 스타 들과 같이 일했으며, 아티스트들이 뮤직비디오, 라이브 공연 및 시상식 등에서 입을 룩들을 만들면서 그들의 이미지를 발전시키는 데 기여했다. 한편 다른 음악 산업 종사자들과 마찬가지로 앰브로즈와 힐턴은 그들이 스타일링한 스타들의 뒤에서 묵묵히 (그리고 지금까지도 계속) 일해 왔고, 잠재적 청중들에게 보여 줄 뮤지션들의 스타 캐릭터를 조정했다. 다른 한편으로, 1990년대 선구적이었던 그들의 스타일링 작업을 통해, 두 여성은 21세기로 전환될 무렵의 힙합 및 R&B의 새로운 이미지를 패션화하면서(fashion) 그들만의 독특한 스타일이 있는 아티스트로 자리매김했다. 이 장에서는 이 두 맥락을 따라 1990년대 후반 앰브로즈와 힐턴의 스타일링 작업을 탐구할 것인데, 첫 번째로는 급변하는 힙합 업계 내에서 크리에이티브적 서비스의 형태로서 작업을, 두 번째로는 아프로퓨처리즘(Afrofuturism)[역주: 아프리카 미래주의, 아프리카 중심주의와 미래 공상과학소설, 역사 소설, 판타지 등을 결합한 문학 및 문화적 미학.]으로 알려진 상상에 기반한 예술 전통 내에서의 페미니스트적 성명 표명으로서 작업을 탐구한다. 이 장 전반에 걸쳐, 앰브로즈와 힐턴은 무대와 스크린 위에서의 흑인의 이미지를 유행시키기 위해 노력했으며 그에 따라 그들이 미래의 (여성) 흑인 크리에이터를 위한 길을 닦았다는 것을 분명히 알 수 있다.

서비스 산업에서
창조하는 법을 배우다

오늘날 스타일리스트는 뮤지션의 이미지를 만드는 데 핵심적인 기여를 하는 역할로 인정받고 있다. 나는 이러한 인정이 어떤 곳에서는 비교적 최근에 확립된 것이라고 주장하는 바이다.(Lifter 2018) 2010년대 초, 몇몇 스타일리스트들이 팝 스타들과 함께 널리 알려진 협업을 진행하면서, 음악을 위한 스타일링 실천 및 그러한 스타일링을 제공하는 이들이 새롭게 패셔너블한 가시성을 얻었다. 그 결과 음악을 위한 스타일링은 패션 및 커뮤니케이션 분야의 직업에 관심이 있는 이들에게 매력적인 진로로 떠올랐다. 이러한 맥락에서 앰브로즈와 힐턴은 해당 분야의 선구자로 인정받고 있으며, 언제나 그들이 일을 시작하게 된 출발점과 그 궤적에 대해 이야기해 줄 것을 요청받는다. 이들이 해 주는 이야기에는 다음과 같은 두 가지 주제가 있다.

첫 번째는 그들이 1990년대에 일을 시작했을 때, 힙합과 R&B 스타일링에는 어떤 청사진도 없었다는 것이다. 두 번째는 음악을 위한 스타일링은 창의성과 함께 정신적인 전문성을 모두 요구한다는 것인데, 이는 스타일리스트가 시각적인 자극을 주면서도 그 스타의 '진정성을 담아내는' 룩을 만들어야 하기 때문이다.

힐턴은 2017년 빌보드의 라샤드 벤턴과의 인터뷰에서 "당시 패션 스타일리스트가 되는 것은 직업을 선택하는 것이 아니었다. 나는 무엇을 해야 할지, 어떻게 해야 할지 전혀 몰랐다"고 이야기했다.(Benton 2017) 명확하게 정의된 직업적 맥락이 없었던 상황에서, 두 여성은 자신들이 어렸을 적 패션에 대해 가지고 있었던 열정을 크리에이티브한 커리어로써 추구할 기회가 주어졌다는 점에 의의를 두고 커리어를 시작했다고 이야기한다. 앰브로즈는 『E!』의 캣 새들러에게 이렇게 어린 시절을 회상했다. "어릴 때, 나는 말 그대로 할머니의 커튼을 잘라 쓰면서 바비 인형 드레스를 만들었고, 항상 문제를 일으키곤 했다. 나는 언제나 무언가를 디자인하고 만들었지만, 그게 직업이라는 것은 몰랐다." 그리고는 더 자세히 설명했다. "그때 나는 패션쇼를 하고 있었고, 중학교, 고등학교 때도 하고 있었던 것이다. 나는 쇼를 제작하고, 조율하고, 스타일링하면서도 그게 뭔지 몰랐다. 때로 인생에서 나중까지 자신의 재능을 깨닫지 못하는 경우가 있다."(Simply 2015, 2:41-3:06) 또한 힐턴은 다음과 같이 이야기했다.

> 내가 10대 초반이었을 무렵에는 라디오에서 금요일과 토요일에만 힙합을 틀어 주었고, 미스터 매직과 쿨 디제이 레드 얼러트가 라디오를 진행했다. 나는 카세트

테이프를 들고 라디오 옆의 바닥에 앉아 라디오에서 틀어 주는 음악을 녹음하고, 듣는 동안 그에 어울리는 옷들을 상상하곤 했다. 당시에는 시각 자료가 많지 않았는데, 거의 없었다고도 할 수 있다. 그러니 앉아서 이 래퍼들은 어떻게 생겼을지, 무엇을 입어야 할지, 나라면 무엇을 입을지, 그리고 내 친구들이라면 무엇을 입힐지를 상상하는 수밖에 없었다.(Benton 2017)

힐턴은 이에 덧붙여서, 이러한 어린 시절의 열정을 커리어로 전환할 수 있었던 것은 "적절한 시기와 적절한 위치"가 맞아떨어지는 상황이 있었기 때문이었다고 이야기했다. 말하자면 당시 뮤지션들을 발굴하는 역할로 음악 산업에 발을 내디디고 있던 콤스와 사귀면서, 어떻게 뮤지션들이 음악을 만들고 어떤 모습인지를 알 수 있게 된 것이다.

키스 니거스가 설명했듯, 앰브로즈와 힐턴이 커리어를 시작할 당시도 그렇고 지금도 "아티스트 개발"에 매진하는 산업이 존재한다.(Negus 1992, 63) 그러나 이 산업은 그것이 형성하고 판매하는 아티스트의 거대한 그림자 내에서만 움직인다. 니거스는 그의 저서 『프로듀싱 팝』(1992)에서 이 업계와 그 안의 다양한 창의적 업무에 종사하는 노동자들을 조명했는데, 특히 A&R과 마케팅 부서 간의 중심적 협업에 초점을 맞추었다. 그의 설명에 따르면, A&R 부서는 재능 있는 신인들을 발굴하고 계약을 맺는 일을 주도하며, 마케팅 부서는 이렇게 새로 계약한 신인들의 이미지를 모아 포장하고, 이를 잠재적 청중들에게 판매하는 일을 주도한다.(Negus 1992, 38) 또한 스타일리스트는 마케팅 부서의 일부로 아티스트가 어떻게 보일지에 대한 전략적 의사 결정을 한다. 이러한 작업의 요점은, 현재의 팬 및 미래의 잠재적 팬에게 '진정성 있게' 받아들여질 아티스트의 이미지를 창조하는 것이다. 니거스는 다음과 같이 상술했다. "진정성의 개념은 스태프들이 그 이미지가 실제 경험을 표현하고 아티스트의 가장 깊은 영혼, 또는 그 기원을 나타내야 한다는 낭만적 믿음을 가지고 있기 때문에 마케팅 행위에 동원되는 것이 아니다. 오히려 그것은 아티스트가 그들의 이미지를 가지고 살아야 하고, 다양한 환경에서도 설득력 있게 운용해야 하며, 또한 청중들도 그 이미지를 믿어야 한다는 실용적인 이유에서 비롯한다."(Negus 1992, 70) 이 작업이 성공적으로 수행된다면, 그 결과로 나오는 이미지는 그 안에 들어간 인위적 작업을 가려 준다. 다시 말해 뮤지션의 이미지가 '진정성 있는' 것처럼 보일 때, 청중들은 그 안에서 이미지를 형성하기 위해 일한 수많은 창작 노동자들—스타일리스트를 포함하여—을 의식하지 못하게 된다.

나는 스타들을 제작하고 마케팅하는 음악 산업에서 요청되는 이러한 유형의 보이지 않는 창조적 노동을 설명하기 위해 '크리에이티브 서비스 작업'이라는 용어를 제안한다. 이러한 일들은 창조적인 작업이다. 스타일링의 경우 청중에게, 또는 콘서트장의 군중이나 집에서 텔레비전을 보는 시청자들에게 시각적으로 자극을 줄 수 있는 옷들을 소싱해 뮤지션의 몸에 맞게 입히는 작업이 포함된다. 그러나 이는 자유로운 창의적 작업은 아니다. 음악 산업의 무대 뒤에서 일하는 스타일리스트와 다른 관계자들은 오히려 그들에게 비용을 지불하는 음악 레이블이나 그들이 스타일링하는 스타 캐릭터인 개별 뮤지션들의 요청에 따라 일한다. 리처드 다이어가 영화 산업에 대해 쓴 글에서도 그렇듯이, "스타는 수익을 내기 위해 만들어진다."(Dyer 2004, 5) 이것은 음악 산업의 스타들도 마찬가지이며, 따라서 스타일리스트들과

241

기타 업계 종사자들은 음반 레이블의 수익을 극대화할 수 있는 창의적 결정을 내려야 한다. 이러한 창의성은 해당 장르의 관례에 맞게 질적인 면과 양적인 판매 데이터 모두에 대응하는 것이어야 한다. 또한 스타일리스트들은 같이 작업하는 아티스트들에 대해 개인적인 책임도 가지고 있다. 다이어는 영화 산업에서 스타들은 그들의 이미지로부터 소외되고, "통제하지 못하는 무언가로 변해 버렸으며 자신의 몸과 마음이 안팎으로 패션화된다고" 느낀다고 말한다.(Dyer 2004, 6) 이 점 역시 음악 산업과 유사하다. 스타일리스트들은 뮤지션의 몸과 직접적으로 접촉하며 친밀하게 일하기 때문에, 음악 산업 내의 다른 종사자들보다 클라이언트의 심리에 적절히 응답하고, 그들이 스스로를 아티스트로서, 그리고 사람으로서 어떻게 보고 싶어 하는지를 살펴야 한다.

'스타일'이라는 용어 자체는 상업적인 업무 및 스타의 심리에 관한 업무 모두에서 음악 스타일리스트의 창의성을 탐구할 수 있는 이론적 접근법을 제공한다. 첫째로, 이 용어는 정체성을 형성시켜 주는 복식 행위로 이론화되어 왔다. 예를 들어 동시대 문화 연구 센터의 학자들은 스타일을 노동 계급의 하위문화적 정체성을 구축해 주는 실천이라고 이론화한다. 이때 옷과 상업적 패션 산업의 수단들을 이용하되, 전복적인 룩을 창조하기 위해 새롭고도 이상한 방식으로 이를 조합하게 된다.(Hall and Jefferson [1976] 2006) '스타일'은 이러한 선구적 작업을 확장하여, 인종(Mercer 1994; Tulloch 2018), 성적 지향(Geczy and Karaminas 2013) 또는 종교(Lewis 2015)를 이유로 배제된 사회적 집단들이 옷을 입는 관행, 그리고 이러한 관행이 지배적 문화 체제에 표준화되는 것에 저항하는 방식을 탐구하기 위한 이론적 도구가 되었다. 캐럴 툴럭은 2010년 저서에서 '스타일'을 '패션'과 '드레스, 의복'과 같은 논의 선상에

놓음으로써 패션 연구의 보다 넓은 틀을 제공한다. '패션'이
역사적으로 구체적인 미적 경향을 의미하는 반면, '스타일'은
"개인이 내리는 의상의 선택을 통해 일종의 자서전을 펴내는
것, 즉 자기 서술 과정의 일부"이다.(Tulloch, Kaiser 2012, 6)
둘째로, 이 책의 글들이 증명하듯, '스타일'은 잡지 지면을
통해 패션을 표현하는 전문적인 실천이기도 하다.(Lynge-
Jorlén 2016) 이러한 버전의 '스타일'에서는 착용자의 행위성은
보이지 않게 된다. 모델은 포토그래퍼 및 다른 크리에이티브
관계자와 마찬가지로 해당 이미지를 제작하기 위해 협력하는
사람이지만, 이 용례에서 '스타일'이라는 실천은 정체성에 관한
것이 아니다. 그보다는 아네 륑에요를렌이 설명했듯, 패션에
대한 "스타일리스트 자신의 미학적 해석과 성향"이 표현된
것이 요점이다.(Lynge-Jorlén 2016, 86) 물론 륑에요를렌은
이러한 창의성은 잡지 출판사가 광고를 통해 잡지에 자금을
대는 패션 하우스들의 의류를 화보에 포함시키도록 요구하는
것과 같은 업계 특유의 경제적 제약을 통해 조절된다고도
이어서 설명했다. 음악 산업에서의 스타일링은 '스타일'이 갖는
이 두 가지 정의의 갈림길에 서 있다. 셀러브리티 스타일링도
마찬가지이다. 두 경우에서 모두, 스타일이란 이윤을 위해
미적 지식을 표현하는 '동시에' 각자에게 중요한 정체성을
구축하는 전문적인 기술의 한 형태이다.

앰브로즈와 힐턴의 이야기 속에서, 그들이 제작한
페르소나는 함께 작업한 뮤지션들에게 깊게 내재되어 있는
것이 분명했다. 그 결과, 두 스타일리스트는 음악 산업에서의
스타일링 작업에는 대상을 구슬리고 달래는 일, 슬쩍 주의를
주는 일, 자식처럼 양육하고 떠미는 일이 수반된다고 설명했다.
힐턴의 말에 따르면, 스타일리스트들은 "어떻게 하면
클라이언트를 만족시킬 수 있을까?"라고 계속 자문한다.(Premium

Pete 2017, 40:02–40:05) 그녀는 다음과 같이 자세히 설명했다.

> 고객을 이해하고 그들과 계속해서 대화한다. 나는 항상
> 그들에게 한번 해 보라고 권한다. "안 해도 되지만,
> 한번 해 봅시다. 이걸 입어 보고, 어떻게 보이는지
> 보고, 사진을 찍고, 거울을 봐요." 그리고 내가 무엇을
> 이야기해야 할지 나 스스로 알기 때문에, 이 방법은
> 대부분 효과가 있다. 사람들이 마음을 열고 위험을
> 감수하도록 만들어야 한다. 사람들이 아티스트가
> 불편해할 수도 있는 무언가를 가지고 왔는데 공연
> 직전이고, 그 슈즈가 아티스트에게 썩 잘 어울리는 것이
> 아닌 경우? 분명히 발생한다. 그리고 내 일은 그 상황이
> 돌아가게 만드는 것이다.(Premium Pete 2017, 39:24–39:59)

앰브로즈의 표현을 빌리면, "우리는 도움을 주는 산업, 인생을
바꾸는 업계에서 일한다."(Simply 2015, 16:40–16:43) 그녀가
유명인들을 스타일링으로 변신시켜 주는 쇼인 『스타일드
바이 준』(Styled by June)은 2012년 VH1 채널에서 방영되었으며,
스타일을 "인생을 바꾸는 것"으로서 텔레비전쇼에 맞게 그려
냈다. 음악 산업 내에서, 그리고 유명인들과 함께 일하면서
앰브로즈는 당시 10대 여배우였던 미샤 바튼과 1990년대 힙합
스타였던 트리나와 다 브랫 등 '이미지를 다시 만들고 싶은
유명인들'을 변신시켜 주는 모습을 보여 준다.(Terrie 2015)[1]

---

1 해당 프로그램의 "전체 에피소드"는 저작권 검열을 피하기 위해 속도를 높이고 편집된
상태로 유튜브에 업로드되었다. 이 글에서 기록한 타임스탬프는 이렇게 속도를 높인 버전의
동영상에서 가져온 것이다.

이렇게 이미지를 '다시 만드는' 과정에서 앰브로즈와 어시스턴트 스타일리스트 세 명으로 구성된 그녀의 팀은 그들의 스토어에서 패션 의류를 구입하고, 이 스타들이 누구와 함께 일하는지에 따라 결정되는 그들의 포지션을 바꾸기 위해 그들의 인맥을 동원한다. 예를 들어 트리나가 출연한 에피소드에서는 그녀를 "섹시한 래퍼에서 크로스오버 쿠튀르 디바로" 바꾸었다.(Terrie 2015, 0:43-0:48) 이 에피소드에서 앰브로즈는 트리나를 "록커 룩으로 바꾸었는데, 왜냐하면 트리나가 아직 알지 못하는 무언가가 바로 이것이라고 생각했기 때문"이었으며, 이후 『페이퍼』(Paper) 잡지 화보 촬영 때와 그녀의 신작 앨범 청취 이벤트 때 이 새로운 룩을 한 번 더 활용했다.(Terrie 2015, 5:29-5:33) 그중 한 장면에서 앰브로즈는 트리나에게 머리에 높게 부풀린 가채를 쓰고 나가도록 어르고 달랜다. 그녀가 끝내 이 룩에 저항하자 앰브로즈는 방을 나갔다가 다시 들어오면서 트리나에게 자신과 자신의 전문성을 믿어 달라고 요구한다. 그녀가 쓴 전략은 아티스트가 진정하고 마음을 가라앉힐 시간을 주는 것이었다. 결국 트리나는 자신의 새로운 이미지에 상당히 만족하며, 처음에 저항했던 이유에 대해 다음과 같이 설명한다. "나는 준이 내가 편안해하는 영역을 완전히 벗어난 무언가를 만들었다고 생각했고, 그건 효과가 있었다. 나는 그녀와 싸웠지만, 결국 진정으로 그녀를 믿게 되었다. 그리고 그렇게 했다는 점이 기쁘다."(Terrie 2015, 16:05-16:14) 스타일리스트들은 관련된 훈련을 받았는지 여부—보통은 받지 않는다—를 떠나서, 현장에서 이러한 심리적 노동을 수행한다. 힐턴은 그녀의 경력 후반에 라이프코치(life coach)[역주: 인생의 전반적인 문제에 대해 조언과 코치를 해주는 직업.] 자격증을 따면서 이러한 훈련을 받았다. 클라이언트들의 문제를 내면화한 적이 있냐는 질문에, 힐턴은 "그런 적은 없지만 스타일리스트로서라면, 있다"고 대답했다.(Premium Pete 2017, 1:05:07–1:05:09)

공식적인 교육을 받지 않은 상태에서, 앰브로즈와 힐턴은 그 규모나 문화적 가시성 면에서 빠르게 확장되고 있는 음악 산업의 틈새에서 스타일링 커리어를 시작했다. 니거스가 설명했듯, 1920년대 음악 산업은 흑인들이 제작한 음악을 '인종 특유의 음악'으로 분류하고 꼬리표를 붙였으며(Negus 1999, 87), 주요 음반사들은 1970년대 초반에 들어서야 흑인 음악 제작 전담 부서를 만들었다.(Roy 2004) 그러나 1980년대에 "메이저 회사들은 랩을 다룰 수 있는 기술도, 이해도 없었으며 그럴 성향도 갖추지 못했다."(Negus 1999, 90) 니거스의 설명에 따르면, 그 대신 10년 동안 많은 독립 레이블들이 설립되었으며 이 레이블들은 규모가 작았기 때문에 "'스트리트'와의 교류"(같은 책)가 허용되었다. 이러한 새로운 레이블들은 적어도 부분적으로는 아프리카계 미국인 남성들이 설립하고 운영했다.

1984년 러셀 시먼스는 데프 잼 레코딩의 공동 설립자가 되었고, 1986년에는 안드레 해럴이 업타운 레코드를 시작했는데, 이곳에서 앰브로즈와 힐턴이 커리어를 시작했다. 이후 10년간 이스트코스트에서는 콤스의 배드 보이 엔터테인먼트(1993), 데이먼 대시와 제이 지의 로커펠라 레코드(1995)가 설립되었고, 웨스트코스트에서는 닥터 드레와 슈그 나이트의 데스 로 레코드(1991)가 설립되었다. 이 회사들은 믿기 힘들 정도로 큰 성공을 거두었는데, 이는 소유주인 아티스트들이 이끌어 낸 성공이었다. 특히 콤스, 시먼스와 제이 지는 새로운 계층, 즉 힙합 모굴(mogul, 거물)로 인정받았는데, 이들은 엄청난 부와 함께 "흑인 문화에 대한 지식과 취향을 찾아내고 판매하는" 사람이자 그러한 취향을 대중적 소비에 맞게 포장하는 능력을 가진 인물들로 유명해졌다.(Smith 2003, 75; Chang 2005; Fleetwood 2011) 힙합은 이 모굴들의 육체적 특징과 라이프스타일을 중심으로 당시 '블링'(bling)이라고 알려진 풍요의 미학을 추구했다.(Mukherjee 2006) 힐턴은 그 당시를 다음과 같이 기억한다. "우리는 어마어마한 예산을 썼다—세상에나—왜냐하면 우리는 모든 것을 구입했으니까."(Premium Pete 2017, 22:18-22:23) 여기서 그녀는 어떤 패션 하우스도 그녀가 담당하는 뮤지션들에게 옷을 협찬해 주지 않았을 것이라고 하면서, 끝을 알 수 없는 힙합의 재력 및 1990년대 초 힙합과 패션 산업 사이에 아무 관련성도 없었다는 점을 이야기한다. 이러한 관계는 이후 10년 동안 힙합의 성공과 그것이 미국 사회에 미치는 깊은 영향으로 인해 변화하게 된다.(Chang 2005; Smith 2003) 다시 힐턴의 이야기를 들어 보자. "나는 메리 J. 블라이지와 함께 샤넬 매장에 갔고, 그들은 블라이지의 카드가 승인 거절을 당했지만, 우리 매장은 거절하지 않을 것이라고 이야기했다. 믿어지지 않는 일이었다. 그리고 나서 몇 년 후, 우리는 둘 다 프런트 로[역주: 패션쇼의 맨 앞줄.]에 앉도록 초대받았다."(Premium Pete 2017, 21:44-22:00)

1980년대 말 힙합의 변화에 불을 당긴 것은 지난 10년간 거부당했거나 마지못해 보여 주었던 블랙 팝 및 R&B 가수들의 뮤직비디오를 MTV에서 보여 주기로 결정한 사건이었다.(Marks and Tannenbaum 2011) 1988년에는 30분짜리 텔레비전 프로그램인 『요! MTV 랩스』(Yo! MTV Raps)가 방영되기 시작했는데, 이 프로그램은 당시 힙합 아티스트들의 뮤직비디오를 보여 주었으며 곧 MTV에서 가장 인기 있는 프로그램이 되었다. MTV는 1980년대 말부터 1990년 초까지 유럽, 아시아 및 남미 시장에 진출하면서, 전 세계에 힙합 뮤직비디오를 방송하기 시작했다. 앰브로즈와 힐턴이

커리어를 시작하던 1990년대 중반에서 말 무렵 음악 산업과
미디어 메커니즘이 자리를 잡았고, 덕분에 두 스타일리스트는
기존 힙합 커뮤니티를 넘어서 전 세계에 유통될 정교하고
환상적인 의상을 만들 수 있는 재정적 자원을 확보하게 되었다.

MTV에서의 아프로퓨처리즘

가장 잘 알려진 앰브로즈와 힐턴의 룩은 아마도 미시 엘리엇이
1997년 「더 레인(수파 두파 플라이)」(The Rain [Supa Dupa Fly])
뮤직비디오에서 입었던 미쉐린 맨(Michelin Man) 풍선 슈트(삽화
23), 그리고 릴 킴이 1999년 MTV 비디오 뮤직 어워드에서
입었던 가슴이 드러나는 라일락 컬러 점프슈트일 것이다.(삽화
24) 이 룩들은 해당 뮤지션들의 페르소나를 만드는 데
중심적인 역할을 했다. 즉 두 스타 모두 퍼포먼스를 통해 젠더
규범에 비판을 가하는 것으로 유명하며(엘리엇의 경우에는
예를 들어 Lane 2011; Sellen 2005; White 2013; Witherspoon 2017),
이를 위해 풍선 슈트와 가슴을 노출하는 점프슈트를 입어
여성을 대상화하는 표현을 거부하는 입장을 물질적으로
구현한 것이다.

　　이 섹션에서 나는 이 룩들이 어떻게 이러한 거부를
표현할 수 있었는지를 분석할 것인데, 앰브로즈와 힐턴이
음악을 보여 주는 매체, 즉 텔레비전이라는 맥락에서 어떻게
의상을 디자인했는지를 특히 중심적으로 볼 것이다. MTV
네트워크의 혁신 및 1980년대 뮤직비디오의 부상, 그리고
내가 1990년대 '리얼리티 뮤직 텔레비전'이라고 부르는
분야의 성장은 대중음악이 잠재적 청중에게 다가가는
방식을 바꾸었다. 가령 음악의 시각적 요소들이, 나중에는

뮤지션들 자신까지도, 시각적 스펙터클의 일환으로서 전면에 내세워졌다. 앰브로즈의 풍선 슈트와 힐턴의 라일락 컬러 점프슈트에서 우리가 보는 것은 이러한 지배적인 보여 주기 방식에 대한 응답이며, 이러한 응답은 음악을 텔레비전으로써 방영하는 기술을 사용하는 동시에 전복한다. 이러한 기술에 초점을 맞추어, 나는 앰브로즈와 힐턴의 스타일링 실천을 아프로퓨처리즘의 예술적 전통 내에 넣고자 한다. 알론드라 넬슨의 설명에 따르면, 아프로퓨처리즘에는 "사변적이고, 경계를 확장하며, 기괴한 작업"을 하려는 열망이 존재한다.(Nelson 2010, 5:43–5:47) 그녀는 1960년대 걸 그룹 라벨(Labelle)과 동시대 아티스트 저넬 모네이를 예로 들면서, 이러한 경계들 중 일부는 젠더와 관계가 있다고 이야기한다. 이 아티스트들은 음악에서 "규범적 전통의 바깥쪽", 특히 음악에서 여성이 시각적으로 재현되는 방식에서의 규범적 전통 밖에 존재한다.(Nelson 2010, 4:20–4:24) 넬슨은 어딘가 허전한 느낌이었던 라벨의 앙상블과 1960년대 후반 걸그룹의 전형이었으며 "어떤 면에서는 규범적이고 예쁜" 그룹이었던 슈프림스(Supremes)를 비교한다.(Nelson 2010, 4:42–4:44) 이와 마찬가지로, 미시 엘리엇과 릴 킴은 여성을 연출하는 지배적인 방식에 대한 대응으로서 패션화된다. 풍선 슈트와 가슴이 드러나는 점프슈트는 적나라한 동시에 아무것도 보여 주지 않는데, 이로써 텔레비전 화면을 2차원에서 3차원으로 바꿀 것처럼 살아 숨 쉬는, 또는 방송용 카메라의 시선을 과장하다 못해 중화시켜 버리는 여성의 몸을 창조한다.

준 앰브로즈

앰브로즈가 만든 소위 말하는 '미쉐린 맨' 점프슈트는, 미시 엘리엇이 1997년 데뷔 싱글 「더 레인(수파 두파 플라이)」의 뮤직비디오—하이프 윌리엄스가 감독한—에서 입기 위한 옷이었다. 이 뮤직비디오는 1997년 VMAs에서 3개 부문에 후보로 올랐는데, 먼저 최우수 신인 뮤직비디오, 최우수 랩 비디오 부문에 올랐으며 윌리엄스는 최우수 감독상 후보로 올랐다. 로저 비브의 설명에 따르면, 뮤직비디오 감독으로서의 윌리엄의 미학은 쉽게 파악할 수 있었다.(Beebe 2007, 316) 이 스타일은 1990년대 후반에 '피할 수 없는' 것이었으며, 모방되는 경우가 많았다. 이 미학은 "극단적인 광각 및 어안 렌즈를 사용하고, (메탈릭하거나 젖은 소재를 사용해) 반사율이 높은 표면, 그리고 특정 색상을 입힌 환경을 조성하는 강렬한 원색을 활용한 세트 디자인" 및 다른 특성들이 포함되었다. 비브는 앰브로즈가 고른 소재와 윌리엄스의 촬영 기법이 합쳐져 뮤직비디오의 메탈릭하고 물에 젖은 듯한 룩이 나왔다는 점뿐만 아니라 앰브로즈가 윌리엄스의 많은 초기 뮤직비디오에 의상을 제공한 점도 주목하지 않는다. 그녀의 작업에 관심을 기울이면, 이 뮤직비디오가 어떻게 미학적으로 작용하는지를 깊이 알 수 있을뿐더러, 엘리엇의 신체가 어떻게 시각적으로 재현되었는지 생각할 수 있는 틀을 얻을 수 있다. 즉 앰브로즈는 공기가 드나들며 팽창 및 수축하는 슈트를 만들어, 뮤직비디오 화면에서 엘리엇의 신체가 대상화될 가능성을 뒤엎어 버린 것이다.

1981년 8월에 MTV가 처음 방영된 이후, 뮤직비디오는 여성의 신체가 성적으로 묘사되고 대상화되는 시각적 현장으로 확인되었다. 1980년대 및 1990년대 초, 이러한 비판은 두 개의 대립되는 진영에서 나왔다. 한 집단은 '자식들을 걱정하는'

부모들이었고, 다른 하나는 페미니스트 문화 비평가들이었다. 전자는 검열을 더 많이 해야 한다고 주장했다. 예를 들어 당시 상원 의원이자 나중에 부통령이 된 앨 고어의 부인인 티퍼 고어는 MTV에 직접 출연해 "명백히 폭력적이거나 성적인 뮤직비디오는 저녁 시간에 모아서 방송해야 한다"고 호소했지만 "이 제안은 MTV에서 받아들여지지 않았다."(작자 미상 1988) 페미니스트 비평가들은 해당 뮤직비디오에 대한 그들만의 비평을 몇 년 후 다음과 같이 밝혔다. 다음은 뉴욕 타임스에서 캐서린 텍시어가 록과 랩 스펙트럼을 아우르는 뮤직비디오에 대해 이야기한 내용이다.(Texier 1990)

이 모든 것에서, 소녀들을 위한 역할은 단 하나다. 흑인이든 백인이든, 라틴계든 눈의 여왕 같은 금발이든, 용감한 붉은 머리든 관능적인 갈색 머리든, 이들은 자전거용 팬츠를 입고 화면을 가로지르며, 타이트한 미니 원피스나 깊게 파인 상의를 입고 화면을 누빈다. 그들의 완벽한 곡선은 스판덱스(spandex)가 만들어 준 것이며, 보다 낭만적 순간에는 튤이나 실크 태피터 소재로 분위기를 만든다. 그들은 당근이자 사탕이고 드림 걸(dream girl)이며, 페티시의 대상으로서 소비되자마자 버려진다.

수트 잘리의 다큐멘터리 「드림월드: 록 비디오에서의 욕망, 성, 권력」(Dreamworlds: Desire/Sex/Power in Rock Video)은 뮤직비디오에서의 젠더 표현을 분석하는 데 자주 사용된다. 조 고는 잘리의 결론을 다음과 같이 서술한다. "1980년대 비디오 세계의 여성들은 남성들을 즐겁게 만들기 위해 디자인된 대상으로 '하이힐을 신은 다리'에 지나지 않았다."(Gow 1996, 153) 고는 자신의 연구에서 이러한 비판에 대한 응답으로 MTV가 채택한 검열 절차가 거기에 방영된 비디오들의 대상화 양상에 모종의 영향을 주었는지 여부를 고찰하고자 한다. 1990년, 1991년 및 1992년에 걸쳐 가장 인기를 얻었던 100개의 뮤직비디오를 보면서, 고는 여성들이 적은 횟수로, 그리고 몇 개 되지 않는 역할로만 등장한다는 결론을 내렸다. 예를 들어, 남성들이 '공연장에 모인 청중들을 휘어잡고, 기타를 튕기며, 키보드나 드럼을 치는 등의 행위를 통해 표현되는 아티스트이자 인기인' 역할을 할 때, 여성들의 역할은 대부분 축소되어 '옆에서 포즈만 취하는 사람 또는 댄서'로 전락하며, 이러한 역할은 재능보다 외모에 중점을 둔다.(Gow 1996, 157) 그러나 1990년대 초, 여성 아티스트들은 록과 힙합 음악계에 폭넓게 퍼져 있던 뮤직비디오 내 여성 혐오적 표현에 도전하기 시작했다. 텍시어와 같은 시기에 쓴 글에서 문화 이론 연구가 트리샤 로즈는 다음과 같이 설명했다. "여성 래퍼들은 보컬이자 힙합 커뮤니티 내에서 존경받는 멤버들이며, 그들의 작업 실력은 상당히 높은 편이다."(Rose 1990, 109) 그녀는 솔트 앤 페파(Salt-N-Pepa), 엠씨 라이트 및 퀸 라티파 등의 작업을 강조하며 다음과 같이 주장한다. "많은 여성들의 랩 가사에서 제시된 주제와 관점은 성적 및 이성애적 구애, 그리고 몸의 미학적 구성에 대한 지배적 개념에 도전한다."(Rose 1990, 114) 이어서 그녀는 이 래퍼들이 흑인 여성의 몸에 대한 두 가지 범주화, 즉 "집에 데려가 어머니에게 보여 줄 여자"와 "새벽 세 시에 만난 여자"(같은 책)라는 범주화에 맞서고 있다고도 설명한다.

「더 레인」에서의 엘리엇은 이 스테레오타입 중 어느 쪽에도 속하지 않는다. 오히려 각기 다른 장면에서 다양한 역할로 등장한다. 안무에 맞추어 춤을 추는 댄서, 프로듀서이자 가까운 협업자인 팀발랜드(Timbaland)의 친구, 그리고 가장 유명한 역할인, 음악의 비트에 맞추어 변화무쌍하게 움직이는 흐릿하고 역동적인 물방울 형상으로 등장한다. 「더 레인」의 중심 무대장치는 뒤쪽의 벽에 원형의 형태가 붙어 있는 스튜디오다. 다 브랫, 릴 킴 및 팀발랜드와 콤스까지 많은 게스트들이 이 세팅 앞에 등장한다. 그들은 카메라 앞에서 춤추며 팀발랜드가 프로듀싱한 비트에 맞추어 어떻게 몸을 움직일 수 있는지 보여 준다. 그러나 엘리엇의 몸은 원형 배경이 있는 심플한 스튜디오 세팅에서 더 살아난다. 카메라는 프레임을 타이트하게 잡아 뒤쪽 원형 세트를 그녀가 꽉 채우는 것처럼 보이게 한다. 윌리엄스는 카메라에 트릭을 쓰기도 했는데, 엘리엇이 가까이 다가오면 그녀의 얼굴이 부풀었다가 수축하면서 카메라 렌즈의 원근감을 떨어뜨린다.

박동하는 엘리엇의 몸이 가져오는 효과의 가장 중심적 요인은 앰브로즈가 만든 풍선 같은 옷이다.(삽화 23) 앰브로즈는 『엘르닷컴』(Elle.com)에서 다음과 같이 설명했다.

문서로 작성된 뮤직비디오 구성안은 하이프가 만들었다. 당시 우리는 마음이 매우 잘 맞았고 그는 내게 그런 창의적 작업을 할 수 있게 해 주었다. 처음 구성안을 듣고, 나는 "미쉐린 맨? 그거 하얀 마시멜로 같은 거잖아. 그 타이어로 된 사람 맞아?"라는 느낌이었다. 그리고 나는 그녀를 절대 하얀 마시멜로로 만들 수 없었기에, 내 버전의 검정색 미쉐린 맨을 만든 것이다. 나는 내가 무언가 방울 같은 느낌을 만들고 싶다는 것은 알았다. 그리고 그녀를 진짜로 소비할 수 있는 가짜 인형 같은 것을 만들고 싶은 것도 알았다. 하지만 나는 이런 것을 한 번도 만들어 본 적이 없었다. 풍선을 만들 수 있는 외부 업자를 찾아야 했다. 우리는 캣슈트에서 시작해 이렇게 삽화 23. 「더 레인(수파 두파 플라이)」. 감독: 하이프 윌리엄스.

▌ 풍선 같은 외형을 만들었다.(Ogunnaike and Ambrose 2017)

또한 앰브로즈는 풍선 슈트 안에 적절한 양의 공기를 유지하는 것도 어려운 일이었다고 이야기했다. 처음에는 가스 충전소에서 슈트에 가스를 채웠지만, 공기를 조금 덜 채워야 엘리엇이 움직이거나 옷을 비틀어 빵빵하게 만들거나 처지게 만들 수 있다는 것을 알게 되었다. 공기를 너무 꽉 채우면, 의상이 정적인 형태가 되는 것이었다.(Ogunnaike and Ambrose 2017) 최종 결과물로 나온 것은 수축했다가도 폭발하는 형상으로, 이는 의상과 카메라 렌즈라는 비디오 기술이 합쳐져 엘리엇의 형태를 왜곡함으로써 만들어진 것이었다.

　　또 다른 장면에서는 앰브로즈의 의상과 아프로퓨처리즘의 테크놀로지 테마가 시각적으로 더 직접적으로 연결된다. 여전히 풍선 슈트를 입고 있는 엘리엇은 더 큰 방의 중심에 서 있으며, 커다란 기계 장치의 기둥이 앞뒤로 흔들리는 사이에서 받침대 위에 쪼그리고 앉아 있어 마치 거대한 공장이나 시계 안에 들어 있는 것처럼 보인다. 흔들리는 시계추 역시 카메라 렌즈의 원근법과 어우러지는데, 마치 산업 기술의 상징이 새로운 매체 기술에 의해 휘어지는 것 같다. 이 각도에서 엘리엇은 슈트를 아주 효과적으로 사용할 수 있는데, 낮게 쪼그리고 앉아 몸 주위로 슈트가 부풀게 하고, 몸의 형태가 축소되고 왜곡되도록 만든다. 앰브로즈는 다음과 같이 회상했다. "당시 힙합에서 여성들은 물건 취급을 당했으며, 모두들 섹시해지는 것만 중요하게 생각했다. (…) 우리는 미시를 풍만한 몸매에 체격이 큰, 섹시한 여성 힙합 래퍼로 만들 수도 있었을 것이다. 하지만 당시 힙합에서 여성이 어떻게 여겨지는지를 변화시키려는 우리를 아무도 막지 못했다."(Ogunnaike and Ambrose 2017)

미사 힐턴

2018년 2월 유튜브에 올라온 한 영상—게티 이미지의
워터마크가 찍힌 촬영 장면이 사용된—에서 릴 킴은 1999년
VMAs 시상식장에 도착해 리무진에서 내리며 팬들에게 손을
흔들고 시상식장 밖의 모습을 기록하기 위한 MTV 카메라에
인사를 한다. 그녀는 카메라를 똑바로 보면서, "안녕 MTV!
드디어 여기 와서 내 새 옷을 자랑하는군요!"(Starstracks29
2018, 0:38-0:44)라고 말한다. 그녀는 카메라 렌즈를
포옹하고는 공식 행사장의 길 건너편에서 소리를 지르고 있는
팬들이 던지는, 선망으로 가득한 시선을 즐긴다. 그녀는 한쪽
가슴이 노출된 라일락 컬러 점프슈트를 입고, 유두를 반짝이는
가리개로 덮었으며 보라색 가발을 쓰고 높은 플랫폼 슈즈를
신었다. 이 의상은 등장에서부터 센세이셔널했다. MTV의 한
프로듀서는 다음과 같이 이야기했다. "트럭에 앉아서 녹화
중인 카메라를 보던 것이 생각난다. 그리고 나는, '누가 방금
파란 보라색 세퀸이 달린 뭔가를 입고 리무진에서 내렸는데,
세상에, 그녀의 가슴이 드러났어!'라고 했던 것 같다. 우리는
그것으로부터 어떤 뜨거운 화제가 나올지 모르기 때문에
안절부절못했다."(Hoye et al. 2001, 30쪽)

여성을 구경거리로 삼는 것을 완곡하게 표현한 '뜨거운
화제'(Crazy stuff)는 1984년 마돈나가 「라이크 어 버진」(Like
a Virgin)을 처음으로 공연한 이후 MTV 어워드 이벤트의
중심 요소가 되어 왔다. 장난스럽게 분해한 웨딩드레스를
입은 이 1980년대의 팝 아이콘은 무대 위의 웨딩케이크
위에서 바닥으로 천천히 내려와, 마치 그 웨딩드레스 속을
누가 무엇을 보든지 상관없다는 듯이 그 위에서 드러눕고
몸부림쳤다. 이 퍼포먼스는 텔레비전 음악 방송의 새로운
형식인 리얼리티 뮤직 프로그램을 예고하는 선례가 되었으며,

이 프로그램 내에서 스타들은 텔레비전 라이브에서 스스로를 시각적 스펙터클로 만들 기회—당시는 기회라고 불렸다—를 얻었다. VMAs는 이러한 자기 스펙터클화를 위한 플랫폼을 제공하는 데서 그치지 않았다. 오히려 프로듀서들은 그런 기회를 만들기 위해 열심히 노력했다. 한 프로듀서에 따르면, "MTV는 내게 30분마다 한 번씩 깜짝 놀랄 만한 것을 시도하라고 했는데, 그건 거의 불가능에 가깝다. 한 프로그램당 대여섯 번을 놀라게 하라는 거니까."(Joel Gallen, Burns 2006, 134) 놀라움을 주기 위한 이러한 구성은 수년에 걸쳐 만들어졌고, 그중 상당수는 여성 스타들이 망가지는 것에 의존했다. 예를 들어 1995년 시상식의 식전 쇼에서 MTV의 뉴스캐스터 커트 로더는 연단에 선 마돈나를 인터뷰하던 중에 일어난 일을 이렇게 설명했다. "우리는 한 취객이 바닥에 쓰러져 소리를 지르고 있는 것을 들었죠. (…) 내려다보니 글쎄 코트니 러브였는데, 콤팩트를 던지고, 주위에 있는 건 다 던지면서 미친 듯이 비틀거리고 있었죠." 이어서 이렇게 이야기했다. "매디(Maddie)[역주: 마돈나의 애칭.]는 지나가면서, '그 여자 여기 초대하지 마세요. 관심을 받고 싶어 하는 것 같아요'라고 말했죠. (…) 하지만 제 헤드폰 너머의 사람은 이렇게 소리치더군요. '그녀를 일으켜 줘! 대단할 거야! 둘이서 젤로 레슬링(Jell-O wrestling)이라도 할 걸.'"(Hoye et al. 2001, 188) 가슴이 드러나는 점프슈트는 MTV 제작자들의 요구에 부응해, 릴 킴이 리무진을 타고 도착한 순간부터 그녀가 전면에 실린 다음날 아침 신문까지 볼거리를 만들어 냈다.

힐턴은 릴 킴의 광범위한 작업 범위를 반영해 이 악명 높은 룩을 디자인했으며, 이는 과도한 유명세를 떨칠 특정 현장으로서 VMAs를 이해했다고 볼 수 있다. 힐턴은 이 룩에 대해 미시 엘리엇이 아이디어를 떠오르게 해 주었다고 설명했다. 힙합 팟캐스트 진행자 프리미엄 피트에게 그녀는 다음과 같이 이야기했다.

> 어느 주말 나는 미시 엘리엇과 만나 음악과 패션에 대해 이야기했다. 그리고 미시는 정말 매력적인 마인드를 가지고 있고 생각하는 것도 정말 대단하다. 그녀는 정말 굉장해서, 며칠이고 아이디어를 쏟아 낸다. 그리고는 이렇게 말했다. "그거 알아? 내가 킴이었다면 나는 한쪽 가슴을 드러내 놓을 거야." 그래서 나는 "그렇단 말이지, 그거 참 미친 짓일 것 같군" 정도로 생각했다. 어쨌든 다음 주요 행사는 1999년 MTV 뮤직 어워드였고, 나는 그녀의 한쪽 가슴을 노출한 이 의상을 만들었다.(Premium Pete 2017, 24:09–24:49)

그녀는 "인도에서 신부 의상에 쓰는 원단으로 라벤더색, 은색 및 흰색을 사용해" 룩에 부드러운 느낌을 주기로 결정했으며, "그건 정말 화려했다"고 덧붙여 설명했다. 한편 힐턴은 그녀가 마지막으로 킴의 스타일링 프로젝트 「크러쉬 온 유」(Crush on You) 뮤직비디오에 사용했던 원색을 파스텔 컬러가 상쇄시켜 준다고 이야기했다. 또한 그녀는 "반나체가 될 거면 조금 더 부드럽게 가자"고 했다고 한다.(Premium Pete 2017, 25:10–25:14) 힐턴이 강조하는 '부드러움'은 아마도 룩의 파워와 잠재력을 조절한다는 이야기일 것이다. 그녀는 다음과 같이 결론을 내렸다. "나는 그 룩이 그런 식의 반응을 얻을 거라고는 정말 생각하지 않았다. 우리는 단지 킴의 스타일링을 한 거고, 그게 킴의 또 다른 최고의 순간이라고 생각하며 일했을 뿐이다."(Premium Pete 2017, 25:15–25:26)
　　여성을 스펙터클로 만들고자 하는 MTV 프로듀서들의

요구에 부응하기는 했지만, 이 특별한 '킴의 최고의 순간'은
여성을 스펙터클화하는 바로 그 시각적 기술에 전복적
효과가 있었다. 힐턴이 디자인한 이 룩—그리고 킴이 그 옷을
자신감 있게 입은 것—은 메리 루소의 말로 하자면 "공공의
스펙터클로서의 여성 범죄자의 모습"을 다시 활성화한
것이다.(Russo 1994, 61) 도착 후 첫 사진 촬영을 한 후, 킴은
모델이자 당시 MTV의 『하우스 오브 스타일』(House of Style)의
진행자였던 레베카 로메인에게 걸어갔으며, 로메인은 그
룩을 입은 자신감에 관한, 그 룩을 누가 만들어 주었고 어디서
그렇게 색깔이 잘 맞는 보라색 가발을 구했는지 등에 관한
질문을 던졌다. 로메인은 "이걸 억지로 입게 되었나요, 아니면
기꺼이 '그래, 입을게'라고 했나요?"라고 물었다. 킴은 웃으면서
"저는, '그래, 입을게'였어요!"라고 대답했다.(MTV 1999, 0:09–0:16)
        로메인은 계속해서 "누가 이 옷을 만들어 주었나요?"라고
묻고, 릴 킴은 "네, 제 스타일리스트죠. 이름은 미사에요.
사실 지금 여기 와 있어요. 저쪽에 카우보이 모자를 쓰고 서
있네요"(MTV 1999, 0:16–0:23)라고 대답한다. 로메인이 카메라
쪽으로 돌아서서 카메라감독에게 그녀의 옷을 확대해서
잡아줄 것을 요청하자 킴은 웃음을 터뜨리고 (삽화 24),
카메라가 그녀의 몸을 위아래로 훑기 시작하자 그녀는 포즈를
취하며 웃고 몇 번 더 웃음을 터뜨린다. 이후 저녁 무렵 어워드
본식 행사가 진행되는 동안 킴은 메리 J. 블라이지와 다이애나
로스와 함께 상을 공동으로 수여했고, 로스는 가슴 쪽으로
몸을 기울이고 릴 킴의 노출된 쪽 가슴을 흔들었다. 그녀는
또 웃음을 터뜨린다. 이는 장난스럽지만, 여성 범죄자들의
잡담 또는 루소에 따르면 여성 그로테스크(female grotesque)의
모습인 것이다. 릴 킴은 이러한 페미니스트적 인물을 선보였고,
이를 패션으로 만들어 낸 것은 힐턴이었다.

결론

오늘날 앰브로즈와 힐턴은 밀레니엄의 전환기에 힙합의 이미지에 대한 기여를 인정받고 있으며, 특히 이 책에서 분석한 두 혁신적 룩에서 그러하다. 「미시 엘리엇의 아이코닉한 '힙합 미쉐린 우먼' 룩은 어떻게 탄생했나」(How Missy Elliott's Iconic "Hip Hop Michelin Woman" Look Came to Be, Ogunnaike and Ambrose 2017)와 「미사 힐턴: 힙합과 R&B 패션을 재정의한 여성」(Misa Hylton: The Woman Who Redefined Hip-Hop and R&B Fashion, Johnson 2019)과 같은 제목의 글들은 패션, 음악, 힙합 및 흑인 문화 프로덕션과 관련된 매체의 기사 제목으로 계속해서 나타나고 있다. 따라서 이 장은 앰브로즈와 힐턴의 작업이 그들이 일을 시작한 지 20년이 지난 지금 보다 광범위하게 인정받고 있다는 점에 관한 내용이기도 하다. 또한 이 장은 단지 기념의 의미를 넘어서, 그들의 작업을 비평적으로도 분석했는데, 첫째로는 음악 산업과 스타들의 개성을 위해 동원된 크리에이티브한 노력으로서, 둘째로는 '흑인의 삶을 재구성하기 위해' 동원된 아프로퓨처리즘적 예술 실천으로서 분석했다. 힙합은 1990년대에 변화를 겪었다. 이 변화는 거물인 남성 인물에 대한 분석(Fleetwood 2011; Smith 2003), '블링' 미학(Mukherjee 2006), 그리고 힙합이 단지 아프리카계 미국인들의 문화적 관행이 아니라 미국 전역 및 세계적으로 판매되는, '도시적 라이프 스타일을 어필하는' 매력적인 마케팅 수단이 되었다는 점에 대한 고찰(Chang 2005, 419) 등을 통해서 서술되곤 한다. 최근 앰브로즈와 힐턴의 작업에 대한 대중적인 찬사가 높음에도 이 두 스타일리스트들은 아직 1990년대 힙합의 역사에 기록되지 삽화 24. 1999년 MTV 비디오 뮤직 어워드에서 진행된 레베카 로메인의 MTV 프로그램 『하우스 오브 스타일』, 「1999 VMAs: 릴 킴이 한쪽 가슴을 드러내다」 편의 스틸 컷.

않았다. 이 글은 이와 같은 목표를 향해 나아간다. 그리고
이는 리사 코르테스와 페라 칼리드의 2019년 영화 「더 리믹스:
힙합×패션」도 마찬가지다. 이 영화는 2019년 5월 3일 트리베카
필름 페스티벌(Tribeca Film Festival)에서 처음 상영되었으며,
이는 이 챕터가 마무리된 바로 그즈음이었다.(Franklin 2019)
이 영화에는 힐턴, 릴 킴 및 메리 J. 블라이지 등 많은 이들이
출연하며, 힙합의 패셔너블한 역사에서 여성들의 역할을
탐구하는 데 초점을 맞추었다.

　　2019년 겨울과 봄에 글을 쓸 당시 분명했던 것은,
앰브로즈와 힐턴이 스타일링에 기여한 것은 단지 그들이
만들어 낸 스타들의 이미지, 그리고 무대와 스크린에서
비춰지는 힙합의 얼굴을 바꾸었다는 점뿐만 아니라 그들이
개척한 직업적 진로도 있었다. 선구자로서 유명해진 두 여성은
다음 세대 스타일리스트들을 위한 멘토가 되었다. 예를
들어 앰브로즈는 2015년 심플리 스타일리스트 뉴욕(Simply
Stylist New York) 컨퍼런스의 기조 연설자로 참석해 달라는
부탁을 받았다. 여기서 그녀는 『E!』의 캣 새들러와 인터뷰를
했는데, 셀러브리티, 패션 및 개인 스타일링 쪽 직업에 관심
있는 수많은 스타일리스트 지망생들에게 조언을 해 달라는
질문을 받았다. 이들에 대한 그녀의 조언은 무뚝뚝한 듯
애정이 녹아 있었다. 그녀는 다음과 같이 말했다. "90년대에
제가 일을 시작했을 때는 저 같은 사람이 한 5,000명쯤 있는
상황이 아니었죠. 하지만 지금은 우리 같은 사람이 5,000명쯤
있다고 보면 됩니다. 스타일리스트들 그리고 텔레비전쇼를
중심으로 만들어진 컨퍼런스가 있죠." 그리고 결과적으로,
신인 스타일리스트들은 목표를 위해 보다 전략적이 될 필요가
있다고 했다.(Simply 2015, 7:05-7:15) 힐턴은 그녀의 입장에서
멘토로서의 역할을 진심을 다해 받아들였다. 최근 몇 년간,

협업 관계인 제이 허드슨과 함께 그녀는 미사 힐턴 패션 아카데미를 설립해 스타일링 관련 지도 및 훈련을 제공했다. 그가 인터뷰 및 자신의 인스타그램 포스트에서 반복해서 이야기하는 모토는 마이아 앤절로의 말이다. "무언가를 받았으면 나누고, 무언가를 배웠으면 가르쳐라."(Hylton 2019) 어떻게 기억되고 싶냐는 질문에 힐턴은 이렇게 대답했다. "자신의 창의성으로 기회를 잡은 용감한 사람, 언제나 누군가를 앞으로 끌어내기 위해 뒤로 손을 뻗는 사람."(Roche 2019) 같은 질문에, 앰브로즈는 이렇게 대답했다. "나는 내가 남긴 것이 이렇게 되길 바란다. '내가 준 앰브로즈를 만났을 때, 그녀는 나를 기분 좋게 만들어 주었다'고."(Simply 2015) 이 장은 앰브로즈와 힐턴이 어떻게 함께 그들만의 예술적 유산을 만들고 뮤지션 및 미래의 스타일리스트 등 다른 이들을 도왔는지, 그들의 길을 만드는 방법을 알려 주었는지를 담았다.

10장
패션의 매개변수에 질문을 던지다:
뱅자맹 키르히호프와의 인터뷰

수잔 마센

뱅자맹 키르히호프는 2006년부터 2015년 문을 닫을 때까지 에드워드 미드햄과 함께 비평가들로부터 호평을 받았던 패션 레이블 미드햄 키르히호프(Meadham Kirchhoff)를 이끄는 일원으로서 패션을 선보였으며, 젊은이들의 저항과 젠더 평등을 반영하는 고도의 기술이 집약된 컬트적 디자인, 그리고 사이키델릭한 캔디 랜드와 폭동의 모습 사이를 오가는 세트 디자인 등의 작업을 남겼다. 2012년, 키르히호프는 각종 잡지와 쇼의 스타일링 작업을 요청받아 메종 마르지엘라 팀의 핵심적 역할을 맡았고, 이후 『아레나 옴므 플러스』와 『POP』에 합류했다. 남부 프랑스 출신인 그는 서아프리카 기니에서 자랐고 10대 때 학교를 다니기 위해 프랑스로 옮겨온 후, 런던의 센트럴 세인트 마틴에서 남성복 디자인을 공부했다. 미드햄 키르히호프가 패션의 법칙에 복종하지 않았던 방식과 비슷하게, 키르히호프는 여전히 어느 정도 규칙에 반항하고 있다. 그의 작업은 주로 소외된 인물 및 전통적이지 않은 모델을 묘사하며, 그가 나타내는 대상들은 일종의 원초적 부드러움과 우아한 정직함을 선보이고 주류 패션이 의존하는 이미지와 레퍼런스에 대한 대안을 제안한다. 『레플리카』의 패션 디렉터 역할과 더불어 키르히호프는 『리-에디션』, 『어나더 맨』(Another Man), 『더스트』 및 다수의 국제적 브랜드들에게 컨설팅 및 스타일링을 제공한다.

수잔 마셴: 어떻게 디자이너에서 스타일리스트 및 에디터에 이르는 커리어를 가질 수 있었는가?

뱅자맹 키르히호프: 나는 그 두 가지가 크게 다르다고 생각하지 않는데, 내가 미드햄 키르히호프에서 했던 일은 바로 패션쇼를 넘어서 옷의 살아 있는 요소를 더 많이 생산하는 것이었다고 생각하기 때문이다. 나는 언제나 옷들이 누군가의 삶의 맥락을 통제할 수 있는 파라미터, 즉 매개변수의 집합체라고 생각했다. 스타일링을 할 때 우리는 먼저 누구에게 옷을 입힐지 결정한다. 왜냐하면 서유럽에 사는 여성이든, 조지아의 트랜스젠더 여성이든, 이스탄불의 벨리댄서든 그 사람의 맥락에서 적절하다고 생각되는 옷을 입히는 것이 스타일링이라고 생각하기 때문이다. 내가 처한 상황과 환경 및 그에 대한 반응을 이해하고 존중해야 한다. 특히 지금 내가 흥미를 느끼는 것은 점들을 서로 연결하는 일이다.

당신이 같이 일하는
사람들을 존중한다고 말하는
부분에서, 우리는 자연히
당신의 모델 캐스팅을
떠올리게 된다. 왜냐하면
당신은 엄격하게 말해
모델로 분류되지 않거나
매력적인 신인이 아닌
이들과 작업을 많이 하니까.

나는 전혀 상관없다. 나는 오늘날 모델과
캐스팅은 다른 것이라고 생각한다. 그건
우리가 무엇을 강조하고 싶은지에 따라
아주 달라질 수 있다. 나는 양쪽 모두와
함께 작업하며 그들 모두 요점과 타당성이
있다고 생각한다.

하지만 이 프로젝트의
이미지를 편집할 때,
전통적인 모델이 아니거나
서구적인 아름다움의
이상형에 속하지는 않는
개인들의 단면이 보인다.
이건 단지 모델을 쓰고 싶지
않아서 의도한 것인가?

꼭 그런 건 아닌 것이, 최근에 내가 촬영한
많은 사람들은 나와 비슷한 생각을 가진
사람들이거나 내가 그들과 함께 작업하는
데 흥미를 느낀 사람들이기 때문이다.
오늘날은 개성에 관한 이야기를 정말
많이 하지만, 동시에 우리는 모두 같은
코드를 사용하고 있기도 하다. 점점 더
많은 사람들이 어딘가에 속하고 싶어 하고,
같은 것을 먹고, 똑같이 필터링된 미의
개념에 자신을 나타내고 싶어 하는 것을 볼
수 있다. 형식에 대한 압박이라는 무서운

느낌이 있다. 내가 사람들에게 흥미와
매력을 느끼는 경우는 그들이 행동하고자
한다는 느낌, 그리고—자신들에게
기대되는 것을 발산하거나 또는 더
나쁘게는 다른 사람이 자신에게 무언가를
투영하기를 기다리지 않고—자기 자신을
발산할 역량을 정말로 가지고 있다는
느낌을 가질 때이다.

그렇다면 당신의 접근법은
일종의 전복이 되는 것인가?
전복적인 아이디어에서
동기부여를 받는지?
이 단어에 대해 어떻게
생각하는지?

전복도 좋은 표현이다. 이는 어떤 단계들의
균형이 재조정되었다는 것을 의미한다.
내 생각에 그게 내가 비정치적인 태도를
유지하면서 하고자 하는 일의 일부기도
하다. 나는 답을 제시하는 것보다 질문을
던지는 것이 현재로서는 보다 가치 있다고
생각한다. 특히 생생한 소속감이라는
이상주의적인 목표에 있어서는 말이다.

전복이 형식적인 것으로 전락할 수 있다는 것인가?

그건 무언가를 새로워 보이게끔 하기 위해 적당한 종류의 속성을 골라내는 계산된 체크리스트일 뿐이다. 나는 이러한 논의를 하는 것이 사회적으로 큰 발전이라고 생각하지만, 공포에 대해 매우 취약한 경향도 존재한다. 가령 누군가를 불쾌하게 할 수 있다는 공포, 보복을 당할 수 있다는 공포, 거짓이나 오해 받을 수 있다는 공포 따위 말이다. 올리비에로 토스카니가 베네통(Benetton)을 위해 작업한 HIV+ 캠페인은 지금 어디 갔나? 아니면 톰 포드가 찍은 YSL의 '오피움'(Opium)[역주: 이브생로랑의 향수. 아편이라는 뜻으로 수위 높은 선정적인 광고 화보로 논란이 되었다.] 광고 캠페인은? 논쟁, 위험, 도발은 또 어디 있나?

정형화되지 않은 캐스팅의 예로 정말 인상적이었던 이미지는 눈 덮인 풍경을 배경으로 한 『더스트』 화보였다.(도판 8) 이 화보에는 어떤 사연이 있나?

그 화보는 카즈베기 산 위의 조지아와 체첸의 국경 부근에서 촬영한 것이다. 알레시오 보니와 내가 조지아로 오라는 요청을 받았을 때, 조지아의 상황이 유망하고 긍정적이라는 것을 알고 있었다. 조지아는 2000년부터 동성애를 합법화하고 성적 지향에 따른 차별을 법으로 금지한 나라지만, 종교적 성향이 강한 나라이기도 하다. 그래서 여전히 세계의 보수적인 지역의 등대 같은 역할을 하는 곳이기도 하다. 당시 한 다리 건너 아는 친구가 '이성애? 됐습니다'(Heterosexuality? Nein danke)라고 적힌 티셔츠를 제작하고 있었는데, 이 문구는 70년대 덴마크의 '스마일링 선'(Smiling Sun) 반원자력 슬로건에서 따온 것이었다. 이는 이성애 자체를 반대하는 것이 아니라, 이성애만을 표준으로 보는 시각에 반대하는 것이었고, 나는 그 티셔츠 중 하나를 가져와 조지아와 체첸의 국경 지역에서 촬영했다. 사진에서 수도원 반대편에 보이는 쪽은 체첸이다.

그리고 『레플리카』에서 촬영한 이스탄불의 자갈 깔린 거리 배경의 이미지의 사연도 매우 궁금하다. (도판 11)

포토그래퍼 올가츠 보잘프가 이스탄불의 남성 벨리댄서들과 촬영을 하기 위해 내게 연락해 왔다. 이 댄서들은 젠느(zenne)라고 불린다. 이스탄불에는 아주 소수의 젠느만이 존재하는데, 당연히 긍정적이고 흥미로운 뒷이야기들과 함께 매우 슬픈 사연도 있다. 우리가 촬영한 사람은 일마즈 비르센이라는 사람인데, 60년대에 현대 튀르키예 문화에 남성 벨리댄스의 기술을 되살린 중요한 인물이자 안무가다. 그는 이스탄불 중심부의 반쯤 빈민가에서 살고 있으며 알츠하이머 혹은 치매도 앓고 있었다. 그는 우리가 촬영하기로 한 시간에 나타나지 않아서, 옷을 좀 가지고 그가 사는 곳으로 갔다. 가는 길에 우리는 길에서 그를 만났고, 몇 마디 농담을 할 시간밖에 없어서 재빨리 그에게 옷을 입혔다. 그리고 그는 길거리에서 우리를 위해 공연을 하기 시작했다. 난데없이 말이다. 마치 정말 마법 같은 무언가가 있는 것 같았다. 동시대 튀르키예 문화에서 중요한 역할을 했고 찬사를 받았던 인물이지만 동시에 사람들이 싫어하고 잊힌 존재가 되었다. 얼마나 이상한 상황의 집합인가. 정말 특별하기도 하고.

작업과 관련하여
퀴어함(queerness)이라는
단어에 대해 어떻게
생각하는가?

퀴어함이라, 잘 모르겠다. 뭐라 정의하기
참 어렵다. 솔직히 말하자면 나는 특정
정체성으로 무언가를, 또는 누군가를
고정하는 것이 이상하게 느껴진다. 나는
그저 한두 가지 것들로만 정체성이
고정되지 않도록 조심할 뿐이다. 내가 이런
종류의 패션 화보를 작업할 때 이게 마치
불행 포르노(misery porn)나 착취로 보이지
않기를 바란다. 왜냐하면 그거야말로 내가
피하기 위해 매우 조심하고 있는 결과니까.
사람들을 비인간적으로 만들거나
그들의 믿음을 배신하는 것 말이다. 나는
그들이 촬영 결과물인 사진을 보았을
때 학대당했다고 느끼지 않기를 바란다.
나는 내 작업이 찬사가 되었으면 한다.
사람들은 매우 복잡하고, 그 맥락 역시
아주 복잡하다.

사물을 개방하는 당신의
작업에서 보는 또 다른 예는
동성애(homoeroticism)에 대한
아이디어다. 나는 동성애에
대한 당신의 작업은 기존의
페티시적인 느낌보다 더
다층적이고 새로운 면을
조명한다고 느껴진다.
일종의 낭만이나 감정이
있는 것 같다.

나는 일종의 정의(definition)나, 기대했던
요소들의 목록으로써 섹슈얼리티가
느껴지게 만들 수 있다고 생각하지
않는다. 언급했듯이, 동성애는 동성애나
페티시를 정의할 수 있는 장비나 행동,
신체 유형을 수반하지 않는 경우가 훨씬
많다. 그런 것보다 훨씬 복잡하게 얽혀
있다고 생각한다. 나는 동성애 그리고
일반적으로 섹슈얼리티가 묘사되는 방식에
대한 고전적 관점에 큰 문제가 있다고
본다. 안타깝지만 포르노를 통한 우리의
성 입문을 둘러싼 상대적인 요소들을
논파하기에는 이 분야에 여전히 많은
노력이 필요하다. 이 분야에는 대개 유머와
복잡성도 부족하고, 개인적 미학에 대한
전반적인 감각도 부족하다.

당신이 유머를 언급하다니
재미있다. 왜냐하면 당신이
인터뷰를 위해 선택한
앤디 브래딘의 이미지를
보았을 때 나는 그 서브-돔
시나리오에 그러한 유머
감각이 있다고 생각했기
때문이다.(도판 7)

일종의 전복적인 이미지 역시 그보다는
조금 더 깊게 들어간다. 그 장소는
친한 친구 및 협업하는 동료와 함께
하는 폐쇄적인 세트였고, 우리는 매우
자유롭다고 느끼면서 하고 싶은 것들을 해
보았다. 이 사진들은 2003년에서 2004년
정도에 아프가니스탄의 감옥이었던 아부
그라이브(Abu Ghraib)에서 찍은 이미지들을
기반으로 한다. 혹시 기억하는가?

아, 기억난다. 죄수 고문
장면이 있는 이미지.
그래서 내가 그걸
위트있다고 생각한 것 같다.

우리는 아프가니스탄의 고문 이미지를
기본적으로 참고하되, 그 상황을 아주
가정적인 서유럽 배경으로 옮겨 왔다.
이런 일은 어디서나 일어나며, 어떤
맥락 안에서는 충격적이지만 다른
맥락에서는 지극히 평범하다. 하지만 다시
이야기하지만, 충분한 자각과 통제를
가지고 할 때만 이런 것들은 이미지로서
성립 가능하다.

당신과 에드워드가 미드햄
키르히호프를 통해, 그리고
남성복 분야에서도 해낸
일들이 아주 많다고
생각한다. 그리고 당신은
분명 이걸 질리도록
들었겠지만, 그 일들은 분명
시대를 앞서가는 것이었다.
지금 일어나고 있는 많은
일들이 그때 이미 일어났었다.
나는 브랜드에서 스타일링에
이르는 당신의 궤적이
흥미롭다고 생각하는데,
지금 우리가 보고 있는 것을
당신은 그때 이미 했었고
지금 하고 있는 것은 또
누구와도 다르기 때문이다.

지금 나는 에드워드와 작업을 할 때보다 더
나에게 개인적인 방식의 작업을 하고 있다.
우리는 사업을 하고 있었고, 우리를 위해
일하는 사람들이 있었기에 살아남아야만
했고 다른 사람들도 살아남게 해 주어야
했다. 그것은 성공적일 때도 있었지만
안타깝게도 그러지 못할 때도 있었다.
또한 내가 미드햄 키르히호프에서 한 일을
스스로 받아들이는 데 시간이 걸렸고,
나 자신을 단순히 관리자로서가 아니라
레이블 내에서 내가 가졌던 상당한 창의적
책임을 실질적으로 받아들이는 데도
시간이 걸렸다.

그리고 당신은 여전히 패션쇼를 하되 그저 다른 방식으로 할 뿐이다. 마치 당신이 마르지엘라에서 했던 작업들처럼 말이다.

그렇다. 나는 그게 협업적 관점이라고 생각한다. 마르지엘라에 있을 때 나는 마르지엘라 하우스 자체를 떠나서 그걸 매우 즐겼다. 당시 나는 어마어마한 아카이브, 놀라운 일군의 가이드라인, 그리고 비난받지 않을 수 있는 도덕적 배경도 가질 수 있었다.

당신이 도덕(moral)이라는 단어를 쓰다니 흥미롭다. 물론 모든 사람들이 자신의 작업이 진실되기를(integrity) 바랄 거라고 생각할 수도 있지만, 패션계의 모든 이들이 그것을 신경쓰는 것은 아니지 않은가?

나는 어리석음과 쾌락주의 역시 내가 보다 진지하게 하는 일만큼의 가치가 있다고 생각한다. 작가가 확신을 가지고, 마음을 움직이는 힘이 있기만 하다면야 말이다. 하지만 당신 말도 맞는 것이, 진실됨이라는 단어가 도덕보다는 나은 것 같다.

내가 매우 좋아했던 당신의 몇몇 이미지에는 어둠도 있었다. 한 소년이 싸구려 침대에 누워 있고 비닐 시트로 덮여 있는 『어나더 맨』의 화보처럼 말이다. 죽음과 아름다움이 함께 한다는 아이디어랄까.

맞다. 나도 좋아한다. 그렇지만 나는 이제 거기에 빠져 있지 않기 위해 더 주의하는 것 같다. 지금 내가 아주 조심하고 있는 것은 생각이 바뀐 이들에게만 설교를 하려 들지 않는다는 것이다. 그건 지금의 정치적 및 문화적 공백에서 배제보다는 포용을 일으키기 위해 매우 중요한 일이라고 생각한다. 또한 나는 이미지를 보는 이들이 그 이미지 뒤에 무엇이 있는지에 대한 질문을 받았다는 느낌을 확실히 주기 위해 매우 신경 쓰고 있다.

생각을 바꾼 사람들에게 설교를 하지 않겠다고 했는데, 당신은 수많은 잡지의 화보 촬영을 하면서 당신의 신념이나, 어떤 의미에서는, 가치를 공유하고 있다. 그러면 생각을 바꾸지 않은 사람들에게 설교를 하기 위해서는 어떻게 해야 하는가?

당신의 질문에 사용된 '어떤 의미에서는'이라는 표현이 중요한데, 나는 설교를 하려는 것이 아니라, 내 이미지들이 읽기 쉬운 것이 되기를, 그리고 자아(ego)—나, 포토그래퍼, 잡지의 자아—에 의해 그 의미가 흐릿해지지 않기를 바랄 뿐이다. 중요한 것은 그 이미지가 거기에 사용된 옷, 모델 또는 촬영한 장소에 대한 것이 아닌 다른 생각을 하게 만드는 것이다.

우리는 당신이 패션 산업의 어떤 측면과 불화한다는 점을 잠깐 이야기했다. 당신이 하는 일을 꼭 패션으로 보지는 않는다고 말한 것을 알고 있지만, 나는 내부로부터 무언가를 분열시킨다는 아이디어가 흥미롭다. 이것이 당신이 생각하고 있는 것인가?

새로운 형식이 제시되었을 때 그 이면을 보여 주거나 가이드라인을 바꾸는 것은 중요한 일이다. 하지만 모든 형식들이 포용과 배제의 관계에 있어서 같은 방향으로 가고 있는 것 같다. 아웃사이더가 되는 느낌을 조직화하는 방법은 대개 이미 확립된 가이드에 따르는 조직화인 경우가 많다. 그 가이드가 오늘날의 도덕적 가이드라인으로서 적절해 보이기 때문일까, 아니면 우리가 실제로 믿기 때문에 그걸 떠올리는 것일까? 만약 그 이면에 주어진 코드와 규칙에서 스스로를 차별화하고 거리를 두려는 욕구가 깔려 있다면, 당신은 올바른 방향으로 나아가고 있는 것이다. 미적인 결과가 마음에 드는지 안 드는지는 지금 전혀 중요하지 않다고 생각한다. 우리는 새 시대의 실험, 새 시대의 실행과 창작에 접어들어야 하며, 향수에 젖어서는 안 된다. 이미 확립된 일련의 코드만을 고수해서는 아무것도 바꿀 수 없다.

그렇다면 창작자들(creatives)은 무엇을 해야 할까?

창작자들을 대표해서 대답할 수는 없다. 나는 작업을 할 때 대상을 보다 작은 스케일로, 최소한 보다 개인적이고 내부적인 시선으로 본다. 보다 내적으로 만드는 것이다. 하지만 일반적으로 말하는 '크리에이티브'에는 지루하고 진부한 느낌이 있다. 우리가 지난 30년간 이룬 사회적 발전이 후퇴하고 있다는 것을 모두가 알고 있다. 세계는 보다 분열되었지만 더 동질화된 것처럼 보인다. 중동, 서유럽 및 중앙아시아를 조금 돌아다녀 보고 나와 비슷한 생각을 가진 다른 사람들을 만나면서 나는 하위문화의 요점을 다시 찾았다.

서양인들에게는 그 나라들이야말로 여전히 진정한 하위문화를 가지고 있는 나라들로 보일 수 있지 않을까? 약소국을 이용하는 약탈자처럼 들릴 수도 있겠지만 서구는 많은 하위문화를 잃었다.

어느 사회에서나 하위문화는 우리가 논쟁을 벌이는 것보다 더 깊게 뿌리박힌 문제가 있다는 점을 알려 주는 건강한 신호들이다. 하위문화는 아주 많은 것들이기도 하다. 당신 말대로 조금 약탈자처럼 들릴 수도 있기 때문에, 하위문화에 접근할 때는 화보 작업을 위해서든 아니든 매우 조심스럽게 한다. 포식자 또는 기생충이라는 말이 나에게는 가장 심한 비난이다.

때로 패션에서는 포식자 포지션을 피하기 어려울 것 같다고 생각되는데?

예술적이거나 창의적 분야에서는 정말 피하기 어렵다. 하지만 나와 일해 준 사람들에게는 피해를 줄 수는 없으니까. 나는 그들의 시간과 기여를 너무나 소중하게 생각한다. 반면 그 대상이 브랜드일 경우, 나는 까다롭게 굴 수 있다.

어째서인가? 브랜드가 시키는 창의적 작업(화보 등)에서의 규칙을 이야기하는 것인가?

그렇다, 그것은 내가 불만을 가진 또 하나의 영역인데, 나는 "이 옷을 모델이나 배우에게 입혀서 촬영할 건가요?" 같은 말을 들을 때 정말 피곤해진다. 내가 항상 듣는 이야기 중 하나는 "반드시 여성복은 여성 모델에게 입히고 남성복은 남성 모델에게 입혀 주세요"였다. 2018년에 나는 그게 정말 역겹다고 생각했다. 만약 이 이야기가 현재 패션의 다른 어떤 분야로라도 확장되면 그야말로 빌어먹을 난리가 날 것이다. 그리고 빌어먹을 난리가 좀 나야만 한다. 당신들은 나한테 그렇게 이야기할 수 있지만 나는 모델들이 자신에게 더 적합하다고 느끼는 옷을 그들에게 입힐 거다.

젠더리스 의류와 다양성을
이야기하는 브랜드의 소통
면에서도 그건 전혀 상호
연관성이 없다.

지금 우리가 젠더, 신체 문제, 인종 문제,
연령 차별 및 성차별에 대해 이야기해
온 게 5년은 되었는데 우리는 여전히
사람들을 신체적 특징에 기반한 호칭으로
불러야 한다. 내가 내 작업을 퀴어나 그와
같은 어떤 것으로도 정의하지 않으려고
조심하는 이유가 바로 이것이다. 나의
외모, 성적 취향, 내가 작업을 하는 방식,
그 모두가 나를 만드는 것의 일부다. 바로
그거다. 나는 우리가 세상에서 자신의
위치가 인식되는 길을 지나서 다른 곳으로
가야 한다고 생각한다.

당신의 작업을 보면 작업의
주제와, 스타일링을 통해
그 주제를 다루는 방식에
있어 당신이 그 주제에
대해 어떻게 생각하는지가
상당히 강하게 느껴진다.
스타일링이라는 단어가 당신,
그리고 이 책에서 인터뷰한
당신과 같이 활동 중인
사람들이 하는 일을 포괄할
수 있는지는 확신할 수
없지만 말이다.

당신의 말이 맞는 것 같다. 나는 최근에
한 매체와 함께 작업해야만 했는데,
거기서 내가 맡은 일은 본질적으로 의상
담당자였다. 나는 내가 만족하는 것을
전달하는 것이 아니라, 모든 변수들을
떠안은 채 내가 함께 일하는 사람을

만족시켜야 한다는 부담감에 시달리느라
매우 힘든 작업이었다. 다른 사람을
만족시켜야 하는 일은 모든 예술가들에게
있어 자유를 크게 제한하는 일이다.
그리고 당신 말이 맞는 것이, 이 책에서
인터뷰하는 사람들은 본질적으로
예술가나 에디터, 또는 크리에이티브
디렉터들이다. 내가 함께 작업하는
모든 사람들은 나름대로의 창작자이다.
그리고 프로젝트에 어떤 포지션으로
이름이 올라갔고 해서 그게 꼭 당신의
일인 것은 아니고, 커리어에서 그것만이
올바른 선택도 아니다. 마찬가지로 양보는
괜찮지만 절대 타협해서는 안 된다. 협력을
하더라도, 토론과 참여가 있고 목표로 했던
결과가 나온다면 괜찮다. 내가 이야기하는
것은 브랜드를 위한 작업이나 돈을 벌기
위한 일, 화보나 개인 프로젝트 모두의
경우에 해당하는 이야기이다. 기본적으로,
모든 일에 있어서 존중을 갖되 두려움 없이
참여해야 한다고 생각한다.

그래서 당신에게 맞는
프로젝트를 고르는 편인가?

가능한 자주 그렇게 하려고 시도한다.
그렇지 않으면 나는 그냥 순수한
'스타일링'을 할 것이다. 뒷이야기나
스토리텔링을 알지 못하고 그냥
스타일링만 할 수는 없다. 사진 속의
나른함 움직임이나 누군가가 카메라를
바라보는 방식, 찰나의 표정이라도
나는 내가 할 수 있을 때 항상 방향을
제시하려고 주의를 기울이는 편이다.

그건 거의 영화 감독의
영역 같은데?

사실 장편 영화를 감독해 보고 싶다.
제각기 다른 모든 변수를 관리해
나가면서 말이다.

미드햄 키르히호프의
패션쇼에 갈 때마다 나는
그 쇼에 어울리는 영화가
있어야 할 것 같다는
생각을 했다. 특히 마녀가
등장했던 쇼가 그랬다.

그 쇼를 좋아하는 사람은 많지 않은데
그걸 선택해 주다니 고맙다. 하지만
기본적으로 과거의 것은 죽은 것이라는
것이 나의 생각이다.

당신은 현재 베를린에
살고 있는데, 이것이 새로운
시작이기도 했다.

그렇다. 여기가 정말 마음에 든다.
런던에서의 삶을 끝맺어야 할 것 같았다.
나는 내가 하고 싶은 말이나 해야 할 말을
하기 위해 패션계를 활용하는 데 훨씬 더
관심이 있다. 다시 말하지만, 답을 가지고
있는 척하기보다는 질문을 해야 하니까.

11장
여성의 시선을 탐구하다:
록산 당세와의 인터뷰

프란체스카 그라나타

마르지엘라에서 일한 후 『셀프 서비스』(Self-Service)와 『아크네 페이퍼』(Acne Paper)의 패션 에디터로 활동했으며 독립 스타일리스트로서 스스로를 직접 스타일링하는 뛰어난 면모까지 지닌 록산 당세는 스타일링과 패션에 보다 독특한 방식으로 접근해 왔으며, 주로 전통적인 럭셔리 및 여성의 아름다움에 대한 아이디어에 도전하고 있다. 기성품 오브제들을 통합하고 룩을 스타일링할 때나 세트 디자인을 제작할 때 컬러 테이프나 은박지와 같은 일상적인 재료들을 사용하는 당세는 실험적 미학을 발전시키는 동시에 장난기 넘치고 어딘가 삐딱한 분위기를 연출하는데, 이러한 특징 덕분에 현대 스타일링의 세계에서는 메인스트림에서 약간 벗어난 독자적인 위치를 확보하고 있다. 처음에 당세는 파리에 기반을 두었다가 현재는 뉴욕에서 일하고 있으며, 『퍼플』 및 『SSAW』 등 다양한 매체에서 스타일링을 하면서 수많은 포토그래퍼들과 함께 작업했는데, 그 중 상당수는 여성 포토그래퍼들이다. 당세가 여성들의 우정과 '여성의 시선'(the female gaze)을 탐구하기 시작한 것은 네덜란드의 포토그래퍼 비비안 사선과 함께 모델이자 스타일리스트로서 지속적으로 진행하고 있는 협업을 통해서였다. 이 과정은 『록산』(Roxane) 및 『록산 II』(Roxane II) 라는 두 권의 책에서 정점을 찍었고, 그녀가 스타일링에 접근하는 방식에 지속적으로 영향을 주고 있다.

프란체스카 그라나타: 당신은 마틴 마르지엘라 본인이 아직 브랜드에 있을 때 마르지엘라에서 일을 시작했다. 그때는 마르지엘라의 미학에서 정말 중요한 시기였다. 그 경험이 당신이 지금 하는 일에 어떻게 영향을 주는가?

록산 당세: 그 경험은 단지 내 스타일링에만 영향을 준 것이 아니라 패션과 창작에 대한 전반적인 접근 자체에 영향을 주었다. 나는 남성복 패턴을 공부했기 때문에 남성용 슈트를 완벽하게 재단할 수 있었고, 그게 내 출발점이었다. 나는 옷을 만들고 싶었지만 꼭 디자인까지 하지 않아도 좋았다. 단지 옷을 만들고, 신체를 가지고 일하며, 옷이 몸 위에 어떻게 놓이고 그것이 어떻게 나의 작업이 되는지를 이해하고 싶었다. 내가 패션계에 들어오게 된 것은 사실 마르지엘라의 작업 때문이었다. 얼굴을 베일로 가린 여성들이 봄버 재킷을 로프로 묶고, 스카치테이프를 둘둘 감아 신발 밑창을 발에다 감싼 채 커피테이블 위를 걷고 있는 이미지가 있었다. 나는 한 잡지에서 이 이미지를 찢어 냈다. 나는 플랑드르라는, 벨기에 국경과 인접한 프랑스의 한 지방에서 자랐기 때문에 벨기에의 영향을 많이 받았고, 이 이미지는 지역 잡지에 실렸던 것이었다. 패션 잡지는 아니었고, 사실 관광 관련 잡지였던 것 같다. 그래서 이 이미지를 찢어 내 간직했다. 지금도 가지고 있다. 학교를 졸업했을 때, 나는 남성복 테일러링이 나의 평생 직업이 아닐 수도 있다는 사실을 이해했다. 그래서 파리 18구에 있는 마르지엘라의 문을 두드렸는데, 여기는 파리에서도 정말 우울한 지역이다. 그리고 당시 언론 홍보 담당자를 만나

내가 할 수 있는 일이 있는지 물어보았고,
그들은 나를 받아들였다. 그 회사에서
일하는 사람은 단 일곱 명이었다. 나는
언론이 무엇인지, 그게 무엇과 관련이
있는지도 몰랐고 패션에 홍보 담당이나 그
비슷한 것이 필요하다는 사실도 몰랐다.
아무튼 나는 1999년에 시작해 2005년까지
마르지엘라에서 일했다. 나는 인턴으로
시작해 언론 미팅, 패션쇼, 전시회, 모델
캐스팅 등의 일을 했다. 마르지엘라는 절대
전문 모델들과 작업하지 않았다. 나는
길거리 캐스팅을 했고, 피팅 때나 룩북
촬영 때 마르지엘라를 도왔다. 그래서
그와 아주 가깝게 일했지만 직함 같은 건
없었는데, 회사의 아무도 직함이 없었기
때문이다. 마르지엘라 팀은 아주 작고
유기적인 조직이었다. 심지어 당시 나는
내가 어느 위치에 있는지도 몰랐지만,
내가 이 브랜드의 홍보 차원에서, 이미지
차원에서, 그리고 이 모든 분위기가
이루어지게 만드는 차원에서 제작에
참여하고 있다는 것은 알고 있었다. 하지만
패션은 힘든 일이기 때문에, 패션계에서
마르지엘라 같은 사람과 일하는 것은 아주
중요한 일이다. 힘든 시기에 내가 옷들을
걸어둔 랙과 그 옷들을 보면서 왜 내가
이걸 하고 있는지 이해할 수 있다는 느낌이
들지 않았다면, 그 힘든 일들을 견딜 수
없었을 것이다.

『셀프 서비스』에서 스타일링을 시작한 것인가, 아니면 계속 스타일링을 해 왔던 것인가?

나는 매 시즌 마틴(마르지엘라)을
도우면서 룩북과 쇼 스타일링을 하고,
피팅과 모델 캐스팅 과정에 참여했다.
그래서 스타일리스트가 무엇인지, 어떤
일을 하는 직업인지도 모르는 상황에서
스타일리스트가 되는 과정을 배울 수
있었다. 몰랐지만 사실은 스타일링을
하고 있었던 것이다. 디젤(Diesel)이
마르지엘라를 인수한 후 나는 『셀프
서비스』에서 일하기 시작했다. 한동안은
재미있었지만, 문화적 충돌이 너무
심해졌기 때문이다. 또한 변화가 필요한
시점이라고 느끼기도 했다. 만약
마르지엘라에 몇 년 더 있었더라면 아주
편안하게 살 수 있었을 것이다. 하지만
나는 스스로를 몰아붙이고, 스스로를
위한 무언가를 하고 싶었다. 그래서 『셀프
서비스』로 갔다. 거기서 패션 에디터로
일하기 시작했다.

당신의 작품이 아름다움, 특히 여성의 아름다움을 고전적인 느낌으로 만들어 내지 않는다고 생각한다. 어딘가 삐딱한 데가 있다. 갈피를 잡지 못하게 만드는 무언가가 있지만, 동시에 유쾌하고 장난스러운 면도 있는 것 같다. 당신의 스타일링은 약간 핸드메이드 오브제들이 섞인 DIY 같은 느낌이다. 그건 『셀프 서비스』에서 시작한 것인가?

사실 당신이 『셀프 서비스』를 언급하니 재미있는 것이, 당시 그들은 내 미학을 받아들이지 않았기 때문이다. 나는 거기서 1년밖에 일하지 않았다. 당신이 말했듯 내 작업은 그들이 찾던 고전적인 아름다움에서 너무 벗어나 있었기 때문이다. 그건 괜찮다. 모든 것에는 자기 자리라는 게 있으니까. 그리고 거기서 나는 내 미학이 조금 다르다는 사실을 이해했던 것 같다. 그전까지는 그걸 몰랐다. 나는 마르지엘라에서 일했고, 거기는 브랜드 뒤에서 재정적 지원을 해 주는 그룹 같은 게 없었으니까. 그래서 많은 재정적 제약이 있는 상태에서 일하는 것이 일의 일부였다. 나는 항상 주위를 둘러보는 것을 좋아한다. 나는 첼시의 아트 신에서 영감을 얻기도 하지만, 거리에서 발견한 것으로 작업하기도 한다. 예술은 언제나 내게 영감을 주고, 단순한 재료가 무언가로 변할 수 있다는 것은 정말 매력적이다.

당신의 작업에는 많은 파운드 오브제들(found objects)이 등장한다. 많은 '무가치한'(poor) 오브제들 말이다.

사실이지만, 나는 무가치한 오브제라는 말을 믿지 않는다. 나는 모든 물건들, 그게 값비싼 드레스이건, 길거리에서 발견한 물건이나 천 한 조각이건 가치가 있다고 진심으로 믿는다. 그건 다분히 맥락에 달려 있다고 생각한다. 나는 물건의 가치를 평가하지 않는데, 모두가 신상 발렌시아가 스니커즈를 사려고 달려가는 이 업계에서 내가 일한다는 것이 우스운 일이기는 하다. 내게 그 물건은 거의 가치가 없다. 그 과정에서 중요한 것은 당신이 무엇을 만드는지이고, 궁극적으로 나는 이미지를 만드는 것을 좋아하며 언제나 결과물에 대해 생각한다. 그리고 그 중 패션이 우선순위를 갖는다고 생각하지 않는다. 나는 세트 디자인을 믿고, 포토그래퍼를 믿으며 모델이 가져올 수 있는 우연적 요소들을 믿는다. 이 모든 것들이 유기적으로 작용한다고 진심으로 믿는다. 이는 분명 마르지엘라 스쿨에서 배운 것이기도 하지만, 내 안에 이미 그게 있었을 것이고 그래서 내가 마르지엘라에서 기분이 좋았던 것이 아닐까. 촬영장에 들어설 때, 나는 스타일리스트지만 세트 디자이너가 되겠다는 마음가짐으로 임한다. 나는 항상 트릭을 많이 가지고 있다. 물론 나는 옷가방을 가지고 있을 테고. 모델 캐스팅, 헤어와 메이크업 아이디어에 공을 들일 것이지만, 결과물로 나올 큰 그림으로 이어질 수많은 요소들 역시 가지고 있으며, 그건 옷뿐만이 아니다.

『셀프 서비스』에서 나온 후 아크네에 합류했다. 그때도 패션 에디터로서 일했는지?

『셀프 서비스』와의 관계에 대해 이야기할 때도 말했듯이, 우리는 미학적 감각 면에서 아주 잘 맞지는 않았다. 일 년 후, 나는 거기가 내가 있을 곳이 아니라는 것을 알아차렸다. 분명 나는 마틴과 함께 일할 때 아주 패션적이면서 동시에 패션계의 범위에서 꽤나 벗어난 독특한 시도를 하는 환경에서 일했고, 그게 나와 아주 잘 맞았다. 그래서 나는 스스로에게 그와 같은 환경을 만들어 주어야만 했다. 아크네는 당시 글로벌해지고 싶었던 스칸디나비안 브랜드였다. 아마 2007년경이었을 것이다. 마르지엘라에서 함께 일했던 전 동료 중 한 사람이 파리에서 아크네를 위해 브랜드 구조와 오피스를 만들어 그들을 세계적인 브랜드로 만들기 위해 조직화를 시작했다. 그녀는 내가 홍보 담당을 해 주기를 원했다. 내가 "저는 더 이상 홍보 담당이 아닌데요. 지금은 스타일리스트예요"라고 말했더니 그녀는 "뭐, 그건 완전 괜찮아요. 아크네는 상당히 미래지향적인 타입의 회사고 당신은 브랜드를 구축할 수 있죠. 그리고 『아크네 페이퍼』에서 일하면서 한편으로는 당신의 포트폴리오도 구축할 수 있어요"라고 대답했다. 이러한 유연성이 내게 정말 매력적이었다. 나는 내가 보다 넓은 범위의 재능을 탐색할 수 있을 듯한 느낌이었다. 그래서 나는 도전하기로 했고, 3년 후 아크네는 지금 우리가 알고 있는 성공을 거두었다. 그리고 이제는 또 다시 다음 단계로 넘어가야 할 시기가 나에게 왔다. 한 에이전트가 스타일리스트로서 나를 대리해주기 위해 연락해 왔는데, 그게 처음으로 내가 '사람들이 나를 대리할 만한 가치가 있는 사람으로 보고, 내 작업을 홍보하고 싶어 하며, 내가 내 작업을 더 널리 퍼뜨리는 것을 돕고 싶어 한다'고 생각했던 때였다. 바로 그거였다!

당신은 상당히 자연스러운 과정을 통해서 스스로를 스타일리스트로서 규정하게 되었다. 당신이 옷을 만들 줄 알고 테일러링을 공부했다는 사실이 당신의 스타일링에 영향을 준다고 생각하는지? 그래서 당신의 스타일링의 대부분이 옷으로 하는 것인가?

그렇다, 나는 옷을 만드는 데 무엇이 필요한지 안다. 내 생각에 스타일링은 옷 제작에 대한 일종의 오마주라고 생각한다. 옷에 무언가를 더하고, 풍성하게 하고, 더욱 화려하게 만들려고 한다. 내가 생각할 때 스타일링은 옷에 대한 찬사이고, 이 모든 요소들을 가져올 때 내가 생각하는 것이 바로 그것이다. 하지만 옷 하나를 당연하게 여기고 그냥 카메라 앞에 갖다 놓고 사진을 찍는 것은 아니다. 그런 일은 내게 언제나 정말 슬프고 불만족스러운 일이다.

당신은 이렇게 흥미로운 병치를 만들어 내고 있고 거기서 나오는 이미지들은 때로 놀랍다. 그 이미지들은 종종 코드화된 여성의 이상적인 아름다움에 속하지 않는다. 여성의 이상적인 아름다움이 대체 무엇이란 말인가?

또한 당신의 스타일링은 종종 우리가 럭셔리를 떠올렸을 때 생각하는 것과도 일치하지 않는다. 당신이 『퍼플』에서 스타일링한, 비비안 사선이 촬영한 화보를 생각해 보고 있다. 모델들이 플라스틱 물병, 빵과 랩, 그리고 노동자들의 헬멧을 쓰고 있는 사진 말이다.(도판 21) 이 사진은 어떻게 나오게 된 것인가? 직관적인 느낌이었나? 당신의 작업 과정은 어떠한지?

나는 절대로 여성이나 여성의 이미지를 경시하지 않는다. 나는 여성들, 여성의 비전, 그리고 다른 여성에 대한 여성의 인식을 소중히 여긴다. 나는 이 업계에서 성장했고, 19살 때부터 일하면서 비주얼 제작 작업을 하고, 브랜드가 성장하도록 돕는 일을 했으며 마틴이 요청하거나 사람들이 내게 이미지에 참여해 달라고 하면 스스로 모델이 되기도 했다. 나는 이러한 여성 신체의 이상에 대해 질문해 왔다. 사실 나는 내 스스로의 이미지에 대해 한 번도 편안하게 생각해 본 적이 없고, 내가 걸어온 길 전체가 내 외형을 어떻게 다루어야 할지를 고민해 온 흔적 같은 느낌이다. 내가 주로 여성 포토그래퍼들과 함께 일하는 것은 내가 그들에게서 훨씬 많은 영감을 받기 때문이다. 나는 내가 가진 이러한 여성의 시선이 절대 우스꽝스럽다고 생각하지 않는다. 오히려 언제나 존중하는 마음으로 이루어진다. 내가 내놓는 모든 것은 내가 아름다움으로 간주한 것이다.

그럼에도 그 이미지들은 전통적인 이상적 아름다움의 개념에 도전한다. 그건 아마도 조금 더 장난스럽고, 때로는 기괴해 보이는, 다른 종류의 아름다움을 만들어 낸다. 그러니 그것들이 아름답지 않다는 것이 아니라, 다르게 아름답다는 말이다. 당신의 작업은 패션의 일부 이미지들이 그러듯 여성의 몸을 대상화하지 않는 것 같다.

그게 바로 우리의 책을 작업하기 위해 내가 비비안에게 손을 내민 이유다. 우리가 만든 책은 여성의 몸을 바라보는 두 개의 여성의 시선이다. 당신이 생각하고 있는 그런 이미지들의 상당수는 남성이 만들었기 때문에, 그 안에서 여성은 주로 매우 순종적이다. 내가 여성들과 작업할 때, 나는 그들이 하고 싶은 대로 내버려 둔다. 물론 나는 요령도 좀 넣고, 계획도 있기는 하지만, 그건 대화에 가깝다. 그렇게 해서 나오는 결과물은 여성들이 내게 주는 것과 매우 비슷하다.

내가 본 다른 화보는 『SSAW』 잡지의 2018년 가을/겨울호였는데, 당신은 거기서 톰 브라운(Thome Brown)의 2018 AW 컬렉션을 스타일링했다. 그리고 그 이미지에는 어딘가 기괴한 느낌이 있었다. 이 컬렉션에서 브라운의 옷들은 구근처럼 울룩불룩한 몸을 만들었고, 화보에서 이 옷들은 패션 화보를 찍을 때 잘 사용하지 않는 소품들인 점토 마스크, 프린지 커튼 등과 함께 연출되었다. 또한 당신은 쿠킹호일처럼 부엌에서 찾을 수 있는 단순한 재료들도 사용했다. 덕분에 일종의 초현실적인 느낌이 난다. 어떻게 이러한 이미지들 및 소재의 사용법을 구상했나?

나는 마치 까치처럼 모든 것을 모아 두는 사람이라, 항상 이미지를 수집한다. 나는 매주 첼시의 갤러리들 근처에 간다. 일 때문에 어디를 여행하든, 그 도시의 미술관에 가지 '않을' 수가 없다. 마치 하루에 물을 2리터씩 마시는 사람들 같은 거다. 나는 하루에 일정량 이상의 아름다움의 유입이 필요하고, 정말 필수적인 사항이 되었다. 일정량 이상의 아름다움이 없으면 나는 잠들 수가 없다. 나는 술도 거의 마시지 않고

마약도 하지 않지만, 어느 정도 분량의 강렬한 아름다움이 필요하다. 또한 상업적 스타일링 작업이—이걸 어떻게 표현해야 할까—말하자면, 극도로 상업적인(commercial) 뉴욕에서 일하기 위해서 나는 정말로 나 스스로의 균형을 맞출 수 있는 방법이 필요하다. 그래서 나는 수집하고, 찾아보고, 모은다. 모든 단계에서 나는 이미지를 기록하고, 사진을 찍고, 물건들을 집으로 가져간다. 재미있는 것은 몇 년 후에 내가 쿠킹호일로 된 무언가를 이만큼 가지고 있거나 어떤 플라스틱 물체들을 가지고 있음을 깨닫게 된다는 점이다. 그런 것에 나도 모르는 새에 끌리는 것 같다. 그래서 이렇게 정보를 쌓아 두다가, 어느 순간 무언가가 딸칵 하면서 내 안에서 이치가 맞아 들어가게 되고, 작업할 때 그걸 사용하게 되는 것이다. 알다시피 이러한 재료들은 나에게 무언가 의미가 있고, 나의 무의식 속 무언가를 나타내며, 내 세계의 일부가 되기를 바라는 것들이다.

그러니까, 당신은 대개 물건을 모으다가 당신이 무엇에 끌리는지를 깨닫게 된다는 것인가.

완전 그렇다.

당신이 포토그래퍼 비비 보스윅과 함께 작업한 또 다른 화보를 생각해 보면, 거기서 당신은 여성의 아름다움에 대한 다른 아이디어를 또다시 탐구하는 것 같다. 내게는 약간은 가와쿠보의 '몸이 옷을 만나다' (Body meets Dress) 컬렉션을 연상시키지만, 스타일링을 통해 다른 방법으로 마무리했다. 그 화보는 어떻게 만들어 낸 것인가?

다시 말하지만, 나는 패턴을 그리던 시절을 기억하며, 존재하지 않을 듯한 몸의 형태를 만들고 싶어 했고, 불가능하거나 예쁘다고 여겨지지 않을 만한 무언가를 가지고 작업하려고 애썼을 뿐이다.

협업을 진행할 사람을 어떻게 선택하는가?

내게 감동을 주는 작업을 한 사람이라면 누구라도 좋다. 나는 비비가 무언가 매우 흥미로운 작업을 한 것을 보았다. 그녀가 찍은 사진의 직설적인 느낌이 좋았다. 그리고 그녀의 작업에는 날것의 느낌이 있는데, 아주 소박한 접근과 가식적이지 않은 느낌이 내게 매우 흥미로웠다.(도판 22) 그건 상당 부분 소녀에 관한 작업이었지만, 메이크업이나 미소 같은 것에 관한 것은 아니다. 그리고 클로에 [르 드레쟁]의 경우에는 내가 함께 작업하기에 상당히 흥미로웠던 것은 톰 브라운 컬렉션이었다. 나는 작업을 약간 시적인 쪽으로 해 보고 싶었고 클로에가 만들어내는 그림은 확실히 그런 분위기였다. 꿈이나 속삭임 또는 이상한 나라의 무언가 같은, 일종의 '이 세상의 느낌이 아닌' 듯한 면이 있다.

그럼 비비안 사선과의 협업이나 관계는 어떻게 발전된 것인가?

비비안 얘기는 꽤 오래 전으로 돌아가야 한다. 당시 나는 아크네에 있었고 『판타스틱 맨』(Fantastic Man)의 욥 판 베네콤과 게르트 용커스가 새로운 잡지인 『젠틀우먼』(Gentlewoman)을 론칭하려 하고 있었다. 그들은 내게 연락해 『젠틀우먼』 창간호를 위해 비비안과 협업을 할 생각이 있는지, 그리고 피에르 가르뎅에 관한 화보를 작업할 수 있는지 궁금해 했다. 나는 한 번도 비비안을 만난 적이 없었지만 그들은 내게 그녀와 함께 작업해 줄 것을 부탁했고, 나는 모델도 서고 스타일링도 하는 방향으로 참여하게 되었다. 그리고 비비안은 내게 첫 번째 책 작업을 같이 하자고 제안했다. 그렇게 해서 우리의 첫 번째 책이 나오게 된 것이다.

당신은 모델 역할도 했는데, 그 부분은 당신이 하지 않던 일을 한 것이기도 하거니와 스타일리스트 역할도 함께 했다. 당신은 그 과정이 공연을 하는 것과 비슷하다고 설명했다.

다시 말하지만 나는 마르지엘라에서 마틴과 함께 일할 때 실질적인 직함을 가진 적이 없고, 나중에 내 자신을 스타일리스트라고 여기게 되기 전까지 그랬다. 그래서 내 몸을 가지고 작업할 때 내가 생각한 것을 끌어내기가 더 쉬웠다. 왜냐하면 누군가에게 요청할 필요 없이 내가 직접 하면 되기 때문이었다. 그래서 내가 어떻게 스타일링에 접근하는지, 그 과정을 이해하기가 쉬웠다. 또한 그 작업 과정을 통해 나는 나 자신을 받아들이기 시작했다. 그건 마치 공연과도 비슷했는데, 첫 번째로는 그 옷들이 아주 건축적인 옷들이었으며 거대한 가방 및 원형 형태가 있는 드레스들이었기 때문이다. 또한 이 화보는 사실 내가 옷 외의 다른 요소를 전혀 사용하지 않은 화보 중 하나다. 그리고 이 화보는 내게 많은 영향을 주었다. 나는 건축적이고 그래픽적인 요소와 건축적인 감각을 살려서, 옷이 그 정도 수준이 되지 않더라도 모든 사진이 돋보이기를 원했다. 그리고 그 옷은 정말이지 정교해서 내가 입은 것 같지가 않았다. 나는 그 뒤에 숨어 있었고, 덕분에 정말 쉬웠다.

비비안과의 협업은 어떻게 이루어졌나?

그 작업은 피에르 가르뎅에서부터 시작되었는데, 굉장히 정교한 옷에서부터 시작해 책의 마지막에서는 모든 것을 벗겨냈기 때문에 재미있었다.

첫 번째 책은 파리에서 촬영했고, 당신은 모델이자 스타일리스트였다.(도판 23) 두 번째 책에서 당신과 비비안은 누드 사진을 도입했다.(도판 24)

그건 몇 년 후였다. 나는 뉴욕으로 이사했고, 우리는 연락이 뜸해졌다. 그리고 나는 임신했다. 그녀는 임신한 나를 촬영하고 싶어 했지만 결국 그렇게 하지 못했다. 그리고 나서 여성의 몸에 대한 여성의 시선에 대한 두 번째 책이 출간되었다.

미묘하고 섬세하며 감동적인 무언가가 있다. 이 책에서 당신의 역할은 무엇이었나?

내가 그녀에게 책을 한 권 더 작업하자고 했을 때부터 정말 즐거운 과정이었고, 그녀는 그 아이디어에 상당히 몰입했다. 우리는 레퍼런스와 비주얼 자료들을 주고받기 시작했다. 그게 우리가 작업하는 방식이다. 내가 그녀에게 이미지 몇 개를 보내면 그녀가 무언가를 내게 도로 보내 주고, 그게 끝이다. 그리고 거기서부터는 더 이상 대화할 필요가 없다. 우리는 남부 프랑스에 우리 가족들과 함께 집을 하나 빌렸다. 생생하게 기억나는 것은 두 번째 날 아침인데, 남편들은 아이들을 데리고 해변으로 갔다. 우리는 심지어 서로 말도 하지 않았다. 둘 다 가방에서 장비와 소품을 꺼내 테이블에 늘어놓고 촬영을 시작하는 것이다. 그렇게 이틀 만에 책 전체를 촬영했다.

포토그래퍼가 기이하게 사진의 일부가 되는 방식이 정말 마음에 들었다. 사진에는 비비안의 그림자가 많이 나왔고, 물감을 몸에 발라 찍은 다음 그걸 사진에 추가하기도 했다. 거의 공생에 가까운 작업이었다.

그건 메시지에 혼동을 준 것이었다. 알몸이거나 내가 직접 물감으로 그림을 그린 몸, 알몸에 필터를 통해 색을 입힌 몸, 또는 알몸에 물감을 바른 다음 다시 색을 입힌 몸도 있다. 모든 과정이 상당히 혼란스러워진다. 하지만 이번 작업 동안 얼마나 서로 협업하고 교류했는지 사진을 통해 분명히 볼 수 있다.

모델로서의 경험이 스타일리스트로서의 작업에 어떤 변화를 가져왔나?

때로는 그 일을 그만두고 싶기도 했다. 모델을 선다는 것은 멋지기도 하지만 실망할 때가 많은 일이다. 내게는 맞지 않는 일이었다. 이 일을 하는 사람들 모두를 진심으로 존경한다. 누군가가 내 외모를 보고 같이 일하고 싶어 한다는 것은 아주 가혹한 일이라고 생각한다. 때때로 내가 그 일부가 된다는 것이 썩 기분이 좋지 않을 때도 있다. 하지만 동시에 이는 내가 촬영장에서 모델들과 함께 있을 때, 내가 최대한 이들을 존중하기 위해 노력한다는 뜻이기도 하다. 또한 작업 과정에 기꺼이 참여해 줄 수 있는 모델을 고를 때도 많은 도움이 되었다.

비비안과의 작업에 페미니스트적인 요소가 있는가? 당신은 여성과 여성의 누드를 대상화하거나 남성의 소비를 위한 것이 아닌 방식으로 보여 주고 싶어 한다. 또 여성적 시선에 대해서도 이야기한 바 있다.

음, 그건 여성의 시선뿐 아니라 우리의 우정에 관한 것이기도 하다. 분명 나는 강하고 독립적이며 치열하고 용감한, 진취적인 생각을 가진 여성들을 많이 그리는 편이다. 어렸을 때 어머니가 했던 말이 기억나는데, 과거는 항상 내 일에 영향을 준다는 것이었다. 나는 심리 치료를 받지 않으니, 작업이 일종의 심리 치료일 것이다. 내 어머니는 언제나 내게 독립적인 사람이 되라고 이야기했다. 스스로를 위해 무언가를 하라고. 사랑은 올 것이라고. 사랑이 온다면 언젠가 오겠지만, 그게 우선순위가 되어서는 안 된다. 우선순위는 독립하고, 내 길을 찾고, 내가 누군지를 이해하며, 하고 싶은 것을 하고, 하는 일에 만족하는 것이어야 한다. 그래서 나는 그 말을 따랐다.

12장
작은 조각품 만들기:
버네사 리드와의 인터뷰

수잔 마셴

현재의 스타일링을 정의하는 인물 중 한 명인 버네사 리드는 역동적인 실루엣과 놀라운 컬러 및 구성의 변화무쌍한 프레임 안에서의 활약을 보여 주며, 고전적인 포즈를 예상치 못한 방향으로 취해 동적인 움직임과 조각상 같은 차분함이 공존하는 특유의 바이브가 있는 작품을 선보인다. 여성 중심적이고 역사에 대한 인식을 바탕으로 한 그녀의 작품은 『시스템』, 『리-에디션』, 『보그 이탈리아』, 『셀프 서비스』, 『M 바이 르 몽드』, 『T 매거진』, 『아레나 옴므 플러스』, 『퍼플』 등의 잡지에 실렸으며, 『POP』에서 오랜 기간 패션 디렉터로 활동했다. 원래 에든버러 대학교에서 영화를 전공한 리드는 파리에서 1년 동안 인턴십을 하면서 스타일링을 접했다. 이후 영국 『보그』에서 어시스턴트로 일하기 시작했고, 파리로 건너가 『보그 파리』의 마리아말리 소베와 3년간 함께 일했다. 그 후 리드는 독자적으로 활동하면서 유르겐 텔러, 마크 보스윅, 크레이그 맥딘, 이네즈 & 비누드(Inez & Vinoodh), 비비안 사선, 콜리어 쇼어, 할리 위어, 탈리아 체트릿 등과 긴밀한 업무적 관계를 형성했다. 현재 런던에 거주하고 있다.

수잔 마셴: 당신의 작품에서 인상적인 점 중 하나는 벗겨진(being undone) 혹은 벗겨지고 있는(coming undone) 것들에 대한 아이디어다. 미완성이 아니라 어쩌면 옷을 벗은 상태일지도.

버네사 리드: 나는 옷을 입고 벗는 과정과 그 과정을 통해 자유롭고 느슨한 느낌을 탐구하는 것을 좋아한다. 특정 카메라 앵글에 맞춰 룩을 작업하는 경우가 많은데, 프레임 밖에서는 테이프, 핀, 클립 등 분위기를 연출하는 데 필요한 모든 것이 엉망진창이 된다.

나는 엉망이라는 단어가 좋다. 왜냐하면 이 단어가 당신의 화보 스토리에서 많이 등장하기 때문이다. 정직하고, 양식화되지 않은 아름다운 엉망진창이랄까. 할리 위어와 함께 작업해 『POP』 2016년 S/S호에 실린, 지퍼가 풀린 코르셋과 집게 이미지처럼 말이다.(도판 33)

나는 스타일링 과정 자체가 매우 아름답다고 생각한다. 나는 샘플 의류에 사이즈가 꼭 맞지 않는 여성들과 작업하는 경우가 많은데, 잘 어울리게 만들어야 한다. 집게 하나만으로는 충분하지 않으니 서너 개를 쓰고, 테이프도 조금 사용한다. 그러다 보면 어느새 그런 것들이 합쳐져 더 흥미로운 무언가로 변해 있다. 아름다운 몸매를 가진 모델 아오미 뮈요크가 코르셋 형태에 멋진 소매가 달린 셀린느 상의를 입은 모습은 정말 탁월했다. 우리는 막 그녀의 헤어밴드도 풀었지만 여전히 반쯤 묶여 있었다. 아주 시적이면서도 장난기 넘치는 방식으로 이를 보여 줄 수 있어서, 그리고 그 모습이 너무나 조각과도 같아서 마음에 들었다.

또한 모든 사람이 볼 수 있도록 패션의 구조를 잘 드러낸다.

그렇다, 그렇게 보는 것도 좋은 방법이다. 패션은 모두 환상이니까. 이렇게 구성된 세계를 구축한 다음, 말하자면 '되기'를 엿볼 수 있다는 것은 흥미롭다. 지금까지는 일반적으로 환상이 보존되고, 유지되었다. 이제 시스템은 변화하고 있으며, 무대 뒤의 현실로 더 많이 이동하고 있다. 이러한 무대 뒤의 현실에서 모든 것을 적나라하게 보여 주지 않으면서도 진정성에 대한 보는 이들의 욕구를 충족시키는 작업은 흥미롭다. 결국 이것들도 모두 교묘한 속임수기 때문에 재미있기도 하다.

한 가지 눈에 띄는 점은 여성 포토그래퍼와 많이 작업한다는 점이다.

유리 천장을 깨기 위해 의식적으로 여성 포토그래퍼와 함께 작업하는 것을 선택하지는 않았다! 여성의 목소리를 대변하는 일에 동참하게 되어 매우 기쁘게 생각하지만, 젠더를 기준으로 아티스트와 작업하지는 않는다. 양쪽 모두 흥미로운 교류와 서로 다른 시선이 존재하기 때문에 나는 이러한 부분을 즐기는 편이다. 혼자서 작업을 시작했을 때, 남성과 여성을 막론하고 기존의 틀에 갇혀 있지 않은 포토그래퍼들이 있다는 것을 알게 되었고, 여기에는 '예술 사진가'도 포함되었다. 나는 재능을 둘러싼 기존의 위계질서에 얽매이고 싶지 않았다. 여성의 입장에서, 여성들이 정상에 오르기까지 너무나 오랜 시간이 걸리지만, 이는 모든 산업에서 발생하는 어려움의 일부이다. 흥미롭게도 나는 함께 일하는 여성 포토그래퍼들과 특히 오랜 기간 관계를 유지해 왔다. 비비안 사선과 나는 10년 넘게 함께 일하며 하나의 언어를 만들어 냈는데, 마치 끝이 없는 대화처럼 느껴진다.

『보그 파리』의 마리 아말리소베를 떠나 프리랜서가 되었을 때 시각적 언어에 어떤 변화가 있었나?

내가 편집부에서 처음 함께 일한 사진가 중 한 명이 마크 보스윅이었는데, 우리는 함께 스페인 여행을 갔었다. 나는 완벽한 이미지의 테두리 안에서 매우 통제되고 보정된 작업을 해 왔는데, 마크의 작업은 그 정반대였다. 마크와 함께 일하면서 창의적인 해방감을 느꼈다! 그는 내게 매우 중요하며 패션과 이미지에 대한 접근 방식을 발전시키는 데 없어서는 안 될 존재다.

마크 보스윅과 함께한
첫 여행은 어땠나?

나는 내가 촬영할 룩들을 매우 구체적으로 준비했고, 어떻게 나올지 명확하게 알고 있었다. 그는 당시 패션계에서는 드물게 필름으로 촬영하고 있었는데, '빛을 비추기 위해' 카메라 뒷면을 열곤 했다! 그 당시 그를 잘 몰랐던 나는 쓰러질 뻔했다. '맙소사, 패션은 끝났구나'라고 생각했으니까. 하지만 궁극적으로 그것은 가장 자유로운 경험이었다. 순간순간을 살면서 가능성의 바다를 열어 두고 아이디어가 예상치 못한 곳으로 나아갈 수 있다는 것을 이해하는 것이다. 아이디어를 가지고 리서치를 해 둘 수 있지만, 촬영 당일에 마법 같은 순간을 맞이할 수 있기 때문에 그 순간을 놓치지 말아야 한다.

당신의 이미지에서 많이 볼 수 있는 것은 여성의 힘에 대한 감각이지만, 고집스럽거나 남성의 시선에 맞춰져 있지 않고 내재되어 있다는 느낌이다. 시적이고 무심한 느낌. 크레이그 맥딘의 이미지에는 섬세한 실크 소재 슈트를 입은 채 다리를 벌리고 선풍기 앞에 앉아 매우 캐주얼하게 존재감을 드러내는 프레야 베하의 모습이 담겨 있다.

그런 포즈든 노출이 있는 화보든, 항상 매우 자연스럽게 전개된다. 인위적인 것이 아니라 그 순간에 모든 사람이 느끼는 것이다. 나는 이미지에서 섹슈얼리티를 자연스럽게 표현하는 것을 좋아하고

모델마다 그것을 전달하는 방식이 다르다. 프레야는 이런 면에서 매우 자신감이 넘친다. 최근에는 그녀와, 콜리어 쇼어와 함께 『리-에디션』의 화보를 작업했는데, 같이 작업할 수 있어서 정말 즐거웠다. 그 화보는 마치 한 폭의 그림처럼 아름답고 친밀한 그녀의 초상화로, 매우 관능적이지만 대상화되지는 않았다. 이러한 분위기는 계획된 것이 아니라 모두 즉흥적으로 만들어지는 것이다.

유르겐 텔러와 함께
『POP』에서 작업한 다리아
워보위 화보는 그 아름다운
예이며, 꽤나 전설적인
이야기다.(도판 32)

실제로 구현하는 과정이 정말 재미있었다. 우리는 그것에 대해 이야기했고, 24시간 만에 그것을 돌려야 했다. 마침 다리아가 오전에 시간을 낼 수 있었고 촬영은 한 시간 만에 끝났다. 우리는 파리 북역에서 촬영하고 싶었다. 파리의 상징적인 장소라는 점이 마음에 들었고, 그곳의 에너지는 정말 대단하다. 다리아가 합류하면서 모든 것이 로파이(lo-fi) 프로덕션 감각으로 진행되었고, 허가 없이 게릴라식으로 촬영했다. 우리 넷이서 몇 가지 룩을 급조해서 차 뒤에서 옷을 갈아입으며 촬영을 진행했다. 헤어나 메이크업은 전혀 하지 않았고 그냥 날것 그대로였다. 다른 촬영에서는 여러 벌의 옷과 더 긴 촬영시간, 헤어, 메이크업 등 모든 준비가 필요하지만, 어떤 상황에서도 순간순간 직관적으로 옷을 조합하는 것이 중요하다.

작품에는 흥미로운 조형적 형태가 많고, 포즈를 위한 패션 점프가 아닌 움직임에 대한 아이디어도 있다.

내가 처음 혼자 작업을 시작했을 때는 점핑 잭 플래시[역주: 팔과 다리를 벌리고 펄쩍 뛰어오른 포즈의 사진. 1986년 우피 골드버그가 출연한 동명의 영화 포스터의 포즈] 포즈 사진이 많았는데, 당시에는 그다지 신선하게 느껴지지 않았다. 몸을 움직이는 방법은 정말 다양하다고 생각한다. 내면의 춤을 드러내는 것이 중요하다. 움직임은 미묘할 수 있지만 격정적일 수 있다. 나는 모델들에게 어떤 캐릭터나 아이디어를 머릿속에 떠올리게 하는 것을 좋아한다. 그러면 옷에 생동감이 생기고 전체 이미지에 실루엣이 생긴다. 가끔은 실제로 모델들에게 춤을 추게 하기도 한다. 얼마 전에는 한 모델에게 너바나(Nirvana)에 맞춰 헤드뱅잉을 시켰다. 그녀는 커트 코베인이 누군지도 몰랐고 나는 공룡 화석이 된 듯한 기분이었다.

정말 재미있다. 시선을 사로잡거나 특이한 실루엣이 당신의 작품에 꽤 중요한 요소라고 생각한다.

전적으로 그렇다. 실루엣이 핵심이다. 나는 실루엣이 이미지의 조각적인 측면과 조화를 이루는 방식을 좋아한다. 언제나 내가 영향을 받은 화가나 조각가들의 기교적인 특성을 좋아해서, 나는 신체의 특정 부분을 강조하거나 그 신체에 대한 다른 인식을 주는 경우가 많다. 엄청나게 마른 체형인 사람이 갑자기 과장된 크기의 엉덩이를 가지게 되는 것은 흥미로운 일이다.

『시스템』에 실린, 올리버 하들리 퍼치와 함께 촬영한 보디맵(Bodymap) 화보처럼 말이다.(도판 36) 그 중 흰색의 착시 효과로 인해 모델의 다리가 몸과 거의 분리되어 보이는 이미지가 하나 있었다. 모델의 상반신은 왼쪽에 있고 다리는 오른쪽에 있다.

그 촬영은 정말 재미있었고 내게 매우 중요했다. 나의 영웅들과 함께 작업하고, 80년대부터 상자에 보관해 왔던 그들의 아카이브로 작업할 수 있는 기회를 갖게 되어 정말 기뻤다. 그들과 협업할 수 있는 기회를 갖게 되어 정말 감사할 뿐이다. 그날 촬영 현장에는 그 시대의 다양한 멤버들이 새로운 세대와 함께 어울려 놀라운 분위기를 연출했고, 마치 무언가를 크게 축하하는 듯한 기분이 들었다. 보디맵을 노골적으로 모방하는 사람들이 많았지만 누구도 크게 지적하지 않았다.

그렇다. 심지어 비평가들조차 명백한 표절을 지적하지 않을 때 더욱 당황스럽다.

그리고 많은 젊은 세대들이 보디맵을 모르고 "보디맵이 누구야?"라고 물어볼 것이다. 그들의 유산에 대한 관심을 다시 불러일으킬 수 있다는 것은 특권이다. 보디맵은 80년대의 진보적인 정체성을 담고 있는 매우 중요한 브랜드이며, 오늘날에도 매우 새로워 보인다. 말하자면 미래를 예견한 컬트적인 역사가 있는 브랜드인데, 갑자기 그 역사의 일부가 된 듯한 기분이 들어 좋았다. 패션은 종종 파생적이거나 최소한 참고만 하는 경우가 많고, 선구자들은 그 속에서 종종 잊히곤 한다. 나는 그 흔적을 따라 원래의 출처로 돌아가는 것을 정말 좋아한다. 이를 통해 현재 진행 중인 상황을 진정한 관점에서 이해할 수 있다.

자료에서 바로 나오는 방식 외의 작업 과정은 어떠한가?

나는 끊임없이 연구하고 탐구한다. 예술, 음악, 영화, 특히 여행에서 영감을 얻으려고 노력한다. 나는 모든 것에 열려 있지만 내가 하는 일에는 항상 어떤 종류의 감정적 연결이 있다. 나는 항상 가능한 한 많은 실험을 하려고 노력하는데, 그렇지 않으면 지루해지기 때문이다. 틀에 박힌 것을 좋아하지 않는다. 그래서 다양한 영향을 받고 다양한 레퍼런스를 접한다. 끊임없이 스스로에게 질문을 던지고, 내가 하는 일에 대해 지나치게 비판적일 수 있지만, 그래서 계속 도전하고 위험을 감수하는 것 같다.

이미지 제작 과정으로 돌아가서, 내가 이 이미지에 흥미를 느낀 부분은 스타일링을 실제 행위로 강조한다는 점이다. 다리아 이미지의 손이나, 어떤 이미지 속 비비안 사선의 실루엣을 보면 알 수 있다.(도판 31) 당신이 이미지 내에서 하는 작업을 두 가지 방식으로 표현한달까.

사실 그런 식으로 생각해 본 적은 없지만 정말 흥미로운 것 같다. 손은 무언가 미스터리하고 초현실적인 요소를 더한다. 또한 호기심을 자극하고 표면 너머를 바라보게 한다.

앞서 이야기한, 패션은 결국 환상이라는 점의 또 다른 측면일까?

그렇다. 바로 그거다.

촉감이라는 아이디어도 매우 인간적이다.

매우 그렇다. 손이 연결되는 것, 그 관능적인 느낌.

또 한 가지는 얼굴을 가리거나 흐릿하게 처리하는 아이디어다. 의도적으로 그런 건가?

가끔 그런 경우도 있지만 일부러 의도하지는 않는다. 하지만 장치로서 매력적이긴 하다. 얼굴 없는 형태의 익명성은 추상화된 실루엣이 되어 보는 이로 하여금 개성을 방해하지 않고 이미지를 감상할 수 있게 해 준다. 이미지를 원하는 대로 해석할 수 있고 미스터리한 느낌으로 시선을 계속 자극한다.

미스터리라는 단어가 계속 나오는 것 같다.

가끔은 이해하기 어려운 이미지가 좋다. 내가 비비안의 작품을 좋아하는 이유도 그래서인데, 항상 더블 테이크(double take) [역주: 동일한 내용을 관객에게 확실히 이해시키기 위해 동일한 각도나 다른 각도에서 다시 보여 주는 것.]가 있기 때문이다. 이미지 안에는 항상 뭔가 다른 일이 벌어지고 있고, 다양한 레이어와 차원이 존재한다. 나와 함께 일하는 많은 사진가들이 그런 면을 가지고 있는 것 같다. 그들의 작품은 패션 이미지를 감상하고 이해하는 동시에 패션 이미지 너머에 존재한다.

패션 산업에 대해 어떻게 생각하나?

명백한 결점들이 있지만, 그럼에도 나는 패션과 패션 산업에 대한 존경심을 가지고 있는 사람이다. 다른 산업과 마찬가지로 비즈니스이기 때문에 어느 정도는 있는 그대로 받아들이지만, 창작자로서 예술과 상업 사이의 균형이 창의성, 실험성 등을 저해할 때는 분명 실망스럽다. 이는 미디어가 발전함에 따라 점점 더 문제가 되고 있다.

풀 룩만 촬영하는 이러한 규칙이 왜 이렇게 널리 퍼졌다고 생각하는지?

지난 10년간 광고주와 미디어 간의 힘의 관계가 분명히 바뀌었기 때문에, 이는 브랜드의 이미지를 자본화하는 방법이기도 하다. 또한 소셜 미디어와 웹이라는 규제되지 않은 수단을 통해 브랜드의 이미지들이 확산되면서, 어떤 결과가 나올지 모르기 때문에 브랜드에서는 자신들의 이미지를 점점 더 통제하고 싶어 하는 것이다. 브랜드들은 위험을 감수하고 싶지 않아 하며, 홍보를 간소화하는 토털룩(total look)[역주: 풀 착장과 같이 패션 브랜드가 지정한 착장으로, 그 브랜드 옷들만으로 구성된 룩을 촬영하는 것.]을 선호하게 되었다.

스타일리스트의 역할에도 큰 변화가 생겼다. 그렇지 않은가?

그렇다. 스타일링은 많이 바뀌었다. 안타깝게도 토털룩 신드롬으로 인해 모두 같은 옷을 비슷한 방식으로 촬영하게 되었기 때문에, 런웨이 컬렉션을 신선한 방식으로 해석할 여지가 줄어든 것 같다. 나는 후자의 방식으로 일하고 싶지만 점점 더 어려워지고 있다. 게다가 요즘은 광고주 크레디트 때문에 빈티지를 포함하거나 무언가를 만들 여지가 점점 줄어들고 있기도 하다. 반면에 애나 콕번 같은 사람을 보면 전체 스토리에서 크레디트는 두 개 정도고 나머지는 찾아낸 것, 직접 만든 것 등이다. 요즘 새롭게 드는 생각은, 업계와 디자이너 등에게 영감을 주는 것이 매우 중요하다는 점이다.

화보 내에서 광고주 브랜드 비율의 할당량을 채우는 것에 대해 어떻게 생각하나?

그건 비즈니스의 일부고, 나는 그 부분을 존중한다. 나는 광고주 브랜드가 화보의 일부인 것처럼 보이게 만드는 데 능숙하고, 그런 도전을 좋아한다. 로파이와 하이파이(hi-fi), 이 서로 다른 두 세계 사이의 모든 플레이를 좋아한다.

당신의 광고 캠페인 이미지에서 인상적인 점은 상업적인 방향이 아닌 편집 작업에 많은 공을 들였다는 점이다.

광고 캠페인 이미지도 다른 어떤 것보다 강렬해야 한다고 생각한다. 더 이상 상업적 캠페인이라고 불리는 것을 피할 수는 없다. 오늘날에는 엄청난 양의 이미지가 쏟아져 나오기 때문에 관심을 끌기 위한 경쟁이 치열하다. 갑자기 이런 식의 미지근한 광고 캠페인을 하면 망한다.

브랜드를 위한 컨설팅 작업도 궁금하다. 프로세스의 어느 시점에 참여하는가?

클라이언트에 따라 다르지만 일반적으로 시즌 초반에 시작하여 스토리를 구축하고 프로세스 전반에 걸쳐 아이디어를 교환하는 것이 중요하다. 클라이언트와 끊임없이 대화를 나누며 서로 아이디어를 주고받는다. 나는 협업 작업이나 함께 무언가를 구축해 나가는 관계가 정말 즐겁다. 클라이언트마다 모두 다르기 때문에, 각각의 브랜드에 맞는 아이디어를 개발해야 한다. 여기에는 폭넓은 연구를 통해 각 브랜드마다 유니크한 비전을 제시하고, 브랜드의 지속적인 성장을 안내하는 것도 포함된다. 끊임없이 가속이 붙는 이 업계에서 가만히 있을 수는 없으니, 디자이너에게는 브랜드 외부에서 바라보는 관점을 갖는 것이 정말 유용하다. 잡지나 포토그래퍼와 함께 작업하는 방식에도 같은 원칙이 적용된다. 특정 상황에서 발생한 새로운 연구 라인을 기반으로 이러한 의견 교환을 통해 해당 작업의 정체성을 갖는 것이 중요하다.

이 중 일부는 디자인과 겹치는 부분이 있어서 흥미롭다.

나는 디자이너는 아니지만 전체 그림을 볼 수 있고, 디테일에 주의를 기울여 가며 대상을 발전시키는 데 도움을 줄 수 있다. 디자인에는 내가 하는 일보다 훨씬 더 많은 것들이 있다. 좋은 디자이너는 일을 실현시킬 수 있다. 나는 아이디어를 제공하는 역할을 하지만 아이디어를 제공하는 것과 그것을 실현하는 것은 별개의 문제다. 컨설팅을 하면 끊임없이 질문하고 도전하며 완벽을 추구하게 된다! 디자이너와 함께 무언가를 만드는 것은 정말 보람된 일이다. 이 분야는 업계의 다른 영역이고, 나는 전방위적으로 일하는 것을 매우 좋아한다.

3부
글로벌 패션 미디어와 스타일링 실천의 지리학

13장
스타일리스트의 일: 디지털화 시대 밀라노의 패션 스타일링

파올로 볼론테

서론

패션 스타일리스트는 자신의 직업을 설명할 때 종종 코드화된 내러티브를 사용한다. 지난 20년 동안 패션 스타일리스트라는 직업이 대중적으로 인정받는 소수의 패션 크리에이터로 자리 잡았다는 사실은 이 직업을 소개하는 인터뷰와 책(예를 들면 Baron 2012; Mower 2007)에서 쉽게 유추할 수 있다. 요컨대, 그 내러티브에 따르면 스타일리스트는 오트 쿠튀르, 스트리트 스타일, 고급문화와 대중문화의 여러 채널에서 전달되는 상상계(the imaginary)에서 영감을 받아 '일반' 의류의 규칙을 뛰어넘는 특별하고 창의적인 개인이며, 따라서 우리의 의류 상상계를 근본적으로 혁신하는 데 기여한다.(Cotton 2000, 6)

현재 패션 시스템에서 스타일리스트는 의류 혁신의 복잡한 과정에 중요한 기여를 한다는 인식이 확산되고 있다. 실제로 패션 사진은 패션 시스템을 움직이는 동력으로, 예술적 창의성과 상업적 힘을 모두 가질 수 있다.(Shinkle 2008, 1–2) 캐럴라인 에반스가 적절하게 지적했듯, "유행하는 의복이 기호 네트워크에서 이미지이자 오브제로 유통되는 문화에서" 이미지는 "더 이상 재현이 아니며" "패션쇼에서든, 잡지에서든, 웹사이트에서든, 또는 아이디어 그 자체로서든 종종 상품 그 자체"다.(Evans 2009, 23) 이러한 틀 안에서 패션 이미지는 종종 드레스를 입은 여성의 구체적인 아름다움을 단순히 재현하는 것보다 추상적이고 '인공적인' 미의 이상을 더 중요시했다. (de Perthuis 2008) 패션 이미지는 종종 기존 의류의 가능성을 이차원적으로 재생산하는 것보다 혁신적인 이미지를 생산하는 것을 목표로 해 왔다.

용감하게 패션 규칙을 전복하는 비관습적인

크리에이터로서 스타일리스트라는 관념은 이러한 맥락에 부합하는 것이다. 그러나 이는 근본적인 혁신을 갈망하는 경험 있는 패션 소비자들 말고도 다수의 평범한 사람들이 있다는 사실을 간과하는 것이다. 그들은 패션의 요구가 지닌 혁신적 힘 때문이 아니라 그것이 지배적 선택과 비교해 튀지 않는 옷입기 방식인 공통의 미학적 질서를 수정하기 때문에 패션의 요구에 주의를 기울인다. 더 정확하게 말하면 이렇다. 이는 니치 패션 잡지(『데이즈드 앤 컨퓨즈드』[Dazed and Confused]) 이외에 패션 스타일리스트의 창의적 능력을 활용하는 대중적 여성 잡지(『코스모폴리탄』)도 있다는 점을 무시한다. 이런 잡지들은 미학과 패션 콘텐츠 측면에서는 주목할 점이 없지만 옷을 입은 신체에 대해 사회적으로 널리 알려진 상상계를 결정하는 데 훨씬 더 강한 영향력을 행사한다.

그와 같은 '대중'의 존재를 인정하는 스타일리스트는 자신들의 이야기에 새로운 톤을 부여한다. 순수한 창의성 대신 중재가 지배적인 자리를 차지하게 되는 것이다. 여성 주간지의 패션 에디터이기도 한 스타일리스트가 자신의 작업의 근본적 특징에 대한 질문을 받는다면, 그는 '취향의 중재자', 소비자들의 선택을 돕는 '가이드', 독자들의 '멘토' 또는 '트레이너' 같은 표현을 사용할 것이다. 그러한 자기 인식을 가진 사람들은 가장 저명한 사람들 중에도 있다. 예를 들어 주디 블레임은 한 인터뷰에서 "내가 사실은 사람들을 교육시키고 있다는 사실을 깨달은 것은 네네 체리 같은 사람들과 함께 일하면서였다"고 말했다.(Blame, Baron 2012, 32) 그러나 그것은 예술적 창의성이라는 지배적인 수사가 사회적 삶 속에서 패션 상상계의 기능에 대한 대안적 인식에게 자리를 내주는 흔치 않은 순간이다. 이 전문 직업인을 셀러브리티 문화가 만들어내는 광휘로부터 분리하여 의류 혁신이라는 광범위한 시스템 내에서 스타일리스트의 역할을 더 명확하게 파악하기 위해 우리가 주목해야 할 것은 스타일링의 가장 일상적인 특징이다.

이러한 이유로 나는 이 장에서 밀라노 패션 스타일리스트에 대한 연구를 바탕으로 나의 주장을 전개할 것이다. 이 연구에서 나는 응답자를 선택하는 데 명성을 고려하지 않았다. 대신 밀라노에 집중하는 것이 도움이 되었다. 밀라노는 패션 수도로서의 자격이 충분한데도 불구하고 포토그래픽한 이미지를 생산하는 데서는 부수적인 역할에 그치고 있다. 가장 영향력 있는 이탈리아 스타일리스트들은 주로 해외에서 작업을 하고 있다. 따라서 밀라노 신은 스타일리스트라는 직업의 루틴, 실천, 지배적인 태도, 문화에 대한 연구가 용이한 곳이다.

리서치 데이터를 사용해 나는 한 가지 특별한 이슈에 집중한다. 평범한 스타일리스트는 스스로를 집합적 취향의 매개자로 인식한다. 그러나 지난 몇십 년간 다른 사람들이 스타일리스트의 역할을 인정하고 대중들이 스타일리스트를 칭송하던 바로 그 순간에 기술의 발전이 "탈매개화" 과정을 촉발해 취향의 매개자로서의 스타일리스트의 역할을 없애 버리기 시작했다.(Bessi and Quattrociocchi 2015; Gellman 1996) 새 기술의 확산, 특히 소셜 미디어의 확산과 함께 문화적 새로움의 확산은 점점 더 전문적 매개자들의 작업보다는 평범한 사람들의 활동에 의존하고 있다. 당사자들은 이 같은 변화를 어떻게 경험하고 있나? 그들의 전형적인 반응은 무엇인가? 그들은 기술의 발전에 어떻게 적응 또는 부적응하고 있나? 스타일리스트라는 직업은 어떻게 변하고 있나? 의복 혁신 과정은 변화하고 있나? 이것이 내가 여기서 해명하려는 질문들이다.

게이트키핑과 탈매개화

집합적 취향의 매개자로서의 서구 패션 시스템의 일정한
문화적 매개 역할("취향을 만드는 사람", Mears 2011,
121-169)은 조앤 엔트위슬이 처음으로 조사했는데, 그는
블루머의 집합 선택 이론을 사용해 구매자와 모델의 직업을
연구했다.(Entwistle 2009) 블루머는 의복 혁신은 사회적 또는
문화적 엘리트들의 창조적 충동만이 아니라 집합적 취향의
트렌드를 예상하고 취향을 이런저런 방향으로 실제로
움직이는 문화적 매개자들의 실천도 바탕으로 삼고 있음을
보여 주었다.(Blumer 1969) 문화적 매개자들은 문화 상품 생산
및 유통 과정의 주요 단계에서 게이트키퍼가 된다.(Bourdieu
[1979] 1984) 그들의 직업적 역할에서 문화적 매개자들은
산업 시스템에 의해 만들어진 수많은 제품들 중 제한된
숫자의 아이템을 선택해야만 하고, 그럼으로써 집합적 취향의
형성에 기여한다.

　　이러한 콘셉트는 스타일링 작업에 적절하게 적용될
수 있다. 패션쇼에 등장할 의상을 짜고, 셀러브리티의
외모를 결정하고, 광고 사진과 화보로 전달되는 이미지를
구축함으로써 스타일리스트는 패션 취향의 매개자 역할을
한다. 사실 패션은 의류나 액세서리를 생산하는 사람들에
의해서만 결정되는 것이 아니며, 그러한 아이템을 선택,
구매, 사용하는(또는 사용하지 않는) 사람들의 행동에
의해서만 결정되는 것도 아니다. 패션은 주로 외양(looks)으로
구성되거나(Entwistle and Slater 2012), 내가 선호하는 표현을
빌리자면, 특정 커뮤니티의 문화적 지형에서 가능성의 여지를
획득한 복식 스타일을 뜻하는 "의복 가능성"(vestimentary

300

possibilities, Volonté 2008)으로 구성된다. 이러한 가능성을 창조하는 것은 디자이너나 패션 에디터, 스타일리스트, 포토그래퍼, 바이어, 비주얼 머천다이저 또는 최종 소비자만이 아니다. 그 대신 이 모든 개인들이 기여하는 복잡한 과정의 끊임없이 불안정하고 변혁적인 결과물이다.(Entwistle and Slater 2012, 17)

그러나 문화 환경이 지속적으로 변화하는 과정에서 어떤 사람들은 다른 사람들보다 더 특권이 있는 위치를 차지한다. 이는 특히 커뮤니케이션 전문가들에게 해당된다. 다수의 의복 가능성 중 이들이 선택한 셀렉션은 일상생활에서 평균적인 소비자들이 그렇듯 단순히 제한된 숫자의 행인들에게만 영향을 미치는 것이 아니라 광범위하고 다양한 청중들에게 영향을 미친다. 그들은 미디어 시스템에서 청중들에게 도달하는 정보를 선택하는 '게이트키퍼'와 유사한 방식으로 활동한다.(Shoemaker and Voss 2009) 그들의 특별한 지위 덕분에 그들은 다수의 행위자들에게 동시에 영향을 미칠 수 있다. 패션의 세계에서 스타일리스트—이탈리아에서는 저널리스트 협회의 보호를 받는 전문직 중 하나—는 이러한 게이트키핑 기능을 실질적이고 강력한 방식으로 수행한다. 사실 스타일리스트는 패션 산업에 의해 만들어지고 지배적인 문화적 맥락에 부합하는 수많은 의상들 중 어떤 것이 전문 잡지, 대중 매체 또는 도심의 거리에서 사진이라는 매체를 통해 집합적 상상계 속으로 직접 들어갈 수 있는 특권을 가질지 결정한다.

오늘날의 커뮤니케이션 시스템에서 탈매개화는 전통적인 게이트키퍼의 지위를 크게 약화시켰다. 이 같은 현상은 저널리스트들의 작업에서 먼저 나타났으나(Singer 1997), 오늘날에는 다른 어느 곳보다 종이 잡지가 패션 블로그와 소셜 미디어의 증가하는 압력에 노출되어 있는 패션계에서 뚜렷하다.(Pedroni 2015; Rocamora 2011) 20년 전까지만 해도 잡지, 그리고 에디토리얼 스타일리스트는 패션쇼라는 폐쇄적 세계에 대한 유일한 접근 창구이자 룩을 대중들에게 전달하는 주요 수단이었기 때문에 의복 가능성의 선택에서 핵심적인 역할을 차지했다. 오늘날에는 패션쇼가 실시간으로 중계되고 누구나 원하는 대로 룩을 게시할 수 있는 인터넷을 통해 이미지가 지속적이고 즉각적으로 흐르기 때문에 잡지와 스타일리스트는 주변부로 밀려나고 다른 곳에서 발전하고 있는 트렌드를 뒤따라가야 하는 상황에 처해 있다.

그래서 나는 밀라노의 스타일리스트들이 이러한 변화를 어떻게 인식하고, 해석하고, 반응하는지 이해하는 데 초점을 맞췄다. 그러나 탈매개화를 이미 완료된 것으로, 종이 잡지(및 스타일리스트)와 소셜 미디어(및 인플루언서) 간의 대립을 두 대안 세계 간의 충돌로 보는 것은 문제를 지나치게 단순화하는 것이다. 탈매개화에 대한 최초의 논쟁은 현재 진행 중인 프로세스가 커뮤니케이션 매개자의 제거로 이어지는 것이 아니라 플랫폼 소유자 및 온라인 서비스 제공업체와 같은 새로운 매개자들이 과거의 매개자들을 교체하는 것으로 이어진다는 점을 보여 주었다.(Colombo et al. 2017) 패션 분야에서는 이미 인플루언서가 산업 생산 및 분배 시스템에 동화되는 현상이 발생했다. 스트리트 스타일 블로거(즉, 패션에 대한 상향식의 대안적 이해를 지닌 사람)로 태어난 이들 인플루언서는 빠르게 뉴욕, 런던, 밀라노, 파리 등 4대 패션위크의 '일하는 기계'의 일부가 되었다.(Luvaas 2018) 오늘날 패션 커뮤니케이션이 디지털 혁신으로 인해 생산 시스템으로부터 단절되었다고 말할 수 없을 정도다.(Titton 2016)

요컨대, 패션 커뮤니케이션의 상당 부분이 소셜 네트워크로 이전하고 있다는 사실은 게이트키핑 기능을 약화시키는 것이 아니라, 스타일리스트라는 하나의 그룹에서 블로거와 인플루언서라는 다른 그룹으로 기능의 일부가 이동하는 것이다. 전반적으로 스타일리스트는 전통적으로 아날로그적인 작업 환경에 얽매여 있고 계절적 주기의 리듬을 바탕으로 하는 직업 문화와 직업 활동에서 파생된 사회적 자본을 공유한다. 인플루언서는 그 정의상 디지털 직업 환경에서 활동하며 보다 유연한 직업 문화를 특징으로 한다. 다시 말해 더 가난하고, 더 빠르며, 더 풍부하고 일시적인 사회적 자본을 기반으로 한다. 우리는 이 같은 변화로 인해 스타일링이라는 직업이 약화되더라도 의류 혁신을 결정하는 스타일리스트의 게이트키핑 역할이 위태로워지지는 않는다는 것을—밀라노 스타일리스트의 눈을 통해—알게 될 것이다.

밀라노 세팅

이 장은 밀라노에서 일하는 패션 스타일리스트에 대한 사회학적 연구를 위해 수집한 데이터를 기반으로 한다. 이 연구는 최소 5년 이상 일한 스타일리스트들과의 심층 인터뷰(Bertaux 1998에서 제안된 직업적 이야기 모델 사용), 심층 인터뷰를 진행한 스타일리스트들에 대한 후속 인터뷰, 특권적 증인들(privileged witnesses)과의 반구조화(semi-structured) 인터뷰, 사진 촬영에 대한 민족지학적 관찰 등으로 구성된 비표준 방법론(non-standard methodology)을 사용했다. 눈덩이 표집(snowball sampling)[역주: 소규모의 응답자 집단부터 시작해 다른 사람들을 소개받는 방식으로 조사하는 방법.]은 다양한 경력자들과 프리랜서와 직원, 여성 및 남성 패션 전문가들을 포함하도록 가중치를 두고 조정됐다. 패션 시스템에서 사진 이미지의 역할에 초점을 맞추는 것이 목표였기 때문에 개인 스타일리스트와 텔레비전 및 대중음악 스타일리스트는 제외했다.(Lifter 2018) 인터뷰 가이드는 주로 태도, 인식, 개인적인 경험을 포착하는 데 중점을 두었다. 이 장의 목적을 위해 2013-2015년에 수집된 15개의 직업적 삶의 이야기에 대해 (소프트웨어의 지원을 받지 않은) 질적 콘텐츠 분석을 실시했다. 분석에는 해석적 코딩을 채택했으며, 기술 혁신과 업무 실천의 디지털화라는 주제와 관련된 범주로 제한했다.[1]

앞서 말했듯 패션 시스템에서 밀라노의 강점은 스타일링이 아니다. 밀라노는 이탈리아의 거의 모든 패션 매체 사무실이 있고, 패션위크를 주최하는 곳이며, 『보그 이탈리아』, 『루오모 보그』와 같은 영향력 있는 잡지가 있는 데다 주요 광고 캠페인을 제작하는 수많은 패션 브랜드가 있는 도시인데도 불구하고 이미지 제작과 관련된 직업은 다른 패션 수도에 비해 덜 발달되어 있다. 실제로 '평범한' 일(신문 별지에 들어가는 화보, 마이너 브랜드 캠페인, 카탈로그 등)이 많고 높은 수준의 작업은 해외에 의뢰하는 경우가 많다. 국제적으로 유명한 이탈리아 포토그래퍼와 스타일리스트는 뉴욕이나 파리를 중심으로 활동하는 경우가 많다. 무엇보다도 이탈리아 브랜드와 잡지는 보통 외국인 포토그래퍼와 스타일리스트를 고용하는데, 예를 들어 『보그 이탈리아』에서는 이것이 일반적인 관행이다.

증거야 어쨌든, 이는 인터뷰에 응한 스타일리스트들이

---

[1] 인터뷰의 인용문은 익명으로 처리되었으나, 각 응답자들은 번호/개인 데이터(예: 인터뷰 당시 성별 및 나이), 발췌문의 첫 단어가 나온 타이밍, 인터뷰한 날짜로 구성된 코드가 부여되었다. 가독성을 위해 글로 옮긴 내용은 온전하지 않고 완전히 신뢰할 수 없다. 비언어적 소통 관련 신호 및 구어체에서 오는 불확실함은 모두 제거했다. 다른 삭제 및 개입은 말줄임표로 표시했다. 그러나 구어체의 생동감을 살리기 위해 노력했다.

의심할 여지없이 공통적으로 느낀 감정이다. 이들은 다른 패션 수도와 비교해 밀라노의 '고루함'을 강조하는 경우가 많았다. 한 인터뷰 대상자는 반복적으로 고려해야 할 몇 가지 사항을 다음과 같이 정확하게 요약했다.

> 여기서는 발전이라는 게 불가능하고 서른다섯 살이
> 될 때까지 조수로 남아 있어야 해요. (…) 이탈리아가
> 전반적으로 그런 것처럼 불행하게도 밀라노 또한 매우
> 고루해 보인다고 말할 수밖에 없습니다. 밀라노는 아주
> 작고, 다른 도시로 가면 신뢰의 수준이 완전히 달라요. 일부
> 유명한 스타일리스트는 스물다섯이나 스물여덟일 거예요.
> 쉰 살인 사람은 없죠. 여기서는 극소수만이 국제적 수준이
> 됩니다. (…) 잡지는 너무나 상업적이에요! 고객이 권력을
> 얻었죠. 그래서 독자들조차 더는 아무것도 자연스럽지도
> 창의적이지도 않다는 걸 깨달을 겁니다. 감히 뭔가를
> 하거나 시도할 용기가 없기 때문에 항상 평범한 수준에
> 머물게 됩니다. (…) 그런 뒤에는 판매량이 떨어지고 예산도
> 떨어지죠. 『마리 끌레르』조차 예산을 줄였다니까요. 아주
> 많이 줄였어요. 그래서 좋은 에디토리얼, 조금이라도
> 남다른 화보를 생산하거나 뭔가 색다른 제안을 하기가
> 힘듭니다. (Mi3/F49, 0.19'17", 2013년 11월 14일)

이 발췌문에서는 세 가지 문제를 다루고 있다. 먼저, 제론토크라시[역주: gerontocracy. 고령자들이 지배하는 사회 체제.]다. 이탈리아 다른 사회 분야와 마찬가지로 패션, 특히 스타일링 분야에서 젊은이들은 거의 신뢰를 받지 못한다. 노련한 전문가의 신뢰성이 신참의 창의성과 개방성보다 선호되기 때문에 후자가 직업적 전문성을 개발할 여지가

없다. 이 시스템은 예술적 창의성을 발휘하는 사람보다는 편집 작업을 잘 하는 젊은 스타일리스트에게 보상을 제공한다. 다른 패션 수도와 비교할 때 고무적인 환경이 아니다. 둘째, 발췌문은 고객의 압도적인 힘, 즉 패션 에디토리얼의 내용이 점점 더 브랜드의 상업적 요구에 의해 좌우된다는 점에 대해 말한다. 하나의 암묵적인 계약이 패션 출판을 지배해 왔다.(Titton 2016, 212-215) 그것은 다름 아니라 어떤 브랜드가 잡지의 광고 지면을 구매할 때 해당 브랜드는 화보에 자사 제품이 노출되고 언급되기를 바란다는 점이다.(Lynge-Jorlén 2016, 90-91) 인터뷰 대상자들은 이 때문에 그들의 자유가, 이야기를 만들고 취향에 맞게 이미지를 창조하며 자신만의 미학적 선택을 할 수 있는 능력이 점차 축소되는 느낌을 받았다. 1990년대에 앤절라 맥로비가 지적했듯 잡지 환경에서는 업계가 불황에 빠질 때 창의성이 상업성과 더 직접적으로 충돌한다.(McRobbie 1998, 159) 인터뷰 대상자가 언급한 세 번째 주제는 패션 잡지를 포함한 인쇄 출판의 위기다. 디지털 혁명 탓에 잡지 판매량이 감소하고 예산이 삭감되면서 창의성에 한계가 생기고 있다. 고도로 숙련된 포토그래퍼와 유명 모델을 더 이상 구할 수 없고, 배경으로 야외 촬영보다 스튜디오를 더 선호하게 되면서 에디토리얼의 획일화가 만연해 있다. 한 스타일리스트는 이 점에 대해 다음과 같이 말했다.

> 최근 패션 에디토리얼은 제품을 보여 주는 창구인 카탈로그와 비슷해져 창의성을 해치고 있습니다. 투자할 재정적 자원이 없기 때문에 평범한 포토그래퍼와 좋은 포토그래퍼 중에서 저는 가격이 더 저렴하기 때문에 평범한 포토그래퍼를 선택합니다. 저는 2km 떨어진 곳이

아니라 가까운 곳에서 촬영하기 때문에 밴이나 일일
대여 등에 돈을 쓸 필요가 없죠. (…) 대체로 (편집,
스타일링, 조명과 관련해) 전자 상거래 사이트에서 훨씬
더 흥미로운 것들을 찾을 수 있습니다. 전자 상거래
사이트는 언론을 영리하게 대체하고 있어요.(그러나
언론은 이 사실을 알아차리지 못하고 있죠.) (Mi8/M36,
1h.09'57", 2014년 1월 23일)

종이 잡지의 위기와 인터넷의 관계에 대해서는 나중에 다시
설명하겠다. 지금은 밀라노 스타일리스트들에게 영향을 미칠
뿐만 아니라(예를 들어 Roitfeld 2011, 46), 이들이 자신들을
다른 패션 수도의 스타일리스트들에 비해 주변적이라고
인식하게 만드는 문제들을 강조하고 싶다. 실제로 이러한
주변성은 밀라노 스타일링 세계의 전반적인 구성에 영향을
미치는데, 밀라노에서는 브랜드(광고, 카탈로그, 패션쇼)와
(이탈리아에서는 상대적으로 흔하지 않은) 셀러브리티를 위한
수익성 높은 일자리보다 언론 관련 일자리가 우세하다.

이러한 (상대적인) 주변성으로 인해 발생하는 안타까운
점은 밀라노에서 일하면 국제 무대에서 입지를 다지기 어렵기
때문에 성공하려면 파리, 런던 또는 뉴욕으로 이주해야 한다는
것이다. 이러한 평가절하는 종종 밀라노 스타일리스트의 높은
수준을 인정하지 않는 이탈리아 패션 산업에 대한 분노를
동반한다. 때때로 해외에 기반을 둔 스타일리스트에 대한
선호는 스타일리스트와 포토그래퍼 사이에 종종 존재하는
강한 유대와 관련이 있으며, 이는 본질적으로 협업을 통해
이루어지는 촬영 관행 자체에서 비롯된다. 포토그래퍼가
믿을 수 있는 몇 안 되는 스타일리스트와 작업하는 것을
선호하는 것은 드문 일이 아니며, 그 반대 경우도 마찬가지다.

307

포토그래퍼와 스타일리스트가 짝을 이뤄 안정적인 전문 유닛으로 작업하는 경우가 많다. 대부분의 유명 패션 포토그래퍼가 해외에 기반을 두고 있기 때문에 가장 영향력 있는 스타일리스트들도 마찬가지일 것으로 생각된다. 다음 인터뷰에 이에 대한 설명이 상세하게 나온다.

> 이러한 환경에서는 훌륭한 디자이너들, 심지어 우리 이탈리아 디자이너들과 함께 일하는 스타일리스트들조차 거의 이탈리아인이 아니라는 점에서 강력한 외국인 선호(xenophilia)가 있습니다. 왜 그럴까요? 왜냐하면 모든 유명 포토그래퍼들 (…) 그리고 상업적 관점과 이미지 관점 모두에서 두뇌 역할을 하는 가장 중요한 잡지 관계자들은 미국인 또는 외국인(영국인 등)이에요. 따라서 그들에게는 자신들의 [스타일리스트가] 있는 것이죠. (Mi9/M47, 1h.19'45", 2014년 1월 24일)

다른 인터뷰 대상자들은 그와 같은 '외국인 선호'가 평판의 차원과 관련돼 있다고 시사했다.

> 이탈리아 스타일리스트와 외국인 스타일리스트 사이에서 외국인이 이기는 것은 그들이 국제적인 매력을 지니고 있기 때문입니다. 외국인 선호가 강한데, 이는 포토그래퍼와 스타일리스트의 경우에 적용됩니다. 밀라노에서 열리는 대부분의 패션쇼의 스타일리스트는 외국인들이에요. 이탈리아인이 아니죠. 이탈리아 스타일리스트들은 마음대로 부릴 수 있고, 회의도 몇 번 더 할 수 있고, 캐스팅을 따르고, 외국인 스타일리스트와 수준이 비슷할 텐데도 그렇습니다.

> 외국인 스타일리스트와 같이 일하는 게 항상 더 트렌디한
> 것으로 간주됩니다. (Mi8/M36, 1h.35'19", 2014년 1월 23일)

여기서 외국인 스타일리스트들에 대한 선호는 그들이 지닌
매력, 그들이 더 도드라져 보이기 때문에 그들의 이름을
표시하는 게 중요하다는 사실에 기인한다. 분명 외국인들의
이름은 제품(이미지나 패션쇼) 및 그 제품의 생산자(잡지,
브랜드)의 가치에 무언가를 보태 준다. 우리는 이러한 평판의
차원이 패션 스타일리스트들의 자기 인식에서 근본적 측면을
구성한다는 사실을 보게 될 것이다.

취향을 매개하기

전문 스타일리스트는 역할의 특성에 따라 창의적인 기여도
측면에서 소품 담당자와 다를 바 없는 미약하고 쓸모없는
존재로 묘사되기도 한다. 실제로 밀라노의 스타일리스트들은
종종 기성 직업 위계의 상층부를 차지한 동료들로부터
모욕적인 말을 듣기도 하는 것으로 알려져 있다. 예를 들어
포토그래퍼들의 경우는 다음과 같다.

> [올리비에로] 토스카니는 스타일리스트를 '핀쿠션'
> (pincushion)이라고 부르곤 했습니다. 이 말이 모든 것을
> 말해 줍니다. (…) 신뢰와 존중의 관계에 도달하려면
> 핀쿠션이라고 불리는 세월을 보내야 합니다.
> 이런 식입니다. "핀을 정확하게 고정해서 재킷을
> 조여 주세요. 나머지는 제가 알아서 할게요." (Mi4/F56,
> 1h.04'10", 2013년 11월 29일)

저널리스트들의 경우는 다음과 같다.

> 저널리스트협회는 우리를 재봉사로 여깁니다.
> 그들은 제게 이렇게 말했죠. "당신들은 바느질하는
> 사람이다."(웃음) (Mi1/M35, 1h.01'53", 2013년 9월 2일)

따라서 스타일리스트는 일반적으로 패션 이미지 구축에서
창의적인 역할을 강조한다. 그들은 종종 자신들을 영화감독에
비유해 에디토리얼 또는 패션쇼의 '감독'으로 정의한다.
구체적으로 내러티브 콘텐츠를 언급할 때는 '각본가'와 '스토리
작가' 같은 용어를 사용한다. 그러나 이들은 음악가들이
음표를 의미 있고 흥미로우며 대중들이 즐길 수 있는 것으로
해석하듯 디자이너들의 컬렉션을 해석한다는 의미에서
자신들을 '패션을 해석하는 사람'으로 정의하는 경우가 많다.
　　많은 인터뷰 대상자에게 패션을 해석한다는 것은 원재료를
훈련받지 않은 청중이 이해할 수 있는 언어로 '번역'하고, 패션
시스템이 제공하는 것을 사용하는 데서 '좋은 취향'을 가르치며,
저속함이라는 쉬운 함정을 피하는 것을 뜻한다.

> 저에게 저속한 여성은 (…) 명확한 스타일이 없는
> 여성입니다. 그런 여성은 장신구를 잘 갖추긴 했지만 (…)
> 뭐랄까, '별난' 사람은 아니에요. 왜냐하면 저는 별나다는
> 말을 긍정적인 의미로 쓰거든요. 불필요하고 과도한
> 여성성, 그러니까 메이크업, 액세서리, 헤어, 보닛, 컬러
> 등을 이것저것 뒤죽박죽으로 쌓아올리는 과한 여성에
> 대해 저는 저속함을 느낍니다. 친구나 동료와 어울릴
> 때 저는 "우리는 쓸모없는 일을 하고 있다"는 말을 자주
> 합니다. 왜냐하면 우리는 옷을 못 입는 사람, 스타일이

없는 사람을 보기 때문이지요. (…) 저는 여성들이 신경을
많이 쓰지 않는 것 같다고 느끼는데, 무슨 말이냐 하면,
자기 강점을 살릴 줄 아는 사람이 거의 없다는 거예요.
제게 스타일이란 자신의 강점을 살린다는 뜻입니다.
(Mi3/F49, 27'00", 2013년 11월 14일)

이 모든 것에는 교육적 차원, 즉 대중에게 외모 관리에 대한
좋은 취향을 '가르친다'는 생각이 있다. 스타일리스트, 특히
유명 잡지에서 일하는 스타일리스트는 스타일 크리에이터일
뿐만 아니라 소비자의 교육자이자 좋은 취향의 중재자로서의
역할도 수행한다. 그들은 진정한 창조자이자 패셔너블한 의복
가능성의 중개자이다. 그들은 물건을 만들지는 않지만 어떤
물건을 사용해야 하는지에 따라 취향을 만들어 낸다.(삽화 25)
　　스타일리스트는 의복 가능성 순환의 게이트키퍼라는
자아 인식이 있기 때문에, 정보 흐름의 통로를 넓히거나 대체
채널을 만들어 내는 기술 변화에 매우 민감하다. 이는 소셜
미디어의 탄생과 그에 따른 패션 블로그와 소셜 네트워크의
확산으로 인해 취향 생산자의 지리적 위치가 분산되면서
일어난 현상이다.(Rocamora 2013, 159) 앞서 언급했듯, 패션
커뮤니케이션의 디지털화는 이미지 생산의 탈매개화가 아니라
인터넷에서 게이트키핑을 담당하는 새로운 매개자의 탄생을
야기했다. 이전에는 스타일리스트가 패션 상상계를 매개하는
주역이었지만, 오늘날의 기술은 그러한 독점성을 없앴을 뿐만
아니라 경우에 따라서는 스타일리스트를 인터넷 플랫폼에서
패션쇼 스냅샷('꽃', '화이트', '펑크' 등)을 분류하는 사람들 같은
역할로 전락시켰다. 이 모든 것이 그들이 전문적인 창의성을
발휘할 여지를 줄인다.
　　결과적으로 밀라노의 많은 스타일리스트들은 인터넷에

대한 수동적 저항과 패션 미디어 영역의 새로운 주인공에 대한 적대감을 잡지 디렉터들이 자주 공개적으로 사용해 온 것과 크게 다르지 않은 어조로 묘사했다.(Godwin 2010; Menkes 2013; Findlay 2017) 젊은 스타일리스트와의 인터뷰에서 발췌한 다음 내용은 널리 퍼진 어떤 태도를 대표한다.

> 지금은 포토샵이 있으면 누구나 천재가 될 수 있습니다. 이제는 누구나 자신이 위대한 포토그래퍼 또는 위대한 스타일리스트라고 생각합니다. 블로거 현상과 비슷하지 않나요? 패션쇼에서 사진 찍히기 위해 옷을 입는 사람들도 저를 화나게 하는 부분입니다. 제가 좀 구식일지도 모르지만 (…) 사진을 찍히기 위해 머리에 충격적인 것을 쓰고 있는 사람들을 볼 수 있죠. 그런 사람들, 즉 패션 블로거들은 스스로를 패션 스타일리스트라고 생각하는데, 저는 완전히 다른 두 가지라고 생각합니다. 블로거와 스타일리스트는 달라요. 패션 블로거가 되어 패션, 패션쇼, 이 사람 저 사람의 옷차림에 이야기할 수는 있어도 패션 디자이너나 패션 하우스에 가서 "나도 스타일링을 하고, 쇼를 하고, 캠페인을 할 겁니다"라고 말하지는 않아요. (Mi1/M35, 22'10", 2013년 9월 2일)

인터뷰 대상자 모두가 신기술이 제공하는 기회에 똑같이 폐쇄적이지는 않았다. 그들 중 일부는 인스타그램 프로필을 업데이트했다. 일부는 단지 일상적인 에디토리얼 작업을 하느라 시간이 없었기 때문에 소셜 네트워크를 열심히 하지 않았다고 털어놨다. 그러나 인터넷이 스타일리스트에게 좋은 기회가 될 수 있다는 것을 인식한 사람들조차도 블로거와 인플루언서의 '비전문적' 경쟁에 반대해 이를 멀리했다.

우리 경험을 웹 커뮤니케이션의 세계로 가져올 수 있는 방법을 찾아야 합니다. 이렇게 하면 블로거와 비교해 차이를 만들 수 있을 겁니다. (…) 한편 재능 있고, 빠르고, 똑똑하지만 전문적이지는 않은 즉흥적인 사람들이 우리를 능가하고 있습니다. 그들은 패션 에디토리얼을 촬영하는 방법도, 포토그래퍼도, 조명에 대해서도 모릅니다. 이런 전문 지식이 없어요. 하지만 그들은 짧은 시간 안에 최신 코드를 사용해서 세상과 소통합니다. 이런 생각이 들어요. 만약 이런 최신 코드를 알면 우리의 전문성을 그들과 같은 세계로 가져올 방법이 있을까요? (Mi6/F50, 1h.34'17", 2014년 1월 17일)

인터뷰 대상자들이 보여 준 신기술에 대한 저항은, 세대적 요인(위에서 언급한 제론토크라시는 쉽게 변하지 않음), 노동 시장의 구조(언론 관련 일자리가 우세하고, 많은 프리랜서 스타일리스트는 실제로 전속 계약을 맺은 잡지에 묶여 있음) 또는 가장 활력적인 인물들이 다른 곳으로 이주했다는 사실 등 밀라노가 처한 상황과 관련이 있을 수 있다. 하지만 나는 또 다른 문제를 여기서 언급하고 다음 섹션에서 다루고 싶다. 디지털 기술은 부르디외가 말했듯이 같은 지분을 놓고 다투는 두 전문직 사이의 근본적인 대조를 이루는 지형이다.(Bourdieu 1993, 176–191) 스타일리스트에게 블로그와 소셜 미디어는 패션 취향 생산자로서의 역할을 상실할 위험의 결정체이다. 이들에게 디지털 기술은 그 자체로서가 아니라 인플루언서들이 패션 신에 등장하기 위해 사용하는 도구로서 존재한다.

평판 구축

위에서 인용한 인터뷰를 한 지 5년이 지난 2019년, 스타일리스트들의 기대와는 달리 소셜 미디어 인플루언서 현상은 사라질 기미가 보이지 않았다. 대신 인플루언서들은 패션 시스템에 더욱 동화돼, 상향식이라는 함의(Pedroni 2015)를 잃고 제도권 패션의 매개 과정(브랜드 및 제품 홍보, 트렌드 전파 등)에 완전히 통합됐다. 인터넷에서의 인기는 패션 커뮤니케이션의 전문가를 선택하는 기준이 되었다. 후속 인터뷰에서 한 스타일리스트는 다음과 같이 말했다.

> 큰 회사든 작은 회사든, 특히 작은 회사들은 얼마나 [팔로워 수가] 많은지를 많이 본다는 것을 확실히 알 수 있어요. 캐스팅에서도 마찬가지입니다. 이제 사람들은 인스타그램에서 어떤 모델의 팔로워 수를 즉시 확인합니다. 스타일리스트도 같아요. (신발, 의류 등의) 캡슐 컬렉션을 디자인해 달라는 요청을 받기도 하는 인플루언서들은 인스타그램 팔로워 수가 많다는 이유로 섭외되기도 합니다. (Mi3, 후속 인터뷰, 2019년 1월 3일)

이러한 코멘트에서 알 수 있듯이, 팔로워 수는 패션 이미지의 유통에 영향을 미치는 힘에 두 배로 작용하기 때문에 인터넷에서의 인기는 매우 중요한 고려 사항이다. 직접적으로는 종이 잡지가 도달할 수 없는 규모의 독자를 확보할 수 있기 때문이고(가장 영향력 있는 블로거는 수천만 명의 팔로워를 보유하고 있다), 간접적으로는 팔로워 수에 따라 패션 상상계의 제도적 표현, 즉 패션쇼 및 광고 캠페인을 결정할 수 있는 기회를 인플루언서가 가질 수 있기 때문이다. 중요한 것은 이 두 번째 효과는 게이트키핑 활동에서 전형적으로 나타나는 평판 역학 관계에 기반한다는 점이다. 누군가가 스타일리스트나 인플루언서로서 명성이 있음이 인스타그램을 통해 입증되는 경우 브랜드는 해당 인플루언서에게 패션쇼의 연출이나 광고 캠페인의 아트 디렉팅을 맡김으로써 자신들의 평판을 높이려 할 것이다.

예술계에 대한 영향력 있는 에세이에서 하워드 베커는 (작품, 예술가, 학교, 학문에 대한) 평판의 생성과 파괴가 현대 서양 예술의 근본적인 구조라는 점을 보여 주었다.(Becker 1982) 이는 패션을 포함한 여러 창작 분야에도 동일하게 적용된다.(Entwistle 2009, 6-7) 그러나 베커는 평판이란 본질적으로 관계적 성격을 가지고 있으며 통화처럼 양도될 수 있다는 사실, 즉 벌어들일 수도 있고 낭비할 수도 있는 것이라는 사실을 고려하지 않았다. 예술가는 뛰어난 가치를 지닌 작품을 창작함으로써 평판을 얻을 뿐만 아니라, 작품을 전시하는 갤러리, 작품을 전시하는 박물관, 작품을 칭찬하는 비평가와 작품을 구매하는 수집가의 평판을 '흡수'함으로써 평판을 획득한다. 마찬가지로 평론가, 박물관 또는 갤러리의 평판 또한 그들이 칭찬하고 전시하거나 거래하는 예술가의 평판에 따라 달라진다. 과학 분야에서와 마찬가지로(Latour and Woolgar 1979), 평판은 신용의 한 형태이자 경제적 자본과 재화 및 서비스를 획득하는 데 사용할 수 있는, 무엇보다도 자신의 행동 가능성, 즉 시스템 내에서 자신의 신뢰성을 확장하는 데 사용할 수 있는 양도 가능한 자산이다.

피에르 부르디외는 특정 사회적 장(social field, 예를 들면 패션 장)에 속한 사람들에게 부여되는 신용과 권위인 상징 자본이라는 개념을 통해 문화 매개자에게 평판이 갖는

중요성을 언급했다.(Bourdieu [1979] 1984, 291; 1986) 평판은
어떤 장에서 경제적 자본이나 권력으로 전환될 수 있는
일종의 보상이기 때문에 '자본'의 한 형태다. 상징 자본의 가장
큰 특징은 경쟁력 있는 자원이라는 것이다. 상징 자본은 한
주체가 자본을 획득하면 다른 주체는 어떤 형태로든 자본을
잃는 것을 의미하기 때문에 위계를 생성한다. 이 때문에 평판
역학의 사용은 결국 패션 취향 생산자들의 세계를 통합해,
전통적인 패션 에디터와 인플루언서를 업계의 (평판) 지분을
차지하기 위한 동일한 경쟁선상에 놓이게 한다.

　　부르디외의 이론은 패션계에서 패션 블로거와 패션
저널리스트 사이의 역학 관계를 신인과 기존 플레이어
간의 투쟁으로 묘사한 애그니스 로카모라에 의해 패션에
적용되었다.(Rocamora 2016, 244-247) 전자는 광고의 제약적인
역할로부터 진정성과 독립성을 어필하는 파괴적인 전략을
채택하여, 기존 플레이어 및 패션계에서의 그들의 중심적
위치를 약화시키는 도구로 사용한다. 반면 후자는 패션에
대해 전문적이고 객관적인 판단을 내릴 수 있는 핵심적인
기술을 갖고 있다는 점을 보여 주기 위해 (잡지의 거버넌스를
통한) 스스로의 중심성에 의존한다. 위에서 인용한 밀라노
스타일리스트의 의견은 이러한 해석을 뒷받침한다. 하지만
이것이 전부가 아니다.

　　스타일리스트는 잡지, 브랜드, 동료, 포토그래퍼,
디자이너 및 모델과 관련된 평판 역학 관계에서 활동한다.
이 업계에서의 경쟁은 한 행위자가 다른 행위자를 자신의
네트워크의 일부로 받아들임으로써 다른 행위자에게 부여할
수 있는 신용에 의존한다. 포토그래퍼와 모델은 금전적
인센티브뿐만 아니라 자신의 평판이 향상될 가능성이 있는지
여부에 따라 촬영 여부를 결정한다. 아래 인터뷰 대상자가

지적했듯이 이러한 결정은 잡지의 평판, 그리고 잡지에서 일하거나 일하게 될 사람들의 평판에 명백한 영향을 미친다.

> 새로운 프랑스인 아트 디렉터가 오면서 [잡지] 포토그래퍼들의 수준이 높아졌고, 함께 일하고 싶다면서 우리를 찾아오는 포토그래퍼들이 생겼어요. 이전에는 지금보다 어려웠죠. (…) 모델들 사이에 위계구조가 있기 때문이죠. 원하는 모델을 모두 섭외할 수는 없어요. 안타깝게도 신문사가 인정받지 못하고, 포토그래퍼가 인정받지 못하면, 아름다운 여성을 섭외할 수 없습니다. (Mi3/F49, 1h.07'33", 2013년 11월 14일)

요컨대, 평판에는 다음과 같은 특징이 있다. 다른 사람을 신용하는 사람은 자신의 신용을 걸고 일한다. 따라서 일을 제안하거나 제안하지 않거나, 수락하거나 수락하지 않는 선택에는 평판에 대한 비용 및 이익 계산 과정이 포함된다. 잡지 편집장은 포토그래퍼와 스타일리스트를 선택함으로써 자신의 명성을 높일 뿐만 아니라 잡지의 명성을 거는 것이고, 잡지의 명성은 시간이 지남에 따라 커질 수도 있고 그렇지 않을 수도 있다. 포토그래퍼와 스타일리스트도 특정 잡지에 에디토리얼이 게재된 후 평판이 상승하거나 하락할 수 있는데, 이는 에디토리얼 자체의 본질적 품질뿐만 아니라 해당 잡지의 평판에 따라서도 달라질 수 있다.

이러한 평판의 특성을 고려하고, 또 특히 과학계를 참조하면서, 부르디외는 신용의 순환이 동일한 상징 자본을 차지하려고 노력하는 동료 커뮤니티 사이에서 작동한다는 것을 보여 주었다.(Bourdieu [2001] 2004) 실제로 자신의 직업적 평판을 방어하는 데 관여하지 않는 사람들은 다른 사람을 인정하는 데 큰 제약을 받지 않는다. 소셜 네트워크에서 '좋아요'를 누르는 데 드는 비용은 매우 낮기 때문에 힘들이지 않고 할 수 있다. 그러나 이는 그 대상이 과학이건 패션이건 정치적 이슈이건 간에 '자유로운' 의견은 다소 불안정하다는 것을 시사한다. 인정은 손실의 위험이 수반될 때만 안정적이다. 다시 말해 안정적 평판은 개인의 평판이 위태로워지는 것을 두려워하고, 이 때문에 함께 어울릴 사람을 선택할 때 신중을 기하게 되는 동료 커뮤니티 안에서 형성된다.

　　이는 스타일링과 인플루언싱에 널리 퍼져 있는 중개 작업 사이에 차이를 만든다. 중요한 문제는 문화 산업에서 평판을 안정시키는 메커니즘이 소셜 미디어의 일반적인 사회적 평가에는 없는 상호 유대를 기반으로 한다는 점이다. 예를 들어, (에디토리얼 헤드라인을 통해) 스타일리스트의 공로를 인정해 주는 사람들은 그렇게 함으로써 자신의 직업적 평판에 미칠 영향을 감수하는 것이다. 이와는 대조적으로, 블로거의 평판은 잃을 것이 없는 개인들(팔로워)의 선택에 의존한다. 이처럼 평판의 원천이 다른 만큼 전문가들의 업무에 가해지는 압력이 다르다. 또한 그들의 제품에 가해지는 압력도 다를 것으로 추정된다. 패션 분야에서 스타일리스트로 활동하는 이미지 제작자의 경우, 최종 소비자를 대상으로 하는 이미지일지라도 그 이미지의 창의성, 독창성, 혁신성, 웅장함은 일반 대중의 취향이 아니라 잡지 디렉터, 포토그래퍼, 디자이너, 아트 디렉터 등 이미지 제작자의 평판을 좌우하는 전문가들의 취향에 따라 달라진다. 패션 블로거와 같이 일반 대중만 상대하는 이미지 제작자에게는 이러한 압박이 덜하거나 아예 없다. 두 인물 모두 옷과 외모에 대한 취향을 매개하지만 권위의 안정화에는 차이가 있다. 이는 성공적인 인플루언서가 패션 분야에서 스타일리스트, 컨설턴트, 디자이너로 일하기 위해 노력하는 이유를 설명하는 데 도움이 될 수 있다.

다음 발췌문은 그러한 태도를 명료하게 보여 주는 사례다.

> 저는 때때로 독자들보다 에디토리얼에 대해, 업계 사람들의 비판에 대해 더 많이 생각합니다. 동료들이 뭐라고 하는지에 대해, 그들이 당신에게 품고 있는 존경심에 대해, 그들이 무슨 생각을 하는지에 대해 많이 생각한다는 거죠. 우리 스스로 에디토리얼을 평가할 때 무자비하기 때문에 (…) 그렇다 보니 동료들이 저에 대해 무슨 말을 하는지에 대해 항상 생각하게 되는 것 같습니다. (Mi6/F50, 1h.14'24", 2014년 1월 17일)

요컨대, 평판 역학 내에서 시스템의 원동력과 이를 하나로 묶어 주는 유대는 바로 얼굴을 공개하고 평판의 위험을 무릅쓰는 것이다. 이러한 이유로 스타일리스트는 에디토리얼에 서명하면서 패션이라는 게임을 '플레이'하기 시작했다. 달리 말하자면 책임을 지기 시작한 것이다. 에디토리얼에 서명하고(다시 한번 공로를 인정받는 것) 알아볼 수 있는 스타일을 형성하는 것은 자신의 평판을 구축하는 기본 도구이며, 이는 당연히 저작권(authorship)에 대한 인정을 기반으로 한다.

> 자신만의 방향을 찾고, 자신의 관점을 집어넣을 수 있는 방법은 언제나 찾을 수 있습니다. 제 생각으로는 그것이 스타일리스트가 서명을 하고 자신만의 것을 발휘할 수 있는 유일한 방법입니다. 포토그래퍼가 이름뿐만이

아니라 사진 스타일이라는 훨씬 더 직접적인 방법을
가지고 어떤 서비스 계약을 맺는 것처럼 말이죠. 다만
우리는 조금 더 어렵습니다. 스타일리스트의 명성은
모호한 취향에 비추어 좋거나 좋지 않은 데 있는 것이
아니라 인정받는 것이며, 이는 쉬운 일이 아닙니다. 제
생각에 이미지 열 장만 보고 누가 스타일링했는지를
알아차리는 것은 거의 불가능합니다. (Mi14/F44, 8'12",
2015년 10월 13일)

"이미지 열 장만 보고" 스타일리스트의 시그니처 스타일을
한눈에 알아볼 수 있는 눈은 소비자의 눈이 아니다. 그것은
동료, 패션 시스템의 일부인 전문가, 즉흥적으로 얻을 수
없는 노하우를 가진 사람의 눈이다. 따라서 스타일리스트는
자신의 분야에서 지위를 얻기 위해 많은 작업을 수행한다.
예를 들어, 스타일리스트는 『i-D』, 『데이즈드 앤 컨퓨즈드』,
『탱크』(Tank)와 같은 유명 니치 잡지에 무료로 게재될
패션 에디토리얼 제작에 시간과 돈을 투자하는 것이
일반적이다. 이 점은 이미 학자들에 의해 많이 논의된
내용이기 때문에 더 이상 언급하지 않겠다.(Lynge-Jorlén 2016;
McRobbie 1998, 157–160; Rocamora 2018) 단지 동일한 목표가
스타일리스트로 하여금 상황이 불리한 경우에도 창의적인
결과물을 추구하도록 밀어붙인다는 사실을 덧붙이려 한다.
스타일리스트는 잡지의 타깃 독자와 촬영 아이템 제작자
양쪽에서 발생하는 제약과 창의적 추진력 사이에서 끊임없이
중재를 해야 한다. 자유로운 창의성과 상황적 제약 준수라는
두 가지 상반된 요구 사항은 전문 스타일리스트에 의해
종합된다. 여러 인터뷰 대상자들은 전혀 흥미롭지 않고 유행의
첨단도 아닌 대중 시장 제품을 에디토리얼에 보여줘야 한다는

제약을 창의성에 대한 제한이 아니라 작업을 더욱 흥미롭게 만드는 도전으로 인식한다고 말했다.

> 따라서 20쪽을 만든다면 20개의 [광고주] 이름을 처리해야 합니다. 안타깝게도 현실은 이렇습니다. 하지만 원하는 디자이너, 브랜드 또는 액세서리를 모두 혼합하고 선택한 다음 브랜드를 보여 주면서도 아름다운 에디토리얼 화보를 만드는 건 제 몫입니다. (…) 사실 저는 도전이기 때문에 훨씬 더 즐겁습니다. 토털룩으로 만들면 쉽잖아요. 그렇지 않나요? 그렇게 하면 화보가 더 좋을 수도 있죠. 하지만 별로 아름답지 않은 옷으로 좋은 이미지와 멋진 에디토리얼 화보를 찍는 것은 도전입니다. (Mi3/F49, 12'19", 2013년 11월 14일)

결론

이 글에서 나오는, 다소 폐쇄적이고 기술 혁신에 저항하며 화려했던 1980년대를 그리워하는 동시에 국제적인 길을 선택한 사람들의 성공을 부러워하는 밀라노 스타일링 세계의 풍경은 가장 영향력 있는 이탈리아 스타일리스트의 대중적 이미지와 대조를 이룬다. 그러나 이는 새로운 세기 초 밀라노의 몇 가지 주요 특징과 일치한다. 브랜드보다도 소비자에게 더 많은 영향을 미치는 광범위한 보수적 태도(Mora 2009), 예술적 관심사보다 상업적 관심사를 중시하는 것(Segre-Reinach 2006), 다른 곳에서 "착용감(wearability)의 문화"(Volonté 2012)라고 부르는, 냉정하고 심리적으로 접근 가능한 우아함에 대한 관심 등이 바로 그것들이다.

이 모든 것이 밀라노의 전형적인 환경이지만, 소위 패션 커뮤니케이션의 탈매개화로 인한 결과는 더 큰 의미를 갖는다. 사회적 역학은 종종 패션의 작동 방식을 설명하는 데 사용된다. 나는 여기서 특히 평판 역학은 의복 혁신 과정을 주도하는 힘을 더 잘 이해하는 데 도움이 될 수 있다고 주장하는 바이다. 엔트위슬과 로카모라는 패션을 부르디외적 의미에서 사회적 장으로 간주할 수 있으며 패션 분야에 특화된 자본을 패션 자본이라고 부를 수 있다고 제안한다.(Entwistle and Rocamora 2006) 이러한 관점에서 상징 자본(평판)이 중요하다. 평판은 유명세와 달리 같은 분야에 있으면서 서로 경쟁하는, 그래서 칭찬에 조심스러울 수밖에 없는 동료들이 부여할 때만 안정화되는 자본이다. 스타일리스트와 인플루언서 모두 각자의 문화적 매개 작업을 통해 의류 업계의 지형도를 정의하는 데 참여한다. 그러나 전통적인 평판 역학 관계에 존재하는 것과 비교하여 인플루언서들 사이의 사회적 평가에서 상호 유대감이 약하거나 심지어 부재한다는 점은 그들이 온라인에서 누릴 수 있는 유명세를 패션 자본이라는 개념과 구분해 준다. 유명세는 의류 업계에 변화를 가져오는 수단이기는 하지만, 전문적인 평판처럼 트렌드를 제도화하는 힘을 수반하지는 않는다.

스타일링은 특히 독창적인 룩을 발명하는 것 이상의 의미를 지닌 직업이다. 스타일링은 의복 가능성을 생산하고 유통하는 게이트키핑 기능을 수행한다. 또한 스타일링은 브랜드의 경제력과 소비자의 상업적 힘이 교차하는 지점에 위치하기 때문에, 스타일리스트의 개인적 선택은 초기 집단적 취향에서 벗어날 수 없다. 그러나 동시에 의복 가능성의 창조성을 좌우하는 스타일리스트의 개별적인 창의성을 활용해야 한다. 평판의 역학 관계는 스타일리스트가 의류 업계를 혁신하고, 취향 생산자 커뮤니티가 부과한 제약 내에서 이를 수행하도록 밀어붙이는 효과적인 사회적 도구다. 이는 단순히 패션 분야의 상징 자본을 차지하기 위한 투쟁의 표현일 뿐만 아니라 패션 시스템이 패션 혁신의 과정을 안정화시키는 도구이기도 하다.

14장
상업적 스타일링:
H&M에서의 스타일링 실천에 대한 민족지학적 연구

필립 바칸데르

서론

제 업무는 H&M 소비자가 H&M 의류를 사고 싶게 만드는 착장(outfit)을 만드는 것입니다. 구매 부서에서 일하는 사람들은 각 소비자가 누구인지에 대해 많은 시간을 생각한 다음 다음과 같은 텍스트를 통해 스타일리스트인 우리에게 전달합니다. "LOGG[역주: H&M의 의류 라인 중 하나.] 소비자는 25-35세이며 대도시에 거주합니다. 트렌드에는 관심이 없지만 옷을 잘 입는 것이 중요하다고 생각합니다. 소셜 미디어와 데이비드 베컴, 주드 로 같은 유명인으로부터 스타일에 대한 영감을 얻습니다." 그런 다음 이 소비자가 예를 들어 3주에서 11주 사이에 매장에 출시될 LOGG 의류를 어떻게 스타일링할지 상상해서 그린 스케치를 약 5장 정도 보내 줍니다. 이 기간 동안 LOGG는 약 120가지 의상을 출시할 예정이므로 이 다섯 가지 스케치와 키워드를 바탕으로 120가지의 독특한 착장을 만들어야 합니다. 동료들의 정보를 해석하고 제가 '스타일링'할 베이지색 바지에 적용하는 과정에서 창의성이 발휘됩니다. 이 사람은 이런 셔츠를 입을까, 아니면 저런 셔츠를 선호할까? 마치 TV 시리즈에 등장하는 캐릭터에게 옷을 입히는 것과 비슷하죠. 이건 그럴듯한가? 내 앞에 있는 이 사람이 이 옷을 입고 있다고 상상할 수 있는가? 모델이 이 착장을 입었을 때 받아들일 만한가, 아니면 해당 모델이 '잘 소화'할 수 있도록 LOGG 남성의 콘셉트를 맞춰 주어야 하나? 이 모든 질문은 스타일리스트인 제가 답해야 하는 질문입니다. 이메일과 행정 업무를 처리하는 시간을 빼고 제 모든 시간을 여기에 할애합니다. 어떤 셔츠? 어떤 신발? 어떤 귀걸이? 어떤 포즈? 어떤 색? 이것 아니면 저것? 결국 스타일리스트로서 저를 이끄는 것은 직관입니다. 제게는 그것이 창의력입니다. 하지만 H&M에서 스타일리스트로 일하는 것은 내면의 패션 사자를 우리에 가두지는 않더라도 최소한 울타리 안에 가두는 제한과 지침이 있기 때문에 덜 창의적인 일이죠. '이런 바지에는 어떤 종류의 신발이 어울려야 한다'는 식이죠. '이 소비자는 넥타이를 원하지 않는다', '이 소비자는 보석을 많이 착용하지 않을 것이다' 등등, 제가 동의하지 않는 규칙에 제 직관을 맞춰야 한다는 겁니다. 그러다 보니 아무래도 창의성이 떨어지죠.

이 인용문은 전직 스타일리스트 린다(Linda)가 H&M의 이커머스 부서에서 일하는 것과 관련하여 창의성의 개념을 어떻게 이해하고 있는지에 대한 질문에 답한 내용이다.[1] 그녀는 상업적 스타일링에서 창의성이란 지침(brief)을 해석하는 과정이며, 이를 통해 믿을 수 있고 소비자에게 호소력 있는 캐릭터를 구축하는 것이라고 생각한다. 린다의 성찰은 상업적 스타일링과 에디토리얼 스타일링의 경계 구분에 대한 것으로, 대략적으로 말하자면 전자는 소비자에게 소구하는 것을 우선시하고 후자는 암시적인 이미지 메이킹을 기반으로 한다. 이 인터뷰는 이 장을 위해 수집한 경험적 자료의 일부로, 스웨덴 대중 패션 산업, 주로 H&M 그룹 내에서의 현대

---

1 모든 제보자들의 이름은 변경되었다. 인터뷰는 스웨덴어로 진행되었으며 필자가 영어로 번역했다.

스타일링 실천뿐만 아니라 스웨덴의 이데올로기적 영향을 받은 노동 조직에 대한 일반적인 담론을 탐구한다.

이 장에서는 프리랜서 또는 정규직으로 H&M에서 일하는 스타일리스트와의 반구조화된 인터뷰를 바탕으로 대중 패션 분야의 상업적 스타일링 실천을 탐구하는 것을 목적으로 한다. 또한 스웨덴 정치와 노동 조직이라는 문화와 역사 속에서 정보 제공자들의 작업을 살펴봄으로써 모델이 상징적 가치를 높이기 위해 어떻게 사용되는지, 작업 환경의 젠더적 측면, 대규모 패션 생산 분야에서 돈과 창의성 사이의 분열을 살펴본다. 이 연구는 민족지학적 현장 조사를 통해 수집한 경험적 자료를 기반으로 한 대규모 연구 프로젝트의 일부로, 관찰 연구와 약 70명의 정보 제공자(이 중 9명은 스타일리스트)와의 인터뷰를 포함한다. 인터뷰는 모두 2015-2017년에 진행되었다.[2]

스웨덴 패션 산업의 짧은 역사

1970년대 의류 산업을 노동력이 값싼 국가로 아웃소싱한 결과, 오늘날 스웨덴 패션 산업은 주로 의류보다는 패션을 생산하는 데 주력하고 있다. 대부분의 다른 서구 국가와 마찬가지로 스웨덴의 '패션' 생산은 시간뿐만 아니라 공간적으로도 '의류'

---

2 이 프로젝트는 헬싱보리 무역 협회(Helsingborgs handelsförening)의 지원을 받아 룬드 대학교 패션학과의 연구 프로그램의 일환으로 진행되었다.

생산과 여러 측면에서 분리되어 있다. 스웨덴은 서유럽에 속해 있지만, 패션 시스템 관점에서 볼 때 스칸디나비아 이웃 국가들과 마찬가지로 국제 패션 분야에서 종종 주변적인 국가로 인식된다.[3]

엔트위슬은 패션을 "미적 경제"(aesthetic economy)라고 주장한다.(Entwistle 2002, 2009) 그녀는 이 개념을 설명하면서 "미적 경제에서 미학(aesthetics)은 제품이 정의된 후 장식적인 기능이나 사후 고려 사항으로 '추가'되는 것이 아니라 '제품 그 자체이며' 경제적 계산의 중심에 있다"고 말한다.(Entwistle 2002, 321. 강조는 원문) 그녀는 또한 미적 경제에서 "경제적 계산은 문화적 관심사와 얽혀 있으며 문화적 지식, 자본 및 후천적 취향의 형태와 사회적, 문화적 및 제도적 관계에 묶여 있다"고 명시한다.(Entwistle 2002, 319) 패션에서 '유행'(on trend)으로 간주되는 것은 상황에 따라 다르고 본질적으로 변동성이 크고 불안정해서 한 시즌에서 다음 시즌으로 빠르게 바뀔 수 있다. 패션 제작에 종사하는 사람들은 문화적, 사회적 발전을 이미지와 기타 미적 상품으로 변환하는 데 능숙해야 한다. 이런 점에서 엔트위슬의 '미적 경제'는 리처드 플로리다의 "창조적 계급" 개념과 상호 연관된 것으로 간주할 수 있으며, 적어도 앤드류 로스가 제시한 "창조적 경제"의 일부로 정의할 수 있다.(Florida 2002; Ross 2008)

스웨덴 패션 산업은 아르켓(Arket), 앤아더스토리즈(& Other Stories), 몽키(Monki), 어파운드(Afound), 위크데이(Weekday) 같은 여러 대중 패션 브랜드를 포함하는 H&M 그룹이 지배하고

---

3 서구 패션 시스템에서 스칸디나비아 국가들의 역할(특히 패션 잡지와 관련해서)을 더 자세히 알아보려면, A. Lynge-Jorlén (2017), *Niche Fashion Magazines*, 7–10 참조.

있다. 경제적으로 볼 때 H&M 그룹은 스웨덴 패션 시스템에서 가장 지배적인 역할을 하고 있으며, 이는 스웨덴 패션이 상업적 미학의 영향을 많이 받는다는 것을 시사한다. 최근에는 라조슈미들(Lazoschmidl), 에멜리 얀렐(Emelie Janrell), 민나 팜퀴스트(Minna Palmquist), 이다 클램본(Ida Klamborn), 요하네스 아델(Johannes Adele) 등 보다 규모가 작고 더욱 콘셉트 지향적인 브랜드가 등장하면서 이 구도가 다소 복잡해졌다. 그러나 연구에 따르면 이러한 종류의 소규모 브랜드는 몇 년 이상 재정적으로 살아남는 경우가 거의 없다.(Sundberg 2006) 물론 여기에는 몇 가지 예외가 있는데, 아크네 스튜디오(Acne Studios), 아워 레거시(Our Legacy), 구드룬 셰덴(Gudrun Sjödén), 이튼 셔츠(Eton shirts), 스투테르헤임(Stutterheim), 필리파 케이(Filippa K), 호페 스틀름(HOPE Sthlm) 등은 특히 강력한 미적 비전과 장기적인 재정적 안정성을 겸비하고 있다. 그럼에도 H&M은 여전히 스웨덴 패션 시스템에서 재정적으로 가장 성공한 기업으로 남아 있다.

카리나 그로바케는 현재 스웨덴 패션업계의 업무가 과거와는 완전히 다른 경우가 많다면서 디지털화 과정에서 과거에는 없던 새로운 업무가 생겨났다고 강조했다. 소셜 미디어 인플루언서, 블로거, 팟캐스터는 이제 패션 시스템에서 점점 더 중요한 역할을 하는 것으로 간주되고 있다.(Gråback 2015, 311-314) 데이비드 헤즈먼드핼시가 "유명세를 얻은 상징 크리에이터"로 정의한 이들에 대한 언론의 집중적인 관심은 창의적인 일에서 즐거움을 찾는다는 유혹적인 내러티브와 포개지면서 언젠가 "높은 보상을 받는 소수의 슈퍼스타" 중 하나가 되기를 희망하는 새로운 인력들이 패션업계에 뛰어들도록 한다.(Hesmondhalgh [2002] 2013, 261)

최근 몇 년 동안 디지털화가 전통적인 패션 미디어와

커뮤니케이션에 미친 영향으로 인해 프리랜서 포토그래퍼와 스타일리스트의 예산 및 작업 기회가 급격히 감소했다. 베아(Bea)는 1980년대 초에 모델로 패션 시스템에서 일하기 시작한 후 프리랜서 스타일리스트가 되었다. 스타일리스트로서 그녀는 에디토리얼 콘텐츠를 제작하고 광고 캠페인 작업을 했다. 2000년대 초반부터는 독립 프로듀서로 일하면서 버그도프 굿맨(Bergdorf Goodman), 『보그 파리』, H&M, 엘로스(Ellos) 같은 고객들과 거래하고 있다.[4] 인터뷰에서 그녀는 상황을 재정 및 조직적 관점에서 다음과 같이 요약했다.

> 현재 우리는 매우 어려운 시기를 보내고 있습니다. 얼마 전 2006년의 오래된 서류를 살펴봤어요. 당시 사진 촬영 예산이 지금보다 3배나 많았더군요. 포토그래퍼들의 업무량도 훨씬 적었습니다. 이제 포토그래퍼는 8장 정도의 사진을 찍는 것 외에 소셜 미디어용 영상과 콘텐츠 관련 자료도 만들어야 합니다. 간단히 말해 받는 돈은 더 적고 일은 더 많이 하는 셈이죠. (…) 요즘에는 '콘텐츠 매니저', '크리에이티브 매니저' 같은 새로운 직함을 가진 사람들이 생겨나고 있는데 죄다 무척 가식적이고 스타일리스트는 그저 옷자락을 고치거나 셔츠에 스팀 다리미질을 하는 사람, 경험 없는 젊은이들로부터 할 일을 지시받는 사람으로 전락하고 말았습니다. 숙련된 스타일리스트가 좋은 일을 받기는 어렵습니다. 대다수의 스웨덴 스타일리스트가 어려움을 겪고 있어요. 더 이상

---

4 엘로스는 스웨덴의 통신 판매 카탈로그로, H&M과 마찬가지로 저품질, 저비용 시장을 목표로 운영되고 있다.

아무도 돈을 주고 일을 맡기려 하지 않으며, 요즘은 사내에서 고용하는 것이 더 일반적입니다. 점점 더 많은 브랜드가 사내 스타일리스트와, 심지어 사내 포토그래퍼를 고용하고 있어요. 여전히 돈을 버는 사람은 헤어 스타일리스트뿐입니다. 앞으로 어떻게 될지 궁금합니다. 소셜 미디어가 비즈니스를 근본부터 바꾼 것은 분명하지만 앞으로 어떻게 될지는 모르겠어요.

디지털화 과정은 패션 시스템 프리랜서의 임금과 예산을 감소시키고 고용 안정성을 약화시켰으며, 광고 및 홍보 등 관련 산업의 업무 조직에도 영향을 미쳤다. 하지만 이러한 기술 발전 이전부터 패션 시스템에서는 이미 오랜 기간 무급 노동의 역사가 존재했다. 패션 시스템에서 일하고 싶어 하는 많은 사람들이 무급 인턴과 어시스턴트로 시작한다. 이 연구의 일환으로 실시한 인터뷰에서, 하이패션 분야에서 국제적인 경력을 쌓은 스타일리스트를 포함한 정보 제공자들은 해당 분야에서 고참으로 간주되는 사람들도 패션 잡지의 에디토리얼 콘텐츠를 제작할 때 무급으로 일하는 것이 당연시되는 분위기였다고 말했다. 따라서 현대 패션 산업에서 업무가 어떻게 조직되는지에 대한 질문에는 기술에서 권력 구조, 창의적 영향력, 업무와 자유 시간 사이의 균형에 이르기까지 여러 가지 중요한 측면이 포함된다. 로카모라는 현대 패션은 "글로벌 포스트포디즘 산업"이라고 말한다. 패션 시장이 점점 더 분열되는 한편 대중 패션은 이전에 오트 쿠튀르가 가졌던 헤게모니적 지위에 도전하고 있다.(Rocamora 2002, 359) 이러한 발전은 패션의 소비와 확산뿐만 아니라 스타일링을 포함한 생산 방식에도 영향을 미쳤다.

패션 산업은 결코 고립된 실체가 아니라 상징적 창의성의

생산, 조직, 유통에서 나타나는 근본적인 양면성에 의해
정의되는 더 큰 문화·창조 산업의 복잡한 한 부분으로
이해되어야 한다.(Hesmondhalgh [2002] 2013, 7) 따라서 베아가
설명한 스타일리스트의 일자리 기회 변화는 예외적인 현상이
아니라 패션 산업의 본질적 특징이다. 패션 산업은 시즌
기반 및 트렌드 중심의 커뮤니케이션과 새로운 상품 출시를
통해 의례화된 변화의 생산에 관여할 뿐만 아니라 그 자체로
창의적인 작업을 조직하는 변하기 쉽고 불안정한 방식으로
특징지어지며, 패션 생산에 종사하는 사람들을 종종 취약하고
재정적으로 불확실한 처지에 빠뜨리는 결과를 낳는다. 또한
문화 산업은 정치 환경과 국제 경제의 변화에 쉽게 영향을
받는데, 이는 현재의 디지털화 과정과 관련하여 베아가 설명한
것과 같이 더 큰 사회적 차원에서 불규칙하고 예상치 못한
발전에 취약하다는 의미로 해석할 수 있다.

스웨덴 대중 패션 스타일링

스웨덴 패션은 재정적으로나 상징적으로나 전 세계에
소매점과 지사를 두고 있는 세계 최대 패션 기업 중 하나인
H&M 그룹이 지배하고 있다. 특정 브랜드를 특별히
'스웨덴적'이라고 규정하기는 어렵지만, H&M의 업무 조직은
스웨덴 문화의 영향을 받았다고 할 수 있다. H&M 본사는
스톡홀름 중심부에 위치하고 있으며, 스웨덴 기업으로 등록되어
스웨덴에서 세금을 납부하고, 특히 방대한 이커머스 사업을
위한 대부분의 시각 콘텐츠를 제작하는 곳도 스톡홀름이다.
그들은 정기적으로 스칸디나비아 이외의 지역에서 촬영하는
캠페인을 제작하며, 이 같은 작업을 위해 주로 프리랜서 계약을

맺은 외부 사람들과 협력한다. 린다와의 인터뷰로 돌아가 보면, 그녀는 H&M의 스타일리스트가 되는 것이 다른 형태의 패션 스타일리스트와 어떻게 다른지에 대해 설명했다.

> H&M에 입사하기 전에는 프리랜서 스타일리스트로 일했기 때문에 다른 대기업에서 일한 경험은 없어요. 하지만 자라(Zara)에서는 하루에 7장의 사진만 찍는 반면 우리는 35장을 찍는다는 건 알죠. 다시 말해 자라에서는 흥미로운 패션 화보와 창의적인 착장을 제작할 시간이 훨씬 더 많다는 뜻입니다. 우리가 공장에서 일하는 동안 그들은 호화로운 패션 에디토리얼을 제작합니다. 하지만 H&M의 소비자층은 훨씬 더 넓어요. H&M은 패셔니스타부터 주유소에서 일하는 사람까지 모든 사람이 H&M에서 쇼핑하기를 원합니다. 그렇기 때문에 [H&M에서는] 스타일링에 접근하는 방식이 너무 니치 마켓에 머물러서는 안 돼요. 매일매일, 그리고 콘셉트마다 적응해야 합니다. 그래서 H&M의 가장 트렌디한 룩은 자라의 가장 트렌디한 룩만큼 트렌디하지 않지만, 그 이유는 다양한 사람들을 위한 더 넓은 구색을 갖추고 있기 때문이죠.

대규모 생산 중심의 비즈니스 모델만이 아니라 포괄적인 디자인 전략을 가진 브랜드와 함께 일하는 것은 어떤 인하우스 스타일링이 적절한지에 영향을 미친다. 주로 선호되는 건 가장 유행하거나 트렌디한 스타일링이 아니라 브랜드 아이덴티티와 특정 디퓨전 라인(diffusion line)[역주: 유명 디자이너 브랜드의 보급판으로 출시된 대중적 라인으로 원래 브랜드의 감성을 유지하면서 가격을 낮춘 상품을 선보인다.]에 부합하는 스타일링이다. 따라서 린다가 H&M에 고용된 스타일리스트로서

'니치' 스타일링뿐만 아니라 다른 대중 패션 브랜드에서 이뤄지는 상업적 스타일링과 자사의 스타일링을 어떻게 구분하는지 주목하는 것은 흥미롭다. 이러한 맥락에서 H&M은 지나치게 유행을 앞서가는 것처럼 보이는 것을 의도적으로 피하고, 결과적으로 시각적 커뮤니케이션의 일환으로 자사의 스타일링에서 하이패션 요소를 경시하는 회사로 볼 수 있다.

린다의 동료 중 한 명인 산나(Sanna)는 30대 후반으로 수년 동안 H&M의 사내 스타일리스트로 일하고 있다.[5] 직장에서 이루어지는 창조적 과정의 근간을 설명해 달라는 질문에 그녀는 이렇게 설명한다.

저는 H&M에서 이커머스 업무를 담당하고 있습니다. 평균적으로 하루에 35장의 사진을 촬영합니다. 일정이 빡빡해서 힘듭니다. 국제적으로 볼 때 절대적으로 최고 수준의 모델들과 작업하기 때문에 모델들의 비행시간도 고려해야 하고, 모델들이 스웨덴에 거주하지 않고 특정 촬영을 위해 스톡홀름에만 머무는 경우가 많거든요. 하지만 더 중요한 것은 비싼 모델은 초과 근무 수당도 비싸기 때문에 준비된 시간보다 더 많이 촬영할 수 없다는 것입니다. 할당된 시간을 다 쓴 후에도 계속 촬영할 수 있는 돈이 없습니다. 이런 모델들의 경우 초과 근무 수당이 높은 경우가 많기 때문에 H&M은 초과 근무 수당 지급에 매우 엄격합니다. 그래서 시간 내에 모든 것을 끝내기 위한 스트레스가 상당합니다.

---

5 '사내'(in-house)라는 용어는 그녀가 외부 인력이 아니라 H&M에 직접 고용되었다는 사실을 의미한다.

산나가 속한 부서는 상징적 가치가 낮은 이미지 제작 분야인 이커머스에만 집중하고 있지만, H&M은 세계적인 톱 모델을 확보하기 위해 막대한 비용을 투자하고 있다. 아이러니하게도, 의상에 집중하기 위해 모델을 잘라내서 최종 이미지에 얼굴이 잘 보이지 않는 경우가 많기 때문에 이러한 투자가 항상 최종 제품에 반영되는 것은 아니다. 그러나 사내 직원들은 이와 비슷한 재정적 투자를 실감하지 못한다.

최근에는, 물론 지금 회사의 이커머스 측면에 대해서만 이야기하고 있지만, 아트 디렉터[AD]를 사내 스타일리스트로 교체했습니다. 이커머스 촬영을 할 때는 항상 사내 스타일리스트가 있었지만 이제는 스타일리스트가 AD의 업무도 수행해야 하는데, AD의 업무는 스타일리스트와는 다르고 우리가 거의 가지고 있지 않은 다른 종류의 전문성을 요구하는 것이죠. 하지만 제가 지금 말씀드리는 것은 H&M에만 해당되는 이야기이고, 가령 아르켓은 상황이 다르다고 알고 있습니다. 또 아르켓은 사내 스타일리스트도 몇 명 있긴 하지만 주로 프리랜서 스타일리스트와 함께 일합니다. (…) H&M의 스타일리스트로서 제가 하는 일에는 몇 가지 제한이 있습니다. 가끔은 매우 바빠서 직접 할 시간이 없을 때는 촬영 전에 이미 외부에서 옷을 맞춰 줄 사람을 고용해서 실제로는 제가 직접 착장을 짜지는 않아요. 잡지의 프리랜서 스타일리스트로 일하면서 룩을 만들어 주는 프리랜서 스태프를 활용해 사전에 착장을 짭니다. 또 다른 라인의 옷이 섞이지 않도록 하는 것도 제 일입니다. 예를 들어 [15–25세를 위한 디퓨전 라인인] 디바이디드(Divided)를 촬영할 때는 디바이디드 옷만

입는 식으로요. 예전에는 제가 이미지 편집에 참여했지만 지금은 이미지 편집자가 최종 편집을 담당합니다.

린다와 산나의 경험을 비교해 보면, H&M 그룹의 상업적 스타일링은 브랜드의 시각적 아이덴티티에 기반한 특정 제약 조건에 따라 구성된다는 것을 분명히 알 수 있다. 아네 룅에요를렌의 정의에 따르면, 스타일리스트의 업무는 "개별적으로 명확하게 식별할 수 있으면서도 고객이 원하는 스타일을 떠올릴 수 있을 만큼 유연한 스타일을 통해 옷을 선택하고 특정 방식으로 배열하는 작업이다. 스타일리스트는 옷을 배열하고 재배치하여 패션 이미지에 스타일을 더한다."(Lynge-Jorlén 2016, 89) 이는 산나와 린다의 설명에 부합하면서도 다른 부분이다. 그들은 룩을 만들기 위해 의상을 매치하지만, 동시에 너무 많은 '스타일'을 추가하는 데는 제약을 받는다. 이는 "모든 가이드라인을 따르고, 스타일링에 적당한 수준의 패션 자본을 투여하고, 마감일을 지키기만 하면 원하는 것을 어느 정도 할 수 있다"는 린다의 또 다른 설명에 의해 뒷받침된다. 따라서 H&M의 크리에이티브 프로세스는 패션의 다른 분야에서 스타일링이 실행되는 방식과 비슷하지만, H&M이 시장에서 유지하고자 하는 특정 위치에 따라 뚜렷한 차이점도 있다. 아스퍼스가 분류한 바에 따르면 생산 시장은 사회적 현상이며, 상품의 가치는 소비자와 생산자의 라인을 따라 조직된 복잡한 상호 작용에 의해 결정된다.(Aspers 2001a, 49-50) H&M은 대규모 생산, 저비용, 제품의 낮은 상징적 가치로 정의되는 시장에서 사업을 하고 있다. 이는 소비자와 생산자만이 아니라 이러한 특정 형태의 패션을 생산하는 창의적인 과정에 참여하는 다양한 행위자들 사이에서 일어나는 모든 상호 작용에 영향을 미친다. 이러한 맥락에서 스타일리스트만이 대중 패션 분야에서 상업적으로 일할 때 '미적 자유'의 한계를 경험하는 유일한 크리에이티브 주체인 것은 아니다. 아스퍼스의 설명대로, 이는 (디자이너, 아트 디렉터, 메이크업 아티스트 등 동일 창작 과정의 일부인 다른 행위자들뿐만 아니라) 포토그래퍼들의 경우에도 마찬가지다.(Aspers 2001b, 4)

    H&M은 불과 수십 년 만에 빠르게 성장한 대기업이다. (Pettersson 2001) 세계적인 톱 모델과 함께 일하는 전략은 새로운 것은 아니지만 1990년대에 '빅 식스'로 불린 엘르 맥퍼슨, 신디 크로포드, 나오미 캠벨, 클라우디아 쉬퍼, 크리스티 털링턴, 린다 에반젤리스타 같은 유명 모델과 긴밀히 협력하면서 시작되었다. 이 전략은 매스 패션 브랜드에 "패션 자본"(Entwistle and Rocamora 2006; Lynge-Jorlén 2017; Rocamora 2002)을 더한다는 측면에서 효과가 있었고, 2004년에는 칼 라거펠트와의 첫 디자이너 콜라보레이션을 선보였다. 유명 모델을 사용하는 것은 '평균적인' 소비자를 타깃으로 삼는 것으로, 이들 소비자가 H&M이 명품 브랜드 광고에 등장하는 사람들과 작업하고 있다는 것을 인식하면 그러한 브랜드들의 상징적 가치가 대중 패션 제품으로 이전될 것이다. 하지만 린다의 진술에서 알 수 있듯이, H&M이 너무 유행을 앞서가는 것처럼 보이지 않으려면 이러한 패션 자본에 타협이 필요하다. 잠재적 소비자에게 H&M이 접근하기 쉬운 것처럼 보이도록 스타일링을 규제하는 이유가 바로 이것이다.

'창의성'과 '직업'을 결합하기

H&M에서는 직원의 76%가 여성이며, 관리직 직원의 72%가
여성이다.[6] 인터뷰 중에 산나는 H&M의 스타일링 실천과는
관련이 없지만 일반적인 회사 문화와 관련된 흥미로운 사실에
대해 언급했다. 그녀는 H&M이 특별한 종류의 근무 환경을
발전시켰으며, 이것이 특히 일하는 부모로서의 경험에 영향을
미쳤다고 주장했다.

> 우리 부서에서는 주로 여성들이 일하고 있습니다.
> 대부분의 H&M 부서가 그렇죠. 이유는 정확히 모르겠지만
> 가족 친화적인 회사라 아이가 있을 때 일하기 편한데,
> 많은 동료들이 그 점을 고맙게 생각해요. 그들은 분명히
> 가족 기반의 라이프스타일을 원하는데 여기서 일하면
> 그렇게 하기 쉽습니다.

따라서 H&M의 스타일리스트가 된다는 것은 단순히
창의적인 업무에 종사하는 것만이 아니라, 직원의 업무뿐만
아니라 가족과 함께 시간을 보내고 싶은 욕구를 회사가
어떻게 바라보는지에 따라 일과 삶의 균형을 이룰 수 있는
잠재력을 갖게 된다는 의미다. 스웨덴에서 스타일리스트로
일한다는 것의 맥락을 이해하는 데는 앞서 베아가 지적한
것처럼 프리랜서 업무와 예산이 모두 감소하고 있다는 점도

---

6 이 수치는 2016년 11월 6일 마케팅 부서에서 이메일을 통해 필자에게 제공한 것이다.

중요하지만, 더 넓은 관점에서 삶이 어떻게 구성되는지 고려하는 것도 중요하다. 따라서 H&M에서 스타일리스트로 일한다는 것은 창의적인 표현뿐만 아니라 직업적 안정성 및 가족과 함께 휴가를 보낼 수 있는 가능성과도 관련돼 있다. 이는 문화 산업 및 크리에이티브 산업에 종사하는 여성이 같은 조건의 남성보다 아이를 가질 가능성이 낮다는 브리짓 코너의 주장에 도전하는 것이다.(Conor et al. 2015) 산나의 경험은 이러한 주장과는 상반되는 것으로, 문화 산업 및 크리에이티브 산업의 일부인 H&M에서 창의적으로 일한다는 것은 (여성) 노동자의 가족 생활을 중심으로 조직되어 있는 것으로 보인다.

일자리에 대한 스웨덴의 대규모 공개 토론에서 언론인들과 정치인들은 전 스웨덴 사민당 재무장관 에른스트 비그포르스의 말을 반복해서 인용한다. "사회 발전의 목표가 우리 모두가 최대한 일해야 한다는 것이라면 우리 모두는 미친 것입니다. 목표는 인간을 해방시켜 최대한 창의력을 발휘할 수 있도록 하는 것입니다. 춤추고, 그림을 그리고, 노래하세요. 원하는 건 무엇이든, 자유롭게."[7] 비그포르스는 1925-1926년과 1936-1949년 두 차례 정부 각료를 지냈다. 20세기 전반의 스웨덴은 산업화가 진행되면서 많은 따분한 일들이 기계화되고 사람이 필요 없게 된 시기였다. 산업 발전에 대한 이 같은 생각을 바탕으로 비그포르스는 미래의 노동자들이 (기계가 일을

---

[7] 다른 사례로는 『애프톤블라데트』(Aftonbladet)에 실린 프레드리크 비르타넨의 2013년 기사 「우리는 죽도록 일하거나, 아예 일할 수 없다」(Vi jobbar skiten ur oss eller får inte jobba alls), 『다겐스 아레나』(Dagens Arena)에 실린 함푸스 안데르손의 기사 「근무시간에 대해 과감히 이야기해야 합니다, S」(Vi måste våga tala om arbetstid, S), 및 '페미니스트 이니셔티브 고틀란드'(Feministiskt initiativ Gotland)의 2015년 블로그 게시물 「올해의 성장 지자체로 선정되셨나요? 아니요」(Årets tillväxtkommun? Nej tack) 참조.

대신하는 동안) 더 적게 일함으로써 사람들이 창의적인 표현이나 자신이 하고 싶은 다른 일에 시간을 투자할 수 있기를 바랐다.[8]

위의 인용문에서 비그포르스는 일과 창의성을 상반되는 두 가지 개념으로 취급했음을 알 수 있다. 그에게 일은 돈을 버는 것이었고 자유 시간은 창의성을 위한 시간이었다. 이러한 관점에서 보면 임금에 의존하는 사람을 더욱 자유롭게 하기 위해 일하는 시간을 제한하려는 것은 당연한 일이다.[9] 따라서 비그포르스는 노동 조직에 대한 마르크스주의적 이해를 대표하는 것으로 간주할 수 있는데, 여기서 창의성은 노동의 정의에서 어느 정도 분리되어 있다.[10] '일'에 대한 그의 다소 제한적인 이해에 패션의 창의성을 끼워 맞추기는 어렵다.

역사적 관점에서 일의 발전과 관련하여 일과 자유 시간, 더 구체적으로 생산과 소비의 관계는 훨씬 더 복잡해진다. 페테르 엥글룬드에 따르면, 근대 초기의 노동자들은 임금이 크게 인상되더라도 더 많이 소비하는 대신 일을 덜 하는 쪽을 선호했는데, 이는 자본주의 초기 단계의 고용주들에게

---

8 1950년대 후반 한나 아렌트는 일과 여가 시간의 구분과 관련된 연구 분야를 다음과 같이 요약했다. "모든 진지한 활동을 생계를 유지하는 수준으로 낮추어 취급하는 모든 경향은, 놀이를 노동의 반대 개념으로 생각하는 오늘날의 노동 이론에서도 동일하게 나타난다. 결과적으로 모든 진지한 활동은 그 결실과 관계없이 노동이라고 불리며, 개인의 삶이나 사회적 삶의 과정에 필요하지 않은 모든 활동은 유희에 포함된다."(Arendt [1958] 1998, 127) 따라서 노동과 자유 시간의 구분이라는 비그포르스의 아이디어는 고유하다기보다는 보다 큰 맥락의 일부라는 것이 자명하다.
9 노동에 대한 이러한 관점은 아리스토텔레스로 거슬러 올라가는데, 그는 자유로운 시민은 노동으로부터 자유로워야 철학적 문제를 숙고하는 데 시간을 할애할 수 있다고 믿었다. 그렇기에 노예 제도는 시민들을 노동으로부터 해방시키기 위해 존재했다.(보다 자세한 내용은 Arendt [1958] 1998 참조) 따라서 노동과 자유 시간의 분리는 육체적 노동의 평가절하와 지적 작업에 대한 높은 평가로 표현되는 계급적 경멸을 숨기고 있다. Aristotle (1944), *Politics*, 15-31 참조.
10 카를 마르크스는 '노동의 날'(The Working Day)이라는 표제하에 시간, 노동 및 자본주의의 관계에 대한 자신의 관점을 발전시켰다.(Marx 2015, 162-218)

문제가 되었다.(Englund 1991, 169) 엥글룬드는 이 새로운 금융 시스템을 불만, 불안, 욕망이라는 새로운 감정의 발달과 연관시켰다. 엥글룬드에 따르면 이 "현대적인 불만감"은 결코 충족될 수 없는 욕망에 기반을 두고 있다.(Englund 1991, 191, 저자 번역) 현대 소비자로서 우리는 풀타임으로 일하는 실망스러운 경험을 보상받기 위해 감당할 수 없는 상품을 원하고, 쉽게 갈 수 없는 곳에 가고 싶어 한다. 엥글룬드는 그 이유에 대해 노동자들이 언젠가부터 일을 적게 하고 싶다는 욕구를 멈추고 그 반대로 풀타임으로 일할 권리를 위해 조직화하기 시작하면서 자본주의 시스템이 내재화되어 더 많은 재화를 소비할 수 있게 되었기 때문이라고 설명한다.

산나와 그녀가 언급한 익명의 동료들에게 일이란 주로 가족의 삶에 필요한 재정적 지원의 기능을 하는 것으로 보인다. 이는 패션 시스템에서 일하는 것, 특히 스타일리스트로서 일하는 것의 창의적 성취감이 정기적으로 월급을 받는 정규직 일자리를 갖는 것만큼 중요하지 않았음을 시사한다. 이처럼 H&M에서 창의적인 일을 하는 것에 대한 산나의 설명은 (코너 등[Conor et al.]이 묘사한) 아이 없는 여성 노동자의 이미지뿐만 아니라 헤즈먼드헬시가 '상징 창조자'에 초점을 맞춰 제시한 산업에 대한 이미지도 약화시키는 스웨덴적 사례다. 대신, 산나의 설명은 직장에서 수행하는 일이 아니라, 수입을 얻음으로써 업무 밖에서 일어나는 일에 기반해 창의적 작업에 접근하는 방식을 보여 준다. 해리슨 화이트의 연구를 바탕으로 아스퍼스는 패션 시장을 고품질 생산자와 저품질 생산자 등 크게 두 가지로 나눌 수 있다고 주장한다. 아스퍼스는 "생산자는 자신과 경쟁자, 그리고 의사 결정의 결과를 시장의 거울을 통해서 본다"고 말한다.(Aspers 2001a, 37) 이를 H&M에서 일하는 스타일리스트들이 저품질 시장에 속해 있다는 사실에 기반해 이 장에서 제시된 경험적 자료에 적용해 보면, H&M 의류의 낮은 상징적, 경제적 가치는 H&M이 더 넓은 패션 분야에서 자신의 위치를 평가하는 방식에 영향을 미친다. 이는 H&M이 자신을 패션계에서 강력하고 혁신적인 크리에이티브 세력으로 묘사하는 것보다 업무 안정성과 가족 생활을 위한 시간에 더 집중하는 이유를 설명해 준다. 앤절라 맥로비는 특정 직업이 가진 "창의성의 아우라"는 그 직업을 다른 직업보다 더 흥미롭고 매력적으로 보이게 만든다고 주장했다.(McRobbie 2016, 150) 이 주장은 울리히 벡이 수행한 연구와도 일맥상통하는데, 벡은 일반적으로 정규직 풀타임 일자리가 점점 더 불확실한 프로젝트 기반 고용과 프리랜서 일자리로 대체되고 있다고 지적했다.(Ulrich Beck, 1992) 그러나 맥로비의 견해는 직무에 대한 산나의 설명뿐 아니라 프리랜서 스타일리스트 칼(Karl)의 다음 인터뷰를 통해서도 의문이 제기된다.

> 전에는 출장을 즐겼지만 더는 그렇지 않고 지금은 그냥 스튜디오에 있는 것을 좋아해요. (…) 저는 만족합니다. 출장은 힘들고 기본적으로 24시간 내내 사교적으로 지내야 해서 시간을 빼앗기는 느낌이 들어요. 전에는 출장을 가면 와인도 많이 마시고 꽤 와일드한 편이었지만 지금은 비즈니스에 더 가까워요. 하지만 이는 업계 전반에서 볼 수 있는 일반적인 발전으로, 이전에는 비공식적인 성격이 강했던 반면 지금은 개인적인 영역에 직업적인 영역 사이에 경계가 있습니다.

칼은 수십 년 동안 스타일리스트로 일하면서 『텐 멘』(10 Men), 『데이즈드 앤 컨퓨즈드』, 『어나더 맨』과 같은 쿨한 잡지들의 화보를 스타일링 했을 뿐 아니라 H&M 이외에도 에르메스 (Hermès), 질 샌더(Jil Sander), 맥퀸(McQueen)과 같은 하이엔드 패션 브랜드의 프리랜서로 활동했다. 로카모라는 이처럼 럭셔리 패션, 니치 패션, 대중 패션에서 모두 일하고 에디토리얼과 상업적 콘텐츠를 모두 생산하는 등 다양한 패션 분야를 경험하는 것은 드문 일이 아니라고 설명한다. 오히려 "패션 분야의 플레이어들이 (…) 여러 분야를 이동하는 것"은 일반적인 관행이다.(Rocamora 2002, 348) 칼에게 프리랜서 스타일리스트로서 일하는 것, 즉 니치 패션 에디토리얼만이 아니라 상업적인 H&M 이미지를 모두 제작하는 것은 예전에는 즐겁고 그 자체로 보람을 느낀 일이었지만, 오늘날 그는 자신을 더 큰 기계의 작은 부분, 일할 때와 비번일 때 사이에 명확한 경계가 있는 다소 익명의 노동자로 일하는 데 만족하고 있다. 따라서 스타일리스트로서 일하는 경험을 이해하려면, 실제 작업이나 패션 시스템의 메커니즘뿐만 아니라 일과 자유시간 사이의 관계도 고려하는 것이 중요하다.

이미지 창조와 미적 기준의 변화

2018년 H&M은 이미지 제작에 대한 새로운 가이드라인을 도입해 포스트 프로덕션 과정에서 이미지를 수정할 수 있는 가능성을 크게 제한했다. H&M 사내 스타일리스트 카린(Karin)은 최근 발생한 사건에 대해 다음과 같이 말했다.

며칠 전에 흥미로운 경험을 했습니다. 브래지어 촬영을 하고 있었는데, 팔이 보기 좋지 않았고 브래지어가 제대로 맞지 않았으며 플러스 사이즈 라인을 촬영하고

있어 여성 모델도 평소보다 컸어요. 한데 모델의 몸이
너무 커서 팔에 세로로 선이 생겼어요. 포토그래퍼와
이 문제에 대해 이야기했지만 어떻게 해결해야 할지
몰랐어요. 이전에는 포스트 프로덕션에서 보정으로
이 문제를 해결할 수 있었지만 이제는 허용되지 않아요.
그래서 우리는 이야기를 나누었고, 얼마 후 그녀의 팔에는
아무런 문제가 없다는 것을 깨닫고 우리의 인식을
바꿔야 한다는 것을 깨달았습니다. 우리는 우리가
아름답다고 생각하는 것에 대해 다시 생각해야 했습니다.
그래서 결국에는 그대로 두기로 했습니다.

카린이 설명하는 것은 엔트위슬이 미적 경제의 행위자가 되는
과정에서 근본적인 부분이라고 설명한 종류의 도전이다. 좀
더 구체적으로 말하자면, 스타일링은 단순히 특정 장소와
시점에 유행하는 스타일을 창조하는 것 이상의 의미를
지니는 경우가 많다는 것이 카린의 설명이다. 패션 분야에
관계없이 스타일리스트로 일하려면 문화적 논쟁에 대해, 특히
패션에 대한 많은 대중적 논의의 핵심 주제이자 결과적으로
캠페인이 어떻게 받아들여지는지에 큰 영향을 미치는 대표성,
주체성, 젠더에 대해 알고 있어야 한다. 따라서 크리에이티브
프로세스에는 단순히 스튜디오에서 의상을 조합하고 모델에게
특정 방식으로 옷을 입히는 것뿐만 아니라 미디어 이용 행태와
시사 문제에 대한 최신 지식도 포함된다. 카린과 포토그래퍼는
가이드라인을 해석하고 브래지어 판매라는 사진의 목적을
리터칭 및 기타 형태의 후반 작업에서 허용되는 것에 대한
새로운 인식과 결합하기 위해 아름다움의 이상과 광고의
규범적 기능에 대한 일정한 문화적 인식을 갖고 있어야 했다.
엔트위슬은 다음과 같이 말한다.(Entwistle 2002, 338)

> 미적 감성과 문화 자본은 미적 상품을 지탱하는 사회적,
> 문화적, 제도적 연결만큼이나 문화 생산 분야 자체에서
> 내부적으로 생성되는 이러한 상품의 상업적 거래에
> 매우 중요하다. 미적 경제의 경제적 계산은 정의상 항상
> 문화적 계산이다.

카린은 사진 뒤에 숨겨진 상업적 의도를 잘 알고 있었으며,
이는 그녀가 실제 이미지 제작 과정에서 소비자의 구매
선택을 돕는 것을 주된 목적으로 했다는 점에서 잘 드러난다.
이는 그녀가 제작하는 이미지 장르의 특수성을 강조한다.
아스퍼스가 규정한 바와 같이 패션 사진은 "경제적 측면과
미적 측면이라는 두 가지 기본 차원"으로 표시된다.(Aspers
2001b, 5) 따라서 아스퍼스에 따르면 일반적으로 더 많은 돈이
걸려있는 상업적 맥락에서는 미적 실험의 자유가 제한된다.
또한 속옷을 촬영할 때는 의상의 매칭이 거의 없기 때문에
스타일리스트의 존재가 거의 불필요해진다. 물론 의상이
몸에 어떻게 맞는지 고려하는 것도 스타일리스트의 책임 중
하나이긴 하지만 말이다. 하지만 카린의 경험을 엔트위슬이
정의한 미적 경제학의 관점에서 보면, 상업적 스타일링의
창작 과정은 이상, 아름다움, 젠더에 대한 현대 미디어의
지속적인 논의에 영향을 받는다. 일반 대중의 사고방식의
변화로 인해, H&M에서는 포스트 프로덕션에서 이미지를 계속
수정하는 것이 더 이상 문화적으로 정당화되지 않는다. 이제
이미지는 편집이 덜 된 '진짜'처럼 보일 때 더 패셔너블하고
더 '의식 있는' 것으로 간주되며, 이는 패션의 시각적 측면에
영향을 미칠 뿐만 아니라 배후에서 스타일링과 사진의 업무를
변화시키는 새로운 패션 방식을 창출한다. 게르노트 뵈메는
미적 노동에 대한 글에서 "미적 노동은 사물과 사람, 도시와

풍경에 모양새를 부여하고, 그것들에 아우라를 부여하고, 분위기를 더하거나 앙상블을 통해 분위기를 생성하는 것을 목표로 하는 활동의 총체를 지칭한다"고 말했다.(Böhme 2003, 72) 따라서 편집을 줄인다는 것은 이미지를 더 사실적이거나 진실하게 만드는 행위가 아니라 특정 시점에 유행하는 것에 대한 소비자의 기대와 아이디어에 더 잘 부합하도록 '아우라'의 미학을 바꾸는 것이다. 이러한 방식으로 이 사례 연구는 H&M이 대중 패션의 일부이고 다소 무해한 미학으로 운영되지만 여전히 미적 경제의 일부이고, 이에 따라 비즈니스에 참여하는 모든 참여자가 미적 경제의 다른 부분들에서와 마찬가지로 아이디어, 트렌드, 미적 표현에 대한 광범위한 사회 및 문화적 변화를 인식할 것을 요구받는다는 점을 보여 준다.

결론

헤즈먼드핼시와 맥로비는 패션 시스템에서 일한다는 생각에는 어떤 매혹적인 특성이 있으며, 이것이 사람들이 문화 및 창조 산업에서 일하도록 끌어들이는 요인이라고 주장했다. 맥로비(McRobbie 2011, 32)는 다음과 같이 말한다.

> 우선 '일의 즐거움'에 대한 강조, 창의적인 작업에서 자신을 발견한다는 생각은 분명 매우 매혹적이다. 그러한 생각은, 올바른 조건 하에서라면 임금 노동, 지루한 직업, 보람 없는 일이라는 짐을 덜어 줄 재능의 핵심이 발휘될 것이라는 우리 모두가 가진 나르시시즘적이고 사적인 욕망에 호소한다.

특정 룩을 연출하기 위해 옷을 조합하는 행위인 스타일링은 이러한 창의적인 작업 중 하나다. 하지만 스웨덴 대중 패션 시스템에서 일하는 스타일리스트와의 인터뷰를 통해 알 수 있듯이, 업무의 창의적 측면—서론의 인용문에서 린다는 이를 다른 부서에서 정한 가이드라인을 직관적으로 해석할 수 있는 능력이라고 정의했다—은 종종 재정적 안정성, 연속성, 사내 스타일리스트로 일하면서 얻는 자유 시간보다 덜 중요한 것처럼 보인다. 이 같은 이야기를 하기 위해서는, 특히 대중 패션의 상업적 스타일링을 이끄는 원동력과 노동 조직에 대해 이야기하기 위해서는, 이 작업의 사회적 맥락을 살펴보는 것이 중요하다. 로카모라는 고급 문화와 고급 패션에 대한 부르디외의 이론적 연구를 토대로, 부르디외의 개념을 현대 패션 분야에 적용하여 문화 생산의 장(field)이 대규모 생산과 제한된 생산이라는 두 가지 하위 장(subfield)으로 나뉜다고 말했다.(Rocamora 2002, 344-345) 이 용어는 앞서 설명한 아스퍼스의 저품질 생산자와 고품질 생산자에 대한 생각과 함께 이해해야 한다. 폭넓은 매력, 낮은 수준의 패션 자본, 다양한 소비자에게 접근 가능한 것으로 인식되기를 원하는 H&M은 대규모 생산이라는 하위 장과 저품질 생산자 시장 모두의 일부로서 전자의 맥락에 위치한다. 이는 이런 환경 아래에서 활발하게 활동하는 행위자들이 왜 패션 시스템에 대해 (맥로비와 헤즈먼드핼시에 따르면) 제한된 생산과 고품질 생산이라는 다른 하위 장에서 종종 발견되는 자기 표현 수단으로서의 창의성에 초점을 맞추는 내러티브를 사용하지 않는지를 설명해 준다.

H&M처럼 여성이 대다수인 회사는 가족 생활이 노동 조직에 영향을 미쳐 창의적인 환경에서 일하고 싶지만 가족과 함께 보내는 시간에 있어서는 타협하고 싶지 않은 사람들에게

매력적인 직장이 된다. 따라서 스웨덴 패션 분야에서 창의적 작업을 이해하려면 창의적 작업이 자기충족적이며 자신을 창의적으로 표현하는 수단이라는 진부한 신화를 넘어서야 한다. 'H&M 팩토리'에서 스타일리스트로 일한다는 맥락에서 창의성을 정의하자면 다른 부서의 지침을 적절히 해석하는 동시에 촉박한 마감일과 빠른 생산 속도를 유지하는 것에 더 가깝다. 대중 패션 분야에서 일하는 스타일리스트들로부터 수집한 경험적 자료에 따르면, 스웨덴 노동 시장의 역사적, 이념적 토대는 그들이 일의 가치를 패션 산업 또는 더 큰 문화 및 창조 산업 분야의 일부로서 자신의 이미지를 강화하는 방법이 아니라 유급 휴가, 유급 육아 휴가 및 업무 외 자유 시간을 확보하는 방법으로 인식하는 방식과 분명히 관련이 있다. 이는 패션이 하나의 산업이 아니라 서로 다른 두 개의 하위 장으로 구성되어 있다는 로카모라의 부르디외식 분석을 다시 한번 뒷받침한다. 그러나 베아와 칼의 사례를 통해 알 수 있듯이 이러한 범주는 무정형적이고 어긋나기 쉬우며, 상징적, 재정적 측면뿐만 아니라 개별적인 차원에서도 지속적이고 계속적인 둘 사이의 상호 작용이 이뤄지고 있다는 점을 명심해야 한다. 따라서 여기서 강조한 상업적 스타일링 실천은 패션 시스템의 다른 부분의 스타일링과 공통점이 많을 수 있지만, 조직적 관점에서 볼 때 고려해야 할 중요한 이념적 차이와 시장 가치의 차이가 있다.

15장
레퍼런스를 뒤틀다:
로타 볼코바와의 인터뷰

수잔 마센

로타 볼코바의 작업에는 쾌락주의적 정신이 깃들어 있지만, 더 깊은 의미를 지닌 이미지를 만들지 않는 것은 아니다. 그녀의 시각 언어는 높은 영향력을 가지며, 다양한 미학의 코드를 자유롭게 받아들여 이를 해석과 유머로 가득한 포스트모던 혼합물로 엮어 낸다. 『시스템』, 『리-에디션』, 『데이즈드』, 『보그 이탈리아』 등의 잡지와 함께 촬영한 바 있는 볼코바가 스타일링 커리어를 시작한 것은 디자인을 통해서였다. 그녀는 열일곱 살에 고국 러시아를 떠나 런던의 센트럴 세인트 마틴에서 공부하며 런던의 크리에이티브 계보를 잇는 새로운 클럽 키즈들의 일원이 되었다. 2007년 파리로 이주하면서 스타일링을 시작한 볼코바는 뎀나 바잘리아의 베트멍 및 발렌시아가 컬렉션의 핵심 멤버가 되었고(도판 1), 고샤 룹친스키와 함께 작업하기도 했다. 볼코바의 작업은 동서양에 대한 통념을 뛰어넘으며, 러시아와 서양 문화는 물론 전 세계의 문화적 레퍼런스를 편안한 감각 및 방대한 역사적 인식과 함께 내면화한다. 또한 우아함에 대한 전통적인 관념에 도전하고 이를 확대하여 새로운 가치를 포용한다. 볼코바는 현재 파리에 거주하고 있다.

수잔 마셴: 당신의 작업과 이전 프로필을 살펴보면서 계속 나오는 이야기는 바로 당신이 쿨함의 기준이 되었다는 이야기였다. 당신 세대의 패션을 대표하는 사람이 된 기분은 어떤가?

로타 볼코바: 나는 항상 언더그라운드 문화와 인간 뇌의 어두운 면에 관심이 많았고, 표면 아래에 무엇이 있는지 탐구해 왔다. 또한 일반적으로 언급되지 않는 주제들에 흥미를 느낀다. 내 작업은 상당 부분이 그에 대한 이야기고, 꼭 규칙을 깨뜨리는 것은 아니다. 특정 타입의 사람들이 내게 영감을 주고, 그런 것들이 컬렉션을 통해 내 작업에 자연스럽게 녹아드는 것이다.

좋은 취향과 나쁜 취향의 대비라는 아이디어와도 많이 연결되었다.

솔직히 말해서 그런 식으로 설명되는 것에 꽤 지쳤다. 나는 좋은 취향에 관심이 없었고 나쁜 취향에도 관심이 없었다. 예를 들어 러시아인들이 스포츠웨어를 좋아한다거나 바지를 하이웨이스트로 입는 것을 나쁜 취향이라고 말하는 것은 매우 오만하다고 생각한다. 다른 곳에서는 사람들이 다르게 생각하거나 다르게 보이거나 다른 종류의 옷을 입을 수 있다는 것을 알지 못하기 때문에, 그들은 단지 그런 스타일을 보는 데 익숙하지 않다는 이유만으로 그것을 나쁜 취향이라고 자동적으로 지적하는 것이다. 그래서 다양한 동향 및 서브컬처, 여러 가지 이유로 옷을 입는 사람들, 쉽게 말해 다른 라이프스타일을 가진 사람들에 대해 이야기하는 것이 중요하다고 생각한다. 그리고 더 간단히 이야기하자면,

실제로는 서구에서 나쁜 취향으로 낙인찍힌 것은 바로 그런 대상, 즉 그저 다른 라이프스타일을 가지고 있었던 사람들이라고 생각한다. 개인적으로 나는 그 취향이 나쁘다고 생각하지 않으며, 경계를 모호하게 하여 두 가지를 이용하거나 나쁜 취향을 일부러 좋은 취향으로 만들려는 의도는 하나도 없었다. 나는 전혀 그런 식으로 생각하지 않으며, "아, 이건 좋은 취향이군"이라고 단정 짓는 것도 오만하다고 생각한다. 매우 특권적인 위치랄까. 내 세계에서는 이런 차별화가 전혀 존재하지 않는다. 나는 모든 것에서 아름다움을 찾는다.

패션이 지극히 유럽 중심적인 좋은 취향 관념에 의해 지배되어 왔다는 점은 매우 좋은 지적이다.

마치 우리는 좋은 취향에 대한 모든 코드를 정립했고 거기에 익숙해져 있는 것 같다. 좋은 취향은 전통, 부르주아, 돈에 의존한다. 어떤 문화권에서는 그것이 나쁜 취향일 수도 있다고 생각한다! (웃음)

사람들이 당신의 작업에 포스트 소비에트라는 용어를 적용하는 것을 어떻게 생각하는가?

나는 꼬리표와 틀을 별로 좋아하지 않는다. 하지만 실제로는 사람들이 함께 작업하여 하나의 장면을 만들면 관객으로서 훨씬 더 쉽게 반응할 수 있다. 진지하게 받아들이기가 더 쉬워진다. 갑자기 사람들이 더 확신을 갖게 되는 것이다. 나는 '포스트 소비에트'가 어린 시절의 매우 순진했던 시절에 대한 향수를 불러일으키며, 잠시나마 새롭고 의미 있는 것이라고 느껴졌다.

내가 틀렸다면 정정해 달라. 하지만 당신의 작업에서는 미국 문화에 대한 언급도 꽤 많이 보인다.

미국 여행을 정말 좋아한다. 나는 미국 영화를 보면서 자랐으니까. 뉴욕, 뉴올리언스, LA 등 모든 주와 도시가 얼마나 다른지, 자연이 얼마나 거친지, 사람들이 얼마나 다른지에 매료되었다. 길을 걷다 보면 마치 어느 영화 속에 들어온 것 같은 기분이 든다. 또한 상당 부분은 러시아를 떠올리게 한다. 러시아는 매우 크고 지역 간 편차가 심한 나라다. 말하자면 나는 여행하고 새로운 것을 경험하는 것을 좋아한다. 한국, 중국, 일본에서 촬영을 하다 보면 장소에 대한 집착이 생겨서 바로 그곳으로 돌아가서 프로젝트를 진행하고 싶고, 그곳에 더 깊이 들어가서 우리가 마주치는 모든 이상한 것들을 기록하고 싶어진다.

조니 듀포트와 함께 촬영한, 나체의 사람들과 옷을 입은 모델들이 둘러앉은 2019년 S/S 시즌 프라다 스페셜 캠페인에 대해 이야기해 달라. (도판 6)

1975년 루이 말 감독의 「검은 달」(The Black Moon)이라는 영화를 모티브로 제작했다. 이 영화는 젠더 전쟁이 벌어지는 세상의 종말에 대해 이야기하는 매우 추상적인 영화다. 한 소녀가 세상을 탈출하려고 숲속을 달리다가 말하는 유니콘을 만나게 되고, 그 유니콘은 그녀를 이상한 일이 일어나기 시작하는 저택으로 데려간다. 이 영화는 전형적인 70년대 영화고, 정치적으로 매우 어두운 동시에 아주 아름답다. 저택에 사는 가족이 아이들을 위해 저녁을 요리하는 장면에서 아이들이 알몸으로 뛰어다니는 장면이 나온다. 이 저택은 기본적으로 밖에서 일어나는 일로부터 보호되는 일종의 오아시스 같은 곳이다. 캠페인 촬영에 참여한 나체주의자들은 실제로 영국 나체주의 공동체 소속으로 프로젝트에 참여하게 되어 매우 흥분했고, 모두 매우 유쾌했다. 그들 모두 아주 재미있고 다정했다. 흥미롭게도 그들은 거의 노출증에 가까운 성격을 가진 것 같았다. 요즘처럼 노출에 민감하게 반응하는 시대에는 정말 재밌는 일이라고 생각한다. 이 작업을 통해 노출을 즐기는 사람들뿐만 아니라 그들의 라이프스타일과 이런 종류의 서브컬처를 소개할 수 있어서 좋았다.

그렇다, 나도 잘 모르는 서브컬처다.

나도 그렇다. 그리고 나체주의가 과시주의(exhibitionism)와의 경계를 모호하게 만드는 것도 꽤 흥미롭다. 진정한 나체주의자는 누구이며, 다른 이유로 나체주의를 하는 사람은 누굴까?

과시주의라는 표현이 재미있다. 왜냐하면 이 사진을 보면 이들은 마치 가장 멋진 옷을 입은 것처럼 보이는 방식으로 자신을 표현하고 있기 때문이다. 마치 프라다 옷을 입은 것처럼 자신감이 넘친다. 그런데 우리는 옷을 파는 산업에 종사하고 있으니 재미있다.

정말 그렇다. 그리고 이 사진은, 조니가 그들에게 의자에 먼저 앉기 놀이(musical chairs)를 해 달라고 한 뒤 니나 하겐의 「뉴욕 뉴욕」을 연주했는데, 그 와중에 찍은 사진이다. 아주 재미있는 촬영이었다.

그 사실을 알고 보니 이미지의 아름다운 부조리함이 더 잘 느껴진다. 정말 멋진 촬영이었을 것 같다.

그렇다, 재미있어야 한다. 그리고 모두가 즐기고 있을 때 재미있을 수 있다. 독창적인 레퍼런스나 독창적인 아이디어가 팀 및 다양한 사람들과의 협업을 통해 독자적인 생명을 얻기 시작할 때 재미있다. 그때가 작업이 흥미로워지고 또 다른 메시지, 또 다른 맥락, 또 다른 힘을 얻게 되는 것 같다.

머리가 여성 성기 모양인
사람이 등장한 『리-에디션』
표지는 메시지를 재미있게
표현한 또 다른 예시다.
(도판 5)

그렇다, 런던 프리즈 아트 페어(Frieze Art
Fair) 기간 동안 도버 스트리트 마켓의
아이디어 북스 론칭 이벤트 한정판으로
판매한 표지다. 150개 정도만 인쇄했는데,
그 표지는 정말 멋졌다! 정말 재밌는 점은
그 표지가 상당히 극단적이었다는 점이다.
성기가 머리에만 있는 게 아니라 손수
제작한 상의에 11개의 성기가 더 있었다.
더 이상 말이 되지 않는 지점까지 가져가는
작업이 내게 흥미로웠다. 보다 추상적이
되면서도 메시지가 꽤 하드코어하다.

그렇다, 또한 재치 있고
매우 영리하기도 하다. 말이
나와서 말인데, 어렸을 때
『유로트래시』(Eurotrash)[역주:
1990년대 서유럽과 중부
유럽의 특이하고 자극적인
주제를 소개했던 프로그램.
디자이너 장폴 고티에가
진행자 중 한 사람이었다.]를
즐겨 봤다고 들었다.

맞다. TV에서 자주 보지는 못했고,
해적 채널에서 자정 이후에 방영하는
콘텐츠였기 때문에 더 좋아했던 것 같다.
10대 초반에 '와, 저렇게 다르고 미친
삶을 사는 사람들이 있네. 나무에 벌거벗고
앉아 서로 이야기하는 저 사람들은
누구지?'라고 생각했던 기억이 난다.
고티에가 누군가를 인터뷰하고 있었는데
두 사람 모두 나체로 나무 위에 앉아
있었고 나는 그들이 누구인지 알고 싶다고
생각했던 것이다. 그리고 지금의 나는
켄트(Kent)와 프라다에서 누드 모델을
촬영하고 있다! 마치 모든 것이 원점으로
돌아온 것 같다.

디자인에서 스타일링으로 방향을 전환했을 때 첫 촬영은 어땠나?

파리로 이사했을 때 옷을 만드는 것이 정말 어렵다는 것을 깨달았다. 런던에 있을 때는 친구들이 모두 도와주는 아주 작은 사업체였고, 매우 DIY적이었으며 자비로 운영했다. 파리에서는 일이 아주 복잡해졌다. 큰 규모의 패션 하우스가 아닌 이상 소량 생산할 수 있는 공장과 샘플을 만들어 줄 프리랜서 봉제사를 찾기가 어려웠다. 그러던 중 나이트클럽에서 엘렌 폰 운베르트를 만났는데 내 외모가 마음에 든다며 내가 스타일리스트가 되어 함께 테스트를 해보자고 제안해 왔다. 그래서 함께 테스트 촬영을 했는데 정말 재미있었다. 기억에 남는 것 중 하나는 디자인하고 컬렉션을 만드는 것과 비교했을 때 너무 쉽게 느껴졌다는 점이다. 컬렉션을 디자인하는 일은 시작점에서 아이디어를 떠올리고 그것을 옷으로 구현한 다음 마지막으로 사진을 찍어 룩북이나 캠페인으로 만드는 데까지 오랜 시간이 걸리는 과정이다. 6개월 동안 많은 인력과 막대한 비용이 투입되는 과정인 것이다. 나는 '와, 이렇게 쉽게 최종 이미지를 만들 수 있었네. 옷을 찾아서 사람에게 입히기만 하면 어떻게든 이미지를 연출할 수 있구나'라는 생각이 들었다. 짧은 시간 동안 옷을 만들려고 할 때도 항상 관심이 있었던 부분이었다. 나는 옷을 만드는 즐거움을 느끼기보다는 항상 최종 이미지를 만들고 싶었다. 내가 캐스팅한 모델이 적절한 상황에서 내 옷을 입고 있는 모습을 보고 싶었다. 그래서 내게 그 일은 '와, 이 직업이 이렇게 멋질 수도 있구나' 하는 신선한 충격과 혁명이었다.

엘렌 폰 운베르트와의 첫 촬영이 정말 멋졌다. 마치 불의 세례와도 같은 느낌이다.

나는 엘렌을 정말 사랑한다! 알고 있다, 그 화보는 재미있다. 그 후 곧바로 상 블뢰(Sang Bleu)[역주: 2006년 런던에서 설립된 독립 크리에이티브 에이전시 겸 미디어. 카녜이 웨스트, 발렌시아가 등 셀러브리티 및 유명 브랜드와 함께 화보 작업을 했다.]를 위해 또 다른 촬영을 함께 했고 거기서부터 인연이 시작되었다. 아트리스트(Artlist)라는 에이전시를 운영하는 내 친구의 친구에게 이미지를 가져갔다. 나는 실제 작업했던 화보나 실제 고객도 없었고, 제대로 된 책자나 잡지도 없이 그냥 느슨하게 찍은 사진 몇 장을 보여 주었는데 그가 좋아했다. 내 생각에는 아마도 내 성격과 외모가 더 마음에 들었던 것 같지만, 아무튼 그가 '좋아, 함께 일하자'고 해서 함께 일하기 시작했다. 하지만 파리에서 나 자신을 확립하고, 프랑스 출신이 아니거나 새로운 사람에게 파리 사람들이 관심을 갖고 귀를 기울이도록 만들기까지는 정말 오랜 시간이 걸렸다. 파리로 이주한 것은 런던으로 이주한 것과는 매우 다른 경험이었다. 런던은 사람들이 매우 개방적이고 친절하며 새로운 것을 발견하는 데 열중하는 곳이다. 새로운 친구를 사귀자마자 함께 프로젝트를 하기로 결정한다. 나는 런던이 매우 창의적인 환경이라고 생각한다. 하지만 파리에서는 그런 환경이 전혀 없었고, 스타일링에 있어서는 거의 기업적인 방식으로 일해야 했기 때문에 고군분투하고 노력해야 했다. 아이디어는 있어도 모험심이 강하거나 실제로 같은 레퍼런스나 창의적인 세계를 공유하는 사람이 많지 않았기 때문에 실현하기 어려웠다. 고샤 룹친스키와 뎀나 바잘리아를 만나면서 모든 것이 바뀌기 시작한 것을 분명히 기억한다. 내게는 어떻게 보면 자연스러운 과정이었지만, 정말 달라진 점은 디자이너들이 '그래, 이렇게 해보자, 저렇게 해보자, 재미있는 아이디어인 것 같아, 그냥 해보자'라고 말하는 것이 내 경험상 처음이었다는 것이다. 두려워하지 않는 정신과 이 모든 레퍼런스를 공유한 그룹 내 일체감이 있었기 때문에 성공할 수 있었고, 사람들이 그렇게 반응한 것 같고, 베트멍과 고샤가 그런 유행과 에너지를 만들어낼 수 있었던 것 같다.

어시스턴트를 해본 적 있는지?

한 번도 스타일리스트 어시스턴트를 해본 적이 없다. 나는 어떤 시스템에도 잘 맞지 않았다. 나는 런던의 클럽 키드에 가까웠다. 낙낙낙(NagNagNag), 트래시(Trash), 캐시포인트(Kashpoint), 콕(Cock) 같은 클럽들에서 정말 멋진 사람들을 많이 만났다. 그 당시에는 일렉트로 클래시와 함께 80년대의 부흥이 시작되었고, 나는 뉴 웨이브, 포스트 펑크, 뉴 로맨틱 같은 장르에 푹 빠져 있었다. 그리고 런던에 와서 프린세스 줄리아, 스티브 스트레인지, 매슈 글러모어 같은, 80년대에 처음 클럽에 있었던 오리지널 클럽 키즈들을 만났다. 정말 영감이 넘치고 재미있었고, 그들이 나이트클럽의 코드와 스타일링까지 가르쳐 주었다. 예를 들어 같은 옷을 두 번 입지 말라는 것(웃음) 같은 것들 말이다. 기본적으로 외출할 때마다 새로운 '룩'을 만들어야 했고, 그 당시에는 말 그대로 매일 밤 외출을 했다.

펑크는 당신의 작업에서 정말 중요하다고 생각한다. 가죽이나 안전핀과 관련이 없는 진정한 의미의 펑크 말이다.

나는 보이는 것과 다를 때 더 흥미를 느낀다. 어떤 인물을 봤는데 갑자기 뭔가 이상하다는 걸 알아차리고 두 번 쳐다보면서 "저 사람은 도대체 어떤 사람일까? 행복한 주부일까, 아니면 블랙메탈 크로스 드레서일까?"하고 궁금해 한다.(웃음) 누구나 인생에서 다양한 역할을 할 수 있고, 그래서 캐릭터를 탐구하고 전복하는 것이 흥미롭다.

블랙메탈 이야기를 하니, 『시스템』에서 당신의 이미지를 처음 봤을 때 헤비메탈 페이스 메이크업으로 머릿속에 박혔다.(도판 3) 그런데 다시 보니 종교적인 그림이다.

우리 업계에는 수많은 잡지, 포토그래퍼, 스타일리스트가 있다. 많은 스타일리스트가 같은 컬렉션을 사용해야 하는 것이다. 그렇다면 페이지를 도로 넘겨서 이미지를 다시 보게 되는 이유는 무엇일까? 누군가의 관심을 끄는 것이 정말 중요하고, 그 사람이 놀랐든, 충격을 받았든, 매료되었든, 그런 강한 반응을 얻는 것이 흥미롭다고 생각한다. 누군가가 좋아하든 싫어하든 상관없다. '잠깐만, 이게 내가 생각한 그게 맞나?' 하는 반응이 정말 좋다. 그 이미지는 이탈리아 패션에 관한 안젤로 플라카벤토의 기사와 함께 잡지 『시스템』의 이탈리아 디자이너 특집을 위한 것이었다. 월터 알비니와 로메오 질리 같은 디자이너의 아카이브 컬렉션도 촬영했다. 나는 개인적으로 이탈리아와 밀라노를 정말 좋아한다.

이 업계에서 밀라노를 좋아하는 사람은 드물다.

밀라노는 매우 아름답고 어둡고 낭만적인 도시다. 나는 이 도시의 브루탈리즘적 건축물, 숨겨진 궁전, 은밀하게 호화로운 안뜰을 정말 좋아한다. 내 친구인 칼 콜비츠가 밀라노의 건물 입구에 대한 놀라운 책을 썼다. 이탈리아 디자이너뿐만 아니라 이탈리아 문화와 밀라노 자체에 대한 놀라운 이야기를 만들 수 있는 기회라고 생각했기에 칼에게 전화를 걸어 장소 섭외를 도와달라고 요청했다. 거기서부터 촬영이 시작되었다. 이탈리아 문화를 상징하는 또 다른 요소는 무엇일까? 우리는 라파엘로의 그림을 생각했고, 그래서 얼굴에 그린 그 이미지가 떠올랐다. 성당의 벽화에 그려진 천사와 비슷한 라파엘로의 그림을 비틀어 얼굴에 입힌 것이다. 이런 작업은 자신이 만들고자 하는 세계를 탐구하는 것이다. 그리고 나는 전통과 현대, 남성적인 것과 여성적인 것 등의 경계를 모호하게 하고 의미를 추상화하는 세계를 만드는 것을 즐긴다.

조니 듀포트와 함께
교회 앞에서 촬영한,
『보그 이탈리아』화보의
뒷이야기도 듣고 싶다.
(도판 2)

러시아에서 촬영한 이 광고는
상트페테르부르크 북쪽 아르한겔스크에서
차로 10시간 거리에 있는 치킨스카야라는
작은 마을에서 찍은 것이다. 목조 교회인
체르코프 보고야블레니야 고스포드냐는
무려 1853년에 지은 것이다. 이 교회는
집이 몇 채 없는 작은 마을에 위치해 있다.
지금은 허물어져 가는 목조 구조물이지만
나는 이 교회가 매우 아름답다고 생각한다.
인스타그램에서 우연히 그 교회의
원본 이미지를 발견했는데 매우 어둡고
아름답고 정말 멋지다고 생각했다. 그때
조니와 다음 촬영에 대해 이야기하고
있었는데 그가 그곳에서 촬영하자고
제안했다. 농담으로 한 말이었겠지만 그게
전부가 되어 버렸다. 우리는 비행기를
타고 모스크바를 거쳐 아르한겔스크로
가서 10시간 동안 차를 타고 이동했다. 그
교회에 도착하는 것부터가 말도 안 되는
미션이자 도전이었다. 그 촬영 때는 모든
것이 이상할 정도로 잘못되었다. 비행기를
놓치고, 다른 비행기는 연착되고, 여행
가방은 도착하지 않았고, 공항 바닥에서
잠을 자야 했으니까. 마을에 도착하려면
차로 강을 두 개나 건너야 했다. 심지어
촬영하던 날에는 나무로 만든 보트에 작은
레일 하나만 달아서 세 사람이 보트를 밀고
가는 방법밖에 없었다. 정말이지
'미션 임파서블' 같은 상황이었다! 그곳은
정말 아름다운 풍경으로 둘러싸인 시골
마을이었다. 러시아 북쪽이 얼마나
아름다운지 전에는 몰랐다. 거기 사는
사람들은 마을을 정말 소중히 여기고
지역의 유산과 역사에 대해 매우
자랑스러워했다.

교회와 모델이라는 두 가지
놀라운 요소를 사진에
담아낸 점이 마음에 든다.
그럼에도 두 가지 요소 모두
어떻게든 동등하게 주목을
받고 있기도 하고.

모델 선택도 모두 직감적으로 한 것이었다.
나는 권세(Günce)라는 이름의 이 소녀를
촬영하고 싶었다. 그녀는 터키인이지만
러시아어를 공부하고 있었다. 이건 마치
작은 신호 같은 것이다. 이 이야기는
일종의 믿음에 대한 질문, 그리고 믿음과
종교에 대한 아이디어를 탐구하는 것,
그리고 이 교회에 보내는 찬사기도 하다.
다양한 레퍼런스를 가지고 작업하는
것이 흥미로웠다. 물론 이미지 속에는
동방 정교회 교회도 있고, 불교에 가까운
화장과 화려한 옷도 있는데, 이건
패션이지만 종교적인 맥락에서 보면
상당히 적절해 보일 수 있다. 따라서
이 모든 레퍼런스들을 추가하고 뒤섞다
보면, 머릿속에서 자신만의 이야기를
만들 수 있다.

『리-에디션』 2015년
S/S호에서 할리 위어와
함께 촬영한 소비에트스키
호텔 이미지(도판 4)에서도
볼 수 있는 풍요로움과
문화적 레퍼런스가 담겨 있다.

이 촬영은 러시아에서의 첫 촬영 중
하나였고, 이 이미지는 리에디션의 첫
번째 호에 실린 이미지이자 할리와 함께한
세 번째 촬영이었다. 러시아의 전통적인
환경에 어울릴 수 있는 다양한 아이템을
찾고 있었는데, 블레스(Bless)의 열렬한
팬이었던 나는 부분적으로 카펫을 사용해
만든 블레스의 아카이브 컬렉션 점퍼를
발견했다. 카펫은 항상 모든 러시아
가정에서 큰 부분을 차지해 왔으며
바닥뿐만 아니라 벽과 때로는 천장에도
깔려 있다. 그래서 나는 블레스 점퍼를
영감의 원천이 될 수 있는 곳으로 다시
가져오는 것이 흥미롭다고 생각했다.
적어도 나는 그렇게 해석했다. 가끔은 뻔한
것이 흥미로울 때가 있다고 생각한다.
분명한 이유가 있기 때문에, 그것을 다시
원래의 모습으로 되돌리는 작업이 꽤
재미있다고 생각한다.

어떤 사람들에게는 분명하지
않을 수도 있지 않을까?
하지만 당신은 그 근원을
보여 주고 있다.

그렇다, 어쩌면 내게만 분명한 것일 수도
있겠다! (웃음)

16장
질서 정연한 혼돈을 만들다:
나오미 잇케스와의 인터뷰

마리아 벤 사드

스톡홀름 기반의 스타일리스트 나오미 잇케스는 밀레니엄이 시작될 무렵, 스물한 살 때 스웨덴의 『본 매거진』에서 일하기 시작하면서 전문적 커리어를 쌓기 시작했다. 2005년부터 2008년까지 패션과 문학을 결합한 잡지 『리트케스』(Litkes)를 운영하는 동시에 스타일리스트로서의 경력을 쌓았다. 콘셉추얼하고 지적인 접근 방식으로 유명한 그녀는 현재 스웨덴 패션계에서 확고한 입지를 다지고 있으며(2014년 스웨덴 『엘르 어워드』[ELLEAward]에서 올해의 스타일리스트로 선정되었다), 로데비어(Rodebjer), 앤-소피 백(Ann-Sofie Back), 필리파 케이(Filippa K), 스탠드 앤 호프(Stand and Hope) 등 유명 브랜드를 비롯해 로빈, 네네 체리, 뤼케 리와 같은 아티스트들과의 콜라보레이션을 진행하기도 했다. 또한 수년 동안 스웨덴 외의 여러 영향력 있는 잡지에서 편집 작업을 해 왔으며, 『퍼플 패션』(Purple Fashion)과 『버펄로 진』(Buffalo Zine) 등의 잡지에서 지속적으로 작업 의뢰를 받기도 했다. 현재 그녀의 작업은 전통적인 스타일링, 크리에이티브 컨설팅, 일러스트레이터 리셀로테 왓킨스와 함께 만든 책 『일러스트레이션과 대화』(Illustrations & Conversations)와 같은 자체 기획 프로젝트의 조합으로 설명할 수 있다. 가장 최근 프로젝트는 패션 및 스포츠웨어 브랜드 비에른 보리를 위해 로빈과 함께 디자인한 한정 캡슐 컬렉션 RBN이다.

마리아 벤 사드: 스타일리스트로서 어떻게 시작하게 되었나? 길을 알려 준 롤모델이 있었나?

나오미 잇케스: 대학에서 철학을 막 공부하기 시작했을 때인 2000년에, 정말 우연한 기회로 『본 매거진』에서 에디토리얼 어시스턴트 인턴십을 제안받았다. 그 전에는 스타일리스트라는 직업이 있다는 사실을 거의 알지 못했다. 디자이너 마리나 케레클리두가 『본』에 실은, 다양한 부르카를 입은 여성들의 패션 화보를 통해 스타일링에 매력을 느꼈다. 내게는 정말 자유로운 느낌이었다. 스타일리스트가 이런 식으로 세상을 받아들일 수 있구나. 패션이 이렇게 될 수 있구나. 그리고 나는 항상 옷에 대한 집착이 있었다. 열 살 때에도 내가 무엇을 입고 싶은지 정확히 알고 있었다. 조금 더 나이가 들었을 때는 스톡홀름 북쪽 솔나 교외의 버그샨라에서 자란 주변 사회 환경의 영향을 받아 '키커'[원서 편주: 스웨덴 서브컬처 '키커'(kickers)의 일원으로 캐주얼이나 영국의 차브족(역주: chav, 영국에서 싸구려 금붙이와 트레이닝복을 입고, 하이패션 브랜드 제품을 건달들처럼 입었던 하층 계급 출신 청소년들)을 연상시키는 사람들.]가 되었다. 나는 농구를 하고 보며 재킷, 버펄로(Buffalo), 칼하트(Carhartt)의 데님을 입었다. 하지만 다른 곳에서 받은 영향을 나만의 방식으로 받아들이고 해석한 것도 있었다. 부모님은 1968년 스웨덴으로 망명한 폴란드계 유대인이고, 나는 항상 다른 나라에 뿌리를 둔 사람들에게 둘러싸여 살았다. 내 사회적 배경을 놓고 볼 때 우리는 별로 스웨덴 사람 같지 않았다. 달리 말하면 우리는 독특한 종류의 스웨덴 사람이었다. 이러한 다양성에 대한 경험은 내 인생에 큰 영향을 미쳤다.

'문학 패션 잡지'라는 부제가
붙은 『리트케스』에서
당신은 패션과 문학을
결합하고 싶었다고 언급했다.
문학은 어떻게 당신의 삶에
들어오게 되었으며, 당신의
관점에서 볼 때 문학과
패션은 어떻게 연결되나?

책은 언제나 내게 중요했다. 어렸을 때
찰스 부코스키, 스투레 달스트룀, 캐시
애커 같은 작가들의 작품을 읽었다. 그
모든 책들은 내 마음 상태를 반영하고 내
세계를 더 크게 만들어 주었다. 하지만
버지니아 울프처럼 자신의 내면을
들여다보는 작가도 선택했다. 또는 어렸을
때는 마르기트 산데모의 『얼음 사람들의
전설』(The Legend of the Ice People)과
같은 판타지 소설을 읽기도 했다. 특정
브랜드와 나를 동일시하는 것처럼, 문학도
그렇게 해 왔다. 책은 내 상상력을 키우는
자양분이며, 지금 내가 읽고 있는 책에서
많은 시각적 이미지를 찾아낸다. 또한
스타일링에 직접적으로 반영되지는 않지만
전반적인 무드나 분위기에 영향을 줄
수 있다. 패션 잡지도 이와 같은 역할을
하지는 않는다. 『퍼플』은 내가 처음
일을 시작할 때 읽던 몇 안 되는 잡지 중
하나였다. 1990년대 말 『퍼플』은 [『퍼플
프로즈』(Purple Prose), 『퍼플 픽션』(Purple
Fiction), 『퍼플 섹스』(Purple Sexe), 『퍼플
패션』(Purple Fashion) 등] 다양한 에디션으로
나왔기 때문에 잡지를 구입하면 재치와
미적 대담함의 세계를 전체적으로 접할
수 있었다. 말하자면 보다 아방가르드한
인식이라고 할 수 있을 것이다. 또한
패션은 더 큰 맥락의 일부였다. 패션은
상상력이 풍부하고 자유로울 수 있지만,
나는 『퍼플』의 관념적이고 현실적인
패션 접근 방식과 나 자신을 더 많이
동일시했다. 나는 언제나 호흡하고, 맥락을

정립하고, 이해하기 위해 이론적으로
사물을 받아들여야 했다. 『퍼플』은 그런
면에서 훌륭했고, 패션 이미지가 내 마음과
더 가까웠다. 친구들과 함께 『리트케스』를
만들 때는 세상을 바라보는 우리의 관점이
가장 중요했다.

스타일링에 전념하게 된
계기는 무엇인가?

약 10년 전쯤 스타일리스트 로버트
뤼드버그를 알게 된 것이 계기인 것 같다.
그는 내게 스타일리스트라는 직업이
창의성과 상업적 사고 사이에서 균형을
찾는 일이라는 것을 깨닫게 해 주었다.
하지만 내가 내 직업에 대해 제대로
이해했다고 느낀 건 최근의 일이다.
『본』에서 일할 때 내가 나만의 방식으로
패션을 하고 싶어 한다는 사실을 알았고,
다양한 스타일리스트들의 어시스턴트
일을 하면서 내 아이디어를 시도해 보는
동시에 『리트케스』를 시작했다. 로버트와
일하고 있을 때 나는 이미 『리트케스』를
시작했고 그는 재빠르게 그 일원이 되었다.
지금 나는 내 일이 비즈니스, 스타일링과
인간관계의 삼위일체라고 생각한다.

작업을 하게 만드는 동기는 무엇인가?

오늘날 스타일리스트가 되는 방법은 여러 가지가 있지만, 분명 어느 정도의 창의적 또는 예술적 기술, 그리고 안목이 필요하다고 이야기하고 싶다. 그게 일을 하기 위해 필요한 기본 소양이다. 내가 동기부여를 받는 원천은 항상 같은데, 바로 스타일에 대한 내 열정과 주변 세계를 이해하려는 욕구다. 그저 앞으로 더 나아가고, 더 많은 것을 배우는 문제일 뿐이다. 그리고 다른 사람들이 하는 것을 똑같이 할 필요는 없다. 자신의 머릿속에서 일어나는 일부터 시작하면 된다. 이건 자신의 비전에 대한 믿음의 문제다. 내가 항상 가장 중요한 가이드로 삼았던 것은, 항상 주변을 살펴보고 내 비전을 믿는 것이었다. 문득 의식하게 되는 이미지 말이다. 또한 나는 내 개인적인 상황에 따라 직업적인 삶도 많이 재정비했다. 별거 후 현재 아이와 함께 스톡홀름에서 살고 있는데, 덕분에 내 삶의 실질적인 측면이 많이 바뀌었다. 예전만큼 많이 돌아다니지 않고, 보다 긴 호흡으로 작업하는 것이 내게 더 잘 맞는 것 같다. 나는 항상 디자이너들과 가깝게 작업했지만 이제 나는 컬렉션 개발 과정에서 보다 적극적인 역할을 하고 있다. 처음부터 함께 참여해 컬렉션을 구축하는 데 도움을 주는 것이다. 내가 정말 좋아하고, 앞으로도 더 많이 하고 싶은 일이다. 브랜드의 공식적인 면만을 다룰 때와는 완전히 다른 과정으로 프로세스를 갖게 된다.

스타일리스트의 역할이 확대되고 다양해지는 것이 패션 산업 전체의 발전과도 어떤 연관성이 있다고 생각하는지? 예를 들면, 소셜 미디어와 인스타그램 문화가 당신의 작업 방식에 어떻게 영향을 주었나?

디지털 미디어는 스타일링이라는 직업의 특정 측면을 민주화하는 데 기여했다. 오늘날에는 훨씬 더 많은 사람들이 룩을 설정하고 스타일과 아이덴티티를 창조할 수 있다. 이전에는 패션계 자체가 상당히 엘리트주의적인 집단이었기 때문에 시스템이 확실히 바뀌었다. 개인적으로는 인스타그램을 리서치 용도로 사용하지만, 자기 홍보 기능을 더 잘 활용할 수 있을 것 같다! (웃음) 보다 장기적인 작업 과정에 들어가면 큐레이터 역할을 한다. 내가 직접 들어가서 편집하고, 필요한 것은 추가하고, 불필요한 것은 삭제하는 것이다. 재능 있는 스타일리스트는 재능 있는 큐레이터와 같다. 그리고 개인적으로 이런 식으로 일할 수 있다는 것에 매우 감사하게 생각한다. 스웨덴에는 문화를 탐색하는 방법만 알면 기회가 많다. 『리트케스』를 시작하고 운영할 수 있는 것과 비슷하다. 리셀로테 왓킨스와 함께 책을 제작할 수도 있었다. 최근 내가 진행하고 있는 대형 프로젝트 중 하나는 팝스타 로빈, 디자이너 앤더스 할과 협업한 비에른 보리의 캡슐 컬렉션이다. 이러한 작업의 다양화는 내 자신의 필요와 스타일링이 전반적으로 발전하는 방식을 모두 반영한다고 생각한다.

스웨덴 『엘르』가 선정한 올해의 스타일리스트로 뽑히기도 했고, 해외 주요 잡지들과 함께 작업하기도 했다. 지금의 위치에 오르는 데 결정적인 역할을 한 것은 무엇인가? 스타일리스트로서 본인의 개인적인 강점은 무엇이라고 생각하는지?

나만의 비전을 타협하지 않았다는 사실이다. 스웨덴에서 어느 정도의 위치가 되기까지 꽤 오래 걸렸다. 내가 서로 다른 각각의 일들을 어떻게 했는지에 대한 시각은 거의 분명하게 정해져 있지만, 나는 별로 신경 쓰지 않는다. 나는 사람들이 어떻게 생각하는지 신경 쓰지 않고 내 판단을 믿는다. 무엇이 나를 매혹시키며, 무엇을 보는지 말이다. 그리고 나는 내가 아이디어를 내놓는 것을 잘하는 편이라고 믿고 싶다. 그리고 그 아이디어를 실행하는 것도 말이다. 나는 일종의 멈추지 않는 엔진과 같은 사람이다. 하지만 가장 중요한 것은 주위 환경에 적응하는 것이 아니라, 스스로에게 진실해지는 것이다. 스웨덴에는 합의 문화라는 게 있다. 우리는 대개 서로 합의하려고 노력하며, 그렇기에 나만의 견해를 밀어붙이는 것은 어려울 수 있다. 특히 여성이라면 더욱 그렇다. 나는 친구인 카린 로데비에르[원서 편주: 스웨덴 디자이너]와 이러한 부분에 대해, 구조를 탐색하는 방법에 대해 많은 이야기를 나누어 왔다. 강한 주장을 가진 여성이 남성보다 더 큰 저항에 부딪히게 되는 것은 문화적 사실이기 때문에, 여성은 바늘구멍을 통과하기 위해 두 배로 열심히 일해야 하는 경우가 대부분이다. 하지만 내게 이런 저항은 삶에 대해 겸손하게 만들어 주기 때문에 좋은 일이기도 하다. 나 역시 내면의 상당한 저항과 싸워 왔다. 실패에 대한 불안, 충분하지 않다는 느낌,

결과를 내지 못할 거라는 생각, 내 아이를 먹여 살리지 못할 수 있다는 불안. 마치 뒤통수를 맞는 듯한 느낌이다. 동시에 이건 약간 분열증적이기도 하지만, 나는 내 직감을 믿는다.

종종 지적이거나 개념적인 스타일리스트로 묘사된다. 이런 이미지에 대해 어떻게 생각하는지?

내가 일을 시작했을 때만 해도 자신의 아이디어를 이론화하는 것은 흔하지 않은 일이었다. 최소한 스웨덴에서는 그랬다. 예를 들어 『리트케스』를 론칭했을 때, 한 인터뷰에서 우리에게 허세가 있다고 표현했다. 하지만 허세는 중요하다. 당시에는 패션을 비판적으로 사유해 볼 수 있는 곳이 부족했다. 그리고 나는 그저 내가 보기에 부족하다고 생각한 것을 제공했을 뿐이다. 지적이라는 표현을 어떻게 받아들여야 할지는 모르겠다. 지적이라는 게 정확히 무슨 뜻인가? 독립적이고 복합적으로 사고하는 것? 내게 그것은 당연한 것이다. 사람들이 지적인 것과 진지한 것을 동일시한다는 느낌을 받을 때가 있다. 내 생각에 그건 생각과 아이디어를 가다듬을 때 거치게 되는 아주 모호한 국면이다. 아마 사람들이 나를 보는 이미지는 이럴 것이다. 그렇다면 그걸 받아들여야 한다. 우리는 모두 서로를 분류하려고 하며, 공유하는 이미지가 필요하다. 내 생각에는 내가 한 번에 한 가지 일만 하는 것이 아니라 다양한 프로젝트를 동시에 진행한다는 사실이 스웨덴에서는 조금 거슬렸던 것 같다. 나는 스타일링 외에도 신문에 기고하거나 라디오에 출연하기도 하니까 말이다. 그래서 나를 무언가로 분류하기 힘들었을 것이다. 또한 나에게 일감을 주려는 사람들이 이런 부분을 염려할 수도 있다. 하지만 나는 타인의 불안에 대해 책임감을 느끼지 않는 법을 배웠다. 직업적으로 내게 아주 중요한 사람들은 카린 로데비어,

리셀로테 왓킨스, 로빈, 그리고 내 아이의
아버지인 카스텐 휠러다. 이들은 모두
각자의 길을 갔다. 그리고 그렇게 한 것에
대해 사과하지 않는다. 스스로를 조형하고
발명하는 것은 얼마든지 가능한 일이다.

당신의 가장 관념적인 작업은 『퍼플 패션』에서 진행되었다.(도판 45) 스웨덴에서보다 파리에서 당신의 접근 방식이 더 잘 받아들여지는지?

글쎄, 모든 시장에는 나름의 코드와 규칙이
있다. 나는 2012년에 올리비에 잠을 만났고
그는 내게 많은 자율성을 주었다. 그는
이론화와 복잡함을 좋아하는 사람이었던
것 같다. 또한 매우 지식이 풍부하고
성찰적인 사람이기도 하다. 그리고
이전에는 내가 다소 불안감을 느꼈다면,
문득 매우 안정적이라고 느꼈다. 스웨덴
사람으로 대해진다는 것은 내게 아직도
이해하려고 노력하고 있는 부분이다.
국가적 상징과도 같은 비에른 보리를
위한 컬렉션을 로빈과 함께 작업하면서
우리는 스웨덴 사람이라는 것에 대해 많은
이야기를 나누었다. 우리가 자란 스웨덴
문화에는 모든 사람을 환영하는 독특한
사회 조직과 같은 긍정적인 특성이 많이
있다. 스웨덴 사람들은 직접 만든 현수막을
들고 거리로 나가 시위를 할 수도 있으며
이는 매우 아름답다. 내게는 다른 나라에서
일할 때 놓칠 수 있는 공공의 도덕성과
정의 또는 불의에 맞서 싸우려는 마음이
있다. 하지만 나만의 생각이나 일하는
방식에 관해서는, 스웨덴에 제약이 있다고
느낀다. 파리 문화에서는 내가 그렇게
복잡해 보이지 않나 보다! (웃음) 이건
문화적인 문제일 뿐이다.

몇몇 포토그래퍼들이 당신의 포트폴리오에 매우 자주 등장한다. 예를 들어 스웨덴의 안데르스 에드스트룀이나 덴마크의 카스페르 세예르센 등 말이다. 협업은 어떻게 진행하는가? 포토그래퍼와 당신이 함께 이미지를 제작하는지?

각각 역할이 다르다. 카스페르와
안데르스는 서로 다른 방식이지만 둘 다
관념적인 작업을 한다. 우리는 서로의
세계에 들어가면서도 각자의 공간을
존중한다. 카스페르와는 상당히 구체적인
방식으로 작업한다.(도판 43) 그는 대부분
사진에 대한 강한 아이디어와 서사를
가지고 있는 편이기 때문에 나는 그에
공감하며 작업한다. 하지만 촬영할 때는
언제나 예기치 못한 일이 발생한다. 도저히
미리 계획할 수 없는 일들이 있는 법이다.
다른 포토그래퍼들의 경우 내 아이디어를
가지고 작업하기도 한다. 내가 생각하는
카스페르의 장점은 그의 명확함으로,
덕분에 우리의 아이디어가 쉽게 결합이
된다. 안데르스도 자신이 원하는 것이 매우
뚜렷하다. 우리는 서로를 내버려 두는
편이다. 안데르스는 이미지의 '중간'에
있는 존재, 존재와 그 상태를 묘사할 수
있는 특별한 재능이 있다.(도판 46) 또한
그는 옷의 형태를 매혹적으로 포착하는 데
극도로 능숙하다. 내 화보 작업들을 보면
내가 스타일리스트로서 성숙해졌음을
알 수 있는데, 특히 안데르스와 함께한
첫 번째 작업인 『퍼플』 2015 S/S호(도판
44)에서 이런 점이 잘 드러난다. 이
성숙함이란 전체적인 이미지, 즉 구성을
이해할 수 있는지의 문제다. 무언가가 매우
쉽게 잘못되어 버릴 수도 있고, 기본적으로

나는 모든 사진 시리즈들에 절대 온전히 만족하지 못하지만, 어떤 특정한 경우에는 전체적으로 만족하게 되는 구성이 있다. 구성에서 무언가 빠진 것이 있다면, 이미지가 진정으로 완성되지 않은 것이다.

이미지 자체와 관련해 포토그래퍼와의 커뮤니케이션은 어떻게 이루어지는가? 촬영을 진행하면서 의논하는지? 스타일리스트로서 최종적인 발언권은 어떻게 되나?

많은 부분이 촬영 이후에 이루어진다. 예를 들어 안데르스의 경우 촬영 중에는 별로 말을 하지 않는다. 나도 절대 간섭하지 않으려 하고, 이는 내가 포토그래퍼를 암묵적으로 신뢰한다는 사실과 관련이 있다. 결국 믿을 수 있는 사람과만 작업을 하게 되는 경향이 있다. 개인적인 케미스트리의 문제기도 하다. 모든 것이 지극히 개인적인 부분이다. 때로는 관계가 조금씩 발전하기도 하지만, 어떤 포토그래퍼들과는 순식간에 맞춰진다. 카스페르와도 그랬다. 카스페르 역시 촬영 도중에는 매우 조용한 편이기 때문에 편집 과정에서 이미지에 대해 의논한다. 패션 화보는 단순히 옷이나 스타일만의 문제가 아니다. 작업이 제대로 이루어지기 위해서는 상호적으로 이루어져야 할 요소가 많다. 포토그래퍼와 모델의 관계는 매우 중요하다. 팀 전체가 같이 하는 작업이니, 집단적으로 이루어지는 일이다. 만약 모든 것들이 잘 맞아들어가면, 최종 결과물이 매우 좋을 수 있다. 하지만 모든 것이 제자리에 딱 들어맞는 경우란 거의 없다. 스타일리스트로서 전체 과정에서 적극적인 역할을 할 수 있다는 사실에 감사하다.

모델을 캐스팅할 때 어떤 점을 중요하게 보는가? 상당수 화보에서 모델이 아주 강한 개성을 드러내는데, 특히 여성 모델들이 그렇다. 리셀로테 왓킨스와 제작한 책에서도 여성의 강인함이 주제였다.

『퍼플』이 창간 25주년을 맞이했을 때, 안데르스와 나는 알렉 웩이 등장하는 열 페이지짜리 화보를 작업했다. (도판 47) 캐스팅 면에서 내가 가장 좋아했던 작업 중 하나다. 나는 누군가가 많은 개성을 가지고 있을 때 정말 좋아한다. 그래서 내가 모르는 사람을 캐스팅하는 것은 어려운 일이다. 알렉 웩만큼 강한 존재감을 가진 모델은 거의 없다. 그녀는 엄청난 권위를 가지고 있다. 하지만 그런 점이 어려움으로 연결되기도 한다. 가끔 강렬한 모델이 이미지 그 자체보다 더 빛이 날 수도 있기 때문이다. 그 작업의 경우 안데르스와 나는 모든 것이 잘 맞아떨어졌다. 알렉 웩은 자신의 힘을 옷에 맞게 조절했고, 강력한 모델들이 모두 그렇듯 모든 룩을 표현해 주었다. 이건 상호 작용의 문제기도 하다. 안데르스는 매우 뛰어난 지각력으로 느낌을 전달하는 데 성공했다. 최고의 이미지는 모델에게서도 감정이 전달되는 이미지다. 일반적으로 나는 존재감이 강한 인물이나 모델을 선호한다. 미학만 가지고 작업하는 것은 어렵다고 생각한다. 하지만 모든 협업에는 당연히 클라이언트의 요구에 대한 민감도가 요구된다. 보통은 클라이언트와 관점을 공유하고, 결과물을 확보하는 방법이 비슷할 때 양쪽 모두에게 도움이 된다. 무엇을 하든 내 자신에게서 벗어날 수는 없으니, 클라이언트와 나의 아이디어가 조화를 이룬다면 가장 좋은 일이다.

언제 당신의 작업이 전형적인 '나'의 모습으로 드러난다고 생각하는가? 일관된 표현이나 특징이 있는지?

콕 집어 말하기 어렵다. 아마도 질서 정연한 혼돈(orderly chaos)이라고 할 수 있겠다. 일종의 대비가 있어야 한다. 나는 이미지를 방해하는 요소, 예를 들어 모든 모서리와 가장자리에 공간이 있도록 자른 사진과 같은 것을 받아들이기 힘들다. 이미지가 예측할 수 없는 방식으로 잘리는 것을 선호하는 편이다. 패션쇼의 캣워크에서 모델이 커졌다가 작아질 때. 보여지는 옷의 길이가 다르고, 예를 들어 가운데는 완전히 검정색일 때. 또는 스타일링에서 갑자기 다른 '리듬'과 애티튜드가 생겼을 때. 너무 톤이 강해지면 지루해지지만, 나는 이미지가 타이트하고 관념적일 때 그것을 높이 평가한다. 다른 스타일리스트들의 작업을 보면 대칭이 있을 때, 그리고 콘셉트를 신중히 고려했음이 보일 때 뛰어나다고 평가하지만, 나는 단절된 대칭을 만드는 데 더 능숙하다. 캐스팅을 할 때도 나는 완전히 다른 개인들에 대한 비전을 가지고 있다. 나는 모델들이 각자 다른 분위기를 나타내게 하고 싶다. 마치 내 아들 노아(Noah)와 같이 우리가 지금 살고 있는 스톡홀름의 사람들이 붐비는 거리에 나온 느낌이어야 한다. 어떤 의미에서는 인간적이라고 할 수 있다.

당신의 이미지들에서는 밀폐된 공간들이 반복적으로 나타난다. 공간은 정의되어 있지만 꼭 현실적인 느낌은 아니다. 보다 추상적이지만, 동시에 손에 잡힐 듯 생생하기도 하다. 커스틴 오언 및 카스페르 세예르센과 함께 작업한 『퍼플』 2017년 S/S호의 화보에서처럼 밀실공포증에 가까울 때도 있는 것 같다.

나는 밀폐된 공간을 좋아한다. 잠자리에 들 때도 그렇다. 실제로 잠자리에 들기 전에, 나는 방 안의 모든 문을 닫아야 한다. 내 방에는 방 쪽으로 열리는 옷장이 있는데, 그 옷장이 완전히 닫혔는지도 확인해야 한다. 내가 작업하는 방식도 이와 매우 비슷하다. 모든 것이 닫혀 있지 않으면 작업을 시작할 수가 없다. 또한 특정 방식으로 청소를 해야 한다. 어떤 순서대로 청소해야 한다. 다른 물건들을 위한 공간을 확보하는 것도 중요하다. 밀폐된 공간은 관리하기 쉽다. 어지러운 환경은 머릿속의 비전에 혼란을 줄 수 있다. 커스틴 오언과 함께 작업한 화보는 내 생각에 훨씬 더 카스페르다웠고, 동시에 커스틴다웠다. 그녀는 정말 역할에 몰입했다. 촬영 전에 몇 가지 설명을 한 다음 그녀가 원하는 대로 진행했다. 커스틴 오언은 개성이 넘치는 모델이다. 때로는 모델이 이미지보다 더 빛날 때도 있다.

의뢰받은 작업을 위해 옷을 고를 때는 어떻게 하는가? 색깔을 중시하는 것 같다.

그건 어려운 문제다. 과정과 관련이 있기도 하고. 하지만 나는 색들이 잘 맞아들어 가도록 하는 것에 상당히 집착하는 편이긴 하다. 색상은 매우 중요하다. 어떻게 그런 일이 일어나는지, 무엇이 필요한지 설명할 수는 없을 것 같다. 하지만 나는 색이 눈에 편안함을 주기를 바란다. 소리가 그렇듯이, 우리는 색의 지배를 받는다. 너무 어수선해지면 이미지를 온전히 받아들이기가 힘들어진다. 보는 것을 멈추게 되는 것이다. 일반적인 시각 예술과 마찬가지로, 잘 만든 이미지는 어떤 소재가 어울리는지, 사물이 서로 어떻게 관련이 있는지 등에 크게 좌우된다. 내가 항상 작업하는 것은 다양한 무리의 대칭 및 비대칭이다. 앞서 언급했듯이, 이건 질서 정연한 혼돈의 문제다. 진부하게 들릴 수도 있겠지만, 더 좋은 대답이 떠오르지 않는다. 어떤 컬렉션을 포장하거나 편집해서 보여 주어야 할 때, 여러 가지 이유로 고려해야 하는 다양한 프로그램 및 관련된 주제가 많을 때가 있다. 그렇지만 사람들의 주목을 끌기 위해서는 시나리오를 구성하고 스토리를 만들어야 한다. 그리고 여기서 색상은 정말 중요한 역할을 한다. 대체적으로 좋은 스타일리스트는 모든 것들이 어떻게 조화를 이루는지 알고 있다고 주장하는 바이다. 나는 맥스 피어메인, 로타 볼코바, 카미유 비도 와딩턴과 같은 동료들에게 온전히 몰입할 수 있다. 그들은 혁신을 일으키는 동시에 자명한 방식으로 모든 것을 일관되게 만드는 보기 드문 재능을 갖추고 있다.

가끔 패션은 예술과 비교되기도 한다. 여기에 대해 어떻게 생각하는지? 스타일리스트로서 표현에 있어 온전히 자유로울 수 있을까?

아무도 그럴 수 없다. 스타일링은 예술 활동이 아니니까. 적어도 나는 그렇게 생각한다. 내가 예술을 한다고 생각한 적은 한 번도 없다. 항상 내 작업을 누군가에게 전달해야 하는 과제가 있었다. 하지만 어떤 화보 작업은 꽤 자유롭기도 했다. 지금 나는 『버펄로 진』에서 일하기 위한 준비를 하고 있는데, 비교적 자유롭게 해석할 수 있는 주제가 주어졌다. 하지만 주제와의 연관성은 유지해야 한다. 그리고 화보 계획을 전달하면, 잡지사에서 작업을 진행할 것이다. 그렇다고 내가 자유롭지 않다는 것은 아니다. 다만 내 자유도는 상대적이고, 협상 가능한 범위 내에 있다는 것일 뿐이다. 다른 사람에게 작업 결과물을 전달하기 때문에, 내게는 최종 결정권이 없다. 스타일링과 예술을 비교하는 것은 내게 터무니없는 일로 느껴진다. 기본적으로 서로 다른 직업이기 때문이다. 물론 예술가의 역할은 시대에 따라 변했다. 그리고 많은 스타일리스트들과 포토그래퍼들은 자신들의 작업에서, 예를 들면 어떻게 이미지를 처리할 것인지에 있어서 예술적인 접근법을 가지고 있다. 개인적으로 나는 내 작업 사진에서 상당히 날것의 느낌을 좋아한다. 하지만 그런 느낌을 가지고 있다고 해서 예술이 되는 것은 아니다. 내게 가장 중요한 것은, 내가 계속 꿈을 꿀 수 있는 맥락 안에 있다는 사실을 아는 것이다. 만약 어떤 사람이나 내가 해야 할 일과 관련해 꿈을 꿀 수 없다면, 약간 길을 잃은 느낌이 들 것이다.

참고 문헌

서론

Adorno, G. and M. Horkheimer ([1944] 1997), *Dialectic of Enlightenment*, New York: Verso Books.

Ahmed, O. (2017), 'The Problem with "Full Look" Styling in Fashion Magazines', in *The Business of Fashion*. https://www.businessoffashion.com/articles/intelligence/the-problem-with-full-look-styling-in-fashion-magazines [accessed 26 April 2019].

Armstrong, L. and F. McDowell, eds. (2018), *Fashioning Professionals: Identity and Representation at Work in the Creative Industries*, London: Bloomsbury.

Appadurai, A. (1996), *Modernity at Large: Cultural Dimensions of Globalization*, Minneapolis, MN: University of Minnesota Press.

Aspers, P. (2006), *Markets in Fashion: A Phenomenological Approach*, London: Routledge.

Ballaster, R., M. Beetham, E. Frazer and S. Hebron (1991), *Women's Worlds: Ideology, Femininity and the Woman's Magazine*, London: Macmillan.

Balzer, D. (2015), *Curationism: How Curating Took Over the Art World and Everything Else*, London: Pluto Press.

Barker, C (2008), *Cultural Studies: Theory and Practice*, 3rd Edition (London, Sage)

Baron, K. (2012), *Stylists: New Fashion Visionaries*, London: Laurence King.

Berger, M.T. and K. Guidroz (2009), 'A Conversation with the Founding Scholars of Intersectionality: Kimberlé Crenshaw, Nira Yuval-Davis, and Michelle Fine', in *The Intersectional Approach: Transforming the Academy through Race, Class, and Gender*, 61–79, Chapel Hill, NC: University of North Carolina Press.

Bourdieu, P. (1984), *Distinction: A Social Critique of the Judgment of Taste*, Cambridge, MA: Harvard University Press.

Buckley, C. and H. Clark (2017), *Fashion and Everyday Life*, London: Bloomsbury.

Burns-Tran, S. and J.B. Davies (2016), *Stylewise: A Practical Guide to Becoming a Fashion Stylist*, London: Bloomsbury.

Clarke, J. ([1975] 2003), 'Style', in S. Hall and T. Jefferson (eds.), *Resistance Through Rituals*, 175–191, New York: Routledge.

Crewe, B. (2003), *Representing Men: Cultural Production and Producers in the Men's Magazine Market*, Oxford: Berg.

de Certeau, M., L. Giard and P. Mayol (1988), *The Practice of Everyday Life*, vol. 2, Minneapolis, MN: University of Minnesota Press.

Dehs, J. (2017), 'Stil', in *Den Store Danske*, Copenhagen: Gyldendal. http://denstoredanske.dk/index.php?sideId=165021 [accessed 24 April 2019].

Dingemans, J. (1999), *Mastering Fashion Styling*, London: Palgrave Macmillan.

Du Gay, P. and M. Pryke, eds. (2002), *Cultural Economy*, London: Sage.

Edwards, T. (1997), *Men in the Mirror: Men's Fashion, Masculinity and Consumer Society*, London: Cassell.

Entwistle, J. (2000a), 'Fashion and the Fleshy Body: Dress as Embodied Practice', *Fashion Theory: The Journal of Dress, Body and Culture*, 4 (3): 323–348.

Entwistle, J. (2000b), *The Fashioned Body: Fashion, Dress and Modern Social Theory*, Cambridge: Polity Press.

Entwistle, J. (2002), 'The Aesthetic Economy: The Production of Value in the Field of Fashion Modelling', *Journal of Consumer Culture*, 2 (3): 317–339.

Entwistle, J. (2009), *The Aesthetic Economy of Fashion: Markets and Value in Clothing and Modelling*, London: Bloomsbury.

Entwistle, J. and E. Wissinger (2012), *Fashioning Models: Image, Text and Industry*, London: Bloomsbury.

Evans, C. (1997), 'Dreams That Only Money Can Buy… Or, the Shy Tribe in Flight From Discourse', *Fashion Theory: The Journal of Dress, Body and Culture*, 1 (2): 169–188.

Ferguson, M. (1983), *Forever Feminine: Women's Magazines and the Cult of Femininity*, London: Heinemann.

Flaccavento, A. (2015), 'In Era of Image, Stylists Rule Paris', in *The Business of Fashion*. https://www.businessoffashion.com/articles/opinion/era-image-stylists-reign [accessed 5 October 2018].

Florida, R. (2002), *The Rise of the Creative Class. And How It's Transforming Work, Leisure, Community and Everyday Life*, New York: Basic Books.

Gough-Yates, A. (2003), *Understanding Women's Magazines: Publishing, Markets and Readerships*, London: Routledge.

Granata, F. (2012), 'Fashion Studies In-Between: A Methodological Case Study and an Inquiry into the State of Fashion Studies', *Fashion Theory: The Journal of Dress, Body and Culture*, 16 (1): 67–82.

Hall, S. and T. Jefferson, eds. (1976), *Resistance Through Rituals: Youth Subcultures in Post-War Britain*, London: Hutchinson.

Hebdige, D. (1979), *Subculture: The Meaning of Style*, London: Methuen.

Hesmondhalgh, D. and S. Baker (2011), *Creative Labour: Media Work in Three Cultural Industries*, London: Routledge.

Jackson, P., N. Stevenson and K. Brooks, eds. (2001), *Making Sense of Men's Magazines*, Cambridge: Polity Press.

Jobling, P. (1999), *Fashion Spreads—Word and Image in Photography Since 1980*, Oxford: Berg.

Kaiser, S. (1999), 'Identity, Postmodernity, and the Global Apparel Marketplace', in M.L. Damhorst, K. Miller and S. Michelman (eds.), *The Meanings of Dress*, New York: Fairchild.

Kaiser, S. (2001), 'Minding Appearances: Style, Truth, and Subjectivity', in J. Entwistle and E. Wilson (eds.), *Body Dressing: Dress, Body, Culture*, 79–102, Oxford: Berg.

Kaiser, S. (2012), *Fashion and Cultural Studies*, London: Berg.

Larson, M.S. (2018), 'Professions Today: Self-criticism and Reflections for the Future', in *Sociologia, Problemas e Práticas*, Issue 88. http://journals.openedition.org/spp/4907 [accessed 1 October 2019].

Lévi-Strauss, C. (1966), *The Savage Mind*, Chicago, IL: University of Chicago Press.

Lifter, R. (2012), *Contemporary indie and the construction of identity: Discursive representations of indie, gendered subjectivities and the interconnections between indie music and popular fashion in the UK*, PhD thesis, University of the Arts London.

Lifter, R. (2014), 'From Subculture to Queer Pop: Resistance, Style and Cultural Studies', in A. Lynge-Jorlén and M. Christoffersen (eds.), *Clash. Resistance in Fashion* [Exhibition catalogue], Herning: HEART – Herning Museum of Contemporary Art.

Lifter, R. (2019), 'Fashioning Pop: Stylists, Fashion Work and Popular Music Imagery', in L. Armstrong and F. McDowell (eds.), *Fashioning Professionals: Identity and Representation at Work in the Creative Industries*, 51–64, London: Bloomsbury.

Lynge-Jorlén, A. (2016), 'Editorial Styling: Between Creative Solutions and Economic Restrictions', Fashion Practice: *The Journal of Design, Creative Process and the Fashion Industry*, special issue on Fashion Thinking, 8 (1): 85–97.

Lynge-Jorlén, A. (2017), *Niche Fashion Magazines: Changing the Shape of Fashion*, London: I.B. Tauris.

McColgin, C. (2019), 'The 25 Most Powerful Stylists in Hollywood 2019', in *The Hollywood Reporter*. https://www.hollywoodreporter.com/lists/25-top-stylistshollywood-2019-1192120 [accessed 1 May 2019].

McCracken, E. (1993), *Decoding Women's Magazines from Mademoiselle to Ms*, New York: St. Martin's Press.

McLuhan, M. ([1964] 2007), *Understanding Media: The Extensions of Man*, London: Routledge.

McRobbie, A. (1978), *Jackie: An Ideology of Adolescent Femininity*. Stencilled Occasional Paper, Centre for Contemporary Cultural Studies, Birmingham: University of Birmingham.

McRobbie, A. (1994), *Postmodernism and Popular Culture*, London: Routledge.

McRobbie, A. (1996), '*More!* New Sexualities in Girls' and Woman's Magazines', in J. Curran, D. Morley and V. Walkerdine (eds.), *Cultural Studies and Communications*, 172–195, London: Edward Arnold.

McRobbie, A. (1998), *British Fashion Design: Rag Trade or Image Industry?*, London: Routledge.

McRobbie, A. (2000), *Feminism and Youth Culture*, Boston, MA: Unwin Hyman.

Mears, A. (2011), *Pricing Beauty: The Making of a Fashion Model*, Berkeley, CA: University of California Press.

Nixon, S. (1993), 'Distinguishing Looks: Masculinities, the Visual and Men's Magazines', in V. Harwood, D. Oswell, K. Parkinson and A. Ward (eds.), *Pleasure Principles, Explorations in Ethics, Sexuality and Politics*, 54–70, London: Lawrence & Wishart.

Pedroni, M. (2015), 'Stumbling on the Heels of My Blog: Career, Forms of Capital, and Strategies in the (Sub) Field of Fashion Blogging', *Fashion Theory: The Journal of Dress, Body and Culture*, 19 (2): 179–199.

Rocamora, A. (2018), 'The Labour of Fashion Blogging', in L. Armstrong and F. McDowell (eds.), *Fashioning Professionals: Identity and Representation at Work in the Creative Industries*, 65–81, London: Bloomsbury.

Rowe, J. (2018), 'Designer Unknown: Documenting the Mannequin Maker', in L. Armstrong and F. McDowell (eds.), *Fashioning Professionals: Identity and Representation at Work in the Creative Industries*, 145–162, London: Bloomsbury.

Shinkle, E., ed. (2008), *Fashion as Photograph: Viewing and Reviewing Images of Fashion*, London: I.B. Tauris.

Smith, S. and J. Watson (2010), *Reading Autobiography: A Guide for Interpreting Life Narratives*, 2nd edition, Minneapolis, MN: University of Minnesota Press.

Style.com, S. Mower and R. Martinez, eds. (2007), *Stylist: The Interpreters of Fashion*, New York: Rizzoli.

Tulloch, C. (2010), *The Birth of Cool: Style Narratives of the African Diaspora*, London: Bloomsbury.

Warkander, P. (2013), *'This is all fake, this is all plastic, this is me': An ethnographic study of the interrelation between style, sexuality and gender in contemporary Stockholm*, PhD thesis, Stockholm University.

Williams, R. (1965), *The Long Revolution*, Harmondsworth: Penguin.

Wilson, E. (2010), *Adorned in Dreams: Fashion and Modernity*, revised and updated edition, London: I.B. Tauris.

Winship, J. (1987), *Inside Women's Magazines*, London: Pandora Press.

Wissinger, E.A. (2015), *This Year's Model: Fashion, Media, and the Making of Glamour*. New York: New York University Press.

1장

Adamson, G. and J. Pavitt (2011), *Postmodernism: Style and Subversion 1970–1990*, London: Harry M. Abrams.

Anon. (1937), 'Presenting Tobé', *Delineator*, April: 24.

Barnes, R. (1979), *Mods!*, London: Plexus Publishing.

Bauman, Z. (1992), 'A Sociological Theory of Postmodernity', in M. Drolet (ed.), *The Postmodern Reader*, London: Routledge.

Beard, A. (2013), 'Fun with Pins and Rope: How Caroline Baker Styled the 1970s', in D. Bartlett, S. Cole and A. Rocamora (eds.), *Fashion Media: Past and Present*, 22–34, London: Bloomsbury.

Blanchard, T. (2002), 'The Style Council', *The Observer*, 17 November: 45–53.

Bourdieu, P. (1990), *Photography: A Middlebrow Art*, Cambridge: Polity Press.

Bourdieu, P. (2010), *Distinction: A Social Critique of the Judgement of Taste*, London: Routledge.

Collins, S. (2008), *The Hunger Games*, New York: Scholastic.

Collins, S. (2009), *Catching Fire*, New York: Scholastic.

Collins, S. (2010), *Mockingjay*, New York: Scholastic.

Elliott, P. (1977), 'Media Organisations and Occupations: An Overview', in J. Curran, M. Gurevitch and J. Woollacott (eds.), *Mass Communication and Society*, 142–174, London: Edward Arnold.

Europa (2003), *The International Who's Who 2004*, Hove: Psychology Press.

Featherstone, M. (1991), *Consumer Culture and Postmodernism*, London: Sage.

Fury, A. (2010), Interview with Simon Foxton, Showstudio. http://showstudio.com/project/in_fashion/simon_foxton [viewed 27 January 2015].

Gartman, D. (1994), 'Harley Earl and the Colour Section: The Birth of Styling at General Motors', *Design Issues*, 10 (2): 3–26.

General Motors Styling (1955), *Styling the Look of Things*, Detroit, MI: General Motors.

Godfrey, J. 1990. *A Decade of i-Deas*, London: Penguin.

Gough-Yates, A. (2003), *Understanding Women's Magazines: Publishing, Markets and Readerships*, London: Routledge.

Hall, D. (1982), 'Zee Makes Dreams Come True', *Cosmopolitan*, November: 192–195.

Hebdige, D. (1988), *Hiding in the Light: On Images and Things*, London: Routledge.

Jameson, F. (1991), *Postmodernism, or the Cultural Logic of Late Capitalism*, London: Verso.

Kawamura, Y. (2006), *Fashionology*, London: Bloomsbury.

Lantz, J. (2016), *The Trendmakers: Behind the Scenes of the Global Fashion Industry*, London: Bloomsbury.

Lifter, R. (2018), 'Fashioning Pop: Stylists, Fashion Work and Popular Music Imagery', in L. Armstrong and F. McDowell, eds., *Fashioning Professionals: Identity and Representation at Work in the Creative Industries*, 51–64, London: Bloomsbury.

Logan, N. and D. Jones (1989), 'Obituary: Ray Petri', *The Face*, 2 (13): 10.

Lorenz, M. (2000), *Buffalo*, London: Westzone.

Lynge-Jorlén, A. (2016), 'Editorial Styling: Between Creative Solutions and Economic Restrictions', *Fashion Practice: The Journal of Design, Creative Process and the Fashion Industry*, special issue on Fashion Thinking, 8 (1): 85–97.

Martin, P. (2009), *When You're a Boy: Men's Fashion Styled by Simon Foxton*, London: The Photographer's Gallery.

McRobbie, A. (1994), *Postmodernism and Popular Culture*, London: Routledge.

McRobbie, A. (1998), *British Fashion Design: Rag Trade or Image Industry?*, London: Routledge.

Onions, C.T. (1966), *The Oxford Dictionary of English Etymology*, Oxford: Oxford University Press.

Partridge. E. (1958), *Origins: A Short Etymological Dictionary of Modern English*, London: Routledge & Kegan Paul.

Tunstall, J. (1971), *Social Sciences: Foundation Course: Stability, Change and Conflict*, Milton Keynes: Open University Press.

Volonté, P. (2008), *La vita da stylista: Il ruole sociale del fashion designer*, Milan: Mondadori Bruno.

Webb, I.R. (2014), *As Seen in Blitz: Fashioning '80s Style*, London: ACC Editions.

York, P. (1980), *Style Wars*, London: Sidgwick & Jackson.

2장

Andersen, Ellen (1986), *Danske dragter. Moden I 1790–1840*, Copenhagen: Nationalmuseet og Nyt Nordisk Forlag Arnold Busck.

Bech, Viben (1989), *Danske dragter. Moden 1840–1890*, Copenhagen: Nationalmuseet og Nyt Nordisk Forlag Arnold Busck.

Breward, Christopher (2000), *Fashion*, Oxford: Oxford University Press.

Breward, Christopher (2007), 'Fashion on the Page', in Linda Welters and Abby Lillethun (eds.), *The Fashion Reader*, 278–281, Oxford: Berg.

Brøndum-Nielsen, Johs and Palle Raunkjær, eds. (1915–1939), *Salmonsens Konversationsleksikon*, Copenhagen: J.H. Schultz Forlagsboghandel.

Buckley, Cheryl and Hazel Clark (2012), 'Conceptualizing Fashion in Everyday Lives', *Design Issues*, 28 (4): 18–28.

Cock-Clausen, Ingeborg (1994), *Danske dragter. Moden I 1890–1920*. Historicisme og nye tider, Copenhagen: Nationalmuseet og Nyt Nordisk Forlag Arnold Busck.

Cock-Clausen, Ingeborg (2011), 'Konfektion, modetøj og forbrugervalg', in Marie Riegels Melchior, Solveig Hoberg, Maria McKinney-Valentin, Kirsten Toftegaard and Helle Leilund (eds.), *Snit: Industrialismens tøj i Danmark*, 165–190, Copenhagen: Museum Tusculanum Press.

Comte de Buffon, Georges-Louis Leclerc ([1753] 1921), *Discour sur le Style*, Paris: Librairie Hachette.

Crane, Diana (2000), *Fashion and its Social Agendas, Class, Gender, and Identity in Clothing*, Chicago, IL: University of Chicago Press.

de la Haye, Amy and Valerie D. Mendes (2014), *The House of Worth: Portrait of an Archive*, London: V&A Publishing.

Ehn, Billy and Orvar Löfgren (2006), *Kulturanalyser*, Århus: Forlaget Klim.

English, Bonnie (2007), *A Cultural History of Fashion in the Twentieth Century*, Oxford: Berg.

Entwistle, Joanne (2000), *The Fashioned Body: Fashion, Dress and Modern Social Theory*, Cambridge: Polity Press.

Entwistle, Joanne (2009), *The Aesthetic Economy of Fashion*, Oxford: Berg.

Frøsing, Hanne and Ulla Thyrring (1963), *'Klæder'*, in Axel Steensberg: Dagligliv i Danmark i det nittende og tyvende århundrede, 325–358, Copenhagen: Nyt Nordisk Forlag Arnold Busck.

Gad, Emma, ed. (1903), *Vort hjem*, Copenhagen: Det Nordiske Forlag.

Hebdige, Dick ([1979] 1988), *Subculture. The Meaning of Style*, London: Routledge.

Hus og hjem (1921), 'Kursus i Tilskæring af Elna Fensmark', Hus og hjem, 13 (26): 276–277.

Kaiser, Susan (2001), 'Minding Appearances: Style, Truth, and Subjectivity', in J. Entwistle and E. Wilson (eds.), *Body Dressing: Dress, Body, Culture*, 79–102, Oxford: Berg.

Kaiser, Susan (2012), *Fashion and Cultural Studies*, London: Berg.

Kronstrøm, J.I. 1913. 'Klæder skaber Folk', Hus og Hjem, 34 (18): 800–801.

Lees-Maffei, Grace (2003), 'Introduction Studying Advice: Historiography, Methodology, Commentary, Bibliography', *Journal of Design History*, 16 (1): 1–14.

Lynge-Jorlén, Ane (2018), 'Stylisten. Fra fodnote til supernova', in Mads Nørgaard and Anne Persson (eds.), *Dansk modeleksikon*, 72–76, Copenhagen: Gyldendal.

Madame (1943), 'Smaa lyse ideer', *Madame*, September, vol. 1.

Melchior, Marie Riegels (2013), *Dansk på mode. Fortællinger om historie, design og identitet*, Copenhagen: Museum Tusculanum.

Nielsen, Henning, ed. (1971), *Folk skaber klæ'r. Klæ'r skaber folk*, Copenhagen: The National Museum.

Niessen, Sandra (2010), 'Interpreting "Civilisation" through Dress', in Lise Skov (ed.), *Berg Encyclopedia of World Dress and Fashion*, vol. 8: West Europe, 39–43, Oxford: Berg.

Nyholm, Inger (1932), 'Moden er lunefuld og skifter hurtigt. Den første danske Mannequinopvisning for 21. år siden og Udviklingen derefter', *Berlingske Tidende*, 14 August 1932.

Olden-Jørgensen, Sebastian (2001), *Til kilderne. Introduktion til historisk kildekritik*, Copenhagen: Gads Forlag.

Polhemus, Ted (1978), *Fashion and Anti-Fashion*, London: Thames & Hudson.

Schiller, Friederich ([1795] 1970), *Menneskes æstetiske opdragelse*, Copenhagen: Gyldendal.

Venborg Pedersen, Mikkel (2018), *Den Perfekte Gentleman*, Copenhagen: Gads Forlag.

Verge, Marieanne (2018), *Modekongen Holger Blom. En livshistorie*, Copenhagen: Gyldendal.

1차 자료

The women's journal: *Hus & Hjem*, 1912–1938.

The women's fashion magazine: *Madame*, 1943–1944.

The scrapbooks of the department store *Magasin du Nord* in Copenhagen, 1900–1940.

The tailors' trade journal: *Skandinavisk Skædder-Tidende*, 1906–1908.

Denmark's Radio broadc AST: 'Familiespejlet' by Jane Hovmand, 23 June 1980. Interview with Jørgen Krarup, former head of the fashion department of the department store Fonnesbech.

Interview with Birthe Schaumburg, 28 March, 2013.

3장

Bancroft, Alison (2012), *Fashion and Psychoanalysis: Styling the Self*, London: I.B. Tauris.

Benjamin, Walter (1999), *The Arcades Project*, trans. Howard Eiland and Kevin McLaughlin, Cambridge, MA: Belknap Press of Harvard University Press.

Black, Sandy, Amy de la Haye, Joanne Entwistle, Regina Root, Agnès Rocamora and Helen Thomas, eds. (2013), *The Handbook of Fashion Studies*, London: Bloomsbury.

Bruggemann, Danïelle (2017), 'Fashion as a New Materialist Aesthetics: The Case of Viktor & Rolf', in Anneke Smelik (ed.), *Delft Blue to Denim Blue: Contemporary Dutch Fashion*, 234–251, London: I.B. Tauris.

Card, Gary (2010), 'Inflate. Dazed Shoot with Anthony Maule and Robbie Spencer' [Blog post]. http://garycardiology.blogspot.com/2010/09/inflate-dazed-shoot-withanthony-maule_17.html [accessed 7 November 2018].

Cotton, C. (2000), *Imperfect Beauty: The Making of Contemporary Fashion Photographs*, London: V&A Publications.

Deleuze, Gilles and Felix Guattari (1987), *A Thousand Plateaus: Capitalism and Schizophrenia*, Minneapolis, MN: University of Minnesota Press.

de Perthuis, K. (2008), 'Beyond Perfection: The Fashion Model in the Age of Digital Manipulation', in E. Shinkle (ed.), *Fashion as Photograph*, 168–181, London: I.B. Tauris.

Entwistle, Joanne (1997), ' "Power Dressing" and the Construction of the Career Woman', in Mica Nava, Andrew Blake, Iain MacRury and Barry Richards (eds.), *Buy this Book: Studies in Advertising and Consumption*, 311–323, London: Routledge.

Entwistle, Joanne (2003), *The Fashioned Body: Fashion, Dress and Modern Social Theory*, Cambridge:

Polity Press.

Entwistle, Joanne (2009), *The Aesthetic Economy of Fashion: Markets and Value in Clothing and Modelling*, Oxford: Berg.

Evans, Caroline (2001), '"Dress Becomes Body Becomes Dress": Are You an Object or a Subject? Commes des Garçons and Self-Fashioning', *032C Magazine*, no. 4, October: 82–87.

Evans, Caroline (2003), *Fashion at the Edge: Spectacle, Modernity and Deathliness*, New Haven, CT: Yale University Press.

Fletcher, K. and Mathilda Tham, eds. (2014), *Routledge Handbook of Sustainability and Fashion*. London: Routledge.

Freud, Sigmund ([1919] 2004), 'The Uncanny', in *Fantastic Literature: A Critical Reader*, ed. D. Sander, Westport, CT: Praeger.

Geczy, Adam and Vicki Karaminas (2017), *Critical Fashion Practice*, London: Bloomsbury.

Granata, Francesca (2016), 'Mikhail Bakhtin. Fashioning the Grotesque', in Agnès Rocamora and Anneke Smelik (eds.), *Thinking through Fashion: A Guide to Key Theorists*, 97–114, London: I.B. Tauris.

Granata, Francesca (2017), *Experimental Fashion: Performance Art, Carnival and the Grotesque Body*, London: I.B. Tauris.

Gutenberg, Andrea (2007), 'Shape-Shifters from the Twentieth Century Wilderness: Werewolves Roaming', in Konstanze Kutzbach and Monika Mueller (eds.), *The Abject of Desire: The Aestheticization of the Unaesthetic in Contemporary Literature and Culture*, 149–180, Amsterdam: Rodopi.

Iversen, Kristin (2017), 'For Many Designers, Homelessness Is a Trend. This Is a Big No', Nylon Magazine Online. https://nylon.com/articles/designers-homeless-stylepolitical-fashion [accessed 16 November 2018].

Kismaric, S. and E. Respini (2008), 'Fashioning Fiction in Photography Since 1990', in E. Shinkle (ed.), *Fashion as Photograph: Viewing and Reviewing Images of Fashion*, 29–45. London: I.B. Tauris.

Kristeva, Julia (1982), *Powers of Horror: An Essay on Abjection*, trans. Leon S. Roudiez, New York: Columbia University Press.

Kutzbach, Konstanze and Monika Mueller, eds. (2007), *The Abject of Desire: The Aestheticization of the Unaesthetic in Contemporary Literature and Culture*, Amsterdam: Rodopi.

Jobling, Paul (1999), *Fashion Spreads—Word and Image in Photography Since 1980*, Oxford: Berg.

Lange-Berndt, Petra, ed. (2015), *Materiality*, Cambridge, MA: MIT Press.

Lehmann, Ulrich (2002), 'Introduction', in Ulrich Lehmann and Jessica Morgan (eds.), *Chic Clicks*, T4–T6, Berlin: Hatje Cantz Publishers.

Lumbye Sørensen, Ann (2018), 'Assemblage', in Den Store Danske. Copenhagen: Gyldendal. http://denstoredanske.dk/Kunst_og_kultur/Billedkunst/Billedkunst,_stilretninger_efter_1910/assemblage [accessed 1 November 2018].

Lynge-Jorlén, A. (2016), 'Editorial Styling: Between Creative Solutions and Economic Restrictions', *Fashion Practice: The Journal of Design, Creative Process and the Fashion Industry*, special issue on Fashion Thinking, 8 (1): 85–97.

Lynge-Jorlén, Ane (2017), *Niche Fashion Magazines: Changing the Shape of Fashion*, London: I.B. Tauris.

Mackinney-Valentin, Maria (2011), 'Er den gode smag blevet hjemløs?', in L. Dybdal and I. Engholm (eds.), *Klædt på til skindet. Moden kultur og Æstetik*, 71–89, Copenhagen: Forlaget Vandkunsten.

Mackinney-Valentin, Maria (2017), *Fashioning Identity: Status Ambivalence in Contemporary Fashion*, London: Bloomsbury.

Molloy, John T. (1980), *Women: Dress for Success*, New York: Peter H. Wyden.

Newton, Matthew (2011), 'The Unintentional Comedy of Vivienne Westwood's "Homeless Chic" Collection', *Thought Catalogue*. https://thoughtcatalog.com/ matthew-newton/2011/01/cannibalize-the-homeless-the-of-vivienne-westwoodshomeless- chic/ [accessed 16 November 2018].

O'Neill, Alastair (2007), *London: After A Fashion*, London: Reaktion Books.

Richter, Hans (1965), *Dada: Art and Anti-Art*, London: Thames & Hudson.

Rocamora, Agnès (2017), 'Mediatization and Digital Media in the Field of Fashion', *Fashion Theory: The Journal of Dress, Body and Culture*, 21 (5): 505–522.

Rocamora, Agnès and Anneke Smelik, eds. (2016), *Thinking through Fashion: A Guide to Key Theorists*, London: I.B. Tauris.

Smelik, Anneke (2016), 'Gilles Deleuze: Bodies-without-Organs in the Folds of Fashion', in Agnès Rocamora and Anneke Smelik (eds.), *Thinking through Fashion: A Guide to Key Theorists*, 165–183, London: I.B. Tauris.

Smith, Douglas (2010), 'Scrapbooks: Recycling the Lumpen in Benjamin and Bataille', in Gillian Pye (ed.), *Trash Culture: Objects and Obsolescence in Cultural Perspective*, 113–128, Oxford: Peter Lang.

van Elven, Marjorie (2018), 'Balenciaga Criticised for "Homeless Chic" Window Display at Selfridges', *Fashion United*. https://fashionunited.uk/news/retail/balenciagacriticized-for-homeless-chic-window-display-at-selfridges/2018091238847 [accessed 16 November 2018].

Windmüller, Sonja (2010), 'Trash Museums: Exhibiting In-Between', in Gillian Pye (ed.), *Trash Culture: Objects and Obsolescence in Cultural Perspective*, 39–58, Oxford: Peter Lang.

Wissinger, E.A. (2015), *This Year's Model: Fashion, Media, and the Making of Glamour*. New York: New York University Press.

7장

Baker, C. (1970a), 'Head for the Haberdashery', *Nova*, February: 42–47.

Baker, C. (1970b), 'Fancy Dressing', *Nova*, December: 64–73.

Baker, C. (1971a), 'Dressed to Kill: The Army Surplus War Game', *Nova*, September: 48–53.

Baker, C. (1971b), 'High as a Kite and Twice as Flighty', *Nova*, October: 64–73.

Baker, C. (1971c), 'Every Hobo Should Have One', *Nova*, December: 60–67.

Baker, C. (1972a), 'Safety Last', *Nova*, March: 66–67.

Baker, C. (1972b), 'All Dressed and Made Up', *Nova*, November: 62–71.

Baker, C. (1973), 'Adding Up to Something Good', *Nova*, March: 88–91.

Baker, C. (1974a), 'Dressed Overall', *Nova*, March: 39–44.

Baker, C. (1974b), 'Lady on the Loose', *Nova*, July: 60–69.

Baker, C. (1974c), 'Layered on Thick', *Nova*, November: 78–85.

Baker, C. (1975a), 'You Can Take a Blue Jean Anywhere', *Nova*, July: 28–35.

Baker, C. (1975b), 'Is This the End of Fashion and the Start of Something New?', *Nova*, September: 66–73.

Baker, C. (2007), Personal communication with Alice Beard, 23 February.

Baker, C. (2010a), Personal communication with Alice Beard, 19 September.

Baker, C. (2010b), Personal communication with Alice Beard, 27 September.

Barthes, R. (1984), *The Fashion System*, London: Jonathan Cape.

Bartlett, D., S. Cole and A. Rocamora (2013), *Fashion Media: Past and Present*, London: Bloomsbury.

Beard, A. (2002), 'Put in Just for Pictures: Fashion Editorial and the Composite Image in Nova 1965–1975', *Fashion Theory: The Journal of Dress, Body and Culture*, 6 (1): 25–44.

Beard, A. (2008), 'Show and Tell: An Interview with Penny Martin, Editor in Chief of SHOWstudio', *Fashion Theory: The Journal of Dress, Body and Culture*, 12 (2):181–195.

Borrelli, L. (1997), 'Dressing Up and Talking about It: Fashion Writing in Vogue from 1968–1993', *Fashion Theory: The Journal of Dress, Body and Culture*, 1 (3): 247–260.

Craik, J. (1994), *The Face of Fashion: Cultural Studies in Fashion*, London: Routledge.

Godfrey, J. (1990), *A Decade of i-Deas: The Encyclopaedia of the '80s*, London: Penguin.

Harrison, M. (1991), *Appearances: Fashion Photography since 1945*, London: Jonathan Cape.

Jobling, P. (1999), *Fashion Spreads: Word and Image in Fashion Photography since 1980*, Oxford: Berg.

Keenan, B. (1969) 'The Cardigan is Borrowed but the Shoes Are Mine . . . ', *Nova*, September: 58–59.

Lynge-Jorlén, A. (2017), *Niche Fashion Magazines: Changing the Shape of Fashion*, London: I.B. Tauris.

Nelson Best, K. (2017), *The History of Fashion Journalism*, London: Bloomsbury.

Radner, H. (2000), 'On the Move: Fashion Photography and the Single Girl in the 1960s', in S. Bruzzi and P. Church Gibson (eds.), *Fashion Cultures: Theories, Explorations and Analysis*, 128–142, London: Routledge.

Rocamora, A. and A. O'Neill (2008), 'Fashioning the Street: Images of the Street in the Fashion Media', in E. Shinkle (ed.), *Fashion as Photograph: Viewing and Reviewing Images of Fashion*, 185–199, London: I.B. Tauris.

Steele, V. (1997), 'Anti-fashion: The 1970s', *Fashion Theory: The Journal of Dress, Body and Culture*, 1 (3): 279–296.

Williams, V., ed. (1998), *Look at Me: Fashion Photography in Britain 1960 to the Present*, London: British Council.

8장

Barnes, R. and J. B. Eicher, eds. (1992), *Dress and Gender: Making and Meaning in Cultural Contexts*, Oxford: Berg.

Beard, A. (2013), 'Fun with Pins and Rope: How Caroline Baker Styled the Seventies', in D. Bartlett, S. Cole and A. Rocamora (eds.), *Fashion Media: Past and Present*, 25–44, London: Bloomsbury.

Bolton, A. (2003), *Bravehearts: Men in Skirts*, London: V&A Publishing.

Bolton, A. (2004), 'New Man/Old Modes', in M.L. Frisa and S. Tonci (eds.), *Excess: Fashion and the Underground in the '80s*, 277–280, Milan: Charta.

Chapman, R. and J. Rutherford, eds. (1988), *Male Order: Unwrapping Masculinity*, London: Lawrence & Wishart.

Cole, S. (2000), *Don We Now Our Gay Apparel: Gay Men's Dress in the Twentieth Century*, Oxford: Berg.

Cole, S. (2014), 'Costume or Dress? The Use of Clothing in the Gay Pornography of Jim French's Colt Studio', *Fashion Theory*, 18 (2): 123–148.

Compain, H. (2017) 'The Buffalo revolution, as told by founding father Jamie Morgan' Vogue, 4 May. https://www.vogue.fr/vogue-hommes/fashion/diaporama/buffalo-style-ray-petri-jamie-morgan-80s-fashion/42791 [accessed 4 February 2019].

Connell, R.W. (2005), *Masculinities*, 2nd edition, Cambridge: Polity Press.

Connell, R.W. and J.W. Messerschmidt (2005), 'Hegemonic Masculinity: Rethinking the Concept', *Gender and Society*, 19 (6): 829–859.

Crane, D. (2000), *Fashion and its Social Agend Class, Gender and Identity in Clothing*, Chicago, IL: University of Chicago Press.

Edwards, T. (1997), *Men in the Mirror: Men's Fashion, Masculinity and Consumer Society*, London: Routledge.

Entwistle, J. (2000), *The Fashioned Body: Fashion, Dress and Modern Social Theory*, Cambridge: Polity Press.

Graham, M. (2015), 'How Buffalo Shaped the Landscape of 80s Fashion', Dazed Digital, 24 August. http://www.dazeddigital.com/fashion/article/26041/1/new-film-on-iconic-80s-buffalo-subculture-jamie-morgan-barry-kamen [accessed 4 February 2019].

Halberstam, J. (1998), *Female Masculinity*, Durham, NC: Duke University Press.

Healy, M. (2009), 'Unseen Buffalo', *Arena Homme +*, pp. 310–316.

Jobling, P. (1999), *Fashion Spreads: Word and Image in Fashion Photography Since 1980*, Oxford: Berg.

Jones, D. (2000), 'Buffalo Soldier', in Mitzi Lorenz (ed.), *Buffalo*, 157–158, London: Westzone.

King, A. (2018), *Reflections of a female apprentice boxer: On working class masculinity within a traditionalist East End boxing gym*, MA dissertation, London College of Fashion, University of the Arts London.

Limnander, A. (2007), 'Buffalo Soldier', *New York Times*, 11 March. https://www.nytimes.com/2007/03/11/style/tmagazine/11petri.html [accessed 4 February 2019].

Logan, N. (2000), 'Myths and Legends', in M. Lorenz (ed.), *Buffalo*, 147–148, London: Westzone.

Logan, N. and D. Jones (1989), 'Ray Petri', *The Face*, October: 10.

Lorenz, M., ed. (2000), *Buffalo*, London: Westzone.

Lyotard, J.-F. ([1979] 1984), *The Postmodern Condition: A Report on Knowledge*, trans. G. Bennington and B. Massumi, Minneapolis, MN: University of Minnesota Press.

Martin, P. (2009), *When You're a Boy: Men's Fashion Styled by Simon Foxton*, London:London College of Fashion.

Martin, R. and H. Koda (1989), *Jocks and Nerds: Men's Style in the Twentieth Century*, New York: Rizzoli.

Morgan, J. (2000), 'Foreword', in M. Lorenz (ed.), *Buffalo*, 14, London: Westzone.

Mort, F. (1996), *Cultures of Consumption: Masculinities and Social Space in Later Twentieth Century Britain*, London: Routledge.

'Nature Boy' (1989), *The Face*, November: 56–67.

Nixon, S. (1996), *Hard Looks: Masculinities, Spectatorship and Contemporary Consumption*, London: UCL Press.

Rambali, P. (2000), 'A Walk on the Wild Side', in M. Lorenz (ed.), *Buffalo*, 164–177, London: Westzone.

'Ray Petri' (1985), *The Face*, May: 44.

Roach, M.E. and J.B. Eicher, eds. (1965), *Dress, Adornment and Social Order*, New York: Wiley.

Sharkey, A. (1987), 'Black Market', *i-D*, June: 96.

Smith, P., ed. (1996), Boys: *Masculinities in Contemporary Culture*, Boulder, CO: Westview Press.

Sontag, S. (1964), 'Notes on Camp', *Partisan Review*, 31 (4): 515–530.

379

Tulloch, C. (2011), 'Buffalo: Style with Intent', in G. Adamson and J. Pavitt (eds.), *Postmodernism: Style and Subversion*, 1970–1990, 182–184, London: V&A Publishing.

Wacquant, L. (2004), *Body & Soul: Notebooks of an Apprentice Boxer*, Oxford: Oxford University Press.

Wilson, B. (1999), Interview with Shaun Cole, 10 August.

Wilson, E. (1985), *Adorned in Dreams: Fashion and Modernity*, London; Virago.

Witter, S. (1987), 'BPM/AM', *i-D*, July: 98.

9장

Anon. (1988), 'Tipper Gore Widens War on Rock,' *The New York Times*, 4 January 1988. nytimes.com [accessed 10 February 2019].

Beebe, R. (2007), 'Paradoxes of Pastiche: Spike Jonze, Hype Williams and the Race of the Postmodern Auteur,' in R. Beebe and J. Middleton (eds.), *Medium Cool: Music Videos from Soundies to Cellphones*, 303–327, Durham, NC: Duke University Press.

Benton, Rashad (2017), 'Misa Hylton Championed Hip-Hop Style in the '90s: Now She's Got a New Mission,' *Billboard*, 16 November. billboard.com [accessed 1 April 2019].

Burns, G. (2006), 'Live on Tape, Madonna: MTV Video Music Awards, Radio City Music Hall, New York, September 14, 1984,' in I. Inglis (ed.), *Performance and Popular Music: History, Place and Time*, 128–137, Burlington, VT: Ashgate.

Chang, J. (2005), *Can't Stop Won't Stop: A History of the Hip-Hop Generation*, New York: St. Martin's Press.

Cortés, L. and F. Khalid (directors) (2019), *The Remix: Hip Hop X Fashion*. Documentary.

Dyer, R. (2004), *Heavenly Bodies: Film Stars and Society*, London: Routledge.

Fleetwood, N.R. (2011), *Troubling Vision: Performance, Visuality, and Blackness*. Chicago, IL: University of Chicago Press.

Franklin, E. (2019), 'MCM Teases New Hip-Hop Documentary at the Opening of Rodeo Drive Flagship,' *The Hollywood Reporter*, 15 March. hollywoodreporter.com [accessed 20 March 2019].

Geczy, A. and V. Karaminas (2013), *Queer Style*. London: Bloomsbury.

Gow, J. (1996), 'Reconsidering Gender Roles on MTV: Depictions in the Most Popular Music Videos of the Early 1990s,' *Communication Reports*, 9 (2): 151–156.

Hall, S. and T. Jefferson, eds. ([1976] 2006), *Resistance through Rituals: Youth Subcultures in Postwar Britain*. New York: Routledge.

Hoye, J., D.P. Levin and S. Cohn (contributors) (2001), *MTV Uncensored*, New York: Pocket Books.

Hylton, Misa (2019), Instagram post @misahylton, 27 April 2019. instagram.com [accessed 27 April 2019].

Jhally, S. (1990), *Dreamworlds: Desire/Sex/Power in Rock Video*, Amherst, MA: University of Massachusetts Communication Service Trust Fund.

Johnson, K. (2019), 'Misa Hylton: The Woman Who Redefined Hip-Hop and R&B Fashion,' *Black Enterprise*, 3 January. blackenterprise.com [accessed 12 February 2020].

Kaiser, S. (2012), *Fashion and Cultural Studies*, London: Berg.

Lane, N. (2011), 'Black Women Queering the Mic: Missy Elliott Disturbing the Boundaries of Racialized Sexuality and Gender,' *Journal of Homosexuality*, 58: 775–792.

Lewis, R. (2015), *Muslim Fashion: Contemporary Style Cultures*, Durham, NC: Duke University Press.

Lifter, R. (2018), 'Fashioning Pop: Stylists, Fashion Work and Popular Music Imagery,' in L. Armstrong and F. McDowell (eds.), *Fashioning Professionals: Identity and Representation at Work in the Creative Industries*, 51–64, London: Bloomsbury.

Lynge-Jorlén, A. (2016), 'Editorial Styling: Between Creative Solutions and Economic Restrictions,' *Fashion Practice: The Journal of Design, Creative Process and the Fashion Industry*, special issue on Fashion Thinking, 8 (1): 85–97.

Marks, C. and R. Tannenbaum (2011), *I Want My MTV: The Uncensored Story of The Music Video Revolution*, New York: Plume.

Mediabistro (2012), 'June Ambrose on Styling "Mo Money, Mo Problems" Video (Part 1 of 3),' hosted by Donya Blaze. https://www.youtube.com/watch?v=8JhwTcc6k-8 [accessed 6 February 2019].

Mercer, K. (1994), *Welcome to the Jungle: New Positions in Black Cultural Studies*, London: Routledge.

MTV (1999), '1999 VM Lil Kim's Onesie,' MTV Video Music Awards, 9 September 1999. mtv.com [accessed 1 February 2019].

Mukherjee, R. (2006), 'The Ghetto Fabulous Aesthetic in Contemporary Black Culture,' *Cultural Studies*, 20

(6): 599–629.

Negus, K. (1992), *Producing Pop: Culture and Conflict in the Popular Music Industry*, London: Edward Arnold.

Negus, K. (1999), *Music Genres and Corporate Cultures*, London: Routledge.

Nelson, A. (2000), 'Afrofuturism: Past–Future Visions,' *Color Lines*, Spring: 34–37.

Nelson, A. (2010), 'Afrofuturism,' uploaded by Soho Rep., 20 November 2010. https://www.youtube.com/watch?time_continue=363&v=IFhEjaal5js [accessed 30 March 2019].

Ogunnaike, N. and J. Ambrose (2017), 'How Missy Elliott's Iconic "Hip Hop Michelin Woman" Look Came to Be,' Elle.com, 17 May 2017. elle.com [accessed 1 April 2019].

Premium Pete (2017), 'The Premium Pete Show: Misa Hylton,' uploaded 18 August 2018. https://soundcloud.com/thepremiumpeteshow/misa-hylton-1 [accessed 19 January 2019].

Roche, E. (2019), 'Misa Hylton Is Ready to Show the Next Generation of Stylists How It's Done,' *The Daily Front Row*, 9 February. fashionweekdaily.com [accessed 10 February 2019].

Rose, T. (1990), 'Never Trust a Big Butt and a Smile,' *Camera Obscura: Feminism, Culture, and Media Studies*, 8 (2): 108–131.

Roy, W. (2004), ' "Race records" and "Hillbilly music": Institutional Origins of Racial Categories in the American Commercial Recording Industry,' *Poetics*, 32 (3): 265–269.

Russo, M. (1994), *The Female Grotesque: Risk, Excess and Modernity*, New York: Routledge.

Sellen, E. (2005), 'Missy "Misdemeanor" Elliott: Rapping on the Frontiers of Female Identity,' *Journal of International Women's Studies*, 6 (3): 50–63.

Simply (2015), 'Simply Stylist New York 2015: Keynote June Ambrose Interviewed by Catt Sadler,' published 19 December. https://www.youtube.com/watch?v—Ti1zc6z4I8 [accessed 8 February 2019].

Smith, C.H. (2003), ' "I Don't Like to Dream about Getting Paid": Representations of Social Mobility and the Emergence of the Hip-Hop Mogul,' *Social Text*, 21 (4): 69–97.

Starstracks29 (2018), '(1999) Lil' Kim, with purple hair and exposing her left breast,' YouTube, published 26 February. youtube.com [accessed 1 April 2019].

Terrie, Jeovanna (2015), 'Styled By June—1×2—Trina Goes Glam [Full Episode],' YouTube, published 21 June. youtube.com [accessed 5 April 2019].

Texier, C. (1990), 'TV View: Have Women Surrendered in MTV's Battle of the Sexes?,' *New York Times*, 22 April. nytimes.com [accessed 11 February 2019].

Tulloch, C. (2010), 'Style-Fashion-Dress: From Black to Post-Black,' *Fashion Theory*, 14 (3): 273–304.

Tulloch, C. (2018), *The Birth of Cool: Style Narratives of the African Diaspora*, London: Bloomsbury.

White, T. R. (2013), 'Missy "Misdemeanor" Elliott and Nicki Minaj: Fashionistin' Black Female Sexuality in Hip-Hop Culture – Girl Power or Overpowered?,' *Journal of Black Studies*, 44 (6): 607–626.

Witherspoon, N. O. (2017), ' "Beep, Beep, Who Got the Keys to the Jeep?": Missy's Trick as (Un)Making Queer,' *Journal of Popular Culture*, 50 (4): 871–895.

13장

Baron, Katie (2012), *Stylists: New Fashion Visionaries*, London: Laurence King Publishing.

Becker, Howard (1982), *Art Worlds*, Berkeley, CA: University of California Press.

Bertaux, Daniel (1998), *Les Récits de vie*, Paris: Editions Nathan.

Bessi, Alessandro and Walter Quattrociocchi (2015), 'Disintermediation: Digital Wildfires in the Age of Misinformation', *AQ–Australian Quarterly*, 86 (4): 34–39.

Blumer, Herbert (1969), 'Fashion: From Class Differentiation to Collective Selection', *Sociological Quarterly*, 10: 275–291.

Bourdieu, Pierre ([1979] 1984), *Distinction: A Social Critique of the Judgment of Taste*, London: Routledge & Kegan Paul (original edition: *La Distinction. Critique sociale du jugement*, Paris: Minuit).

Bourdieu, Pierre (1986), 'The Forms of Capital', in J.E. Richardson (ed.), *Handbook of Theory of Research for the Sociology of Education*, 241–258, Westport, CT:Greenwood Press.

Bourdieu, Pierre (1993), *The Field of Cultural Production: Essays on Art and Literature*, Cambridge: Polity Press.

Bourdieu, Pierre ([2001] 2004), *Science of Science and Reflexivity*, Chicago, IL: University of Chicago Press (original edition: *Science de la science et réflexivité*, Paris: Raisons d'agir).

Colombo, Fausto, Maria Francesca Murru, and Simone Tosoni (2017), 'The Post-intermediation of Truth: Newsmaking from Media Companies to Platform', *Comunicazioni sociali*, 3: 448–461.

Cotton, Charlotte (2000), *Imperfect Beauty: The Making of Contemporary Fashion Photographs*, London: V&A Publications.

Entwistle, Joanne (2009), *The Aesthetic Economy of Fashion: Markets and Value in Clothing and Modelling*, Oxford: Berg.

Entwistle, Joanne and Agnès Rocamora (2006), 'The Field of Fashion Materialized: A Study of London Fashion Week', *Sociology*, 40 (4): 735–751.

Entwistle, Joanne and Don Slater (2012), 'Models as Brands: Critical Thinking about Bodies and Images', in J. Entwistle and E. Wissinger (eds.), *Fashioning Models: Image, Text and Industry*, 15–33, London: Berg.

Evans, Caroline (2008), 'A Shop of Images and Signs', in E. Shinkle (ed.), *Fashion as Photograph: Viewing and Reviewing Images of Fashion*, 17–28, London: I.B. Tauris.

Findlay, Rosie (2017), *Personal Style Blogs: Appearances that Fascinate*, Bristol: Intellect.

Gellman, Robert (1996), 'Disintermediation and the Internet', *Government Information Quarterly*, 13 (1): 1–8.

Godwin, Richard (2010), 'Blog and Be Damned', *ES Magazine*, 27 August: 13–16.

Latour, Bruno and Steve Woolgar (1979), *Laboratory Life: The Social Construction of Scientific Facts*, London: Sage.

Lifter, Rachel (2018), 'Fashioning Pop: Stylists, Fashion Work and Popular Music Imagery', in L. Armstrong and F. McDowell (eds.), *Fashioning Professionals: Identity and Representation at Work in the Creative Industries*, 51–64, London: Bloomsbury.

Luvaas, Brent (2018), 'Street-style Geographies: Re-mapping the Fashion Blogipelago', *International Journal of Fashion Studies*, 5 (2): 289–308.

Lynge-Jorlén, Ane (2016), 'Editorial Styling: Between Creative Solutions and Economic Restrictions', *Fashion Practice: The Journal of Design, Creative Process and the Fashion Industry*, special issue on Fashion Thinking, 8 (1): 85–97.

Lynge-Jorlén, Ane (2017), *Niche Fashion Magazines: Changing the Shape of Fashion*, London: I.B. Tauris.

McRobbie, Angela (1998), *British Fashion Design: Rag Trade or Image Industry?*, London: Routledge.

Mears, Ashley (2011), *Pricing Beauty: The Making of a Fashion Model*, Berkeley, CA: University of California Press.

Menkes, Suzy (2013), 'The Circus of Fashion', *The New York Times Style Magazine*, 10 February. https://www.nytimes.com/2013/02/10/t-magazine/the-circus-of-fashion.html [accessed 24 January 2019].

Mora, Emanuela (2009), *Fare moda. Esperienze di produzione e consumo*, Milano: Bruno Mondadori.

Mower, Sarah (2007), *Stylist: The Interpreters of Fashion*, New York: Rizzoli International.

Pedroni, Marco (2015), 'Stumbling on the Heels of My Blog: Career, Forms of Capital, and Strategies in the (Sub)Field of Fashion Blogging', *Fashion Theory: The Journal of Dress, Body and Culture*, 19 (2): 179–199.

de Perthuis, Karen (2008), 'Beyond Perfection: The Fashion Model in the Age of Digital Manipulation', in E. Shinkle (ed.), *Fashion as Photograph: Viewing and Reviewing Images of Fashion*, 168–181, London: I.B. Tauris.

Rocamora, Agnès (2011), 'Personal Fashion Blogs: Screens and Mirrors in Digital Self-portraits', *Fashion Theory: The Journal of Dress, Body and Culture*, 15 (4): 407–424.

Rocamora, Agnès (2013), 'How New Are New Media? The Case of Fashion Blogs', in D. Bartlett, S. Cole, and A. Rocamora (eds.), *Fashion Media: Past and Present*, 155–164, London: Bloomsbury.

Rocamora, Agnès (2016), 'Pierre Bourdieu: The Field of Fashion', in A. Rocamora and A. Smelik (eds.), *Thinking through Fashion: A Guide to Key Theorists*, 233–250, London: I.B. Tauris.

Rocamora, Agnès (2018), 'The Labour of Fashion Blogging', in L. Armstrong and F. McDowell (eds.), *Fashioning Professionals: Identity and Representation at Work in the Creative Industries*, 65–81, London: Bloomsbury.

Roitfeld, Carine (2011), *Irreverent*, New York: Rizzoli.

Segre Reinach, Simona (2006), 'Milan: The City of Prêt-à-Porter in a World of Fast Fashion', in C. Breward and D. Gilbert (eds.), *Fashion's World Cities*, 123–134, Oxford: Berg.

Shinkle, Eugénie (2008), 'Introduction', in E. Shinkle (ed.), *Fashion as Photograph: Viewing and Reviewing Images of Fashion*, 1–14, London: I.B. Tauris.

Shoemaker, Pamela J. and Tim P. Voss (2009), *Gatekeeping Theory*, New York: Routledge.

Singer, Jane B. (1997), 'Still Guarding the Gate? The Newspaper Journalist's Role in an On-line World', *Convergence*, 3 (1): 72–89.

Titton, Monica (2016), 'Fashion Criticism Unraveled: A Sociological Critique of Criticism in Fashion Media', *International Journal of Fashion Studies*, 3 (2): 209–223.

Volont, Paolo (2008), *Vita da stilista. Il ruolo sociale del fashion designer*, Milano: Bruno Mondadori.

Volont, Paolo (2012), 'Social and Cultural Features of Fashion Design in Milan', *Fashion Theory: The Journal of Dress, Body and Culture*, 16 (4): 399–432.

14장

Andersson, Hampus (2015), 'Vi måste våga tala om arbetstid, S', *Dagens Arena*, 7 September.

Arendt, Hannah ([1958] 1998), *The Human Condition*, Chicago, IL: University of Chicago Press.

Aristotle (1944), *Politics*, Cambridge, MA: Harvard University Press.

Aspers, Patrik (2001a), *Markets in Fashion: A Phenomenological Approach*, Stockholm: City University Press.

Aspers, Patrik (2001b), 'A Market in Vogue: Fashion Photography in Sweden', *European Societies*, 3 (1): 1–22.

Beck, Ulrich (1992), *Risk Society: Towards a New Modernity*. London: Sage.

Böhme, Gernot (2003), 'Contribution to the Critique of the Aesthetic Economy'. *Thesis Eleven*, 73 (1): 71–82.

Conor, Bridget, Rosalind Gill, and Stephanie Taylor (2015), 'Gender and Creative Labour', *The Sociological Review*, 63 (1): 1–22.

Englund, Peter (1991), *Förflutenhetens landskap: historiska essäer*, Stockholm: Atlantis.

Entwistle, Joanne (2002), 'The Aesthetic Economy: The Production of Value in the Field of Fashion Modeling', *Journal of Consumer Culture*, 2 (3): 317–339.

Entwistle, Joanne (2009), *The Aesthetic Economy of Fashion: Markets and Value in Clothing and Modelling*, Oxford: Berg.

Entwistle, Joanne and Agnès Rocamora (2006), 'The Fields of Fashion Materialized: A Study of London Fashion Week', *Sociology*, 40 (4): 735–751.

Florida, Richard (2002), *The Rise of the Creative Class, and How it's Transforming Work, Leisure, Community, and Everyday Life*, New York: Basic Books.

Gråbacke, Carina (2015), *Kläder, shopping och flärd: modebranschen i Stockholm 1945–2010*, Stockholm: Stockholmania.

Hesmondhalgh, David ([2002] 2013), *The Cultural Industries*, London: Sage.

Lynge-Jorlén, A. (2016), 'Editorial Styling: Between Creative Solutions and Economic Restrictions', *Fashion Practice: The Journal of Design, Creative Process and the Fashion Industry*, special issue on Fashion Thinking, 8 (1): 85–97.

Lynge-Jorlén, Ane (2017), *Niche Fashion Magazines: Changing the Shape of Fashion*. London: I.B. Tauris.

Marx, Karl (2015), *The Capital: A Critique of Political Economy*, vol. I. Moskva: Progress Publishers.

McRobbie, Angela (2011), 'Re-Thinking Creative Economy as Radical Social Enterprise', *Variant*, 41: 32–33.

McRobbie, Angela (2016), *Be Creative: Making a Living in the New Culture Industries*, Cambridge: Polity Press.

Pettersson, Bo (2001), *Handelsmännen: så skapade Erling och Stefan Persson sitt modeimperium*, Stockholm: Ekerlids förlag.

Rocamora, Agnès (2002), 'Fields of Fashion: Critical Insights Into Bourdieu's Sociology of Culture', *Sociology*, 2 (3): 341–362.

Ross, Andrew (2008), 'The New Geography of Work: Power to the Precarious?', *Theory, Culture and Society*, 25 (7/8): 31–49.

Sundberg, Göran (2006), *Mode Svea: en genomlysning av området svensk modedesign*, Stockholm: Rådet för arkitektur, form och design.

Virtanen, Fredrik (2013), 'Vi jobbar skiten ur oss eller får inte jobba alls', *Aftonbladet*, 23 February.

온라인 출처

https://www.teko.se/wp-content/%20uploads/modebranschen-i-%20sverige-2016.pdf%20 [accessed 5 December 2018].

http://figotland.se/blog/arets-tillvaxtkommun-nej-tack/ [accessed 5 December 2018].

삽화 목록

삽화 1. 「오랜 애장품」(Old Favourites). 사진: 로버트 오길비. 패션 에디터: 이언 R. 웹. 『블리츠』, 1987년 1월. 이언 R. 웹/로버트 오길비 제공.

삽화 2. 「스타일: 우주가 바로 그곳이다」 (Style: Space is the Place). 사진: 제이미 모건. 스타일링: 헬렌 로버츠. 『더 페이스』, 1983년 7월. 제이미 모건 아카이브 제공.

삽화 3. 「스타일: 팀니 파울러의 셔츠와 프린트」(Style: Shirts and Prints by Timney Fowler). 사진 및 스타일링: 실라 록. 『더 페이스』, 1983년 8월. 실라 록 아카이브 제공.

삽화 4. 「겨울 스포츠」(Winter Sports). 사진: 제이미 모건. 스타일링: 레이 페트리 일명 스팅레이(Stingray). 『더 페이스』, 1984년 1월. 제이미 모건 아카이브 제공.

삽화 5. 님브에서 열린 마가쟁 뒤 노르의 패션쇼, 1913년. 이 패션쇼는 '새로운' 패션을 선보이는 연극적 퍼포먼스인 동시에 교육의 현장이기도 해서, 보는 사람들이 문화적 역량으로서의 스타일링 감각을 기를 수 있도록 했다. 사진: 미상. 마가쟁 뒤 노르 뮤지엄의 허가를 받아 복사함.

삽화 6. 패션 사진을 촬영하는 모습. 모델이 코펜하겐 일룸 백화점의 패션 스튜디오의 카메라 앞에서 포즈를 취하고 있다. 새로운 패션은 양산을 더한 드레스 스타일링과 사선으로 선 포즈를 통해 설명된다. 사진: 홀게르 담고르(1870–1945), 1920년경. 덴마크 왕립도서관.

삽화 7: 마가쟁 뒤 노르의 패션 스튜디오에서 관계자가 스타일링을 진행하는 모습. 세 여성은 백화점 패션부문장 아이나르 엥겔베르트에게 패셔너블한 드레스를 만들 때 소재가 어떻게 사용되었는지를 배우고 있다. 사진: 미상. 마가쟁 뒤 노르 뮤지엄 및 VISDA의 허가를 받음.

삽화 8. 1940년 오르후스에 위치한 마가쟁 뒤 노르 백화점의 수선 및 리폼 작업실에서 일하고 있는 여성들. 원래 가지고 있던 옷을 스타일링 및 수선하려면 직접 하거나, 돈을 지불하고 서비스를 구입해야 했다. 사진: 미상. 마가쟁 뒤 노르 뮤지엄 및 VISDA의 허가를 받아 복사함.

삽화 9. 「말할 수 없는 것은 휩쓸려 갈 것이다」(What Can't Be Said Will Be Swept), 『더스트』, 2018년 12월 호. 사진: 에티엔느 샌드니. 스타일링: 케이티 버넷. 에티엔느 샌드니 제공.

삽화 10. 「섹션 8」(Section 8), 『데이즈드 디지털』, 2018년. 사진: 파스칼 감바트. 스타일링: 아킴 스미스. 파스칼 감바트 제공.

삽화 11. 「세라 바이 파스칼」(Sarah by Pascal), 『리-에디션』, 2017. 사진: 파스칼 감바트. 스타일링: 아킴 스미스. 파스칼 감바트와 『리-에디션』 제공.

삽화 12. 「배니티 뷰티」(Vanity Beauty), 『댄스크 매거진』, 2017. 사진: 요세핀 스바네. 스타일링: 프레위아 달쇠. 요세핀 스바네 제공.

삽화 13. 「가디건은 빌렸지만 신발은 제 거예요…」(The Cardigan Is Borrowed but the Shoes Are Mine...), 『노바』, 1967년 9월. 에디토리얼: 브리지드 키넌. 사진: 스티브 히트. © Future Publishing Ltd.

삽화 14. 「드레스드 투 킬: 잉여 군수품 전쟁 게임」(Dressed to Kill: The Army Surplus War Game), 『노바』 1971년 9월. 에디토리얼 및 스타일링: 캐럴라인 베이커. 사진: 해리 페치노티. © Future Publishing Ltd.

삽화 15. 「모든 부랑자들에게 하나쯤 필요한 것」(Every Hobo Should Have One), 『노바』 1971년 12월. 에디토리얼 및 스타일링: 캐럴라인 베이커. 사진: 사울 레이터. © Future Publishing Ltd.

삽화 16. 「세이프티 라스트」(Safety Last), 『노바』, 1972년 3월. 에디토리얼 및 스타일링: 캐럴라인 베이커. 사진: 해리 페치노티. © Future Publishing Ltd.

삽화 17. 「올 드레스드 앤드 메이드 업」 (All Dressed and Made Up), 『노바』, 1972년 11월. 에디토리얼 및 스타일링: 캐럴라인 베이커. 사진: 해리 페치노티. © Future Publishing Ltd.

삽화 18. 「연처럼 높이, 두 번 날다」(High as a Kite and Twice as Flighty), 『노바』, 1971년 10월. 에디토리얼 및 스타일링: 캐럴라인 베이커. 사진: 한스 포이러. © Future Publishing Ltd.

삽화 19. 「드레스드 오버올」(Dressed Overall), 『노바』, 1974년 3월. 에디토리얼 및 스타일링: 캐럴라인 베이커. 사진: 테런스 도너번. © Future Publishing Ltd.

삽화 20. 「젊은 도전자」(The Young Contender), 『더 페이스』, 1985년 6월 호에 실린 복서 클린턴 매켄지. 사진: 제이미 모건. 제이미 모건 제공.

삽화 21. 「아메리칸 드림보트」(American Dreamboat), 1987년 9/10월 『아레나』의 '어반 카우보이' 화보의 오프닝 이미지. 사진: 노먼 왓슨. 바우어 미디어(Bauer Media) 제공.

삽화 22. 『i-D』 1984년 10월 호에 게재된 화보 「스쿱」의 양면 스프레드 화보. 사진: 마크 레본. 왼쪽: 「새벽 1시 / 풀럼 로드 / 벵갈의 자경단이 복수를 꿈꾼다」(1 am / Fulham Rd / Bengali vigilantes seek revenge) 속 미치 로렌즈. 오른쪽: 「12.00 / 27.9.84 / 타워 힐 / 급증하는 구르카인이 "우리의 결혼 생활을 망친다"」(12.00 / 27.9.84 / Tower Hill / Leaping Gurkha "Ruined our Marriage") 속 웨이드 톨레로. 마크 레본 및 잡지 『i-D』 제공.

삽화 23. 「더 레인(수파 두파 플라이)」(The Rain [Supa Dupa Fly]). 감독: 하이프 윌리엄스. ©WMG on behalf of Atlantic Records 1997. All rights reserved.

삽화 24. 1999년 MTV 비디오 뮤직 어워드에서 진행된 레베카 로메인의 MTV 프로그램 『하우스 오브 스타일』, 「1999 VMAs: 릴 킴이 한쪽 가슴을 드러내다」(1999 VMAs: Lil Kim's Onesie) 편의 스틸 컷. © MTV 1999. All rights reserved.

삽화 25. 「이오 돈나」(Io Donna), 2017년 3월 호. 사진: 댄시안. 스타일리스트: 알레산드라 코르바체. 이오 돈나(Io Donna) 제공.

도판 목록

로타 볼코바

도판 1 발렌시아가(Balenciaga), 2017년 S/
S. 사진: 할리 위어. 스타일링: 로타 볼코바.
할리 위어 제공.

도판 2 『보그 이탈리아』(Vogue Italia),
「치킨스카야」(Chikinskaya), 2018년 9월.
사진: 조니 듀포트. 스타일링: 로타 볼코바.
헤어: 데이비드 하보로. 메이크업:
나미 요시다. 모델: 군스 고주톡.
의상: 아플리케가 장식된 크럼블 나일론
패딩 재킷, 레이스 디테일 셔츠, 자수
틸 스커트, 크리스털 장식 헤드기어:
모두 구찌(GUCCI); 골드 메탈 귀걸이
및 목걸이: 돌체 앤 가바나(DOLCE &
GABBANA); 스와로브스키 크리스탈 콜리어:
아틀리에 스와로브스키 바이 아틀리에
스와로브스키(ATELIER SWAROVSKI BY
ATELIER SWAROVSKI); 주얼리 백: 빈티지
백테리아 패시지 아카이브(vintage Bagteria
PASSAGE ARCHIVES); 타이즈: 안나 수이(ANNA
SUI). 조니 듀포트 제공.

도판 3 『시스템 매거진』(System Magazine),
「이탈리아 패션은 향수와 진보 사이에
찢겨져 있다」(Italian Fashion Is Torn between
Nostalgia and Progress), 2018년 F/W.
사진: 조니 듀포트. 스타일링: 로타 볼코바.
헤어: 개리 길. 메이크업: 토머스 드 클뤼버.
모델: 리테이 마커스. 점프슈트:
스키아파렐리 오트 쿠튀르(Schiaparelli haute
couture). 조니 듀포트 제공.

도판 4 『리에디션』, 「소비에츠키 호텔」(The
Sovietsky Hotel), 2015년 S/S. 사진: 할리 위어.
스타일링: 로타 볼코바. 할리 위어 제공.

도판 5 『리에디션』, 「제주도」(Jeju Island),
2018년 F/W. 사진: 할리 위어.
스타일링: 로타 볼코바. 할리 위어 제공.

도판 6 프라다 스페셜(Prada Special),
2019년 S/S. 사진: 조니 듀포트.
스타일링: 로타 볼코바. 헤어: 개리 길.
메이크업: 나미 요시다. 세트 디자인:
폴리 필프. 모델: 렉시 볼링, 리테이 마커스
및 켄트 누디스트. 의상 프라다(Prada).
조니 듀포트 제공.

뱅자맹 키르히호프

도판 7 『인 프레젠트 텐스』(In Present
Tense), 「나의 연인들」(Mes Douces), 제1호,
2018년. 사진: 앤디 브래딘. 아트 디렉션
및 스타일링: 뱅자맹 키르히호프.
앤디 브래딘 제공.

도판 8 『더스트』, 「조지아」(Georgia),
제12호, 2018년. 사진: 알레시오 보니.
아트 디렉션 및 스타일링: 뱅자맹
키르히호프. 알레시오 보니 제공.

도판 9 『레플리카』, 제5호, 2018년 5월.
사진: 앤디 브래딘. 아트 디렉션
및 스타일링: 뱅자맹 키르히호프.
앤디 브래딘 제공.

도판 10 『하츠 매거진』(Hearts magazine),
제5호, 2018/2019년 AW. 사진: 토머스
하우저. 아트 디렉션 및 스타일링: 뱅자맹
키르히호프. 토머스 하우저 제공.

도판 11 『레플리카』, 제4호, 2017년 12월.
사진: 올가츠 보잘프. 아트 디렉션 및
스타일링: 뱅자맹 키르히호프. 올가츠
보잘프 제공.

도판 12 『어나더맨』, 2018년 10월.
사진: 살바토레 카푸토. 아트 디렉션 및
스타일링: 뱅자맹 키르히호프. 살바토레
카푸토 제공.

안데르스 쇨스텐 톰슨

도판 13 『도큐먼트 저널』(Document Journal),
「케이프타운」(Cape Town), 2017년 S/S.
사진: 피터 휴고. 스타일링. 안데르스
쇨스텐 톰슨. 피터 휴고 제공.

도판 14 『GQ 스타일 차이나』(GQ Style China),
「케이스 안의 남자」(Man in a Case), 2016년
10월. 사진: 힐 앤드 오브리. 스타일링:
안데르스 쇨스텐 톰슨. 힐 앤드 오브리 제공.

도판 15 『모던 매터』(Modern Matter),
「무제」(Untitled), 2017년 F/W. 사진: 올루
오두코야. 스타일링: 안데르스 쇨스텐 톰슨.
올루 오두코야 제공.

도판 16 『오피스 매거진』(Office Magazine),
「성스러운 그들, 세속적인 그들」(They the
Sacred, They the Profane) 2016년 F/W.
사진: 벤저민 레녹스. 스타일링: 안데르스
쇨스텐 톰슨. 벤저민 레녹스 제공

도판 17 『오피스 매거진』,「위반 사례,
도망의 도덕」(Examples of Breach, Morals of
Escape), 2018년 F/W. 사진: 벤저민 레녹스.
스타일링: 안데르스 쇨스텐 톰슨.
벤저민 레녹스 제공.

도판 18 『레플리카 맨』,「나는 양 측면을
모두 안다, 내가 양 측면이므로」(I Know Both
Sides, for I Am Both Sides), 2018년 F/W,
사진: 서스탠 레딩. 스타일링: 안데르스
쇨스텐 톰슨. 서스탠 레딩 제공.

록산 당세

도판 19 『보그 폴란드』(Vogue Poland),
「보나 여왕」(Queen Bona), 2018년 9월.
사진: 카츠페르 카스프시크. 스타일링: 록산
당세. 카츠페르 카스프시크 제공.

도판 20 『보그 폴란드』,「보나 여왕」(Queen
Bona), 2018년 9월. 사진: 카츠페르
카스프시크. 스타일링: 록산 당세. 카츠페르
카스프시크 제공.

도판 21 『퍼플 패션』,「아나 클리블랜드」
(Anna Cleveland), 25주년 기념호, 2017년
F/W. 사진: 비비안 사선. 스타일링: 록산
당세. 비비안 사선 제공.

도판 22 『SSAW』,「미국의 안팎」(Inside
Outside USA), 2018년 S/S. 사진: 비비
코르네호 보스윅. 스타일링: 록산 당세.
비비 코르네호 보스윅 제공.

도판 23 『록산』(Roxane), 2012년.
사진: 비비안 사선. 스타일링 및 모델:
록산 당세. 비비안 사선 제공.

도판 24 『록산 II』(Roxane II), 2017년.
사진: 비비안 사선. 스타일링 및 모델:
록산 당세. 비비안 사선 제공.

엘리자베스 프레이저벨

도판 25 『SSAW』,「링거」(Linger), 2016년 F/W.
사진: 수포 몬클로아. 스타일링: 엘리자베스
프레이저벨. 수포 몬클로아 제공.

도판 26 『데이즈드』,「대역 배우」
(Understudies), 2017년 겨울. 사진: 힐 앤드
오브리. 스타일링: 엘리자베스 프레이저벨.
힐 앤드 오브리 제공.

도판 27 『데이즈드』,「구름의 정령」
(Cloud Nymph), 2016년 4월. 사진: 샬럿
웨일스. 스타일링: 엘리자베스 프레이저벨.
샬럿 웨일스/트렁크 아카이브 제공.

도판 28 『데이즈드』,「보일 호수」(Loch
Voil), 2017년 A/W. 사진: 톰 존슨. 스타일링:
엘리자베스 프레이저벨. 톰 존슨 제공.

도판 29 『데이즈드』,「아웃도어스
인도어스」(Outdoors Indoors), 2014년 봄.
사진: 할리 위어. 스타일링: 엘리자베스
프레이저벨. 할리 위어 제공.

도판 30 『데이즈드』, 「흥분한 철로」(Horny Railways), 제4권, 2017년 봄. 사진: 코코 카피탄. 스타일링: 엘리자베스 프레이저벨. 코코 카피탄 제공.

버네사 리드

도판 31 『POP』, 「문 록스」(Moon Rocks), 제26호, 2012년 S/S. 사진: 비비안 사선. 스타일링: 버네사 리드. 비비안 사선 제공

도판 32 「다리아 워보위 No. 9」(Daria Werbowy No.9), 2015년 파리. 사진: 유르겐 텔러. 스타일링: 버네사 리드. © 2015 Juergen Teller. All rights reserved.

도판 33 『POP』, 「아오미 뮈요크」(Aomi Muyock), 제34호, 2016년 S/S. 사진: 할리 위어. 스타일링: 버네사 리드. 할리 위어 제공.

도판 34 『리-에디션』, 제7호, 2017년 S/S. 사진: 콜린 도지슨. 스타일링: 버네사 리드. 콜린 도지슨/아트 파트너 제공.

도판 35 『리-에디션』, 「아침이 오기 전 그대는 여기 있으리라」(Before Morning You Shall Be Here), 제5호, 2016년 F/W. 사진: 마크 보스윅. 스타일링: 버네사 리드. 마크 보스윅 제공.

도판 36 『시스템 매거진』, 「보디맵은 하나의 운동이었다」(BodyMap was a movement), 2018년 11월. 사진: 올리버 하들리 퍼치. 스타일링: 버네사 리드. 올리버 하들리 퍼치 제공.

아킴 스미스

도판 37 『데이즈드』, 「이상적 자아」(Ideal Self), 2019년 2월. 사진: 파스칼 감바트. 스타일링: 아킴 스미스. 파스칼 감바트 제공.

도판 38 『레플리카』, 2016년 F/W. 사진: 한나 문. 스타일링: 아킴 스미스. 한나 문 제공.

도판 39 『아레나 옴므 플러스』, 「옷장 확장이 있는 인테리어」(Interior w/Wardrobe Extension), 2017년 F/W. 사진: 샬럿 웨일스. 스타일링: 아킴 스미스. 샬럿 웨일스/트렁크 아카이브 제공.

도판 40 헬무트 랭(Helmut Lang), 2018년 봄. 사진: 니콜라이 호왈트. 스타일링: 아킴 스미스. 니콜라이 호왈트 제공.

도판 41 『리-에디션』, 「유령은 왜 울었나」(Why did the Ghost cry), 2018년 F/W. 사진: 안데르스 에드스트룀. 스타일링: 아킴 스미스. 안데르스 에드스트룀 제공.

도판 42 섹션 8(Section 8), 2018년. 사진: 샤나 오즈번. 스타일링: 아킴 스미스. 샤나 오즈번 제공.

나오미 잇케스

도판 43 『퍼플 패션』, 「개념적 비순응성」(Conceptual Non-Conformity), 2016년 F/W. 사진: 카스페르 세예르센. 스타일링: 나오미 잇케스. 카스페르 세예르센 제공.

도판 44 『퍼플 패션』, 「남성 여성」(Masculin Feminin), 제23호, 2015년 S/S. 사진: 안데르스 에드스트룀. 스타일링: 나오미 잇케스. 안데르스 에드스트룀 제공.

도판 45 『퍼플 패션』, 「극장용 탑」(Theatrical Tops), 2014년 S/S, 제21호, 사진: 카테리나 젭. 스타일링: 나오미 잇케스. 카테리나 젭 제공.

도판 46 『퍼플 패션』, 「에드스트룀 안데르스」(Edström Anders), 제29호, 2018년 S/S. 사진: 안데르스 에드스트룀. 스타일링: 나오미 잇케스. 안데르스 에드스트룀 제공.

도판 47『퍼플 패션』,「알렉 웩」(Alek Wek), 제28호, 2017년 F/W. 사진: 안데르스 에드스트룀. 스타일링: 나오미 잇케스. 안데르스 에드스트룀 제공.

도판 48『퍼플 패션』,「로스앤젤레스 신호 경보」(Los Angeles Trafic Alert), 제30호, 2018년 F/W. 사진: 키라 분제. 스타일링: 나오미 잇케스. 버드 프로덕션(Bird Production)의 키라 분제 제공.

저역자 소개

앨리스 비어드(Alice Beard)는 독립 연구자이다. 그녀의 연구는 패션 미디어 및 디자인, 텍스트, 사진 간의 접점에 초점을 맞추고 있다. 비어드는 뷰티 퀸(beauty queen, 2004)과 잡지 『노바』(2006)에 관한 전시를 기획했다. 출간물로는 패션 사진에 대한 글, 학술지 『패션 이론』(Fashion Theory)의 기획, 『패션 미디어: 과거와 현재』(Fashion Media: Past & Present, 2012), 『헤어 스타일링, 문화, 그리고 패션』(Hair Styling, Culture and Fashion, 2008)의 일부 챕터 등이 있다. 2014년 골드스미스 대학에서 잡지 『노바』의 역사 연구로 박사 학위를 받았다.

마리아 벤 사드(Maria Ben Saad)는 스톡홀름에서 활동하는 패션 작가, 에디터 겸 큐레이터이다. 니치 패션 잡지 『비벨』(Bibel)의 패션 에디터이자 전시 『스웨덴 패션: 새로운 정체성을 탐구하다』(Swedish Fashion: Exploring a New Identity)의 큐레이터였다. 현재 스톡홀름의 베크만 디자인 대학에서 패션 관련 이론 과목의 선임 강사이자 예술 및 맥락 연구과정 학과장을 맡고 있다. 주요 연구 분야는 패션 커뮤니케이션, 현대 패션 및 젠더 표현에 중점을 둔 비판적 패션 실천 등이다.

필립 클라크(Philip Clarke)는 영국 런던 예술대학 센트럴 세인트 마틴의 패션 커뮤니케이션학 학과장이다. 영국 사우샘프턴 대학교의 윈체스터 예술대학에서 텍스타일 디자인을 전공했으며, 스타일리스트이자 작가로 10년 넘게 일했다. 그의 박사 연구는 어원 및 자료 연구와 함께 당시 런던에 거주하고 일했던 사람들의 구술사 기록을 이용하여, 1980년대 영국 출판계에서 독립된 프리랜서로 등장한 스타일리스트의 역할을 탐구한다.

숀 콜(Shaun Cole)은 영국 사우샘프턴 대학교 윈체스터 예술대학의 패션학 부교수이자 '교차성: 정치-정체성-문화' 연구 그룹의 공동 디렉터이다. 남성복 및 게이 스타일에 관심이 있으며, 저서로는 『화사한 옷을 걸치고: 20세기 게이 남성 의복』(Don We Now Our Gay Apparel: Gay Men's Dress in the Twentieth Century, 2000), 『대화: 그래픽 디자인의 관계』(Dialogue: Relationships in Graphic Design, 2005), 『남성 속옷 이야기』(The Story of Men's Underwear, 2010), 『패션 미디어: 과거와 현재』(Fashion Media: Past and Present, 2013) 등이 있다.

프란체스카 그라나타(Francesca Granata)는 미국 뉴욕 파슨스 디자인 스쿨의 예술 및 디자인 역사 및 이론 학부 조교수다. 패션, 젠더, 퍼포먼스 연구를 바탕으로 근현대 시각 및 물질 문화를 중점적으로 연구한다. 『실험적 패션: 퍼포먼스 아트, 카니발, 그로테스크한 신체』(Experimental Fashion: Performance Art, Carnival and the Grotesque Body, 2017)의 저자이자 비영리 출판 학술지 『패션 프로젝트』(Fashion Project)의 편집자이자 창립자다.

레이철 리프터(Rachel Lifter)는 패션, 음악, 대중문화에 관한 글을 쓰고 있다. 저서로는 『패셔닝 인디: 대중 패션, 음악, 젠더』(Fashioning Indie: Popular Fashion, Music and Gender, 2019)가 있다. 그녀의 글은 『패션 문화 재조명』(Fashion Cultures Revisited, 2013)과 『패셔닝 프로페셔널』(Fashioning Professionals, 2018)에도 실렸다. 또한 미국 뉴욕의 파슨스 디자인 스쿨과 프랫 인스티튜트에서 강의하며, 패션 업계의 비평적 컨설턴트로도 활동 중이다. '데비스 리틀 시스터'(Debbie's Little Sister)라는 이름으로 문화적 예측을 제공하고 브랜드의 DNA에 인사이트를 구현하는 일을 돕는다.

아네 륑에요를렌(Ane Lynge-Jorlén)은 독립 연구자로 현대의 니치 패션 실천에 중점을 둔 연구를 하고 있다. 스웨덴 룬드 대학교, 덴마크 코펜하겐 DIS, 영국 런던 칼리지 오브 패션에서 패션학 연구 및 교수직을 역임했으며, 그녀의 연구는 『패션 이론 및 패션 실무』(Fashion Theory and Fashion Practice)에 게재되었다. 또한 『니치 패션 잡지: 패션의 형태를 바꾸다』(Niche Fashion Magazine: Changing the Shape of Fashion, 2017)의 저자이자 북유럽 패션 대학 졸업생 지원 플랫폼인 '디자이너스 네스트'(Designers' Nest)의 디렉터다.

수잔 마센(Susanne Madsen)은 유명 패션 작가이다. 『데이즈드』의 대표 작가로 활동 중이며 『어나더 맨』, 『리-에디션』, 『월스트리트 저널 유럽』(Wall Street Journal Europe) 등에 특집기사를 기고한 바 있다. 덴마크 코펜하겐 대학교에서 비교문학과 현대 문화 학사를, 영국 런던 예술 대학교에서 패션 저널리즘 학사를 취득했다. 저서로는 『런던 업라이징: 50명의 패션 디자이너, 하나의 도시』(London Uprising: Fifty Fashion Designers, One City, 2017) 및 『유토피아적 신체: 패션의 미래』(Utopian Bodies: Fashion Looks Forward, 2015)가 있다.

마리 리겔스 멜키오르(Marie Riegels Melchior)는 덴마크 코펜하겐 대학교의 유럽 민족학 부교수다. 패션의 문화사, 20세기 덴마크 패션, 박물관 연구 및 특히 박물관에서의 패션에 중점을 두고 연구와 강의를 진행하고 있다. 최근 선집 『큐레이션의 과제들』(Curatorial Challenges, 2019)과 덴마크 현대 패션사에 관한 덴마크 패션 백과사전(2018)에 패션 큐레이션에 관해 기고했다.

예페 우겔비그(Jeppe Ugelvig)는 뉴욕과 런던에서 활동하는 큐레이터, 역사학자, 비평가다. 그의 글은 『프리즈』(Frieze), 『아트리뷰』(ArtReview), 『애프터올』(Afterall), 『플래시 아트 인터내셔널』(Flash Art International), 『스파이크』(Spike) 등의 출판물에 게재되었다. 예페는 2016년 영국 런던 예술대학 센트럴 세인트 마틴에서 커뮤니케이션, 큐레이션 및 비평 학사 학위를, 2018년 미국 바드대학 큐레이션 연구 센터에서 석사 학위를 취득했다. 저서 『패션 워크, 패션 워커』(Fashion Work, Fashion Workers)가 2020년에 출간 예정이다.

파올로 볼론테(Paolo Volonté)는 이탈리아 밀라노 폴리테크니코 디자인 스쿨의 문화 절차 사회학 부교수로 『국제 패션 연구 저널』(International Journal of Fashion Studies)의 공동 편집자다. 최근에는 학술지 『소비자 문화, 패션 실천, 패션 이론 및 시학』(Journal of Consumer Culture, Fashion Practice, Fashion Theory, Poetics), 그리고 저서인 『비타 다 스틸리스타』(Vita da stilista, 2008)에 패션에 관한 논문을 수록했다. 현재 패션 시스템에서 이루어지는 뚱뚱한 몸에 대한 배제에 관련된 연구를 진행하고 있다.

필립 바칸데르(Philip Warkander)는 스웨덴 룬드 대학교의 조교수 겸 연구원으로 2013년 스웨덴 스톡홀름 대학교에서 패션학 박사 학위를 취득했다. 이후 스웨덴 쇠데르퇴른 대학교의 젠더학 조교수, 스웨덴 베크만 디자인대학 패션 디자인 및 비주얼 커뮤니케이션 객원 강사, 프랑스 파리 마랑고니 연구소의 석사과정장, 스톡홀름 대학교 패션학 조교수로 재직했다.

이상미는 성균관대학교 의상학과를 졸업한 후 런던 예술대학 센트럴 세인트 마틴에서 여성복디자인을 전공하였으며, 현재 패션 콘텐츠 전문 기획 및 제작자로 일하고 있다. 현재 번역에이전시 엔터스코리아에서 출판 기획 및 패션 분야 전문 번역가로 활동 중이다. 역서로는 『패션의 흑역사』, 『세계의 패션 스타일리스트』, 『스타일리시: 패션 스타일 그리고 매력가』, 『패션 일러스트 바이블: 파슨스 디자인 스쿨 비나 어블링의』 외 다수가 있다.

감사의 말

이 책은 패션 스타일리스트와 그들의 역사 및 실천에 대해 열정적으로 연구한 여러 사람들의 공동의 노력과 수고의 결과물이다. 책을 제안받고 완성하기까지 블룸즈버리 비주얼 아트와 작업하여 즐거웠다. 귀중한 조언과 격려를 아끼지 않은 편집장 프란시스 아놀드(Frances Arnold)와 명확하고 신속하게 작업 프로세스를 안내해 준 보조 편집자 이본 투루드(Yvonne Thouroude)에게 큰 감사를 표하는 바이다.

이 책에 글을 기고해 준 연구자와 작가들, 그리고 평소 시각적으로 표현하는 것을 글로 옮길 수 있도록 우리를 믿고 자신의 작업에 대한 성찰을 공유해 준 스타일리스트들에게도 감사드린다. 수잔 마센에게, 스타일리스트 인터뷰에 귀를 기울여 주고 흔들림 없이 작업에 임해 준 데 감사를 표한다. 인터뷰를 진행할 수 있도록 도와준 '프린트 앤 콘택트'의 안나 G. 간트체바(Anna G. Gantcheva), '매니지먼트 +아티스트'의 데렉 메드웨드(Derek Medwed), '스트리터스'의 레니 하클린(Lenny Harlin), '버드 프로덕션'의 필립 버스타렛(Philippe Bustarret), '매니지먼트 +아티스트'의 소피 제라딘(Sofie Geradin)에게 감사드린다.

이 프로젝트를 믿고 영감을 불러일으키는 유쾌한 스타일링 사진을 재현할 수 있게 해 준 많은 포토그래퍼와 에이전트에게 크고 겸허한 감사를 표하는 바이다. 등재된 포토그래퍼 목록은 길고 또 꽤나 놀라움을 자아낼 텐데, 이 책의 말미에 있는 삽화 및 도판 목록에서 이를 확인할 수 있다.

이 책에 착수할 수 있도록 방문 연구 펠로십에 초대해 준 룬드 대학교 패션 연구 부서의 페르닐라 라스무센(Pernilla Rasmussen)에게 감사를 표한다. 또한 룬드 대학교의 동료 필립 바칸데르에게도 감사드린다. 이 책은 원래 필립과 공동으로 구상한 전시 프로젝트의 일환으로 구상되었지만, 그 자체로 스타일리스트에 대한 심층적인 고찰을 위한 시의적절한 기회를 제공하는 책으로 성장했다.

DIS 코펜하겐의 헬레 리트코넨(Helle Rytkønen)과 DIS 스톡홀름의 티나 망지에리(Tina Mangieri) 덕분에, DIS의 열린 분위기 속에서 책을 완성할 수 있었다. 감사드린다!

마지막으로, 책에 컬러 이미지를 포함할 수 있도록 지원해 준 덴마크 예술 재단에도 큰 감사를 드리는 바이다.

인명 색인

가타리, 펠릭스(Félix Guattari) 119-120

갈라르도, 카밀로(Camillo Gallardo) 225

감바트, 파스칼(Pascal Gambarte) 109, 112, 120, 123, 388

겐조(Kenzo) 176

고, 조(Joe Gow) 251-252

고들리, 조지나(Georgina Godley) 117

고어, 앨(Al Gore) 251

고어, 티퍼(Tipper Gore) 251

고주톡, 군스(Gunce Gozutok) 386

고프예이츠, A.(A. Gough-Yates) 58

골드, 욘(Yonne Gold) 225

골딩, 지기(Ziggi Golding) 40, 52, 56

그라나타, 프란체스카(Francesca Granata) 27, 105, 115, 116-117

그랜드, 케이티(Katie Grand) 13, 23, 131, 134

그로바케, 카리나(Carina Gråbacke) 331

글러모어, 매슈(Matthew Glamorre) 358

길, 개리(Gary Gill) 386

내퍼, 하워드(Howard Napper) 203n

네그리, 자크(Jacques Negrit) 203n, 209

넬슨, 알론드라(Alondra Nelson) 249

노토리어스 B.I.G.(Notorious B.I.G.) 237

뉴튼, 헬무트(Helmut Newton) 174

니거스, 키스(Keith Negus) 240-241, 246

닉슨, 숀(Sean Nixon) 222, 231

다 브랫(Da Brat) 244, 253

다이어, 리처드(Richard Dyer) 241-242

닥터 드레(Dr. Dre) 246

달쇠, 프레위아(Freya Dalsjø) 122, 124-125

달스트롬, 스투레(Sture Dahlström) 364

담고르, 홀게르(Holger Damgaard) 89

당세, 록산(Roxane Danset) 27, 101-102, 108, 111, 113-114, 387

대시, 데이먼(Damon Dash) 246

대처, 마거릿(Margaret Thatcher) 205

댄시안(Dancian) 313

데릭, 로빈(Robin Derrick) 40

데이, 코린(Corrine Day) 199

데이비스, 제니 B.(Jenny B. Davies) 14

데이비스, 프레드(Fred Davis) 107

도너번, 테런스(Terence Donovan) 194-195

도지슨, 콜린(Colin Dodgson) 388

뒤샹, 마르셀(Marcel Duchamp) 113-114

듀포트, 조니(Johnny Dufort) 354, 360, 386

드 몽포드, 사이먼(Simon de Montford) 203n, 219, 221, 229, 232n

드 세르토, 미셸 (Michel de Certeau) 9

드 클뤼버, 토머스(Thomas de Kluyver) 386

드 퍼트휘스, 캐런(de Perthuis, Karen) 127

드마르슐리에, 파트리크(Patrick Demarchelier) 115

들롱, 알랭(Alain Delon) 216

들뢰즈, 질(Gilles Deleuze) 103, 119-120

딩게먼스, 조(Jo Dingemans) 14

라슨, M.S.(Larson, M.S.) 21

라우션버그, 로버트(Robert Rauschenberg) 113

람발리, 폴(Paul Rambali) 207, 210n, 216

러브, 코트니(Courtney Love) 257

레녹스, 벤저민(Benjamin Lennox) 387

레딩, 서스턴(Thurstan Redding) 137, 387

레만, 울리히(Ulrich Lehmann) 108

레본, 마크(Mark Lebon) 40, 203n, 208, 225, 227, 228

레본, 제임스(James Lebon) 203n, 208

레비스트로스, 클로드(Lévi-Strauss, Claude) 16

레스터, 피터(Peter Lester) 47

레스피니, 에바(Eva Respini) 108

레이, 가와쿠보(Rei Kawakubo) 117, 150, 283

레이, 만(Man Ray) 151

레이터, 사울(Saul Leiter) 179, 181-182

로건, 닉(Nick Logan) 50, 212

로더, 커트(Kurt Loder) 257

로데비에르, 카린(Carin Rodebjer) 366

로렌즈, 미치(Mitzi Lorenz) 40, 203n, 212, 228-231

로메인, 레베카(Rebecca Romijn) 259, 261

로버츠, 헬렌(Helen Roberts) 51

로빈(Robyn) 30, 363, 365, 367

로셀리니, 로베르토(Roberto Rossellini) 222

394

로스, 다이애나(Diana Ross) 259
로즈, 트리샤(Tricia Rose) 252
로카모라, 애그니스(Agnes Rocamora) 124,
126, 317, 323, 333, 345, 349–350
록, 실라(Sheila Rock) 52, 54, 224
루소, 메리(Mary Russo) 259
루치포드, 글렌(Glen Luchford) 134
룹친스키, 고샤(Gosha Rubchinskiy) 30, 353,
357
뤼드버그, 로버트(Robert Rydberg) 365
뤼케 리(Lykke Li) 363
륑에요를렌, 아네(Ane Lynge-Jorlén) 23, 243,
338
르 드레쟁, 클로에(Chloé le Drezen) 283
리드, 리언(Leon Reid) 203n, 218
리드, 버네사(Vanessa Reid) 27, 388
리오타르, 장프랑수아(Jean-François Lyotard)
207n
리프터, 레이철(Rachel Lifter) 15, 27, 61
린들리, 샐리(Sally Lyndley) 131
릴 킴(Lil' Kim) 27, 248–249, 253, 256–257,
259, 261–262
마르지엘라, 마틴(Martin Margiela) 27, 110,
277–278, 284
마르크스, 카를(Karl Marx) 342n
마센, 수잔(Susanne Madsen) 23–24, 27–28,
30
마작, 아촉(Achok Majak) 111
마차도, 차이나(China Machado) 46
마커스, 리테이(Litay Marcus) 386
마틴, 페니(Penny Martin) 60
말, 루이(Louis Malle) 354
매켄지, 클린턴(Clinton McKenzie) 213–216
매코이, 메리엘(Meriel McCooey) 169
매클루언, 마셜(Marshall McLuhan) 28
매키니발렌틴, 마리아(Maria Mackinney-
Valentin) 107
맥다월, 펠리스(Felice McDowell) 18
맥딘, 크레이그(Craig McDean) 287, 289
맥로비, 앤절라(Angela McRobbie) 11–12, 14,
52, 59, 62, 306, 344, 348–349
맥미나미, 릴리(Lily McMenamy) 134
맥베이, 캐머런(Cameron McVey) 203n, 208
머피, 피터(Peter Murphy) 52
메이슨, 데비(Debbie Mason) 40
멜키오르, 마리 리겔스(Marie Riegels

Melchior) 23
모건, 제이미(Jamie Morgan) 51, 203n, 205,
208, 211–215, 218–219, 221, 224, 226,
232
모네이, 저넬(Janelle Monáe) 249
모스, 케이트(Kate Moss) 199
모트, 프랭크(Frank Mort) 206, 210
몬클로아, 수포(Suffo Moncloa) 387
몰리, 루이스(Lewis Morley) 218
몽디노, 장바티스트(Jean-Baptiste Mondino)
203n, 221, 229, 231, 232n
문, 세라(Sarah Moon) 174
문, 한나(Hanna Moon) 388
뮤요크, 아오미(Aomi Muyock) 287
미드햄, 에드워드(Edward Meadham) 265
미스터 매직(Mr. Magic) 239
밀러, 리(Lee Miller) 151
밀러, 세라(Sarah Miller) 40, 55
바워리, 리(Leigh Bowery) 117, 124
바잘리아, 뎀나(Demna Gvasalia) 13, 30, 353,
357
바칸데르, 필립(Philip Warkander) 18, 29
바튼, 미샤(Misha Barton) 244
반스, 리처드(Richard Barnes) 44
배런, 케이티(Katie Baron) 14
버넷, 케이티(Katie Burnett) 102, 104, 124
번스트란, 섄넌(Shannon BurnsTran) 14
번스틴, 리처드(Richard Bernstein) 47
베냐민, 발터(Walter Benjamin) 103, 111
베이커, 세라(Sarah Baker) 18-19
베이커, 캐럴라인(Caroline Baker) 26, 40,
47, 55, 60, 102n, 106, 110, 168–170,
172–200, 225n
베일리, 글렌다(Glenda Bailey) 224
베트, 에밀(Emil Vett) 92
베하, 프레야(Freja Beha) 289
벤 사드, 마리아(Maria Ben Saad) 30
벤턴, 라샤드(Rashad Benton) 239
보니, 알레시오(Alessio Boni) 267, 386
보들레르, 샤를(Charles Baudelaire) 111
보렐리, 레어드(Laird Borrelli) 194
보스, 휴고(Hugo Boss) 165
보스윅, 마크(Mark Borthwick) 28, 287–289,
388
보스윅, 비비 코르네호(Bibi Cornejo
Borthwick) 111, 283, 387

보잘프, 올가츠(Olgaç Bozalp) 267, 386
볼론테, 파올로(Paolo Volonté) 29
볼링, 렉시(Lexi Boling) 386
볼코바, 로타(Lotta Volkova) 13, 28–30, 370, 386
뵈메, 게르노트(Gernot Böhme) 347
부르디외, 피에르(Pierre Bourdieu) 18, 62, 314, 316–318, 323, 349–350
부르주아, 루이즈(Louise Bourgeois) 118
부코스키, 찰스(Charles Bukowski) 364
분제, 키라(Kira Bunse) 389
뷔퐁 백작, 조르주 루이 르클레르(Compte de Buffon[Count of Buffon], Georges-Louis Leclerc) 73–74, 77
브래딘, 앤디(Andy Bradin) 268, 386
브램프턴, 샐리(Sally Brampton) 55
브루어드, 크리스토퍼(Christopher Breward) 75
브릴랜드, 다이애나(Diana Vreeland) 169
블라이지, 메리 J.(Mary J. Blige) 237, 247, 259, 262
블랜처드, 탬신(Tamsin Blanchard) 60
블레임, 주디(Judy Blame) 60, 298
비그포르스, 에른스트(Ernst Wigforss) 341–342
비르센, 일마즈(Yilmaz Birsen) 267
비르타넨, 프레드리크(Fredrik Virtanen) 341n
비바(Biba) 187
비브, 로저(Roger Beebe) 250
비스콘티, 루키노(Luchino Visconti) 216, 222
비어드, 앨리스(Alice Beard) 26, 60
빈트뮐러, 소냐(Sonja Windmüller) 109
빌, 에디(Edie Beale) 108
빌렘스, 키키(Kiki Willems) 137
사선, 비비안(Viviane Sassen) 27, 114, 277, 281, 283, 287–288, 291, 387–388
산데모, 마르기트(Margit Sandemo) 364
새들러, 캣(Catt Sadler) 239, 262
생드니, 에티엔느(Étienne Saint-Denis) 102, 104
샤움부르, 비르테(Birthe Schaumburg) 92
서로, 린지(Lindsay Thurlow) 229
세예르센, 카스퍼(Casper Sejersen) 30, 367–369, 388
셔먼, 벳시(Betsey Scherman) 46
소토, 탈리사(Talisa Soto) 203n, 232n

손더스, 조너선(Jonathan Saunders) 143
손태그, 수전(Susan Sontag) 231
쇼어, 지 (Zee Shore) 40, 47
쇼어, 콜리어(Collier Schorr) 287, 289
슈그 나이트(Suge Knight) 246
슈비터스, 쿠르트(Kurt Schwitters) 113
슐레진저, 존(John Schlesinger) 219
스멜릭, 안네케(Anneke Smelik) 119
스미스, 리처드(Richard Smith) 46
스미스, 아킴(Akeem Smith) 24, 109, 112, 120, 123, 388
스바네, 요세핀(Josephine Svane) 122, 125
스위니, 스펜서(Spencer Sweeny) 160
스티브 스트레인지(Steve Strange) 358
스틸, 밸러리(Valerie Steele) 181
스펜서, 로비(Robbie Spencer) 115–118, 124, 148
시먼스, 러셀(Russell Simmons) 246
실러, 프리드리히(Friedrich Schiller) 77
아마토, 케빈(Kevin Amato) 160
아말리소베, 마리(Marie Amalie-Sauvé) 13, 27, 288
아파두라이, 아르준(Arjun Appadurai) 28
알비니, 월터(Walter Albini) 359
암스트롱, 리아(Leah Armstrong) 18
애커, 캐시(Kathy Acker) 364
앤더슨, 토비(Toby Anderson) 52
앤절로, 마이아(Maya Angelou) 263
앨드리지, 핌(Pim Aldridge) 229
앰브로즈, 준(June Ambrose) 27, 237–240, 243–250, 253, 255, 260, 262–263
어니언스, C.T. (C.T. Onions) 42
어드먼, 로버트(Robert Erdman) 214
에드스트룀, 안데르스(Anders Edström) 30, 367–368, 388–389
에반스, 캐럴라인(Caroline Evans) 110–111, 116, 297
에스리지, 로(Roe Ethridge) 116
엔트위슬, 조앤(Joanne Entwistle) 69–70, 73, 300, 323, 330, 346–347
엘리엇, 미시(Missy Elliot) 27, 248–250, 252–253, 255, 257–258, 260
엠씨 라이트(MC Lyte) 252
엥겔베르트, 아이나르(Ejnar Engelsbert) 91
엥글룬드, 페테르(Peter Englund) 342–343
오길비, 로버트(Robert Ogilvie) 41

오닐, 앨러스테어(Alastair O'Neill) 113
오두코야, 올루(Olu Odukoya) 387
오언, 커스틴(Kirsten Owen) 369
오즈번, 샤나(Sharna Osborne) 162, 388
오텐버그, 멜(Mel Ottenberg) 60
올리버, 셰인(Shayne Oliver) 160
와딩턴, 카미유 비도(Camille Bidault
    Waddington) 370
와일드, 오스카(Oscar Wilde) 75
왓슨, 노먼(Norman Watson) 220, 222
왓킨스, 리셀로테(Liselotte Watkins) 363, 365,
    367–368
요시다, 나미(Nami Yoshida) 386
요크, 피터(Peter York) 48, 64
용커스, 게르트(Gert Jonkers) 283
우겔비그, 예페(Jeppe Ugelvig) 24
우드워드, 캐스(Kath Woodward) 216
울프, 버지니아(Virginia Woolf) 364
워드, 멜라니(Melanie Ward) 199
워보위, 다리아(Daria Werbowy) 289
워스, 찰스 프레더릭(Charles Frederick Worth)
    88
워커, 브렛(Brett Walker) 203n, 217
웨스트우드, 비비안(Vivienne Westwood) 106,
    197
웨일스, 샬럿(Charlotte Wales) 154, 387
웩, 알렉(Alek Wek) 368
웹, 이언 R.(Iain R. Webb) 40–41, 56
위어, 할리(Harley Weir) 28, 146, 150, 287, 361,
    386–388
윌리엄스, 하이프(Hype Williams) 250,
    253–254
윌슨, 빌(Bill Wilson) 223
잇케스, 나오미(Naomi Itkes) 30, 388–389
잉글랜드, 케이티(Katy England) 59
잘리, 수트(Sut Jhally) 251
잠, 올리비에(Olivier Zahm) 367
제스키에르, 니콜라(Nicolas Ghesquière) 13
제이 지(Jay-Z) 246
제이콥스, 마크(Marc Jacobs) 13
제치, 애덤(Adam Geczy) 105, 114, 127
젭, 카테리나(Katerina Jebb) 388
조블링, 폴(Paul Jobling) 15, 186
존스, 그레이스(Grace Jones) 47
존스, 스티븐(Stephen Jones) 40, 56, 64
존슨, 톰(Tom Johnson) 143, 387

질리, 로메오(Romeo Gigli) 359
차익스, 마리(Marie Chaix) 147
채리티, 로저(Roger Charity) 40, 203n, 208,
    223
체리, 네네(Neneh Cherry) 203, 298, 363
체트릿, 탈리아(Talia Chetrit) 287
첸왕, 펑(Feng Chen Wang) 139–140
카다시안, 킴(Kim Kardashian) 24, 157, 160
카드, 게리(Gary Card) 117–118
카라미나스, 비키(Vicki Karaminas) 105, 114,
    127
카바코, 폴(Paul Cavaco) 53
카스프시크, 카츠페르(Kacper Kasprzyk) 387
카이저, 수잔(Susan Kaiser) 17, 22, 24, 26, 28,
    70
카터, 에르네스틴(Ernestine Carter) 169
카푸토, 살바토레(Salvatore Caputo) 386
카피탄, 코코(Coco Capitan) 388
칼리드, 페라(Farah Khalid) 262
캐시, 조니(Jonny Cash) 219
캠벨, 나오미(Naomi Campbell) 203n, 339
커틴, 모니카(Monica Curtin) 228
케네디, 재키(Jackie Kennedy) 179
케레클리두, 마리나(Marina Kereklidou) 363
케이멘, 닉(Nick Kamen) 203n, 208–209, 211,
    213, 225–226, 231, 232n, 234
케이멘, 배리(Barry Kamen) 203n, 221, 234
코너, 브리짓(Bridget Conor) 341
코딩턴, 그레이스(Grace Coddington) 169
코르바체, 알레산드라(Alessandra Corvasce)
    313
코르테스, 리사(Lisa Cortés) 262
코튼, 샬럿(Charlotte Cotton) 108
콕번, 애나(Anna Cockburn) 292
콜, 숀(Shaun Cole) 26
콜러, 타우베(Taubé Coller) 44
콜비츠, 칼(Karl Kolbitz) 359
콤스, 숀(Sean Combs) 237, 240, 246, 253
쿨 디제이 레드 얼러트(Kool DJ Red Alert)
    239
퀀트, 메리(Mary Quant) 187
퀸 라티파(Queen Latifah) 252
크라루프, 예르겐(Jørgen Krarup) 88, 90n
크레이크, 제니퍼(Jennifer Craik) 189
크레인, 다이애나(Diana Crane) 71–72
크렌쇼, 키머벌레(Kimerberlé Crenshaw) 25

크로넨버그, 데이비드(David Cronenberg) 118

크롤리, 마크(Mark Crawley) 231

크리스테바, 쥘리아(Julia Kristeva) 122

클라크, 래리(Larry Clark) 132

클라크, 필립(Philip Clarke) 16, 22

클리블랜드, 아나(Anna Cleveland) 101

키넌, 브리지드(Brigid Keenan) 171

키르히호프, 뱅자맹(Benjamin Kirchhoff) 27, 386

키블, 케지아(Kezia Keeble) 53

키스마릭, 수잔(Susan Kismaric) 108

킬러, 크리스틴(Christine Keeler) 218

킹, 앤절라(Angela King) 216, 235

테일러, W.(W. Taylor) 43

텍시어, 캐서린(Catherine Texier) 251–252

텔러, 유르겐(Juergen Teller) 28, 134, 287, 289, 388

토스카니, 올리비에로(Oliviero Toscani) 267, 309

토이버아르프, 조피(Sophie Taeuber Arp) 101

톨레라, 알폰소 라티노(Alphonso Latino Tolera) 217–218

톨레로, 웨이드(Wade Tolero) 203n, 212, 227–228, 230

톰슨, 안데르스 쇨스텐(Anders Sølvsten Thomsen) 23, 387

툴럭, 캐럴(Carol Tulloch) 17, 25, 207n, 242

트리나(Trina) 244–245

파러, 제이슨(Jason Farrer) 158, 160

파솔리니, 피에르 파올로(Pier Paolo Pasoloni) 222

파킨, 몰리(Molly Parkin) 173–174

파트리지, E (E. Partridge) 40

판 베네콤, 욥(Jop van Bennekom) 283

퍼치, 올리버 하들리(Oliver Hadlee Pearch) 290, 388

페던, 재니나(Janina Pedan) 146

페치노티, 해리(Harri Peccinotti) 174, 176–177, 185–186, 188

페트리, 레이(Ray Petri) 26, 52, 57, 66, 102n, 202–212, 214, 216–218, 221–224, 225n, 226–229, 231–234

펠릭스, 토니(Tony Felix) 203n, 232

포미체티, 니콜라(Nichola Formichetti) 60, 65–66

포스터, 조디(Jodie Foster) 47

포이러, 한스(Hans Feurer) 174, 184, 191, 193, 197

폭스턴, 사이먼(Simon Foxton) 40, 52, 60, 63, 204

폰 운베르트, 엘렌(Ellen von Unwerth) 357

프래그넬, 조지나(Georgina Pragnell) 153

프랭클린, 캐어린(Caryn Franklin) 40, 56

프레이저벨, 엘리자베스(Elizabeth Fraser-Bell) 23–24, 387–388

프레커, 폴(Paul Frecker) 40, 53

프로이트, 지크문트(Sigmund Freud) 115–116

프리미엄 피트(Premium Pete) 258

프린세스 줄리아(Princess Julia) 358

플라카벤토, 안젤로(Angelo Flaccavento) 13–14, 359

피셔, 피터(Peter Fisher) 212

피어메인, 막스(Max Pearmain) 370

피크, 에디(Eddie Peake) 134

필프, 폴리(Polly Philp) 386

하겐, 니나(Nina Hagen) 355

하보로, 데이비드(David Harborow) 386

하우저, 토머스(Thomas Hauser) 386

하워드, 펠릭스(Felix Howard) 203n, 229, 231, 232n

할, 앤더스(Anders Haal) 365

할버스탐, 주디스(Judith Halberstam) 216, 229, 231

해럴, 안드레(Andre Harrell) 246

해밀턴, 리처드(Richard Hamilton) 46

해킷, 데니스(Denis Hackett) 175

햄닛, 캐서린(Katherine Hamnett) 176

허드슨, 제이(Jai Hudson) 263

헤브디지, 딕(Dick Hebdige) 76, 98

헤즈먼드핼시, 데이비드(David Hesmondhalgh) 18–19, 331, 343, 348–349

호브만, 야네(Janne Hovmand) 88n, 90n

호왈트, 니콜라이(Nicolai Howalt) 388

호이닝겐휘네, 게오르게(George Hoyningen-Huene) 212

화이트, 해리슨(Harrison White) 343

횔러, 카스텐(Carsten Höller) 367

휴고, 피터(Pieter Hugo) 136, 387

히트, 스티브(Steve Hiett) 171

힌턴, 제프리(Jeffrey Hinton) 40, 59

힐, 테일러(Taylor Hill) 154

힐먼, 데이비드(David Hillman) 174
힐턴, 미사(Misa Hylton) 27, 237–240, 243,
        245–249, 256–260, 262–263

패션 스타일리스트:
역사, 의미, 실천

아네 링에요를렌 엮음
이상미 옮김

초판 1쇄 발행.
2023년 12월 21일

편집. 이동휘
디자인. 유현선
제작. 세걸음

워크룸 프레스
03035 서울시 종로구
자하문로19길 25, 3층
전화. 02-6013-3246
팩스. 02-725-3248
메일. wpress@wkrm.kr
workroompress.kr

ISBN 979-11-93480-07-6 (03590)
28,000원